Not the End of the World

How We Can Be the First Generation to Build a Sustainable Planet

これからの地球のつくり方

データで導く「7つの視点」

著 ハナ・リッチー
Hannah Ritchie

訳 関 美和

早川書房

これからの地球のつくり方

――データで導く「7つの視点」

NOT THE END OF THE WORLD
How We Can Be the First Generation to Build a Sustainable Planet
by
Hannah Ritchie

First published as NOT THE END OF THE WORLD
in 2024 by Chatto & Windus, an imprint of Vintage.
Vintage is part of the Penguin Random House
group of companies.

Translated by
Miwa Seki
First published 2025 in Japan by
Hayakawa Publishing, Inc.
This book is published in Japan by
arrangement with
Vintage,
a division of Random House Group Ltd.
through The English Agency (Japan) Ltd.

装幀／山之口正和＋永井里実（OKIKATA）

知性と感情のバランスが完璧な私の両親へ

目次

訳注は〔　〕で示した。

はじめに

「気候変動のせいであなたたちは滅んでしまうのよ」と子供たちに教えるのが普通のことになってしまった。たとえ熱波で死ななかったとしても、山火事で死ぬかも。そうじゃなければ台風かもしれないし、洪水かもしれないし、みんな飢え死にするかもしれない。驚くことに、なんのためらいもなく子供たちにそう教える人は少なくない。だから若者の大半が、自分たちの未来を危ぶんだとしても不思議はない。私たちは地球がどうなるかを極端に心配し、恐怖におびえている。

私の受信トレイにはそんなメールが毎日届く。しかも、そんな恐れや心配は世界中の研究にも見てとれる。[1] 世界中の一六歳から二五歳までの若者一〇万人に気候変動についてどう考えるかを尋ねた調査がある。[2] 四分の三を超える若者が、未来を恐れ、半分以上が「人類は滅亡する」と答えた。イギリスでもアメリカでもインドでもナイジェリアでも、悲観的な見方が広がっていた。自分たちが豊かかどうか、また安全かどうかに関係なく、世界中の若者はギリギリの状態でふんばっているような気持ちで過ごしている。

先ほどの調査で、五人に二人は子供を持つことを躊躇（ちゅうちょ）している。二〇二〇年に子供を持たないアメリカの成人（すべての年齢で）を調査したところ、その一一パーセントは子供を持たない大きな理由として気候変動を挙げ、さらに一五パーセントはマイナーな理由として挙げていた。[3] 一八歳から三四歳のあいだの若年層では、その割合はもっと高かった。「この世に子供を産み落として破滅的な状況で無理に生き延びろと強（し）いるのが、どうしても道義にかなうと思えない」と回答した女性もいた。[4] 回答者の六パーセントは、変動する気候の中で未来に絶望し、子供を持ったことを後悔していた。

　こうした見方を「口だけじゃないか」と無視したくなるのもわからなくはない。だが、子供を持つことへの意識に関する実際のデータを調べた最近の調査では、環境保護に熱心な人より環境保護に関心のない人の方が、子供を持つ可能性が六〇パーセントも高いことがわかっている。[5] もちろん、環境保護主義者がどちらかというと子供を持ちたがらないのはそれだけが理由ではないとしても、人々が子供を持つことに不安を抱えていると言う時にそれが出まかせではないひとつの証拠にはなる。子供を持つことへのためらいが「口だけ」ではないとしたら、地球の破滅と不安についての感情も出まかせではないだろう。私自身、そうした感情が本物だとよくわかる。私もまったく同じだったから。私もまた、待ち望む未来なんてないと思い込んでいたひとりだったのだ。

世界をひっくり返すには

私は世界の環境問題を考えることに自分の時間のほとんどを費やしている。それが私の仕事だし、情熱の対象だからだ。でもそれを諦めかけたことがある。

私は二〇一〇年にエジンバラ大学の地球環境科学科に入学した。まだ一六歳で世間知らずだった私は、この世界が直面する最大の課題をどうやったら解決できるかを学ぼうとやる気満々だった。四年後、私はなんの解決策も見つけられずに大学を卒業した。それどころか、永遠に解決できないたくさんの問題の重みをずっしりと背負ったような気持ちだった。大学時代はくる日もくる日も、人間がどれほど地球を荒らしまくっているかを思い知らされた。温暖化、海面上昇、海洋酸性化、サンゴ礁の死滅、飢餓で死にかけるホッキョクグマ、森林伐採、酸性雨、大気汚染、魚の乱獲、石油流出、生態系の消滅。一度として明るいトレンドを耳にしたことなどなかったと思う。

大学時代の私はニュースに追いつこうと意識して努力した。世界の状況をきちんと頭に入れておかなければならないと必死だった。あっちを向いてもこっちを向いても、自然災害や干魃(かんばつ)や飢餓に苦しむ人たちの映像や画像でいっぱいだった。これまでになくたくさんの人が死につつあり、貧困の中で生きる人は増え、飢餓に苦しむ子供たちは歴史上ないほど多いように思えた。自分は

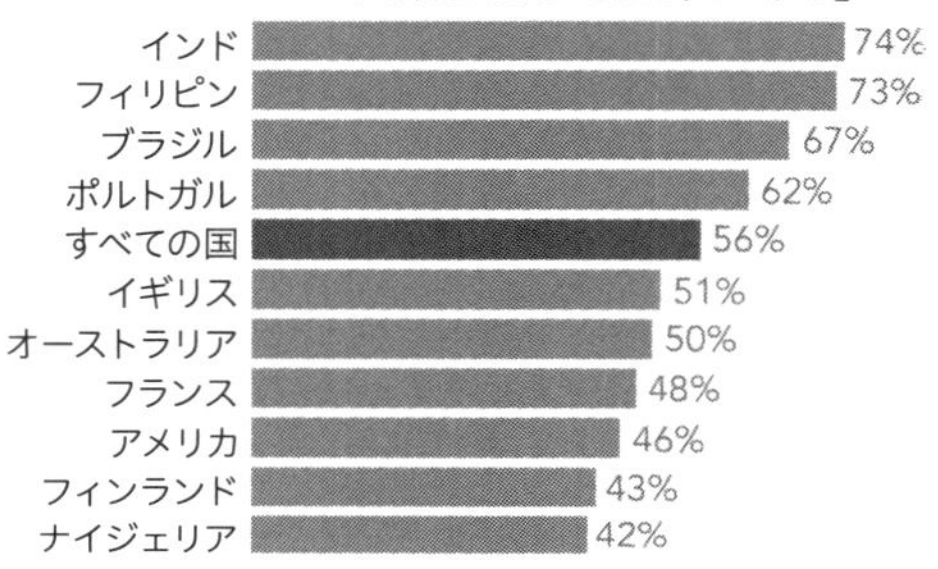

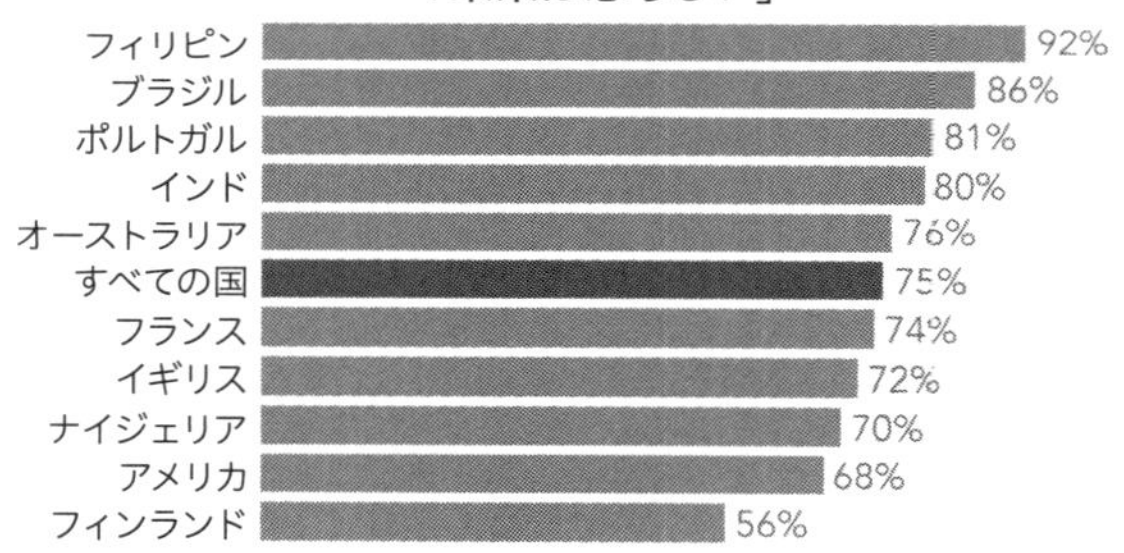

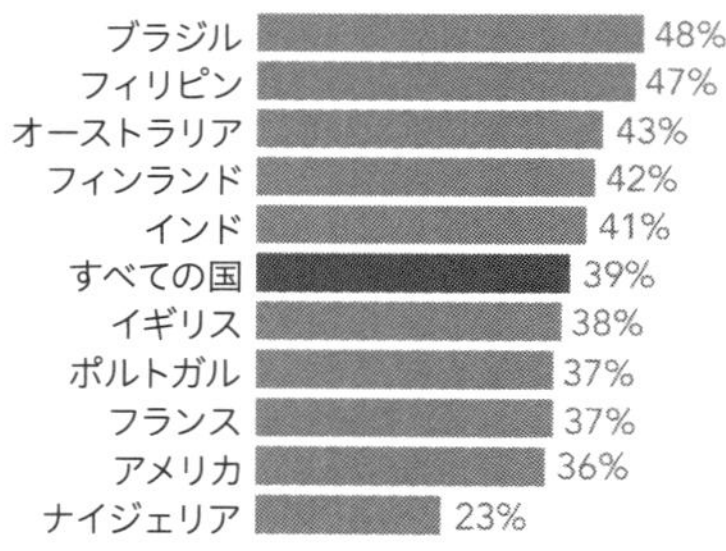

気候変動によって世界が破滅に向かっていると多くの若者は考えている　気候変動によって起きる未来についての質問で、16 歳から 25 歳までの若者の中で次の意見に賛成する人の割合。

人類の最も悲劇的な時代を生きているのだと信じていた。

これから示していく通り、こうした思い込みはすべて間違っている。実際には、ほとんどすべてのケースで、世界はいい方向に向かっている。世界的な一流大学で四年も勉強すれば、そんな基本的なことへの間違った思い込みなど正されるはずだと思われるかもしれない。でもそんなことはなかった。むしろ、間違った思い込みがさらに強く刷り込まれ、講義のたびに人類が地球に対して犯している罪の重みをますます感じるようになっていった。

そのあいだに私は、自分にできることはないと感じるようになっていった。環境への執着に背を向けて、新しいキャリアの道を見つけようとした。そして環境科学とは遠く離れた仕事に応募しはじめた。そんなある晩に、すべてが変わった。テレビの画面いっぱいに丸い泡のようなものが動いている。その円形のものを小柄な男性が追いかけていた。

「私が生きているあいだに、旧植民地は独立し、国が健全になりはじめ、その後もますます健全になっているんですよ。さあ、ここですよ、ここ！　アジアとラテンアメリカの国々は西欧に追いつきはじめてるんです」。赤や緑の円がグラフの上に投影されて、三次元のように浮き上がって見えた。その男性は腕を大きく振って、画面いっぱいに広がる円を押したり引いたりしていた。彼の話しぶりから興奮が伝わって、英語の訛りがどこの国のものかわかりにくかったけれど、おそらくスウェーデンだろうと思った。「そして、そう、こちらがアフリカですよ！」。男性が叫んだ。

その男性こそ、ハンス・ロスリングだった。もしすでに彼をご存じなら、最初に見た時のことをおそらく覚えているはずだ。もしまだご存じないなら、羨ましい。彼の魔法にはじめて出会うチャンスに恵まれているわけだから。ロスリング博士はスウェーデン出身の医師で、統計学者であり、講演のプロでもある。ネイチャー誌に載ったロスリング作品へのレビューは、彼の本質を捉えている。「ハンス・ロスリングに三分触れると、世界の見方が変わる」[6]。ロスリング博士のおかげで、私の世界の見方も変わった。

そう、私の世界の見方は間違っていた。ちょっと違っていたどころじゃない。何もかも悪くなっていると私は勝手に思い込んでいた。そこにロスリング博士が登場し、舞台の上を飛び回り、確かなデータに基づく事実を見せてくれたのだ。私が一八〇度間違っていたとロスリング先生は言っていた。でも自分が愚かだったと思わせないようなやり方で、先生はそのことを伝えてくれた。思い違いをしても無理もないのだ、と。みんなが思い違いをしているのだ、と。ここが最大の見せ場になっていた。知識人や有名経営者、科学者、TEDやグーグルや世界銀行にいるグローバルヘルスの専門家を目の前にして、彼らでさえ世界についての最も基本的な事実をまったく知らないということを、ロスリング博士は見せつけた。しかも聴衆は大喜びだった。彼の動画を見ると、聴衆が自分自身の無知を大笑いしているのがわかる。ロスリング博士には、ほかの人には真似できない、教師としての大らかさがあった。

人間のウェルビーイングを測る上でもっとも大切な指標について、データがどんな真実を私たちに教えてくれているのかを、ロスリング博士は講義の中で説明していた。極度の貧困に暮らす人の割合。幼児の死亡数。教育を受けられる女子の数、または受けられない女子の数。ワクチン接種を受けている子供の割合。世界が発展する中でそれらの変化のデータを俯瞰的に見ることを私たちはこれまでやってこなかった。私たちは日々のニュースに気を取られ、大げさな見出しが私たちの世界の見方そのものになっている。だがそれでは間違ってしまう。ニュースは私たちに何か新しいことを教えるために作られる。個人の物語や珍しい出来事や最新の天災といったことを。ニュースではそんなことばかりを目にするので、珍しい出来事がしょっちゅう起こっているように思えてしまう。でもたいていは違う。珍しいからニュースになるわけだし、それが私たちの注意を惹くからニュースにするのだ。

こうした出来事や記事は重要だ。報道の目的にはかなっている。でも、大局を理解するにはとんでもなく向いていない。世界の土台を形作る多くの変化は、珍しい出来事でもなければ、エキサイティングなことでも、見出しになるようなことでもない。毎日や毎年の積み重ねが何十年と続いたあとで、世界は以前とまったく違う姿になっている。

そのような変化を見極めるには、長期的なデータを俯瞰するしかない。ハンス・ロスリング博士はそうやって社会課題を俯瞰してみた。環境問題に対しても同じことができる。私はこれまで一〇年近く、こうしたトレンドを調査し、書き記し、世に訴えてきた。私は「アワ・ワールド・イン・データ（データで見る私たちの世界）」の研究主任として、貧困から健康から戦争から気候変動まで、あらゆる世界の大きな課題にこのやり方で臨んでいる。私はまた、オックスフォード大学ではちょっとはみ出し者の科学者だ。自分を「はみ出し者」と言うのは、まったく学者らしくないことをやっているからだ。研究者は課題に深く入り込み、できるだけ近づいて細かく分解する。私たちは課題から離れて遠くから見る。

私の仕事は、独自の研究でも科学的なブレークスルーを発見することでもない。すでに私たちが知っていることを理解するのが仕事だ。または、情報を適切に学んでいたらわかったかもしれない事実を理解することだ。そしてそれを、記事やラジオやテレビで、政府機関の中で人々に説明することだ。人々がその知識を使って、世の中を前進させるようにするのが目的なのだ。

ハンス・ロスリングが見せてくれたとおり、ニュースの見出しを見ても、世界の貧困や教育や医療についてほとんどなにも学べないし、今起きている山火事やハリケーンを基にして世界の環境についての考え方を形成しようとしてもまったく役に立たないことに私は気がついた。目の前の最新ニュースをもとに、世界のエネルギー体制を理解しその解決策を導こうとしても、どこにも到達できないだろう。

全体像をはっきりと見ようと思えば、対象からある程度離れた方がいい。少し引いて見ることで、これまでとは本質的に違う、通説をひっくり返して世の中に命を吹き込むような何かが見えてくる。人類はほかの生き物と違って、持続可能な世界を作っていける、独自の立場にいることがわかるはずだ。

地球滅亡を唱えることがなぜ害悪なのか

「みんなに目を覚ましてもらわないといけない。みんなにもっと関心を持ってもらわないといけない」。だから、世界の終わりを示すような環境関連の話を広く世の中に流布させる必要があるのだ、とよく言われる。そうでもしないと、本当に世界の終わりがやって来てしまうから、と彼らは主張する。彼らの言い分はわかる。環境課題の多くについて、私たちはこれまで長い間、夢遊病者のように半分眠った状態で取り組んできたのだから。やらなければならないことをどんどんと先延ばしにしてきた。先延ばしにしても何とかなったのは、環境のインパクトが自分たちの身に降りかかるまでには何十年も、またはもっと長い年月がかかるからだ。でもすでに数十年が過ぎ、今に至った。報いを受ける時がきたのだ。それはすでに起きている。

まずひとつはっきりとさせておきたいことがある。私は気候変動否定派でもなければ、気候変動のインパクトを過小評価する気もない。これまでの人生で、仕事でもそれ以外でも、環境問題とその解決策について研究し、書き、理解しようと努めてきた。世の中に行動への切迫感が足りないとも思っている。世の中に変わってほしいと思えば、考えうる最悪のインパクトに世間の注目を惹きつけることが欠かせない。ただし、そのことと、子供たちに世界は破滅すると教えることには、大きな隔たりがある。

仮に、世界滅亡はちょっと言い過ぎだとしよう。では、そんな言い方が本当に世の中の害になるのか？　誇張によって人々がこの問題に本気で向き合ってくれるようになるなら良い効果しかないし、こうした問題を軽く扱うことへの対抗策になるのかもしれない。それでも私は、もっと効果的で、前向きで、正直な伝え方があるはずだと確信している。

世界が滅亡するという予言を言い募っても、効果より害悪の方が多いと私が考える理由はいくつかある。まず、世界が滅亡するという話には真実でないことが多く含まれている。今すぐには私の言い分を信じてもらえないかもしれないが、この本を読み終えるころにはきっと、問題は大きくて切迫していたとしても、いずれ解決できると思ってもらえるに違いない。私たちには未来がある。「私たち」というのは、種としての人類という意味だ。もちろん多くの人が深刻な影響を受け、中には未来を奪われる人さえいるかもしれない。それでも、その数がどれくらいになるかは、私たちが取る行動にかかっている。真実を知る権利が人々にはあると思うなら、大げさな世界滅亡の話に楯突くべきだろう。

次に、世界滅亡を持ち出すと、科学者が能無しに見える。これまでに大げさな予言で大風呂敷を広げた世界滅亡論者はいずれも、結局は間違っていた。予言が外れるたびに、科学者への信頼が少しずつ失われていく。それは、気候変動否定派の思うつぼだ。一〇年経っても世界が終わらなければ、否定派はそれ見たことかとこう言うだろう。「ほら、インチキ科学者がまた間違った。あいつらの言うことなんてデタラメだ」と。この本のほとんどすべての章には、結局とんでもなく外れていたことがわかった世界滅亡ばなしが挙げられている。

最後に、そしてこれが一番重要な理由だが、世界滅亡が目の前に迫っていると言われたら、私たちはなすすべがないように感じてしまう。もうどうしようもないことが決まっているとしたら、努力しても仕方ないじゃないか、と。世界滅亡を唱えることで、人々を行動に駆るどころか、それとは反対に変化をもたらそうというやる気を奪ってしまう。私自身が、この領域から完全に足を洗おうとしていた暗い時代に、そういう気持ちだったのだ。けれど、世界の見方を変えてみたことで、物事を変えようというやる気が生まれた。つまり、世界の終わりを唱えることは、気候変動を否定することとそれほど変わらないとも言える。

「あきらめる」ことを選べるのは、恵まれているからこそだ。私たちが努力をあきらめて、気温が一度か二度上昇し、時間内に目標を達成できなかったとしよう。裕福な国に住んでいれば、おそらく大丈夫だろう。やすやすというわけではないかもしれないが、深刻な危機はお金で回避できる。けれどもそれほど恵まれていない多くの人たちは、そうはいかない。貧しい国に住む人たちには、みずからを守る余裕はない。気候変動への敗北を受け入れることは、限りなく自分勝手なことなのだ。

気候変動を研究する科学者は負けを受け入れていない。知り合いのほとんどの気候科学者には子供がいる。彼らはくる日もくる日も気候変動を研究し、気候変動について考えている。だが、次の一〇〇年のあいだに世界が終わるなどという考えには屈していない。子供たちが生きられる未来を確かなものにするための時間はまだあると考えている。ＮＡＳＡで気候科学を研究するケイト・マーベル博士はこう言っている。「子供たちが不幸な人生をたどる運命にあるという考えを、科学的にも個人的にもきっぱりと拒絶します」[7]

　彼らは気候変動のインパクトが心配でないと言っているわけではない。もし心配でなければ、そもそも気候変動を研究しないだろう。また、この問題への取り組みが十分だとも思っていない——もう何十年にもわたって、彼らは人々に行動してほしいと働きかけてきた。動きが遅すぎるし、みんなが一緒になって真剣な対策を進めなければ、最悪の状態に陥りかねないと彼らのほとんどが言うだろう。それなら彼らはなぜ、まだ何かできることがあると楽観的でいられるのだろう？　考えられる理由はいくつかある。ひとつは、１・５度と２度という気温上昇抑制目標が何を意味するかについて、誤解があることだ。この目標を閾値（いきち）と考えるのは間違いだ——１・５度を超えたら世界が終わるというのは、真実ではない。１・５度という数字に特別な意味があるわけではない。１・４９９度なら生物が生き延びられるのに、１・５度を超えたとたんに地球に住めなくなるなんてことはない。１・５度から２度のレンジに達しはじめたら、転換点が訪れて非連続的な気候インパクトのリスクが格段に高まるということだ。だから、１・５度がオールオアナッシングの閾値ではない。実際には、そのレンジに入ってきたら、０・１度ずつの上昇のたびにさらに重要性が増すことになる。多くの気候科学者がこうした数字を「目標」と考えている点が大切だ。目標を達成できたら素晴らしいけれど、もし達成できなくても努力し続けなければならない。

このポイントはささいなことのように思えるかもしれないが、重要な点だ。現実には1・5度を超えるのはほぼ間違いないと思われる。ほとんどの気候科学者はそう予想している。もし人々がこの数字を世界滅亡の閾値だと思っていたなら、もちろん世界が終わると感じても無理はない。

一部の気候科学者がそれほど悲観的でないもうひとつの理由は、風向きは変わると彼らが信じていることだ。この数十年は彼らに逆風が吹いていた。彼らはほぼ無視されてきた。ただ恐れを煽（あお）っているだけの滅亡論者のように扱われることも多かった。けれどやっとここにきて世界は気候変動の現実に目覚め、人々は行動しはじめた。実際に起きた変化を目にしてきた気候科学者は、世の中は変わりうることを知っている。勝ち目のない中で、これまでに変化を起こさせてきたのは、彼らなのだから。

この世界は今すぐもっと前向きになった方がいい

かつて私は、楽天家は世間知らずで悲観論者は賢いと思っていた。悲観論は科学者に必須の性質のように思えたのだ。科学の基本はあらゆる結果を疑い、理論にケチをつけ、どれが最後に残るかを見極めることだと思っていた。粗探しが科学の基本原則のひとつだと思っていた。

おそらく、そこにいくらかの真実はあるかもしれない。でも科学はそもそも楽天的なものでもある。でなければ、成功の確率が極めて低いのに、いそいそと何度も実験を繰り返す気になれるはずがない。科学の進歩はうんざりするほど遅い。天才たちがひとつの問いに全人生を費やしても、答えが出ないこともある。それができるのは、すぐそこに突破口があると希望を抱いているからだ。答えを見出すのが自分ではない可能性が高くても、チャンスはゼロではないと信じている。もしあきらめたら、可能性がゼロになってしまう。

それなのに、悲観論の方が知的で、楽観論は間抜けっぽく聞こえてしまう。私は自分が楽天家だと認めるのが恥ずかしい。楽観的だと、人に尊敬される度合いがちょっと下がってしまうような気がするからだろう。でもこの世界はもっと多くの楽観論を切実に必要としている。問題は、楽観論が「盲目的な楽観論」と思われがちなことだ。つまり、ただ物事がよくなるといった根拠のない信念と混同されてしまうのだ。盲目的な楽観論は本当に間抜けだし、危険でもある。もしふんぞり返って何もしなければ、大丈夫なはずがない。私の言う楽観論は、そういうものではない。

楽観的な姿勢とは、困難な挑戦を進歩のチャンスとして捉えることだ。世の中を変えるために私たちにできることがあると自信を持つことだ。私たちは未来を作れるし、私たちが望めば素晴らしい未来を作ることができる。経済学者のポール・ローマーはこう上手に区別している。[8]「ひとりよがりな楽観論」と「条件付きの楽観論」は違う。ローマーいわく、ひとりよがりの楽観論は、プレゼントを待っている子供の気持ちのようなものだ。条件付きの楽観論は、ツリーハウスを建てようと考えている子供の気持ちに近い。「木材とくぎを手に入れて、ほかの子供たちを説得して仕事を助けてもらえたら、すごくかっこいい何かを作れるかもしれない」

この「条件付き」または効果的な楽観論はほかの言葉で表されることもある。「差し迫った楽観論」「実践的な楽観論」「現実的な楽観論」「せっかちな楽観論」といった言い方も聞いたことがある。こうした表現はいずれも気持ちと行動に基づいている。

悲観派の方が賢そうに聞こえるのは、ゴール位置を動かして間違いを避けているからだ。破滅論者は、世界は五年で終わると予言して実際に終わりがこないと、その期限を延ばすだけだ。一九六八年に『人口爆弾』を著したアメリカ人生物学者のポール・R・エーリック*は、もう何十年もそうやってきた。[9] 一九七〇年に「今後一五年のうちに終末がやってくる」とエーリックは言った。「『終末』というのは、この地球が人類を支えることができなくなって崩壊するという意味

*ポール・R・エーリックはアメリカ人生物学者である。免疫学の研究でノーベル賞を受賞したドイツ人医師のパウル・エールリヒ（Paul Ehrlich）とは別人であることに注意してほしい。ドイツ人医師のエールリヒは二〇世紀初頭に梅毒の治療法を発明し、多くの命を救った。ポール・R・エーリックとはまったく違う。

だ」と。もちろん、それはとんでもない間違いだった。彼はこんな予言もしていた。「イギリスは二〇〇〇年には存在しなくなっている」。これも違っている。エーリックはひたすら期限を後ろにずらし続けるだろう。悲観論は安全なのだ。

一方で、批判は悲観論とは違う。効果的な楽観論に批判は欠かせない。アイデアを叩くことで一番有望なものを見つけられる。たとえ自分ではそう言わなくても、世界を変えたイノベーターのほとんどは楽天家だ。だが同時に彼らは猛烈に批判的でもある。トーマス・エジソンやアレクサンダー・フレミング、マリー・キュリーやノーマン・ボーローグほど自分のアイデアをこきおろせる人間はいない。

世界の環境問題に本気で取り組むつもりなら、もっと楽観的になった方がいい。解決できるはずだと信じなければならない。これから見ていくとおり、それは夢物語ではない。物事は変わっているし、もっと差し迫った気持ちで変化を加速させなければならない。

私たちは持続可能な世界を実現する最初の世代になれるかもしれない

「ラスト・ジェネレーション」はドイツの活動家同盟で、この名前は持続不可能な世界によって私たち人間が絶滅するかもしれないという主張に由来している。政府に行動を強制するため、この同盟の一部では数カ月にわたるハンガーストライキを行った活動家もいた。だがこれは中途半端に終わってしまった。結局病院に担ぎ込まれた活動家もいた。焦りを感じているのは彼らだけではない。「エクスティンクション・リベリオン（絶滅への抵抗）」という世界的な環境活動組織もまた、同じ想いの上に作られた。以前に行われた調査結果からも、私たちが「最後の世代（ラスト・ジェネレーション）」になるという想いは多くの若者が考えていることとかけ離れていないことがわかっている。

しかし私は、彼らとは正反対の世界観を持ちたい。私たちが最後の世代になるとは思わない。証拠はそれと正反対を指している。私たちは「最初の世代」になると思っている。この世界の環境を、私たちが生まれ育った頃より良い状態にして次に残すことができる、最初の世代になるチャンスがある。人類の歴史の中で持続可能な世界を作る最初の世代になれる（それが信じられないのもわかる。もう少し、私の説明を聞いてほしい）。ここで言う「世代」とは緩やかな意味だ。私の世代は環境問題の影響を色濃く受けている。気候変動が注目されはじめたのは、私が子供の頃だった。世界的なエネルギー転換のまっただ中で私は大人としての人生のほとんどを過ごすことになる。一〇〇パーセント化石燃料に依存していた国々が化石燃料ゼロに転換するのを見ることになるだろう。各国政府が約束した「二〇五〇年目標」を達成し、ネットゼロカーボンを実現する頃、私は五七歳になっている。この本を書きながら、私は、世界が変わるのを見たいと思っている世代の代表のような気持ちになっている。

でももちろん、このプロジェクトには数世代が関わることになるだろう。私の上の数世代――

親や祖父母——と下の数世代、つまり未来の子供たち（とおそらく孫たち）だ。上の世代は地球を破壊したと責められている。若い世代はヒステリックで怒りっぽいと思われている。でもつまるところ、ほとんどの人は子供たちや孫たちが生き生きと過ごせるようなより良い世界を作りたいと思っている。だから、そんな世界が実現できるよう、みんなで力を合わせないといけない。この転換には私たちみんなが関わることになる。

この本『これからの地球のつくり方』の中で、私たちが持続可能な世界を実現できる最初の世代になれると思うのはなぜかを説明したい。環境問題をひとつひとつ深掘りし、その歴史と現状を見つめ、より良い世界に続く道筋を展開しようと思う。ほとんどの章の冒頭には、以前に見たことのあるような、人の目を引く——有害な——見出しを持ってきた。そして、それがなぜ間違っているかを説明するつもりだ。地球の健康を害するような、「すべきでないこと」についてはに耳にタコができるほど聞かされている。私は、本当に世界を変える効果のあること、私たち全員が目を向けるべきこと、そしてあまり心配する必要のないことについて、大事なことを書き出した。

まずは頭上の大気からはじまり、そこから降りていき、持続可能性を実現するために解決すべき七つの環境危機について取り上げる。最初に大気汚染について見たあと、気候変動に目を移す。それから地上に移って、森林破壊、食糧、この地上に住むほかの種の生活を見ていく。次に海に移って海洋プラスチックを見たあと、最後に海の中に深く潜って、世界の魚の現状を探っていく。

環境問題は重なり合っている。私たちが何を食べるかは気候変動にも、森林破壊にも、地球上のほかの生き物の健康にも大きく影響する。人間が農場でできた作物をもっと食べるようになれば、海の魚への圧力は弱まる。化石燃料を燃やすと気候変動が加速するだけでなく、大気を汚染し私たちの健康は害される。どの環境問題も孤立した出来事ではない。皆さんがこの本を読み終える時には、すべてがつながっていることをよりはっきりと理解し、私たちの手の中にある最も重要な解決策のいくつかは複数の問題を一度に解く鍵になり、これが未来にとってどれほど価値あることかをおわかりいただけると願っている。

心に留めるべき六つのこと

本書で取り上げる課題は複雑だ。気持ちのいいものでもない。しかも、残念ながら私がここに書いた主張やデータを悪意を持って逆手に取る人もいるかもしれない。ここに、本書を読むにあたっての六つの心得を挙げておく。

(1) 私たちの目の前には大きくて重要な環境問題がある

意外かもしれないが、多くの環境問題について正しい方向に向かっている傾向は一部に見られる。無責任な人たちはそうした前向きな傾向を利用して、「ほらみろ、落ち着けよ。何の問題もないじゃないか」と言う。

私はそうは思わない。目の前には本当に大きな環境問題がある。それらに取り組まなければ、残酷なほど不平等で悲惨な結末が待っている。私たちは行動しなければならない。その取り組みは世界規模でなければならない。しかも、これまでよりはるかに素早く動く必要がある。

（２）環境問題が人類の存亡を左右する最大のリスクでないからといって、それに取り組まなくていいことにはならない

気候変動や、そのほかの環境問題のせいで、種としての人類が絶滅するとは私は思わない。それよりも、核戦争や世界的な感染症やＡＩの方が人類の存亡にとってはるかに大きなリスクだろう。これを理由に気候変動にそれほど注力しなくていいという人もいる。「危険なウィルスや核戦争の脅威に対応すべきなのに、どうして環境問題なんかに力を入れるんだ？」と。

だがこれはおかしな言い分だ。地球には八〇億の人がいる。ひとつやふたつの問題に同時に取り組むことはできる。しかも、気候変動によって、こうした人類存亡にかかわる脅威のリスクが高まるとも言える。気候変動の悪影響を減らせば、ほかのリスクも減らすことができる。

それに、人類存亡の危機でなくても、本気で取り組むべき問題はある。環境被害のリスクは深刻だ。数十億という人々に影響を与える大きな問題だ。そして、人類の大部分にとって、本当に生きるか死ぬかの問題でもある。

(3) 複数の考えを同時に持つ必要がある

複数の考えを同時に持つことは、曇りのない目で世界を見て真に効果的な解決策を生み出すために欠かせない。ものごとが改善しているからといって、私たちの仕事が終わったことにはならない。

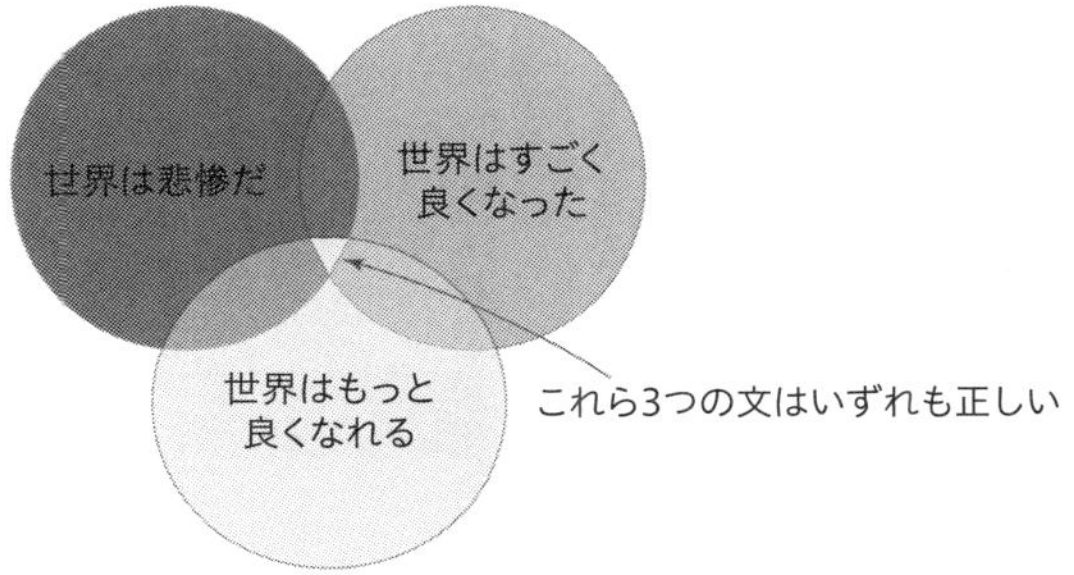

ひとつ例を挙げよう。一九九〇年以来、幼児の年間死亡数は半分以下になった。これは偉業と言っていい。でもこの重要な事実をオンラインに上げると、こんな反応が返ってくる。「あぁ、それなら毎年五〇〇万人の子供が死んでもいいってこと?」。もちろん、いいわけがない。五〇〇万人もの子供が亡くなっていることは、この世界の最悪の事実だ。だがこのふたつの事実は同時に成り立つ。私たちは目覚ましい進歩を成し遂げたけれど、まだ先は長い。同僚のマックス・ローザーが言うように、「この世界はすごく良くなった。でもまだ悲惨だ。もっと良くなれる」[10]。この三つのいずれも真実なのだ。

最初の事実を否定すること、つまり進歩を否定すれば、さらに前進を続けるための重要な教訓を失うことになる。それに、世の中を変えられるという希望を奪ってしまうことになる。

この本で、改善トレンドを挙げるたびに「でも、なにもかも完璧ってわけじゃないんです」といちいち言い訳していたら、読者はうんざりするし同じことの繰り返しになってしまう。だから、これがすべての前提だと思ってほしい。改善している、と書いていても、今のままでいいと言っているわけではない。

（4）いずれも必然ではないが、可能ではある

これまでの歴史と今の私たちがいる世界の現状にそって、これから進む道を提案しようと思う。私の提案は予言ではなく、可能性だと思ってほしい。

これは大切な違いだ。私は未来に何が起きるかを知らない。未来は、私たちがどれほど迅速に行動できるか、私たちにいい判断ができるかにかかっている。私には、最善の選択肢を提示することしかできない。この本を通して、人々が最善の選択肢を選べるように背中を押す助けになればと願っている。

（5）油断している余裕はない

私たちはともすれば油断してしまう。アクセルを踏む足をゆるめ、新しい喫緊の問題が現れると別の道にフラフラと向かってしまう。だがそれではいけない。

二〇二二年にロシアがウクライナに侵攻した時、多くの国がロシアに背を向けて燃料輸入を絶

ったため、エネルギー価格が高騰し、グローバル経済は混乱に陥った。各国政府は先を争ってほかのエネルギー源を手に入れようとし、石炭に戻って古い発電所を再稼働させた国もあった。

これは気候対策を後戻りさせるような残念な行動だった。だがこれは一時期だけだったようだ。炭素排出量の増加が数カ月続くと、ヨーロッパの石炭消費は再び減少し、再生可能エネルギーへの移行はこれまでになく加速している。ロシアのウクライナ侵攻は、各国政府にとってこれまで以上に化石燃料を排除して、自分たちがコントロールできる低炭素エネルギーに投資する理由になった。

ここにふたつの重要な教訓がある。ひとつは、持続可能な世界を目指す途上にはかならず、一時的な揺り戻しがあるということだ。環境問題の解決に努力する中で、やむをえず立ち止まらなくてはならない事態に遭遇することもあれば、後退を余儀なくされることもあるだろう。それは仕方ないと覚悟して、そうなった時にパニックにならないように。私たちの行く末は、これからの三カ月ではなく、これからの数十年で私たちが何をするかにかかっている。

次に、突発的な出来事に対応できるようなシステムを構築する必要がある。化石燃料に頼って経済を動かす仕組みでは、燃料生産者の言いなりになるしかない。

(6) あなたはひとりじゃない

できることなら昔に戻って若かった私を抱きしめてあげたい。長い間、私は、こうした問題にひとりで必死に立ち向かっているような孤独を感じていた。逆風はますます強まっている気がした。もしあなたが今、そんな風に感じているとしたら、この本は私からあなたへの呼びかけだと思ってほしい。この旅の中であなたはひとりではないことを教えたかった。より良い未来を作るために頑張っている人はたくさんいる。中には注目を浴びる人もいる。でもほとんどはあなたの目に触れないところにいる。彼ら彼女らは大企業の取締役室で企業戦略を変えるために闘っている。政府の中で政策を作っている人もいる。研究室で太陽光パネルや、タービンや電池を作っているエンジニアもいる。持続可能な食糧生産の方法を生み出そうとしている人もいる。

周りを見回せば、どんな階層にもそんな人がいる。地域コミュニティーにいる個人から影響力のある決断を下す世界のリーダーまで、逆風の中を進んでいる。その多くは不安を抱きながらも、決意に満ちている。自分たちの今日の行動が明日の世界を変えるのだという前向きな姿勢を、彼ら彼女らは持っている。

この本を書きはじめた時、私は若い頃の自分の写真を紙に印刷して、コンピュータの脇に貼り付けた。一〇年前の自分が必要としていたのが、この本だ。ほぼ一〇年にわたる研究とデータの集大成が私に環境問題をよりはっきり見せてくれ、新しい世界観を与えてくれたおかげで、私はとても暗い場所から抜け出すことができたのだ。もしあなたが今暗い場所にいるとしたら、この本がそこから抜け出す道を示してくれることを願っている。

1章　持続可能な世界——方程式の前半と後半

この世界が持続可能であったことはない

あれやこれやの環境問題について論じる前に、不都合な真実を皆さんにお伝えしておかなければならない。この世界がこれまで持続可能だったことは一度もない。私たちがやろうとしているのは、前例のないことなのだ。なぜ持続可能でなかったかを理解するには、「持続可能性」の意味を考える必要がある。

持続可能性という言葉のこれまでの定義は、国連がまとめた有名な報告書にもとづいている。一九八七年に国連は、持続可能な発展とは、「現在人々が必要としているものを手に入れることができる一方で、未来の世代が必要とするものを犠牲にしない状態」だと定義した。この定義は前半と後半に分かれている。前半は、今世界にいるすべての人——現在の世代——が良質で健康な生活を送れること。そして後半は、未来の世代が生きる環境を劣化させないような生き方を私たちが担保することだ。ひ孫の世代から良質で健康な生活を奪うような、環境への被害を引き起こしてはいけない。

この考え方には異論もある。環境面だけに焦点を当てた持続可能性の定義も存在する。オックスフォード英語辞典によると、持続可能性とは「環境的に持続可能な状態――長期的に天然資源を枯渇させずに、プロセスまたは組織が維持される、あるいは続いていく状態」とされている。簡単に言えば、「あなたの今日の行動が明日の環境を破壊しないように気をつけなさい」ということだ。なかには、人間が必要とするものを手に入れることができる状態を必須の条件としない定義もある。環境保護主義者の私としてはもちろん、後半がとても大切だと思っている。つまりそれは、この地球への被害をとどめることだ。でも倫理的な気持ちの上で、前半を無視することはできない。避けられるはずの今の世の中の人々の苦しみが存在するからだ。

こうした定義についてあれこれと異論が乱立する背景には、例の定義の前半と後半が両立し得ないという思い込みがある。今いる人間のウェルビーイングを取るか、環境保護を取るか、ふたつにひとつだと思われているためだ。ということは、一方を優先すれば他方が犠牲になるし、「持続可能性」のためには環境を優先しなければならない、と。確かにこれまではそうだった。だけどこの本では、私たちの未来には「こちらを立てればあちらは立たず」という二律背反はなくなることを、一貫して主張している。このふたつを同時に達成することは可能で、そうなれば定義についての言い争いも少なくなるはずだ。それでも環境優先の定義を取りたいのなら、今の人間の繁栄を「ありがたいおまけ」として考えてほしい。

　この世界がこれまで持続可能であったことはない。なぜなら、先ほどの両方を同時に達成してこなかったからだ。環境だけに注目すると、目の前の世界は持続不可能になっているように見えるかもしれない。足元だけを見ると、炭素排出量にしろ、エネルギー使用量にしろ、乱獲にしろ、増えるいっぽうだ。だから、かつて世界は持続可能だったのに、私たちが環境を破壊したせいで世界のバランスが崩れてしまったと考えてしまう。でもそれは誤った結論だ。これまでの数千年にわたって、農業革命以降はもちろんそれ以前から、人類が環境面で持続可能であったことは一度としてない。私たちの祖先は何百種類もの大型動物を狩猟によって絶滅に追い込み、木や農業廃棄物や石炭を燃やして大気を汚染し、燃料や農地のために大量の森林を伐採してきた[1-3]。

　ほかの生き物や周辺環境と共生できるようなバランスを実現できた時期、またはそうしたコミュニティーがなかったわけではない。なんとか環境と共生し、生物多様性と生態系を守ってきた先住民族は多い[4,5]。先住民族の生き方の核には地球への敬意が宿っている。ネイティブ・アメリカンのことわざにもあるように、「必要なものだけを取り、その土地を見つけた時のままに保ちなさい」の精神がそこにある。また、大昔のケニアにもこんなことわざがある。「大地にやさしくしなさい。大地は両親からの贈り物ではなく、子供たちからの借り物なのです」。まずここが、持続可能性を理解する上での出発点になる。現代における持続可能性の定義は、こうした美しいことわざをより学術的かつ厳格に言い換えたものにすぎない。

とはいえ、かつて環境的な持続可能性を実現したコミュニティーはいずれも小規模だった。それは乳幼児の死亡率が高かったからだ。だから、人口がそれほど増えなかった。

生まれてくる子供の半分が亡くなる世界は、「今の世代のニーズ」を満たしていないし、それゆえに持続可能とは言えない。

ここが難しいところだ。この世界の誰もがいい生活を送れるようにしなくてはならないし、それと同時に未来の世代がさらに繁栄するように環境へのインパクトを減らさなければならない。ということは、これまでにまだ誰も実現したことのない領域に、私たちは踏み込むということだ。これまでのどの世代も、このふたつを同時に実現するための知識も技術も持たず、そのための政治体制も国際協調も存在していなかった。だが私たちには、持続可能性を実現する最初の世代になれるチャンスがある。そのチャンスを一緒につかんでほしい。

生きるのに今よりいい時代はない

かつての私は、人類のもっとも悲劇的な時代を生きていると思っていたけれど、今では最高の時代を生きていることに確信を持っている。こんなにいい時代はこれまでなかった。もし八年前にそんなことを言われていたら、きっと鼻で笑っていただろう。実は、ハンス・ロスリングが画面越しにそう言ったのを見た私は、もう続きを見なくてもいいやと思ったくらいだった。どこの惑星の話をしてるの？　ってな感じだった。

でも、これは真実なのだ。そして、ウェルビーイングを測る七つの主要指標のデータとその進捗を見れば、あなたも気が変わるのではないだろうか。

（1）乳幼児の死亡率

子供の命を救ってきたことは、これまでの人類最大の功績だ。死には自然の順序があると大半の人は思っている。年寄りは若者より先に死ぬ、と。だがこの順番はとても最近になってできあがったものだ。子供が親よりも長生きするというのは、「自然」なことではない。それは私たちが必死に闘って手に入れたことなのだ。

人類の歴史上ほとんどのあいだ、人が大人になるまで生き延びられる確率は五分五分だった。子供のおよそ四人にひとりは一歳の誕生日を迎えられず、残ったうちのひとりは思春期を迎えられなかった。[6] それが当たり前だった。どの地域でもいつの時代でも、子供が死ぬのは普通のことだった。[7] エリートたちでさえ、子供が大人になるための方法を金で買うことはできなかった。ローマ皇帝のマルクス・アウレリウスには一四人の子供がいた。そのうち九人はアウレリウスよりも先に亡くなった。チャールズ・ダーウィンは三人の子供を失っている。狩猟採集社会でも、その割合は同じだった。近代の狩猟採集社会についての二〇の異なる研究と考古学記録における死

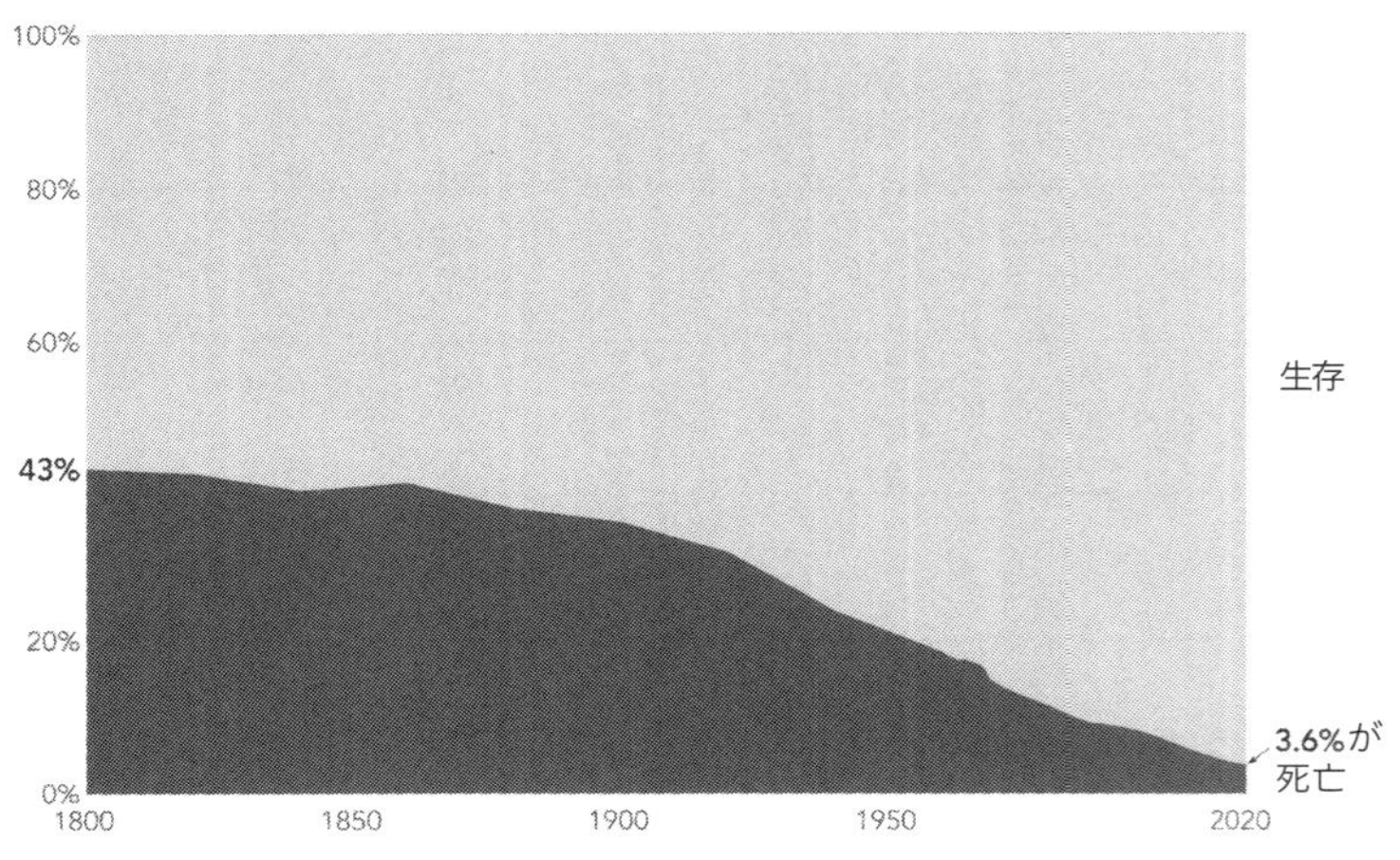

子供を死から救えるようになったのは、ほんの最近の出来事だ　グローバルな乳幼児の死亡率：生まれてから5歳を迎える前に亡くなる子供の割合。

亡率を調べたところ、少なくとも四人にひとりは乳幼児期に亡くなり、半分は思春期を迎える前に亡くなっていたことがわかっている。[8]

直近の数世紀になるまで、子供を死から救う手立てはほとんどなかった。幼児の死亡率が下がりはじめたのは、きれいな水、適切な衛生環境、予防接種、栄養、そのほかの医療の進歩がやっと実現されてからのことだった。一八〇〇年まで、世界中の子供の四三パーセントは五歳の誕生日を迎えられなかった。[9] 今、その割合は四パーセントだ——いまだに痛ましいほど高い割合だが、それでもかつてに比べたら一〇分の一になった。

これは豊かな国だけの傾向ではない。この五〇年間にすべての国が例外なく大きな進歩を遂げている。マリでは一九五〇年代に乳幼児の五歳未満死亡率が四三パーセントだったが、今はそれが一〇パーセントだ。インドとバングラデシュでも、子供の死亡率は三人にひとりから三〇人にひとりに下がっている。

下がっているのは割合だけではない。亡くなる子供の絶対数も下がっている。私が生まれた一九九三年には、およそ一二〇〇万人の五歳未満の子供が亡くなっていた。それ以来、この数は半分以下に減っている。もちろん、やるべきことはまだ多い──五〇〇万人もの子供が毎年亡くなるというのは悲劇だ──それでも、私たちは考えられないことを成し遂げた。子供の死がこれほど珍しいことになるとは、私たちの祖先は想像もできなかったに違いない。

(2) 妊産婦の死亡率

母が合併症を伴う出産で弟を産んだ時、祖母からこんなことを言われた。「あなた、私の時代だったら普通に死んでたわよ」。わずか数世代のあいだに、妊娠は一〇倍──国によっては一〇〇倍も──安全になった。[10]
母が出産によって命を失う確率は、一万分の一だった。[*] 祖母の時代、その確率は母の時代の二倍を超えるほど高かった。曾祖母の時代はなんとその三〇倍も高かった。今、ほとんどの国では、妊娠出産が原因で命を落とす確率は非常に低い。

＊ここではイギリスのデータを使っている。こうした国の平均値は母や母以前の世代の個人の特有リスクを直接に反映するものではないが、一般的にどの程度だったかを教えてくれるものとしては有用だ。

妊産婦の死：妊産婦死亡率はこの数世紀に激減している　10万件あたりの妊娠出産に伴って死亡する女性の数。

(3) 寿命

イギリスの平均寿命は一九世紀まで、三〇歳から四〇歳のあいだにとどまっていた。[11] 二〇世紀がはじまる頃になってもまだ、ちょうど五〇歳だった。平均寿命が七〇歳になったのは二〇世紀の中頃だった。二〇一九年にはそれが八〇歳を超えた。二〇〇〇年のあいだに平均寿命は倍になった。[*] これほど平均寿命が延びたのは、乳幼児の死亡率が下がったこと「だけ」が理由ではない。すべての年齢層で、寿命は延びている。

また、この平均寿命の延びは世界中で見られている。二〇世紀のはじまり以来、世界の平均寿命は三〇歳前後から七〇歳を超えるまでに延びている。最貧国でも平均寿命は大幅に延びた。ケニアとエチオピアとガボンの平均寿命は六七歳だ。アフリカのサブサハラ〔サハラ砂漠より南の地域〕全

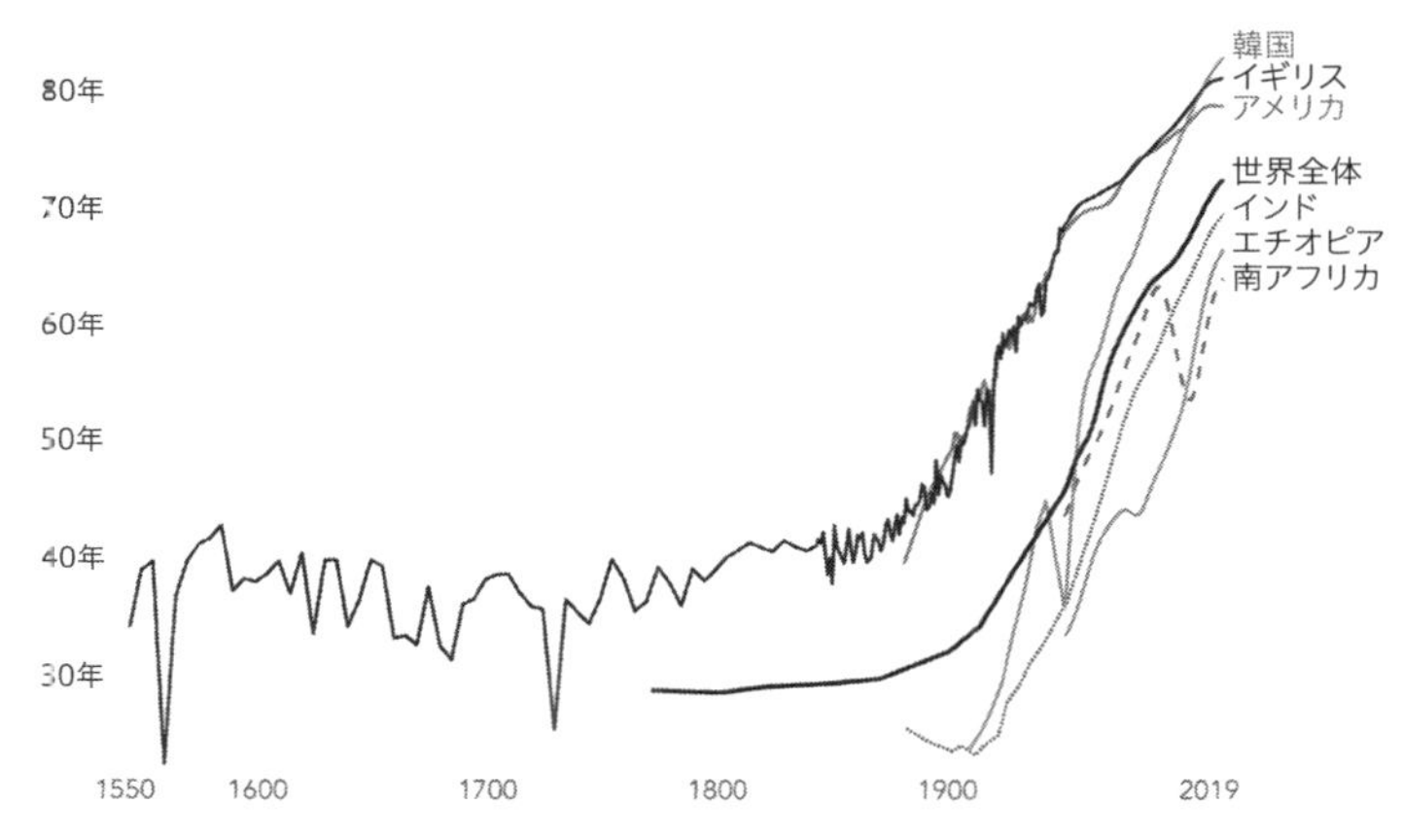

世界中のあらゆる地域で寿命は延びている　出生時の平均寿命とは、年齢別死亡率が現在のままと仮定した場合に、新生児が生きられる期待年数の平均を指す。

体の平均は六三歳である。

（４）食糧不足と栄養失調

人類の歴史のほとんどのあいだ、私たちの祖先にとっては毎日が家族を食べさせていくための闘いだった。作物の収穫量は少なく、食べ物の供給は限られていた。干魃、洪水、害虫被害など、不作の季節が一度でもあると、みんなが飢えに苦しんだ。

食糧不足と飢餓はいつものことだった。農耕社会への移行以前は、多くの民族とコミュニティーでは充分な栄養が手に入っていたのかもしれないが、それを確かめるすべはない。確かなのは、農業が発祥してからは少人数の集団が拡大して村になり、食糧供給の見通しが立たなくなったということだ。食い扶持は増え、遠征で食糧を探せる範囲は狭まり、収穫量は季節ごとの天候に左右された。どうやっても食糧不足と飢餓から逃れることはできそうになかった。だがこれも、二〇世紀の最後の数十年で様変わりした。幾度かの破滅的な飢餓を経てもなお、農業技術の進歩によって生産性は大幅に上がり、人々はギリギリの暮らしから解き放たれた。

一九七〇年代には、途上国に住む人の三五パーセントは充分なカロリーを摂取できなかった。だが二〇一五年までにその割合は三分の二の一三パーセントまで下がった。まだ大きな問題を抱える人は多い。二〇二一年に充分な食べ物を手に入れられない人は七億七〇〇〇万人、つまり一〇人にひとりもいる。[12] だが、これは避けられる問題だ。今世界では必要とされるよりはるかに多くの食べ物が生産されている。飢えをほぼ撲滅した国も多い。すべての国がそうできるように、私たちが努力する必要がある。

(5) 生きるのに必要な資源へのアクセス――浄水、エネルギー、衛生

人類の歴史上ほとんどのあいだ、私たちは川や渓流や湖から水を摂取してきた。その水が清潔かそうでないかは、くじ引きのようなものだった。病気は生活の常だった。子供は下痢や感染症で亡くなった。多くの貧しい国では今もそうだ。清潔な水資源や衛生的な環境へのアクセスは、毎年数千万かそれ以上の命を救ってきた。

二〇二〇年、清潔で安全な水資源を手に入れることができたのは人口の七五パーセント――二〇〇〇年の六〇パーセントから増加している[13]――で、九〇パーセントには電気がつながっていた。[14]

電気を贅沢品——天然資源の無駄遣い——と考える人もいるかもしれないが、健康で生産的な生活に電気は欠かせないものになっている。ワクチンや医薬品を低温に保つこと、病院の機器を動かし続けること、一日中家事に追われることなく料理や洗濯をこなすこと、食べ物を冷やして腐らせないこと、子供が夜に勉強できるように灯をともすこと、街の安全を確保することに電気は必要だ。

衛生環境とクリーンな調理燃料へのアクセスに関しては、進歩は遅い。安全なトイレがあるのは人口の五四パーセントで、クリーン燃料が手に入るのは全体の六〇パーセントだ。人々がこうした資源を確実に手に入れられるようにしなければならない。どの指標を見ても、トレンドは一貫して上向きだ。毎日新たに三〇万人が電気につながり、同じくらいの人数がはじめてきれいな水を手に入れている。この一〇年間、毎日それが続いている。

＊「平均寿命」の意味をここではっきりさせておこう。平均寿命とは、人間が生きることができる年数の期待値を指す。寿命にはふたつの一般的な測り方がある。ひとつは、同じ年に生まれた人たちの集団（コホート）の寿命の平均を取る「コホート平均寿命」である。ある年に生まれた人の集団を追跡し、それぞれが死亡した正確な日付を記録すると、このコホートの期待寿命を計算できる。この集団のすべての人の死亡時の年齢の平均が、期待寿命となる。だがこの実践はなかなか難しい。この集団に属する個人をひとりひとり死ぬまで追跡しなければならないからだ。一方で、より広く使われている計測法が、「期間平均寿命」である。これは、ある年における年齢ごとの死亡率から平均寿命を推定したものだ。期間平均寿命は将来の寿命の変動を考慮に入れない。ここでの平均寿命とは、期間平均寿命を指すことにする。

（6）教育

私は学校を卒業するチャンスをもらえたことがどれほど幸運か知っている。女子であることで、一層そう感じる。西側世界にいる私たちはもっと、教育を受けられる立場にいることの幸運に感謝すべきだ。私たちが、より良い医療、テクノロジー、つながり、画期的なイノベーションの存在する世界を作れるかどうかは、教育と学習の力にかかっている。

一八二〇年には、基礎的な識字力を持つ大人は世界中で一〇パーセントしかいなかった[15]。二〇世紀に入って、それが急速に変わった。一九五〇年までに、文字を読める大人の数は読めない大人より多くなっていた。今では識字率は九割近くになっている。ハンス・ロスリングの二〇一四年のTEDトークの中で、最も正解率が低かった質問が「世界中のすべての低所得国に住む女子のうち、どのくらいが小学校を卒業できるでしょう？」というものだ。ほとんどの人は二〇パーセントと答えた。正解は六〇パーセントだった。この割合は二〇二〇年までに六四パーセントに上がっていた。低所得国の男子のうち小学校を卒業できる割合は女子より高い六九パーセントだ。ほとんどの国では――最貧国の多くにおいてさえ――、女の子が小学校を卒業して基礎的な教育を受けられる可能性はそうでない可能性より高い[*]。

（7）極度の貧困

世界のどこでも、今極度の貧困の中で生きる人は皆、そこから抜け出したいと思っている。

国連は「極度の貧困」の定義として、国際的な貧困線である一日あたり二ドル一五セント未満の基準を使っている。世界中の物価差で調整すると、この基準はアメリカで二ドル一五セントで買えるものに等しい。これは文字通り、極度な貧困を示す基準で、もっとも貧しい状況にいる人々を特定するために使われる。人類の歴史のほとんどのあいだ、ほぼすべての人が悲惨な貧しさの中で暮らしていた。一八二〇年には世界の四分の三を超える人口がこの貧困線より下と同等の生活をしていた。[16] 今その割合は一割を下回っている。[†]

極度の貧困に生きる人の割合は下がっても、その数は増えているという主張を私は聞いたこと

＊もちろん、私たちが興味のある教育についての指標はこれだけではない。重要なのは学校教育の長さだけでなく、教育と学習の質でもある。この点では懸念も多い。最貧国ではほとんどとは言わないまでも多くの子供が読み書きができないまま学校を卒業する。https://ourworldindata.org/better-learning

学校に通っているからといって、学びが多いとはかぎらない。これは女子だけの問題ではない。すべての子供に言えることだ。基礎教育を受けられることは出発点だ。まず、学校に通うことが必要になる。その次に、子供たちが受けるべき質の高い教育を担保する手立てを見つけなければならない。

†ひとつはっきりさせておきたい。ここでは国際的な貧困線、つまり世界の最貧国に合わせた貧困線に焦点を当てている。だが貧困の絶対的な定義は存在しない。貧困の程度とその変化に対する理解は、私たちがどの定義を念頭に置くかに左右される。当然ながら、豊かな国と貧しい国では、違う基準で貧困を測る。その基準はそれぞれの国民の収入の水準に沿った、有益で意味のある測り方になる。たとえば、アメリカでは一日二二ドル五〇セント未満の生活を送る人は貧困とされる一方で、エチオピアでの貧困線はその一〇分の一の一ドル七五セントである。

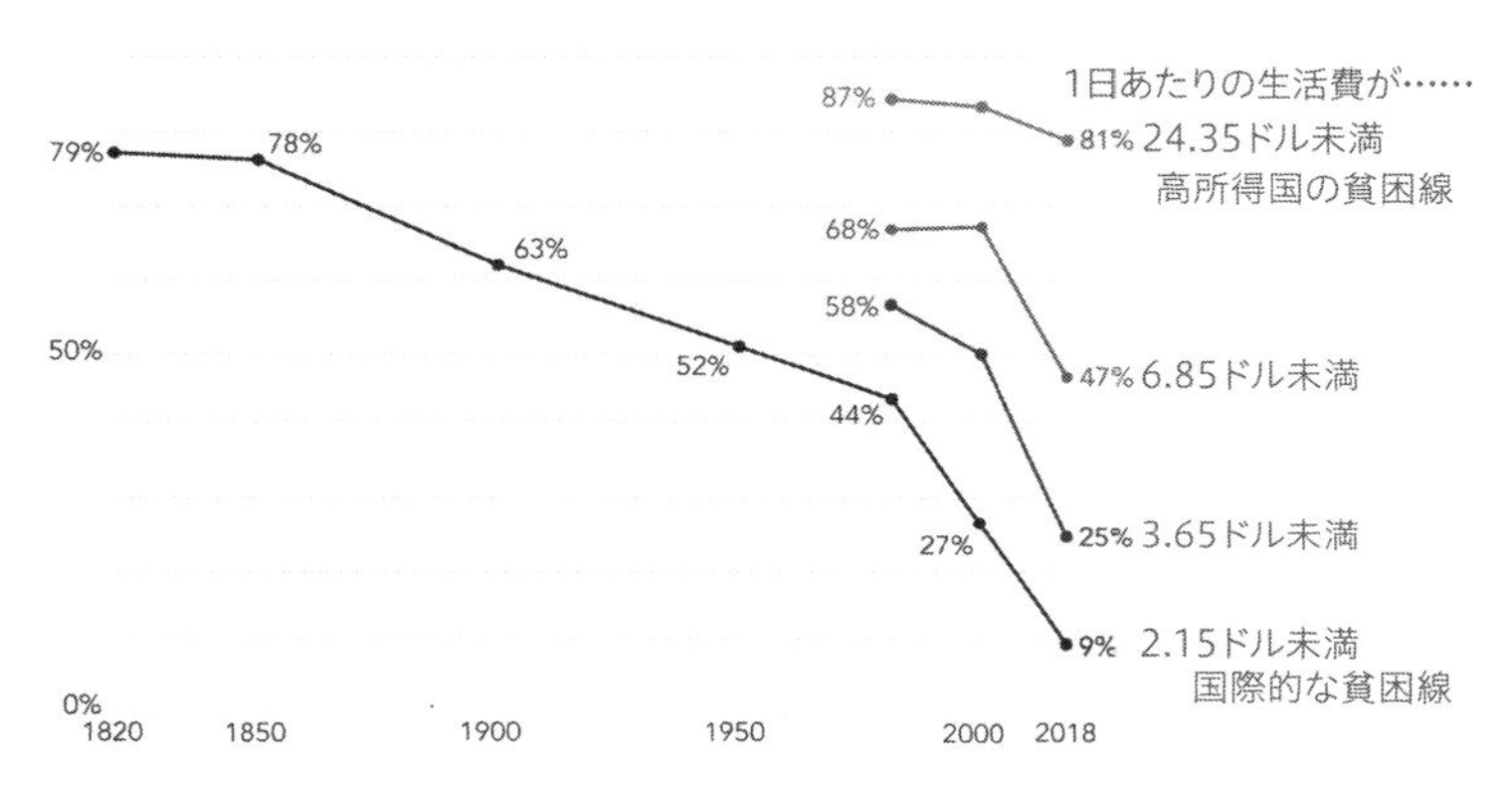

貧困に生きる人口の割合　歴史的な物価の変動（インフレ）および国家間の物価差による調整後のデータ。

がある。それは真実ではない。一九九〇年には二〇億人が一日二ドル一五セント未満で暮らしていた。二〇一九年までにはその数は半分以下の六億四八〇〇万人になっている。これがどのくらいすごいかをわかりやすく言うと、この二五年にわたって毎日、「極度の貧困にある人の数が昨日より一二万八〇〇〇人減った」という見出しが新聞に出てもおかしくなかったということだ。*

私たちはこの二ドル一五セントの貧困線よりはるかに高いところに目標を置くべきだ。いい知らせもある。これよりもますます高い水準を超える人が増えているということだ。一日三ドル六五セント、六ドル八五セント、または二四ドルといった具合に。これまで、貧困は当たり前だった。貧困が例外となる未来を、私たちは築くことができる。

後半部分を見てみよう

ここまでは、数十億という人々の生活を一変させた七項目の発展を見てきた。だが、この進歩には莫大な環境の犠牲が伴った。持続可能性の定義の前半は劇的に向上したが、後半は間違いなく悪化している。というわけで、本書で取り組む七つの大きな環境問題をここに挙げてみる。この定義の環境面とのバランスをどう取るかを考えるにあたっては、私たちがすでに成し遂げた進歩と、どのようにここまでたどり着いたのかを理解する必要がある。そうすることで、私たちの夢である持続可能な世界を実現するにはこれから何をする必要があるのかがわかる。それぞれの問題の詳細を深掘りしていく前に、ここでは全体像を示しておくことが役に立つはずだ。

（１）大気汚染

世界で最も多い死因のひとつが大気汚染だ。研究によると、毎年九〇〇万人が大気汚染で亡くなっていると推測される。ほとんどの年において、この数は自然災害より四五〇倍も大きい。とはいえ大気汚染は今にはじまった問題ではない。この問題は、人類が火を発見した時にさかのぼ

＊このグローバルな進歩が中国における貧困の減少だけだと思っていたら、それも間違いだ。中国を抜きにしても、極度の貧困率は劇的に下がっている。

る。ものを燃やせば、大気は汚染される。燃やすものが、木でも石炭でも車のガソリンでも同じことだ。大気汚染の解消には人の生死がかかっている。だが、解決は可能だということもわかっている。多くの豊かな国では、この数世紀で今が一番大気がきれいになっている。このような取り組みをほかのすべての国で同じようにできたら、毎年数百万という命を救えることになる。

(2) 気候変動

グローバルな温暖化が進んでいる。海面は上昇し、氷床は融解している。ほかの生き物は気候変動になかなか適応できない。人間もまた、洪水や干魃や山火事や命にかかわる熱波など、これでもかというほどの問題に直面している。農家は不作の危機に瀕(ひん)している。都市は水没のおそれがある。いずれも主な原因はひとつ。人間による温室効果ガスの排出だ。私たちはこれまで化石燃料を燃やし、森林を伐採し、家畜を育ててエネルギーや食糧にしている。もちろん、それが人間の進歩にとって大切であることは間違いない。だがそのために今、深刻な気候変動のしっぺ返しを受けている。歴史的な二酸化炭素排出量のグラフを見てみると、まったく削減が進んでいないと思われるかもしれない。だが、直近の数年で削減は進んでいるし、しかも早いペースで進んでいる。豊富なエネルギーと炭素排出削減を天秤にかけなくてすむ日が早々に訪れるだろうという希望はある。気候を変えることなく、豊かな生活を送ることが可能になるだろう。

（3）森林破壊

人間は過去一万年のあいだに世界の森林の三分の一を伐採してきた。そのほとんどは食糧生産に伴って農地を拡大するためだった。伐採量の半分は、過去一世紀に起きたものだ。森林を伐採すると、それまで数千年間その森林が蓄積してきた炭素が排出される。また森林伐採による影響は気候変動の問題にとどまらない。森林は地球上で最も多様ないくつかの生態系にとっての故郷だ。ここには、動物と植物と微生物が数千年にわたって築き上げてきた複雑に絡み合うネットワークがある。森林を伐採すれば、こうした美しい生息地を破壊することになる。森林伐採は今ピークに達しているように見えるが、そうではない。この数十年間に解決に向けて大きな進歩があった。私たちは森林伐採の終わりを目にする最初の世代になれる現実的な可能性がある。

（4）食糧

森林伐採はほぼ食糧問題と言っていい。これが次の大きな課題だ。飢餓はこの五〇年で急速に減少してきた。しかし、食糧生産の増加は私たちが今直面するほぼすべての環境問題に影響を与えている。世界の温室効果ガス排出量の四分の一は食糧生産によるものだ。世界中の居住可能な土地の半分、淡水摂取量の七割は食糧生産に使われ、生物多様性喪失の最も大きな原因にもなっている。充分な食糧を生産することが問題なのではない。むしろ、より賢いやり方で食糧を生産し利用することが重要だ。より良い判断ができれば、地球を燃やし尽くさずに九〇億から一〇〇億の人口を食べさせていける。

（5）生物多様性の喪失

心配すべきは、家畜だけではない。野生の生き物もまた、深刻な状況にある。生物多様性の喪失は、この本に書いた問題の多くに原因がある。気候変動、森林伐採、埋立による生息地の減少、狩猟、プラスチック汚染と乱獲によって生き物は影響を受ける。人間とほかの生き物との対立は新しいことではない。数千年にもわたって、衝突は続いてきた。前世紀には生物の絶滅率は加速し、今が人新世の第六次大量絶滅期の真っ最中ではないかという疑問も上がっている。人類の歴史のほとんどのあいだ、人間と自然は対立してきた。だが、どちらもが一緒に繁栄する道は存在する。

（6）海洋プラスチック

プラスチックはこの本で取り上げる問題の中で、最も「今どき」のものだ。プラスチックは奇跡の素材であり、同時に環境にとってとんでもない災厄でもある。というよりも、それが奇跡のようなものだからこそ、環境にとって破壊的なのだろう。プラスチックは安価で軽く、何にでも使え、命にかかわるワクチンの配送から食品廃棄の削減まで、多くの恩恵をもたらしてくれる。それでも、数百万トンというプラスチックが毎年河川から海に流れ込み、これから数十年どころか数百年にもわたって環境への爪痕を残すことになる。プラスチック汚染を止めるには、プラスチックの使用を全面的に禁止するしかないと思っている人は多い。だがそれは無理だし、望ましくもない。幸運にも、解決に必要な手段は私たちの手の中にある。すでに多くの国がそれを実行している。

(7) 乱獲

最後に、海の中に深く潜って魚の乱獲の問題を見てみよう。今の海の状態について、新聞やドキュメンタリー映画には恐ろしい見出しが並んでいる。一番よく目にするのは、今世紀の中頃には魚がいなくなって海が空っぽになるという話だ。それは真実ではないが、かといって乱獲が問題でないというわけではない。世界の水産資源は急速に減少している。現在の鯨の生息数は、過去に比べて激減している。また世界で最も多様性に富んだ生態系であるサンゴ礁は、白化(はっか)による絶滅の危機に瀕している。だがこれらは取り組み可能な問題だし、事実、最も象徴的な絶滅の危機に瀕した魚類と鯨類の一部はこの数十年で奇跡的な回復を果たしている。

問題の解決につながらないふたつの考え方

では、大空に飛び立って旅の最初の停車駅に降り立つ前に、こうしたすべての課題に共通するいくつかの反論に触れておく必要がある。私たち人間が集団として環境に与える影響は、その要因を分解するとかなりシンプルだ。人口とひとりひとりのインパクトを掛け合わせればいい。そう考えると、ふたつの大きな解決策が浮かび上がる。地球の人口を減らすか、意図的に経済を縮小させて個々人のインパクトを減らすかだ。

このふたつ——人口減と脱成長——は、環境議論になると根強い信奉者がかならず持ち出す主張の代表格だ。だがどちらの主張も現実的ではない。人口減によっても脱成長によっても持続可能性を実現することはできない。その理由は次章で詳しく説明するとして、まずここではその前に知っておくべきことを書いておく。

(1) 人口減

世界の人口が急速に増加していると心配する人は多い。人口が加速度的に増え、手に負えないと思い込んでいるのだ。それは間違っている。世界人口の増加率——年次の変化率——はずいぶん以前に天井を打っている。一九六〇年代には毎年二パーセントずつ伸びていた。[17] だがそれ以降増加率はその半分を下回り、二〇二二年には〇・八パーセントになっている。これからの数十年も下がり続けるだろう。年率二パーセントが維持されなければ、人口が「爆発的に」増えることはない。

この背景には、女性が産む子供の数が昔と比べてはるかに少ないことがある。人類の歴史の大

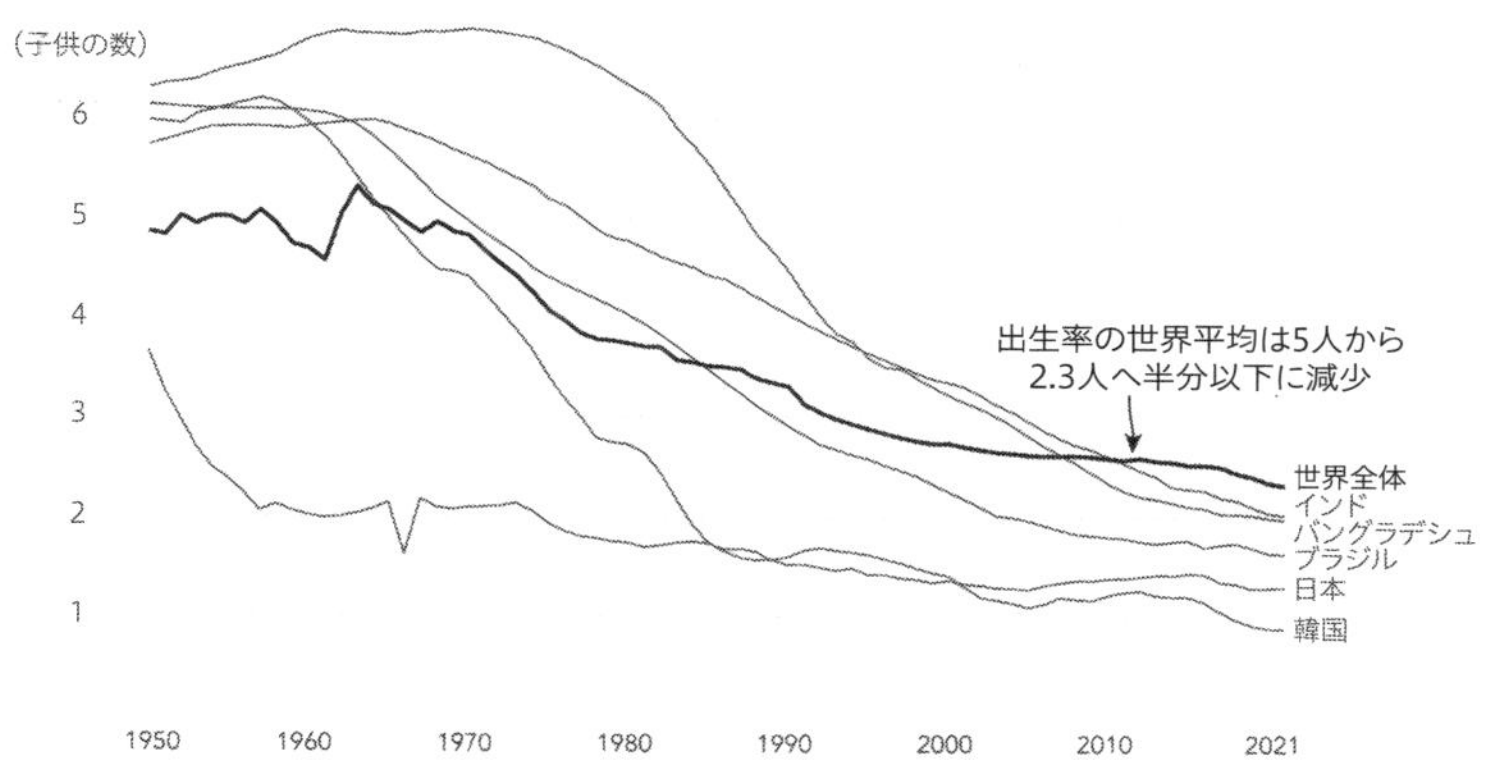

女性ひとりあたりが産む子供の数は世界中で急速に減っている　出生率とは、女性が出産可能年齢の終わりまで生きることを前提として、ひとりあたりが産む子供の平均数である。

半において、子供が五人やそれより多いことは珍しくなかった。だからといって人口が急増したわけではない。というのも、幼くして命を落とす子供の数があまりにも多かったからだ。一九五〇年代と六〇年代まで、女性ひとりあたり五人という出生数の世界平均はそれほど変わらなかった。[18]今はありがたいことに、昔よりはるかに多くの子供が生き残るようになり、そのため人口は急増した。だがそれ以降は出生率が世界的に半減し、女性ひとりあたりが産む子供の数は二人を少し超える程度になった。

その結果、すでに世界の「子供の数」はピークを過ぎている。国連の統計によると世界中の子供の数は二〇一七年*に最多となり、それからは減っている。その意味を少し立ち止まって考えてほしい。二〇一七年よりも子供の数が多くなることは今後おそらくないということだ。この子供たちがすべて老年に達した時、世界人口はピークを迎える。それが起きるのが二〇八〇年で、ピークは一〇〇億から一一〇億人だと国連は予測している。[19] そこから世界人口は減少していくと予想される。

つまり、急速な人口増はすでに過去のことで、今の世界は手に負えないほどの「人口爆発」には直面していない。だがそれでは満足しない人がいる。彼らは、積極的に世界人口を減らす策を講じるべきだと言うのだ。ポール・エーリックは『人口爆弾』の中で、最適な世界人口は一〇億人程度だと主張している。今も彼はその主張を変えていない。だが、考えてもみてほしい。とりあえずここで仮に最適人口が一〇億人だとしても（私はそうは思わない）、目の前の環境問題に対応できるほど急速にこれほどの人口を減らすことは不可能だ。それが可能だと言う人がいたら、人口動態の変化の仕組みを理解できていないということだ。

ひとりっ子政策を導入して出生率が激減したとしても――たとえば世界平均が一・五人に下がったとしても――二一〇〇年の人口は七〇億から八〇億人程度になり、今の水準とそう変わらない。一〇億、二〇億、三〇億人に近づけるには、数十億人を抹殺するか、子供をひとりも産ませないようにするしかない。そんなことが実現可能で倫理的な解決策だと思っているなら、私がなんと言っても無駄だろう。人間的なやり方で（そんなやり方があるのかわからないが）人口を「抑制」しようと試みても、少しは減るかもしれないが、それほどの効果はない。持続可能な世界に向けた私たちの解決策は、多くの人口を支えることのできる大規模なものでなくてはならない。もし八〇億人に対応できる規模の解決策なら、一〇〇億人にも対応できるはずだ。

私たちが目指す最終的な目標は、ひとりあたりのインパクトをゼロにすることだ。少なくともゼロに近いところまで持っていくことだ。持続可能な未来の世界を作るつもりなら、環境負荷を最少にとどめて日々を過ごさなければならない。この本で本当に訴えたいのはそこだ。私たちにそれができるのか、そしてどうしたらそうできるのかを筋道立てて説明するのが、この本の目的なのだ。ひとりあたりのインパクトがゼロの（または、もはやマイナスになるような、つまりこれまでの環境破壊を元に戻すような）世界であれば、人口が一〇億であろうが、七〇億であろうが、一〇〇億であろうが関係ない。総合的なインパクトはゼロになる。持続可能性への方程式の半分はこれで満たされるはずだ。

(2) 脱成長

では脱成長——経済を縮小させること——はどうだろう？　この主張の前提になるのは、歴史的に経済成長と資源大量投下型の生活が結びついているという事実である。人が豊かになればなるほど化石燃料の使用は増え、炭素排出量も増え、より多くの土地を使い、よりたくさんの肉を食べるようになった。そして技術革新のない世界では、化石燃料を使い、ガソリン車に乗り、エ

＊ここで「子供」というのは五歳未満の幼児を指す。だが、一五歳未満の子供の数を見ても、すでにピークは過ぎている。国連の中立推計では、一五歳未満の世界人口は二〇二一年にピークを迎えた。

ネルギー効率の悪い家に住み続けるしかない。だがこの本で見ていくように、新たなテクノロジーのおかげで、環境を破壊することなく、良質で居心地のいい生活を送ることができるようになってきた。だから、私たちが持続可能な世界を築く第一世代になることができる。豊かな国では、炭素排出量、森林伐採、化学肥料の使用量、乱獲、プラスチック汚染、大気汚染、水質汚染、そのいずれもが減っているが、同時にこれらの国はますます豊かになっている。* こうした国が貧しい頃はより持続可能だったというのは、ただの間違いだ。

もうひとつ、脱成長が持続可能な未来につながらないという重要な理由がある。脱成長派は豊かな人から貧しい人に富を再分配すれば、すでに手元にある資源ですべての人が良質な生活を送れるようになると主張する。だが、それでは帳尻が合わない。[20] すべての人が高水準の生活を送るには、再分配だけでは足りない。この世界はまだそこまで豊かではない。

少し考えてみれば、それがわかるはずだ。たとえば、世界のすべての国がデンマークのようになったとしよう。デンマークではすべての国民が最も豊かな国の水準である一日三〇ドルを超える生活を送っており、世界で最も平等な国のひとつでもある。[21] それが私の目標だ。世界中のすべての人が貧困から解放されて居心地のいい生活を送ること、そして格差が少ない社会でそれが実現されることを、私は望んでいる。

このシナリオでは、グローバルな再分配を行うことになる。デンマークより豊かな国の収入をすべてグローバル平均まで下げ、それより貧しい国――世界人口の八五パーセントにあたる――

の収入を平均まで上げる。すると国家間の格差がなくなり、国内の格差もまた大幅に縮まる。世界中の富を再分配すれば、果たしてこれが実現できるのか？

できない。それをやるには、グローバル経済が少なくとも今の五倍の規模でなければならない。すべての人を貧困から救い出し、デンマーク並みの平等を実現するには、グローバル経済が五倍になる必要がある。世界中の誰もが格差なく一日三〇ドルで生きる（富める人も貧しい人も等しく三〇ドルを得る）には、グローバル経済が二倍以上に拡大しなければならない。

経済成長のない世界はとても貧しいままにとどまるだろう。豊かな国がさらに成長することに対して、私はどちらかというと懐疑的な立場だが、データを見る限り貧困を撲滅するには、再分配を伴うにしろ力強い経済成長が必要であることは明らかだ。

これまでは化石燃料とそのほかの資源を利用することで国家は豊かになってきた。だから多くの人は、成長が「悪い」ものだと思い込んでいる。だが、これからもそうだとは限らない。国家も個人も、率先して安価な低炭素エネルギー源を供給することで世界を動かす力となれれば、それによって人々が豊かになることを私はむしろ喜ばしいと思う。しかもそれは可能だ。環境問題

＊もしあなたが直感的に、「いや、それは環境被害を貧しい国に押し付けているからこそそうなっているんだろう」と思ったとしても無理はない。もちろん、環境負荷を海外に押し付けている国があることも確かだが、それを計算に入れても豊かな国の環境負荷は下がっている。

には巨大な「解決策の空白地帯」が存在する。この領域で先行者となれば、経済を拡大させながら同時に問題解決を図ることができる。国家は、害になる技術を利用するのではなく、「社会のためになる」テクノロジーを率先して使うことで成長できる。

これが次の議論につながる。それは、お金があれば選択肢が増えるということだ。環境問題を正すために必要な解決策とテクノロジーはこの数十年のあいだにやっと現実のものになったばかりだ。太陽光エネルギーや電気自動車のように、この数年でやっと実現したものもある。以前にはこうしたテクノロジーは存在しなかったか、あってもお金がかかりすぎていた。長年の投資と開発を経て、こうした技術が手の届くものになったが、それには政府や起業家からの資金が必要だった。

数十万年ものあいだ、木を燃やすことだけが、私たちの先祖が持つ唯一の「制御可能な」熱源であり光源だった。だが数世紀前に、人はいくつかのエネルギー源——破壊的ではあるものの——を手に入れた。鯨油（げいゆ）と石炭だ。だが、本当に使えるものが出てきたのはこの数年のことだ。

経済成長と環境負荷の低減は相反することではない。私はこの本で、環境負荷を減らして過去の被害を回復させながら同時に暮らしを向上させられることを示していくつもりだ。ここで大きな課題になるのは、どれだけ迅速に環境負荷を経済成長から切り離すことができるかということだ。その答えは、今私たちがとる行動にかかっている。

持続可能な世界への方程式の前半について、人間にとってどれほど劇的に物事が改善したかをここまで見てきた。人口減も脱成長も、提唱者は多いが、いずれも後半の解決策にはならない。むしろ、どちらの考え方も、方程式の前半と後半の両方を悪化させることになる。ではどうするべきなのか？　次章以降で、七つの環境問題をひとつひとつ深掘りし、解決に向けてどんな行動が必要かを見ていこう。

2章　大気汚染——きれいな空気を吸う

「北京のエアポカリプスの内側で——
大気汚染によって『ほぼ住めなくなった』都市」
——ガーディアン紙、二〇一四年[1]

北京はもう何年ものあいだ、「世界で最も汚染された都市」の一番手に名を連ねていた。特に西側のメディアでは、グローバルな大気汚染を象徴する存在となっていた。大気汚染があまりにもひどいため、「エアポカリプス（大気汚染による終末）」と名付けられたほどだ。

北京の空気の質が世界の注目を浴びたのは、二〇〇八年の北京オリンピックの開催時だった。中国政府はオリンピック前に施策を講じ、大気汚染は激減した。[2,3] 自動車の交通は半分に制限され、工場は一時的に閉鎖され、建設工事は中断された。こうした改善はあったものの、北京オリンピックは歴史上最も汚染された環境で行われた。選手や観客の健康被害をメディアは嘆いた。だが、それは的外れな指摘だった。参加者が一時的に吸っていた汚染された空気は、そこに住む人々が日常的に晒（さら）されていた空気よりはるかにきれいだったのだ。

二〇二二年に北京で開かれた冬季オリンピックは、一四年前の夏のオリンピックとは天と地の差があった。この一〇年で北京の空気の質は急速に改善していた。かつては「ほぼ住めない」と言われていたのに、青空、そしてスモッグのない空気がメディアの見出しにのぼった。[4] 北京は、世界で最も汚染された二〇〇都市のリストからも外れた。しかも今回の改善は、以前とは違っていた。海外からの訪問客のための付け焼き刃的な措置ではなかったのだ。北京市民が要求し、実行した恒久的な変化がそこにあった。だがどのようにそれを成し遂げたのだろう？

二〇〇八年の夏季オリンピックに参加した世界中の人々が荷物をまとめて帰ったあと、北京の空気の質はまた悪化した。二〇一三年までには市民の怒りは沸騰していた。北京市民は適切な空気質測定とデータを要求した。中国の国家機関紙でさえも、北京だけでなく国中のさまざまな都市を覆っていた深刻な大気汚染について報道していた。[5] 中国政府も腰を上げ、二〇一四年に「公害との闘い」を宣言した。政府の動きは速く、工業設備に対して厳しい規制を課した。旧型の自動車を道路から排斥し、都市に近い石炭火力発電所を閉鎖し、石炭よりも大気汚染の少ないガスボイラーに切り替えた。*

二〇一三年から二〇二〇年のあいだに、北京の大気汚染レベルは五五パーセント改善した。[6] 中

＊もちろん、この移行がすべて倫理的かつスムーズに行われたわけではないことは特記しておきたい。最初の冬に、多くの家庭では石炭ボイラーが取り去られたが、替わりのガスボイラーは設置されないままだった。多くの家庭で、その年は暖房がないまま過ごさなければならなかった。

国全体では、四〇パーセント改善した。こうした変化による健康へのメリットは多大だ。北京市民の平均期待寿命は四・六年延びたと推測されている。

二〇二二年の冬季オリンピックまでに、中国の環境イメージは一変していた。スモッグのことを取り上げるメディアはもうなくなっていた。むしろスキージャンプの会場の興味深い背景が取り上げられた。それは、「公害との闘い」によって閉鎖され廃墟となった鉄工所だった。選手のジャンプごとに、その後ろには中国の大気を汚してきた廃墟がそびえ立っているのが見え、市民の命を長年にわたり奪ってきた公害をまき散らす産業が様変わりしたことが思い起こされた。

中国の大気は今もまだ完璧ではない。世界保健機関（ＷＨＯ）のガイドラインをいまだに大きく下回り、アメリカやヨーロッパの都市に比べると何倍も汚染されている。やるべきことはまだある。だが、北京の例は、お膳立てが整えば私たちがどれだけ素早く行動できるかを教えてくれる大切な教訓になる。市民の要求、お金と政治力がその道具になるということだ。

どのようにここまできたか

私たちは大気汚染を近代化や産業化と結びつけて考える。だが大気汚染は今にはじまったことではない。世界の多くの地域では、今吸っている空気がこの数千年で最もきれいなのだ。

ローマ帝国の哲学者だったセネカ（紀元前四年頃から紀元後六五年）はほとんどの物事に対し

て平然としていたが、古代ローマ*の大気はとんでもなく汚れていて、自分の健康を損なっていることをわかっていた。ローマを離れるにあたって、セネカはこう言った。[7,8]「ローマの重苦しい雰囲気から逃れ、きたない煙とすすをまき散らす台所の悪臭から逃れたとたんに、はじめて私は損なわれた健康を取り戻した気分になった」

それよりもはるか以前にさかのぼると、紀元前四〇〇年にヒポクラテスは著書の『空気、水、場所について』で大気汚染の被害を記している。[9]アラブの地理学者マスウーディー（八九六年から九五六年）も、中央アジアを横切るシルクロードの旅のあいだにこのことについて書いている。[10]宋朝（九六〇年から一二七九年）の叙述家の中にも、石炭燃焼についての懸念を記していた人たちがいた。

大気汚染の被害について、私たちの理解は一九世紀まであまり進んでいなかった。だが今では近代的な解決策を使って、大気汚染を過去の問題にできるような立場に私たちはいる。大気汚染を引き起こすのは、とても単純な行動だ――ものを燃やすこと。木であれ、穀物であれ、石炭であれ、石油であれ、ものを燃やすとこの世界が望まない小さな粒子が発生する。これが問題の根源であり、解決の鍵になる。

＊その父親と区別して小セネカと呼ばれたセネカは、今のスペインの一部であるヒスパニアに生まれた。だが、その人生のほとんどをローマで過ごした。

木を燃やす

私は子供の頃、家族とキャンプに行くのが大好きだった。スコットランドの気候では、ほんのたまにしかキャンプには行けなかった。でも、たまの晴れた日を狙って、父といとことおじたちは身の回りのものをまとめて離れた森でキャンプを張った。私たちは木を集めて焚き火をしたものだった。私はそこに何時間も腰をおろして、ぱちぱちと燃える火に癒され、暖かい光に照らされて物思いにふけった。今も焚き火は大好きだ。

かつて私が恵みだと思っていたことは、人間にとって最悪の静かな殺戮行為だった。今もそうだ。人類が火をおこすために木を燃やしはじめたのは、少なくとも五〇万年前にさかのぼる[11]。それによって人間に、熱と調理用の燃料と暗闇での保護が与えられた。だが同時に、そこからの大気汚染が健康被害をもたらした。

木を燃やした時に出る微粒子は肺の奥深くに潜り込み、それががんや心臓疾患などのさまざまな呼吸器と循環器の問題につながった。数万年前の遺体からもこうした汚染物質が見つかっていることから、初期の人類も汚染にさらされていたことがわかる。イスラエルのケセム洞窟で見つかった四〇万年前の狩猟採集民族の歯を調べたところ、木炭由来の汚染物質が見つかった[12]。こうした汚染物質は肉を焼くために室内で使った火が原因だとされている。

エジプトのミイラの肺組織にも大気汚染の証拠が見られる。科学者のロジャー・モンゴメリーが、貴族から聖職者まで一五体のミイラの肺を検分したところ、大気汚染が原因と見られる細かい粒子や肺炎の症状を示す痕跡が見られた。[13] 私たちが引き起こしている今の化石燃料や自動車による大気汚染と比べて、何千年も前の大気汚染の水準はそう違わなかったとモンゴメリーは考えた。

たまの夜に屋外でキャンプファイヤーを囲んだ私はそれほど健康被害を受けたわけではないが、木やほかのバイオマスを燃やしてできる粒子に長いあいだ晒され続けると、健康に甚大な被害が及ぶことが今ではわかっている。閉ざされた空間で人々が調理や暖をとるためにストーブの前に寄り集まっている場合は、特に身体に悪い。

だが、私たちの祖先にとってはこれが手に入る唯一の燃料で、それがおそらく百万年にわたって続いた。* 自分たちが吸っている空気が健康に悪いことに気づいていたかどうかはさておいて、木を燃やさなければ生活が犠牲になった。調理にも、暖をとるにも、明かりにも、安全にも、燃料は必要だった。呼吸器感染症、心臓疾患、肺がんで早死にしたとしても、いい生活のためには支払う価値のある代償だった。のちに見るように、これは今も数十億の人たちが直面しているト

＊人類がいつ火を発見したのかは正確にはわかっていない。数十万年前には火の使用が広範に広がっていたという考古学的な証拠がある。しかし、限定された地域では一五〇万年から二〇〇万年ほど前には火が発見されていたという証拠もある。

レードオフだ。つまるところ、手元にエネルギー源を持つことがいつも優先される。

石炭を燃やす

石炭は最もきたない化石燃料だ。燃やした場合の汚染物質の排出量が最も多く、気候変動へのインパクトも最も大きい。しかし、木から石炭への移行は大きな改善だった。石炭の一キロあたりのエネルギーは木の二倍だ。しかも、木を伐採しなくてすむ。

一五世紀か一六世紀までに、多くの豊かな国では森がなくなりつつあった。イギリスとフランスでは森の四分の三が伐り倒されていた。[14] 残された森を保護することが優先された。多くの国では調理や暖房のために自宅で石炭を燃やしはじめた。石炭ストーブの煙で家の中は充満した。家の窓やドアから漂う煙が街にも充満していた。家の中も外の街路も空気はスモッグで澱んでいた。声なき殺戮者は、進歩のために払わなくてはならない代償に思えた。

ロンドンの大気は今世界で最も汚染されている都市よりもきたなかった

私はこれまでの人生のほとんどを、きたない空気で知られる二つの都市で送ってきた。数世紀前、エジンバラの中心部――ノアロッホ――はゴミの廃棄場で、死体の集積所でもあった。吐き気をもよおす悪臭が充満していた。そこに、エジンバラ中の煙突や石炭火力から吐き出される有害な煙が輪をかけていた(街は濃い霧に覆われ、それが「オールド・リーキー〔煤煙の都〕」、

「オールド・スモーク（煙に覆われた古都）」という名の由来になった）。

エジンバラが「煙に覆われた古都」だとすると、ロンドンは「煙が充満する大都市」だった。一八世紀と一九世紀のロンドンの汚染ぶりは、言葉にしがたいほどだった。年中分厚いスモッグで覆われ、犯罪の温床となっていた。石炭燃焼の煙が強盗犯の隠れ蓑になった。スモッグがあまりにひどいせいで、旅行もままならないことが多かった。

大気汚染が健康に甚大な被害を及ぼしていることは明らかだった。息をするだけで、命が縮まった。一八四〇年から一八九〇年のあいだの五〇年間に、気管支炎による死亡率は一二倍になり、三五〇人にひとりはこの病気で亡くなった。[15] 仮に今もそれが続いていたとしたら、毎年二万六〇〇〇人のロンドン市民が大気汚染で命を落とす計算になる。

だがそれも、一九五二年一二月にロンドンを覆った悲劇的なスモッグに比べるとどうということはない。当時、大気汚染はすでに改善しはじめていたが、寒気と完全無風状態が重なって、汚染物質がいつもより長く空気の中に留まっていた。ロンドンは機能停止に陥った。市民はほぼ何も見えない状態になった。外に出るにも、足で周りに石やそのほかの障害物がないかを確かめながらそろそろと歩かなければならなかった。救急車は走ることができなくなった。屋内の空気も汚染され、コンサートや演劇も中止になった。この「ロンドンスモッグ」が続いたのはわずか数日だったが、そのせいで一万人が亡くなり、一〇万人が深刻な呼吸器の疾患を抱えるようになったとされている。

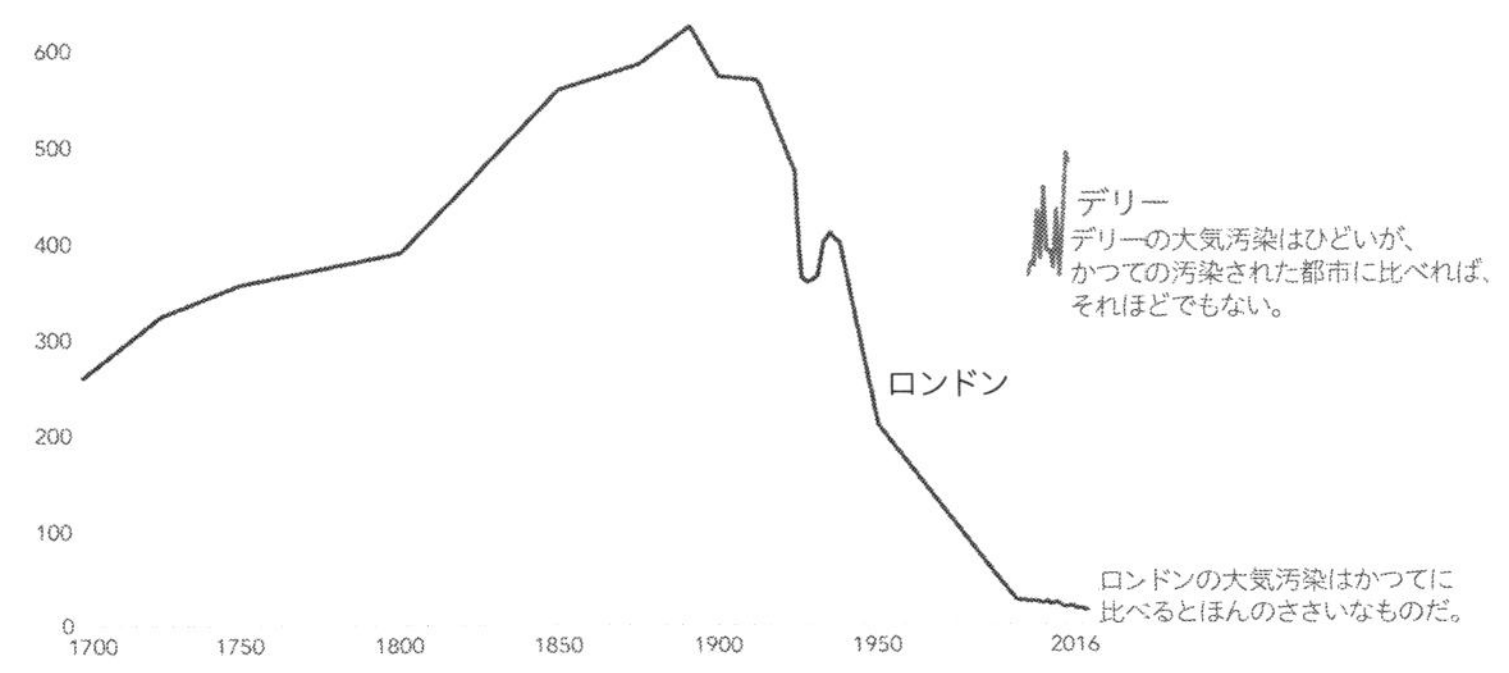

昔のロンドンの大気は、今のデリーの大気より汚染されていた　大気中に留まる汚染物質の平均密度：1立方メートルあたりのマイクログラム値。

現在世界で最も大気が汚染されている都市のランキングではデリーが筆頭に挙げられることが多いが、もし一八世紀と一九世紀のロンドンをランキングに入れれば、空気中に留まっている汚染物質の量で、ぶっちぎりのトップになるはずだ。

昔の方がひどかったからといって、今私たちの目の前にある大気汚染が深刻でないわけではない。私が言いたいのはそういうことではない。汚れた大気は、今も死因の筆頭格である。濃い霧のあいだから見えるデリーや北京の光景に、私はゾッとする。ただ、現代の大気汚染の水準はこれまでにないほどひどいものに見えるかもしれないが、実はそんなことはないということはわかってほしい。このことはなぐさめになるはずだ。これまでにないことだと思えば、恐ろしい。でも、昔はもっとひどかったということが意外だとすれば、それはいい知らせだ。つまり、解決策を見つけたということなのだから。私たちが空気をきれいにしてきたという証拠なのだから。

酸性雨への各国の取り組み

ロンドンの大気汚染が劇的に改善したことは、一都市における成功の一例だ。そのほかに取り上げておくべき大成功の物語が二つある。地域レベルの協力が必要な酸性雨と、世界中で力を合わせて解決策を見つける必要のあるオゾン層の問題だ。

二〇世紀の終わり、記念碑や銅像に溶解が見られるようになった。国王と女王の像が溶け、誰の顔かわからない状態になった。河川と湖が酸性化し、魚が生きられなくなった。水辺の昆虫が姿を消しはじめた。多くの森は死に、地面がむき出しになった。

その原因は硫黄と窒素酸化物の排出が引き起こす酸性雨だった。大気中でこれらの化合物が水に溶け、硫酸と硝酸になる。その雨が木や土や川や湖に流れ込み、すべてがより酸性化する。硫黄と窒素酸化物の主な発生源は化石燃料と製造業と農業だ。たとえば石炭には大量の硫黄が含まれる。石炭を燃やすと二酸化硫黄が排出され、それが雨水に溶けてより酸性化する。

一九八〇年までに、酸性雨は環境問題としてもっとも注目されるようになった。もはや一国だけではこの問題に取り組めないことが明らかになった。酸性雨は国境を超えた課題だった。イギリスで排出された二酸化硫黄はスカンジナビアにも漂い、ノルウェーの森を破壊した。アメリカの排出物はカナダにも流れ、淡水湖を汚染した。強い抵抗に遭いながらも、アメリカとヨーロッパの大部分では厳しい規制が導入された。規制の効果はすぐに表れた。アメリカでは、二酸化硫

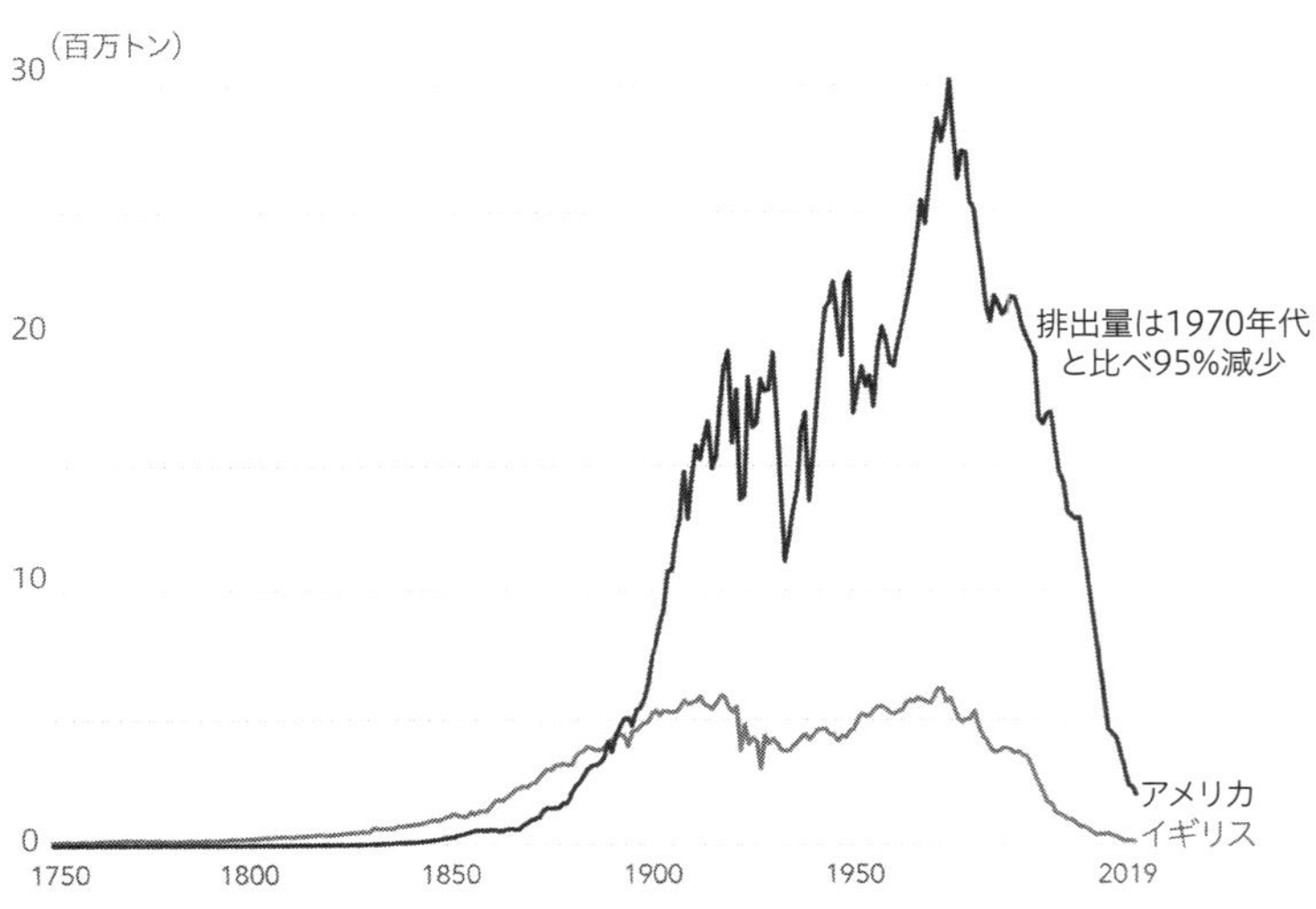

多くの国で二酸化硫黄（SO_2）の排出は激減した

黄の排出が一九七〇年のピークから九五パーセント減少した。[16] ヨーロッパでは八四パーセント減少し、イギリスでは九八パーセント減少した。解決策は極めて単純だった。石炭工場の煙突に反応物を加えて二酸化硫黄を取り除き、大気中に排出させないようにしたのだ。

北アメリカとヨーロッパで酸性雨はほぼ消滅した。ほかの多くの国も急速に進歩している。その証拠に中国を見るといい。この一〇年で二酸化硫黄の排出量は三分の一になった。しかもそのあいだに中国の石炭使用は二倍以上になっていた。

酸性雨の問題は解決策がすでにわかっている。国家が正しい政治的意思を持って投資を行えば、驚くほど速く解決できる。

世界はオゾン層をどう回復したか

大気汚染のオゾン層への影響は、気候変動の象徴とされた問題だった。世の中はオゾン層の破壊についてのニュースであふれていた。これも一国では解決できない問題だった。だが今ではほとんど話題にのぼらない。

科学者が大気上層の光化学に大きな影響を与える反応について理解しはじめたのは一九六〇年代だった。オゾン（O_3）は地球の大気中の複数の高度に存在する気体である。地上に近いところにも大気汚染物質として存在し、それを吸えば呼吸器系疾患の原因になる。だが、私たちが注目するオゾンとは大気中の非常に高層、地上から一五キロから三五キロメートルあたりの成層圏にあるものを指す。

これがいわゆる「いいオゾン」だ。いいオゾンは太陽光に含まれる有害な紫外線を吸収してくれる、大切な役目を担っている。このオゾンの保護層が人間を皮膚がんや失明から守り、ほかの生き物をも守っている。地上近くのオゾンは排除すべきだが、成層圏のオゾンは絶対に排除してはならない。

のちにノーベル賞を受賞する三人の科学者――パウル・クルッツェン、フランク・ローランド、マリオ・モリーナ――は、人間が排出する塩素化合物が成層圏のオゾンを破壊していることを明らかにした[17]。彼らはまだオゾン層の破壊を目撃したわけでも、その計測を行ったわけでもなかったが、彼らの化学の理解から、オゾン層の破壊が進行中であるという仮説を立てることはできた。オゾン層の破壊物質――たとえば、最も一般的に知られているのは、フロン類（ＣＦＣｓ）だ―

—は冷蔵庫やエアコンやヘアスプレーや産業用に使われていた。大気低層に含まれる塩素分子の濃度を測った彼らは、これらのガスが分解されないことに気がついた。それどころか、これらの物質は大気中を上昇し成層圏まで届いていた[18]。そこで紫外線によって分解されてできた塩素原子がオゾンと反応し、オゾン層が破壊されていた。

一九七四年にこの仮説が発表され、一九八五年にその証拠を並べた報告書が出たあと、オゾン層が減っていることに対して科学的な見解はほぼすぐに一致した[19]。それにも増して、科学界をもっとも揺るがせたのは南極上空にオゾンホールが発見されたことだった。人間がフロンガスを排出すると、それが大気上層に均等に広がる。直接排出されない場所にも広がってしまうのだ。フロンガスは南極大陸上空にも運ばれ、寒気が触媒となって化学反応が起きるため、北極と南極ではオゾン層の破壊が特に顕著だった。

この時まで、クルッツェンとローランドとモリーナの三人は産業界や政界からの強い抵抗にあっていた[20]。フロンガスを世界でもっとも排出していたデュポンの会長は、三人の理論を「SF小説……たわごとだらけ……まったくのナンセンス」だと言った。フロンガスの主要排出企業は「責任あるCFC同盟」を創設し、一致協力して、オゾン層破壊仮説の信頼性を傷つける広報キャンペーンを大々的に開始した。女性としてはじめてアメリカの環境保護庁の長官に就任したアン・ゴーサッチは、オゾン層の破壊を単なる煽り話だと切り捨てた[21]。しかし、オゾンホールが広がっていく画像を目の前に突きつけられると、無視することはできなかった。その視覚的イメージが政界と産業界への圧力となり、ついに行動につながった。

一九八七年、四三カ国がモントリオール議定書に調印し、オゾン層を破壊するおそれのある物質を一九八九年以降に順次撤廃していくことに合意した。最初に行動を起こしたのは、比較的豊かな主要工業国――アメリカ、カナダ、日本、ヨーロッパのほとんどとニュージーランド――だった。一九九九年までに世界中でフロンガスの生産を半減し、その後は全廃を目指すことが目標とされた[22,23]。

オゾン層破壊の証拠が続々と出てくるにつれ、規制はさらに強化された。オゾン層を破壊するおそれのある物質を全廃するまでの期限は前倒しになった。二〇世紀の終わりには、一七四の主体（そのほとんどは政府だが、独立国が少数含まれる）がモントリオール議定書に調印した。二〇〇九年には、環境分野だけではなく、世界ではじめてすべての国が批准（ひじゅん）した国際条約となった。

この国際協調はめざましい成功を収めた。一九八九年の最初の議定書の締結後、フロンガスの撤廃はものすごいスピードで進んだ。一年もしないうちに、オゾン層を破壊する物質の使用は、一九八六年の水準を二五パーセントも下回るようになった。一〇年のうちに、八割が削減された。これは最初の目標だった五割削減を大幅に超えるものだった。現在は九九・七パーセントまで削減されている。

一九八〇年代を通して成層圏におけるオゾン濃度は半減し、一九九〇年代には安定した。オゾン層が回復するにはまだ長い時間がかかるし、グローバルなオゾン濃度が一九六〇年代の水準に

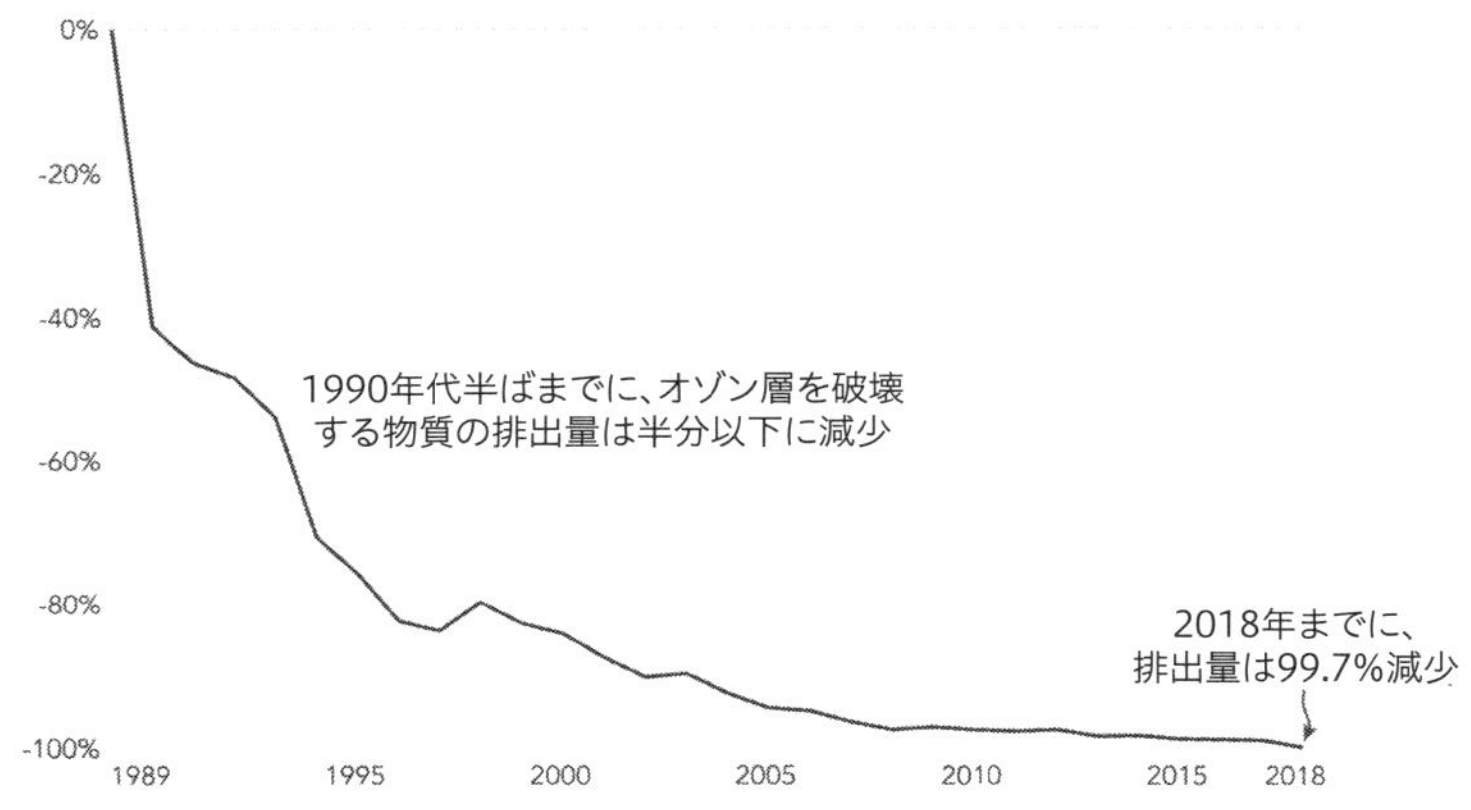

オゾン層破壊に対する国際協調行動により排出量は99パーセントを下回るまでに削減された　1987年にモントリオール議定書が採択され、オゾン層を破壊するおそれのある物質の削減が決まった。グラフは1989年と比較したグローバルな排出量の削減を示している。

戻るのは二一世紀の半ばになる。[24] 南極のオゾン層がかつての状態に戻るのは、今世紀の終わりになるだろう。それでも、オゾン層破壊物質の撤廃をこのまま進めていけば、オゾンホールは縮小し続けるだろう。私たちは行動してきたし、今はその効果を待つだけだ。

気候変動への取り組みも、この本に書かれたほかの問題の中にももっと難しいものがあることは確かだが、酸性雨とオゾン層の成功事例から学ぶべき大切な教訓はある。人間は深刻なグローバルな問題を解決できる。どんな国でも協調の機会がある。差し迫った問題にぶつかった時、私たちは行動を取ることができる。人間は力を合わせてこうしたグローバルな問題に取り組めるのだと再確認することは、私たちにとって良い学びとなる。

この本を読み進めるにあたって、こうした教訓を心に留めてほしい。読者の皆さんは、懐疑的かもしれない。私もそうだった。一見越えられそうにない壁がずっとそのままだとは限らない。次なる多くのクルッツェンとローランドとモリーナたちが、目立たないところで休むことなく努力しているのだから。

今どこにいるか

多くの人がこの数世紀でもっともきれいな空気を吸っている

私が子供の頃に吸っていた空気は、両親の世代が若い頃よりはるかにきれいで、祖父母の世代にくらべるとその何倍もきれいになっていた。今私たちが吸っている空気は、この数世紀になかったほどきれいになっている。だがそんなサクセスストーリーはほとんど語られない。

イギリスが排出削減に成功したのは二酸化硫黄にとどまらない。地域の大気汚染物質排出量はかつてのほんの数十分の一になっている。亜酸化窒素はピークから七六パーセント減った。ブラックカーボンは九四パーセント、揮発性有機化合物は七三パーセント、一酸化炭素は九〇パーセント減少している。

これはイギリスだけではない。世界の豊かな国はほとんどが同じ傾向にある。アメリカ、カナダ、フランス、ドイツでも同じように排出量は大幅に減少している。この成功は、環境規制を強化したことのたまものだ。イギリスではロンドンスモッグのあとで一九五六年にはじめて大気浄

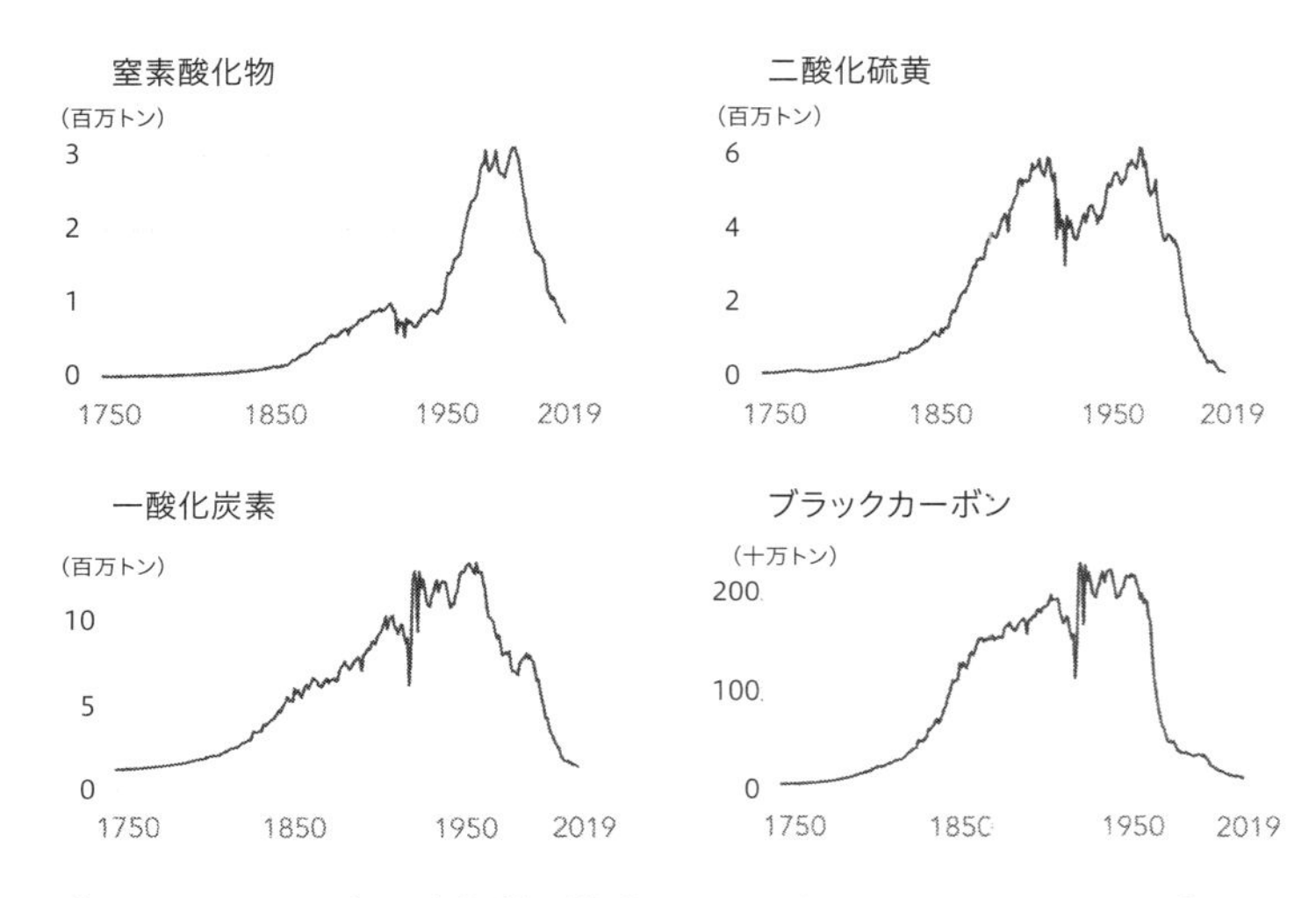

イギリスにおける大気汚染物質の増減　この傾向——排出量は増加しピークを過ぎたあと、急激に減少する——はほとんどの豊かな国に共通する。排出量は年間のトン数で表される。

化法が施行された。こうした規制は年を経るごとに強化されていった。産業界は規制に対応するため低炭素排出技術を開発する必要に迫られた。私たちは石炭燃焼から硫黄を排除する方法をものにした。加鉛ガソリンを禁止した。昔に比べて有害物質の排出が極めて少ない自動車やトラックを生産できるようになった。アメリカでは一九七〇年に大気浄化法が施行され、イギリスと同じような見事な結果を出している。[25]

環境対策は経済成長の妨げになるものと考えられることが多い。気候対策を取るか、経済成長を取るか。大気汚染か、市場か。だがこれは間違いだ。これまで多くの国は大気汚染を削減しながら、同時に経済成長を成し遂げてきた。大気汚染が減れば、健康が増進し、経済がより強くなるのでは？

売り込みの文句としてはこれ以上ないほど完璧だろう。

良くなる前には悪くなる――多くの経済成長国では大気汚染も減っている

国がたどる道筋はだいたい決まっている。国家が貧困から脱出する途上でまず大気汚染は増加する。この段階では、エネルギーを手に入れることが優先される。必要とされる環境面への厳しい規制がないままに、石炭と石油とガスを燃やす。最大規模の発電所は大気汚染防止を求められず、新車のエンジンに粒子フィルターの取り付けが必須とされることもない。より多くの人が電力と車を手に入れ、自宅に暖房や冷房が取り付けられる。そうやって工業ブームが起きる。人々はより豊かになり、生活水準が上がる。公害は気持ちのいいものではないが、犠牲を払う価値があるように見える。

だがその繁栄への道のりにもそのうち転換点が訪れる。生活水準がある程度に達すると、今度は周囲の環境が心配になる。優先順位が変わり、きたない空気に耐えられなくなる。政府も変わらなくてはならなくなる。大気汚染を減らすような手を打つことを余儀なくされる。大気汚染はピークに達したあと、減少しはじめる。[26]

この軌道がいわゆる「環境クズネッツ曲線」と呼ばれるものだ。* 所得に対する環境負荷をグラフ化すると、逆U字型になる（貧しい時には環境負荷が低く、中流所得で環境負荷はピークに達し、豊かになるにつれて負荷が減る）。クズネッツ曲線に当てはまらない環境負荷要因は多くな

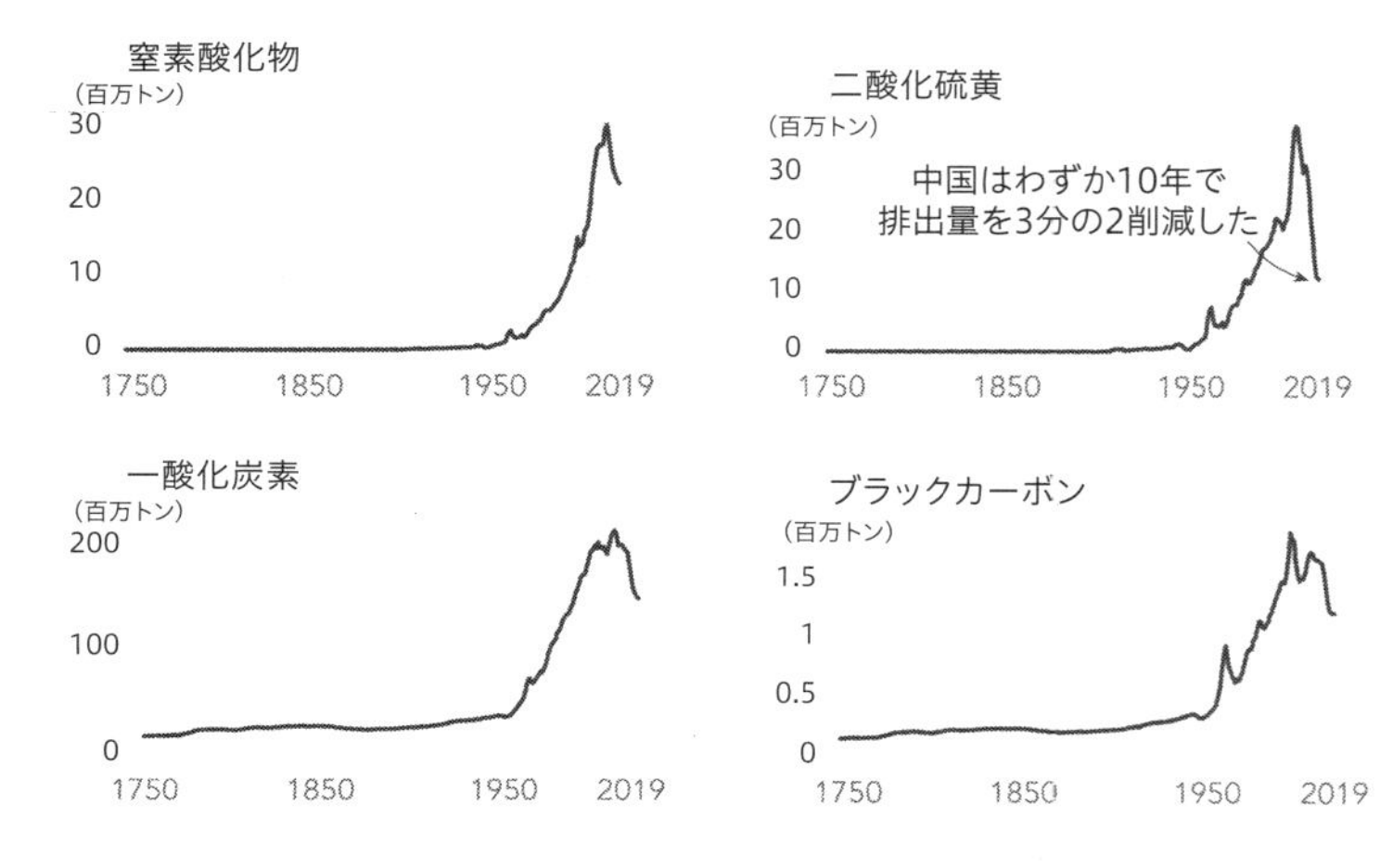

中国の大気汚染はピークを過ぎた　アッパーミドル所得の国の多くでは大気汚染が減少している。排気量は年間のトン数で表される。

在する。だが、大気汚染はクズネッツ曲線に当てはまる。つまり、大気汚染の水準によって、その国が経済発展のどの段階にあるかがわかる。たとえば、インドはちょうど転換点に達しつつある。大気汚染のピークあたりにある。以前に見たとおり、中国ははるかに先を行っており、ピークを過ぎている。

イギリスとアメリカが大気汚染の増減サイクルを通りすぎるのに数世紀かかった。だが新たなテクノロジーのおかげで、このサイクルは四倍も早まっている。しかも、最貧国の一部はこのサイクルを丸ごと省略できる可能性もある。

毎年大気汚染によって大勢の人が命を失っている

大気汚染は多くの国で減少しているといっても、いまだに世界で最も多い死因に数えられる。

大気汚染によって呼吸器疾患、脳卒中、心血管疾患、肺がんのリスクは上がる。

特に健康に悪いのは、特殊な目に見えない微細な粒子だ。それは「ＰＭ２・５」と呼ばれる、直径二・五マイクロメートルに満たない粒子状の物質だ。ほとんど目には見えない。問題は、この微細な粒子が肺と呼吸器系の奥深くに入り込んでしまうことだ。海岸に行ったあと何日も靴の中に砂つぶが入り込んでいるようなことがある。大きな石なら隙間に入り込んだりしないが、微細な粒が小さな割れ目に入り込むことはある。大気中の粒子も同じだ。

二〇二〇年、九歳のエラ・アドゥ＝キッシ＝デブラは世界ではじめて死亡証明書に「大気汚染による死」と記載されることになった。エラは喘息(ぜんそく)で亡くなったが、ロンドンの検死法廷は大気汚染がその主な原因だったと結論づけた。このようなケースは稀だ。大気汚染によって亡くなる人は多いが、それが死因として特定されることはない。研究者は大気中の汚染物質を計測し、汚染物質によって死にいたる病のリスクがどう高まるかを理解することで、大気汚染による死者数を推定している。研究者のあいだで、正確な死者数にはくい違いがある。だが、その数がかなり多い——数百万人単位——という点では一致している。ＷＨＯのまとめによると、大気汚染によ

＊ここでは環境問題のクズネッツ曲線に注目しているが、物事が良くなる前に悪くなるという原則は環境以外にも当てはまる。実は、もともとのクズネッツ曲線は収入格差を描くものだった。工業化が進むと格差は広がり、国がもっと豊かになると格差は縮小するとクズネッツは仮説を立てた。

り毎年七〇〇万人が亡くなっている。四二〇万人は屋外の大気汚染が原因とされ、三八〇万人は屋内で木や炭を燃やすことが原因とされている。もう一つの国際的保健機構である保健指標評価研究所（ＩＨＭＥ）もまた、それに近い六七〇万人という数字を発表している。それよりも死者数は多いとする科学者もいる。直近でもっとも引用されている研究では、吸い込む空気が原因で少なくとも九〇〇万人が毎年亡くなっていると推定している。[27,28]

もっと身近な例にあてはめてみると、こうした数字は喫煙による死者数に近い。喫煙による死者はおよそ八〇〇万人である。[29] これは交通事故の死者数である一三〇万人の六倍以上にあたる。毎年のテロや戦争の死者数の数百倍になる。大気汚染は新聞の見出しにはのぼらない、静かな殺人者だ。洪水や台風の映像ほどは衝撃的でないものの、近年の自然災害による死者数の合計よりも五〇〇倍も多くの命を奪っている。*

だが、大気汚染による死亡率は下がっている

状況は悲惨だ。だがこの本の多くの事例と同じで、これが全体像ではない。大気汚染による死者数はいまだに恐ろしいほど多いが、このデータの中には希望が見える。大気汚染という人類の悲劇は今がピークらしいということだ。おそらく、大気汚染による死者数はそろそろ頭打ちに近づいている可能性が高い。暗い話に聞こえるかもしれないが、最悪の時期は過ぎ去った。

なぜ死者数がピークに達しつつあると考えられるのか？　この数十年、大気汚染によるグロー

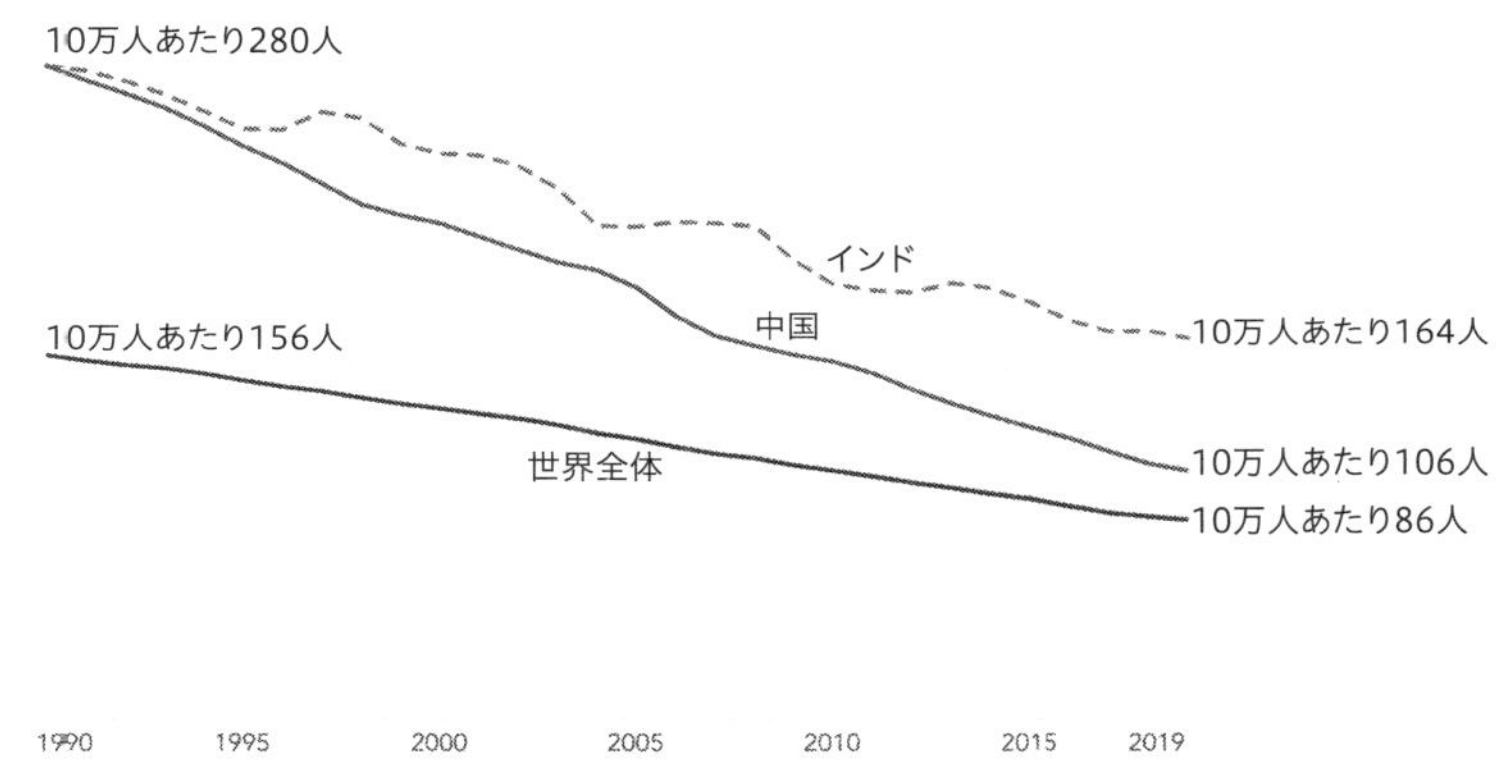

もっとも大気汚染の深刻な国でも、死亡率は下がっている　屋内外の大気汚染による死亡率：10 万人あたりの死者数。

バルな死者数はほとんど変わっていない。世界人口は大幅に増えたのに、死者の数に変化はない。しかも、高齢者はとりわけ脳卒中や心血管疾患やがんの死亡リスクが高い。ということは、大気汚染による死亡率――または平均的な個人のリスク――は下がっていて、それも少しではない。一九九〇年以来、死亡率は半減したとも推定されている。[30]

もしグローバルな人口増加に歯止めがかかったら、大気汚染は改善し続け、大気汚染による死者数もまもなく頭打ちになるだろう。死者数の上昇スピードよりも、下降スピードははるかに速くてもおかしくない。クリーンテクノロジーの導入によって、大気汚染の死者数は数十年もしないうちに激減する可能性がある。

きれいな空気を実現するにはどうしたらいいだろう？

大気汚染をなくすために私たちがやるべきことを理

解するにはまず、大気汚染がどこからくるかを知る必要がある。

デリーの大気中の微小粒子状物質——二・五マイクロメートルに満たない微粒子——の平均濃度はWHOのガイドラインより二〇倍も高い。冬にはそれがもっとひどくなる。風がやみ、汚染物質は都市にとどまる。冬季には、WHOの基準の一〇〇倍を超えることも珍しくない。

二〇一六年一月、デリーの地方政府は応急処置を迫られた。デリーの自動車の半分を道路から締め出し、「奇数偶数制」を実施することにした。ナンバープレートの末尾が奇数なら、奇数日にのみ運転できる。偶数ならその反対だ。自分の番でない日には公共の交通機関を使うか、該当するナンバープレートの車に乗せてもらうしかない。違反すると罰金が課せられた。

劇的な効果が期待されたが、調べによると二〇一六年の奇数偶数制で削減できたデリーの大気汚染はわずか五パーセントだった。二〇一九年一一月にもふたたび試したが、前回よりもましな程度だった。削減率は一三パーセントだった。

これほど劇的な規制でもほとんど変化しないのはなぜだろう？　一歩下がって、デリーの大気汚染がどこからきているかを見てみれば、答えは明らかだ。大気汚染の原因は車ではない。デリーの冬季PM2・5汚染は交通が原因ではあったが、乗用車はわずか四パーセントに過ぎず、大半はトラックが原因だった。[31]それなのに、トラックやバスやオートバイは規制の対象になっていなかったのだ。しかも、すべての自動車が規制されたわけでもなかった。女性ドライバーは対象外とされた。よりクリーンな燃料で走る自動車、タクシー、政治家や裁判官や外交官などの要人を乗せた車もまた対象外だった。言い換えると、規制の対象になったのは要人を除く男性ドライバーの個人ガソリン車とディーゼル車のみだった。

もちろんいいこともあった。まず、渋滞がかなり改善した。だがデータを研究していた人から見ると、これでデリーの大気汚染が抑えられないことは明らかだった。大気汚染を抑制するには、自動車を上回る大気汚染の原因から取り組みはじめた方がいいはずだった。たとえば、農家が翌期の穀物収穫に備えて作物の残りくずを焼き払う冬季の野焼き、都市での産業排気ガス、周辺地域からの粉塵(ふんじん)、ディーゼル発電機、自宅での炭や木の燃焼といったことだ。[32]

排気ガスの原因はグローバルに見てもいくつかしかない。まずは、燃料用の炭や木の燃焼と作物の野焼きである。低所得国においてはこれが屋内外の大気汚染の最大の原因になっている。それから農業用の肥料からくるアンモニアや窒素ガスの排出だ。その次が電力用の化石燃料。そして、産業廃棄ガス——化学工場や鉄工所や繊維工場から漏れ出る煙。最後に輸送——私たちが運転する車、トラック、船、世界中に荷物を運ぶ飛行機。

大気汚染をゼロに近づけるには、こうした原因をひとつひとつ潰していく必要がある。

＊毎年、自然災害により世界中でおよそ一万五〇〇〇人が亡くなっている。年によってその数にはばらつきがあり、もっとも死者数の多い大地震が起きたかどうかに左右される。地震はもっとも予測が難しく、備えもしにくい。

あらゆるところで大気汚染をゼロに近づけるには

すでに書いたが、大気汚染の解決策はひとつの基本的な原則に従っている。それは、これ以上ものを燃やさないということだ。私たちはものを燃やさずにエネルギーを生産する方法を見つけなければならない。あるいは、安全に微粒子を捉えて絶対に大気中に排出しないことだ。多くの国はこの段階から遠くない。最貧国は遅れているが、燃やす対象を変えてエネルギーにすることで、かなりのところまで達している。

(1) クリーンな調理用燃料をすべての人に与える

私たちが燃やすすべてのものが同じ量の汚染物質を生み出すわけではない。木は石炭より悪い。石炭は灯油より悪い。灯油はガスより悪い。

ひとつのエネルギー源から別のエネルギー源に乗り換えるこのプロセスは、「エネルギーのはしごを登る」と呼ばれる。世界の最貧国はいまだに木を主な（おそらく唯一の）エネルギー源としている。つまり彼らははしごの一番下にいる。少し豊かになると木炭を燃やすようになり、そのあとには石炭を燃やすようになる。こうした固形燃料は汚染物質の排出量が恐ろしいほど多く、毎日その空気を吸う人にとっては有害だ。ショッキングなことに、世界人口のおよそ四割――三〇億人を超える――はこの状況にある。世界中の誰も、エネルギーのはしごの最下段にいるべき

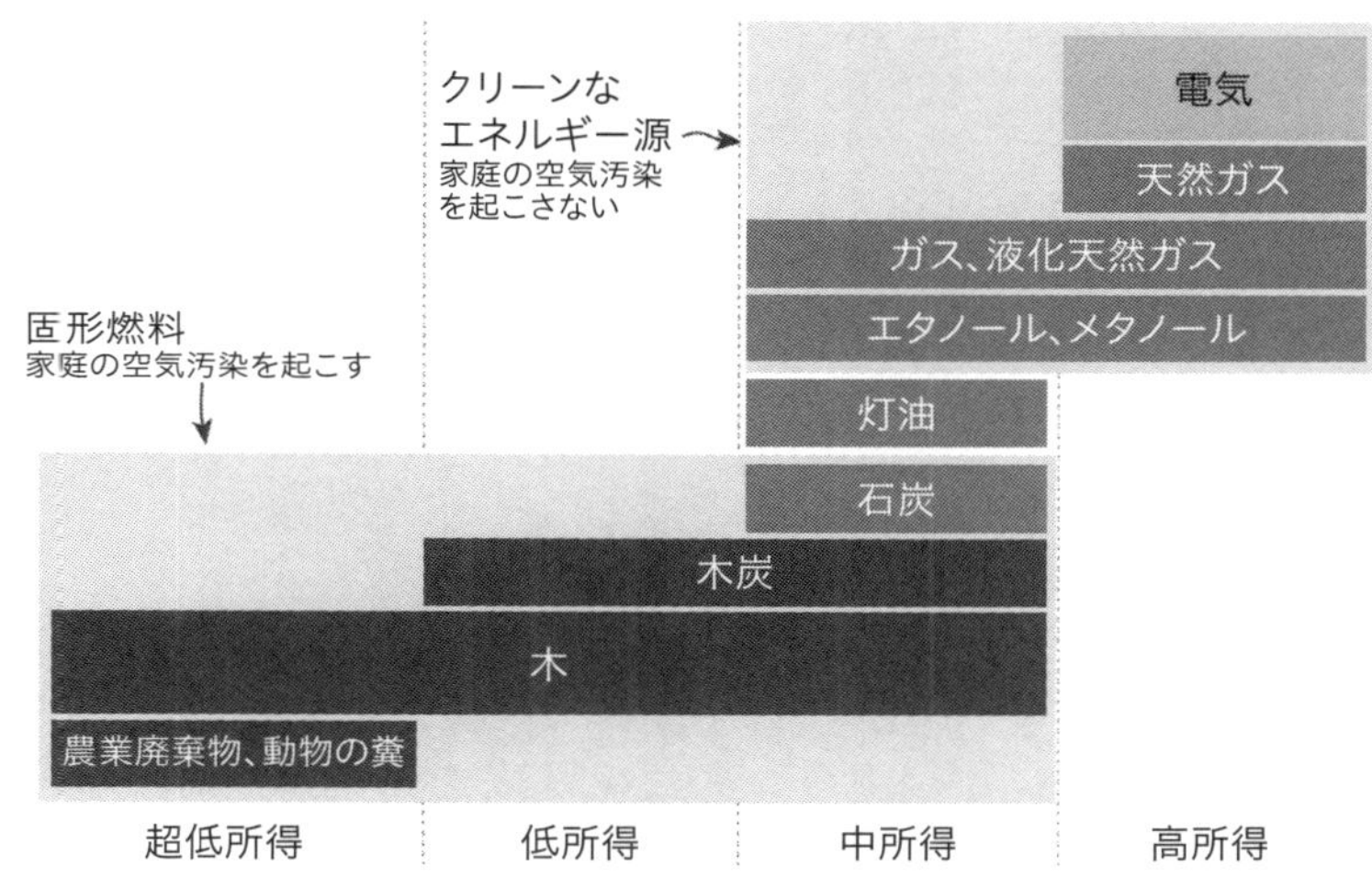

エネルギーのはしご　調理と暖房用の主要エネルギー源：所得水準別

ではない。すべての人が調理や暖房用にクリーンな燃料を手に入れられるようにならなければいけない。数十億人がそうできていないわけだから、これは環境運動の最優先事項のひとつでなければならない。きれいな空気への第一歩は、すでに証明された方法だ。貧困を減らし、昔ながらの古い燃料を誰も使わないようにすることだ。

(2) 冬季の野焼きをやめる

野焼きはインドで毎年季節ごとに地域的な大気汚染を引き起こす要因になっている。[33,34] 農家では一〇月と一一月が作物の切り替え時期にあたり、米の収穫を終えたあとに小麦を植える準備を行う。作付けの時期は限られている——一一月の最初の二週間だ。ということは、畑に残った稲の残りくずを急いで取り除かなければならない。簡単なやり方は燃やすことだ。これは農家にとっては簡単でも、国にとっては負担が大きい。すべての農家がいっせいにこれをやると、周辺都市の大気に汚染物質が充満する。

解決策はいくつか考えられる。作物の残りくずを集めて家畜の餌やほかの材料に使うこと。あるいはほかの作物を植えるように農家を後押しすること。テクノロジーによる解決策もある。ハッピーシーダーと呼ばれるトラクターのような機械で残った稲を刈り取り、小麦を植えた上に、その稲藁(いなわら)を有機肥料として被(かぶ)せる。インド政府はハッピーシーダー購入のための補助金を農家に与え、これを後押ししている。研究によると、こうしたテクノロジーが農家にとって利益になりうることがわかっている。[35] だが問題は、この機械を使うのは一年に一五日程度なのに、先行投資と維持費が農家にとって高価だということだ。

野焼きに歯止めをかけたと言えるくらいまでその規模を減らそうと思えば、インド政府は多額の補助金を給付する必要がある。それでも、経済面でも環境面でもメリットは莫大だろう。行動を取ることとの代償を計るとき、そのコストをまったく投資しない場合と比べがちだ。それは間違っている。そこには、私たちが計算に入れ忘れている、行動しないことの社会的代償が存在する。何十億ドルも使うのはお金がかかりすぎると思うかもしれない。だがそう思うのは問題を解決しない場合のコストを無視しているからだ。

大気汚染のコストを金額で示すとどのくらいになるかについて、ひとつの数字で示すことはできない。それは健康への被害や若くして命を落とすことの「代償」をどう見るかに左右される。

それでも、ほとんどの研究は同じような規模の金額を推定している。健康不良、病欠、生産性の低下、不作、そのほかの「隠れた」影響で、毎年世界中で数兆ドルが失われている。[36] 世界銀行が発表した二〇二二年の報告書によると、この数字は八・一兆ドルにのぼり、これはグローバルGDPの六パーセントに等しい。[37] インドでは、二〇一九年の大気汚染の代償は三五〇〇億ドル、GDPの一〇パーセントにのぼると推定されている。こうした社会的な代償から目を背けて、それが存在しないふりをすることはできる。だがそのツケは問題を解決するまでずっと、溜まり続けるだろう。

(3) 化石燃料から窒素を取り除く

石炭はいずれ過去の燃料となるだろう。だが世界が完全に石炭から移行するまでには、まだ時間がかかる。そして、そのあいだにも大気汚染で命が失われる。だから、これを制限するためにできることはやるべきだ。

デリーとムンバイの上空を覆う硫黄酸化物のもやは取り除くことができる。すでに解決策はある。石炭火力発電所から出る二酸化硫黄を捕集することだ。発電所の煙突に「スクラバー」と呼ばれる洗浄装置を取り付ければいい。そこに石灰を加えれば、気体中の二酸化硫黄が反応し、捕集可能な固体になる。

スクラバーによって少なくとも九割の二酸化硫黄を取り除くことができ、おかげでこの半世紀に多くの国で大気汚染は激減した。こうした装置を発電所に取り付けるにはカネがかかる。だから、豊かな国はいずれも装置を取り付けられるが、貧しい国はできない。それでも中国の例でわかるように、いずれの国もいつか転換点を迎える。その転換点にきた時には、解決策はすぐ使える状態でそこにある。硫黄を除去すればいいだけだ。

(4) もっともクリーンな車は?

都市の大気汚染といえば、交通渋滞で車がアイドリング状態で詰まっている状態を誰もが思い浮かべるだろう。大気汚染を報じるニュースではいつも、自動車から排気ガスが立ち上る安っぽい映像が流れる。だから自動車による大気汚染が健康を害することは、周知の話だ。

イギリスでは、二〇一五年に「ディーゼルゲート」(「エミッションゲート」とも呼ばれる)が新聞を賑わし、自動車による大気汚染に注目が集まった。多くの国では自動車の汚染物質排出量に厳格な規制が課せられているため、大気の質を担保する一定の水準を満たさなければ市場で販売できない。二〇一五年、世界最大級の自動車メーカーであるフォルクスワーゲンが不正を行っていたことが発覚した。自動車エンジンの汚染制御機能が、検査のあいだだけ作動するようにプログラムされていたのだ。検査の最中にはこの制御機能が利いて、パスできた。だが道路に出てみると、制御機能は作動しなくなっていた。汚染物質の排出量は、規制の上限をはるかに超えていた。このスキャンダルによってフォルクスワーゲンの信用が傷ついただけでなく、自動車の排気ガスに人々が注目するようになった。

消費者にディーゼル車を買わせようとした国もあった。ガソリン車よりディーゼル車の方が走行距離あたりの二酸化炭素排出量が少ないというのが、その理由だ。ガソリンからディーゼルへの移行は、気候変動にとってはいいことだ。だがこの試みは計画通りに進まず、多くの政府は結局元に戻ることになった。ディーゼルゲート事件もその引き金のひとつではあったものの、ディーゼル車の方が肺に入り込みやすい局所的な汚染物質をはるかに多く排出するとわかったためでもある。ここで難しいのは、より重要度が高いのはどちらかという判断だ。気候変動か、健康を害する局所的な大気汚染か？　そこで判明したのは、ディーゼル車がガソリン車に比べて二酸化炭素排出量がそれほど少ないわけではないということだ。ディーゼル車には局所的な汚染物質の排出を減らすための装置を取り付ける必要があり、それにはエネルギーコストがかかる。その分の余分なコストのせいで気候メリットの多くが相殺される。気候にとっても局所的大気汚染にとっても、ディーゼル車の方が負荷が大きいという研究もある。[38]

アメリカではディーゼル車はほとんど普及していないため、消費者がガソリンかディーゼルかの二者択一を迫られることはなかった。だが、アメリカ以外の消費者にとっては、何が正しい選択だろう？　ディーゼル対ガソリンなら、違いはそれほど大きくない。車の古さの方が重要だ。最近のディーゼル車もガソリン車も古い世代のものよりはるかに環境負荷が少ない。排ガス基準は厳しくなり、フィルタリング技術は大幅に進化した。そして、次章で見るように、ディーゼル対ガソリン論争はもう時代遅れになりつつある。化石燃料自動車はまもなく退場するだろう。電気自動車と車を持たない生活が主流になりつつある。古いテクノロジーを捨て、いち早く新しいものに替えるべきだ。そうすることで毎年数多くの命を救えるようになる。

(5) 自動車での移動を減らし、自転車、徒歩、公共交通機関を使う

大気汚染をもっとも引き起こしにくいのはどの種類の自動車かを議論してもいいが、それでは、そのうちのどれにも勝る解決策を見逃してしまう。運転しないことだ。もしできるなら、自動車を捨てて自転車か徒歩に変えることが、大気汚染(と気候変動)を減らすために個人にできる最善の策だ。渋滞でずらりと並んだ車がアイドリングしながらマフラーから煙を出している横を自転車の列が追い越していくのを見るたび、都市の渋滞と大気汚染解消という両面のメリットは明らかだ。

これは個人と社会の両方の責任だ。行き先が自転車か徒歩で行ける距離なら、自動車を家に置いて出かけることを私たちの多くは選べるはずだ。安全な道はある。それができる健康な身体もある。とすれば、それをしないのは個人の勝手でしかない。徒歩と自転車の次にいいのは公共の交通機関を使うことだ。

もちろん、それができない人もいる。勤め先が遠すぎる。自転車専用レーンがなく、歩道もない場合もある。公共交通機関は昔のままだ。バスや電車は遅れるし、あてにならず、数時間に一

本しかこない（いつまで待ってもこない場合もある）。インフラ不足のために仕方なく自動車を使わざるをえない。

二〇四〇年または二〇五〇年の都市や街や交通システムを、もっと夢のあるものとして想像した方がいい。自動車ではなく歩行者や自転車を中心とした街づくりができるはずだ。私の理想は自動車を持たなくてもいい世界だ。一日のうち二三時間は車を使わないとしたら、なおさらだ。低炭素の自動運転車のネットワークを作って街中を走らせることもできる。車が必要ならアプリでクリーンな自動運転車を呼び出し、送迎してもらえばいい。政府と計画者が慎重に考えを詰めれば、これをある種の公共交通機関にできるかもしれない。健康と経済へのメリットは莫大になるはずだ。

（６）化石燃料を捨てて、再生可能エネルギーと原子力を利用する

石炭火力発電所をクリーンにし、自動車にフィルター技術を取り付けることで、かなりの前進は見られた。こうした施策によって大気汚染の水準を昔と比べてほんのわずかにすることができる。

だがそれではまだ足りない。もっとも豊かな国でさえ、私たちのほとんどが吸っている大気には寿命を縮める物質が含まれている。大気は子供たちの集中力や学習能力にも影響する。昔ほどひどくないからといって、現状を受け入れるべきだという意味ではない。もっとよくなってしか

るべきだ。大気汚染にとどめを刺すつもりなら、化石燃料の使用を止める必要がある。

幸い、気候変動に取り組むには、これはいずれにしろやらなければならないことだ。すると二つの大きな問題を同時に解決できる。実際、市民が政府に清潔な大気を要求することは、気候アクションを加速させる重要な方法なのだ。北京とデリーが濃い霧に隠れていれば、市民は黙っていない。だが、化石燃料を捨てて、どのエネルギー源に変えたらいいのだろう？　この点で、私はひとつの解に固執しない立場を取っている。環境コミュニティーの中では二つの派閥が激しく競い合っている。原子力推進派と再生可能エネルギー推進派だ。この二派の争いは凄まじい。私から見ると、こうした対立は不毛で嫌になる。

原子力エネルギーも、太陽光や水力や風力などの再エネも、いずれも低炭素だ。とはいえ、それでも二酸化炭素がゼロにならない理由は、そもそもパネルやタービンを作るのに燃料や材料が必要になるからだ。もちろん、化石燃料に比べれば、炭素排出量はほんのわずかではある。化石燃料からこれらのどのエネルギー源に変えても、気候にとっては明らかな得になる。しかも原子力か再エネに変えれば大気汚染による死も防げるので、健康にとっても大きな得になる。

世の中にまかり通っている大きな誤解のひとつが、原子力は安全でないというものだ。実際には、原子力はもっとも安全なエネルギー源のひとつである。この六〇年間に大きな事故は二件しか起きていない。一九八六年のウクライナのチョルノービリ（チェルノブイリ）と、二〇一一年の日本の福島だ。原子力と言えば、この二つの悲惨な事故が思い浮かぶ。この二つの事故で何人の死者が出たかと友達に尋ねて回ったところ、数十万人という答えが多かった。実際の数字ははるかに少ない[39]。

チョルノービリの爆発による直接の死者数と放射能汚染によるがんの潜在的な死者数を足すと、この事故で亡くなった人は多くとも四〇〇人と推定される[40,41]。いずれの死も悲劇であることには変わりはないが、死者数はおおかたの想像よりはるかに少ない。とりわけ、これが歴史上最悪の原子力発電事故で、ふたたび起きる可能性が低いことを考えればなおさらだ。チョルノービリの原子炉は古く安全性の低い設計で、当時のソ連の秘密主義のせいで対応は遅かった。

二〇一一年、日本の記録史上最大の地震による津波に福島第一原発が襲われた。注目すべきことに、この事故の直接の死者はいなかった。数年後、この事故に関係するらしき肺がんでひとりが亡くなったと政府は発表した。全体を見ると、それはかなり驚くべきことだ。原子力発電所が津波に襲われても、おそらくひとりしか亡くなっていない。とはいえ、福島からの避難によるストレスと混乱でその後何年ものあいだに約二七〇〇人が亡くなったと政府は発表している。

チョルノービリと福島を合わせると、原子力で亡くなった人はこれまでの歴史で数千人にのぼると推測される。

すると、原子力は他のエネルギー源と比べて安全なのか、危険なのか？　死亡率——発電単位あたりの死者数——でいくと、原子力、太陽光、風力はいずれもかなり低い[42]。またこの三つにそれほど違いはない。水力も安全だが、大きな事故——一九七五年に中国の板橋（はんきょう）ダムが決壊し、一七万一〇〇〇人が亡くなった——によって死亡率が一気に上がった。
次ページの図は、代替エネルギーを化石燃料と比較したものだ。発電単位あたりの石炭による大気汚染の死亡率は、代替エネルギーの数千倍にものぼる。石油による死亡率も原子力と再生可能エネルギーの数千倍になる。

原子力発電による死亡率が太陽光より少し高いか低いか、または太陽光が風力より危険かどうかをつついている人たちは、論点が完全にズレている。代替エネルギー源のあいだの違いは、些細(ささい)なことに過ぎない。そのいずれも、化石燃料に比べるとはるかに死者数は少ないことに注目すべきだ。数百万人が化石燃料のせいで毎年命を失っている。その数は三六〇万人から八七〇万人と言われる。うち、一〇〇万人から二五〇万人は発電によるもので、ほとんどは石炭が原因だ。[43]原子力と再生可能エネルギーはその数百倍か、もしかすると数千倍も安全だ。しかも重要なのは二酸化炭素排出量も非常に少ないため気候にとってもはるかに優しいということだ。

命を救うという点では、どの低炭素エネルギー源に変えようがあまり違いはない。とにかく、あらゆる手を使って化石燃料の使用をやめることが必要だ。既存の原子力発電所を稼働し続けなくてはならない。経済的な余裕と専門的技術がある国には、もっと原子力発電所を建設してもいい。屋根には太陽光パネルを取り付けよう。砂漠に太陽光パネルと風力タービンを建設しよう。

最後に残された大気汚染の原因を取り除こうと思ったら、低炭素エネルギーに移行し、電気自動車に乗り換えることが必要だ。バッテリーも太陽光パネルも電気自動車も高価だったため、こ

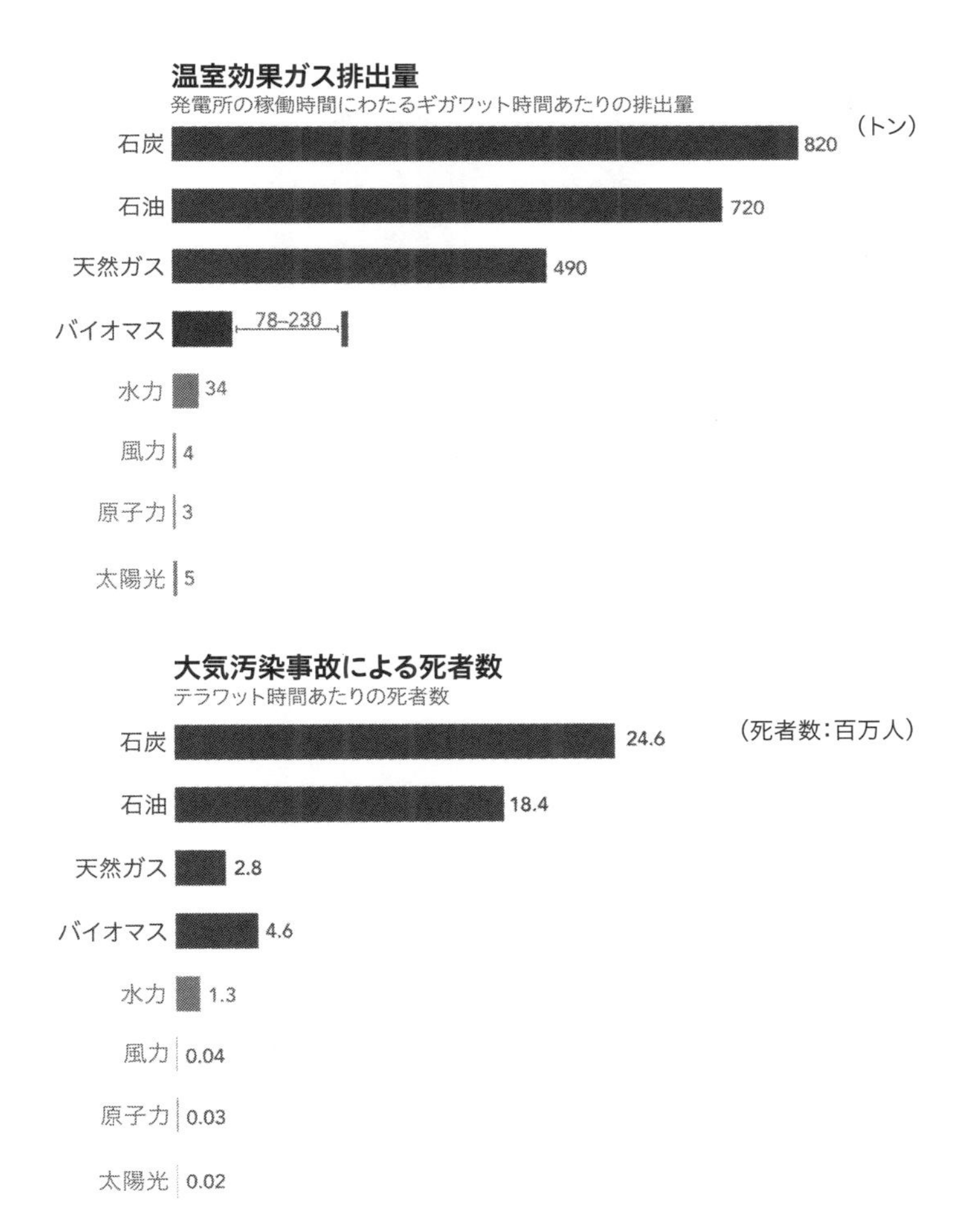

再生可能エネルギーと原子力は化石燃料に比べてはるかに安全で気候にやさしい　化石燃料は大気汚染によって毎年数百万人の命を奪い、発電単位あたりの温室効果ガス排出量もはるかに多い。

のあいだまで移行は不可能に思えた。でもそれは変わっているし、しかも変化のスピードは速まっている。

あまり力を入れなくていいこと

環境のために最善を尽くそうとする、やる気に満ちた思慮深い人たちに、毎日出会う。彼らはいつも環境へのインパクトを考えたうえで日々のほぼあらゆる判断を下している。世の中に大きな違いをもたらすと自分が信じている何かにこだわって、それを追求する人もいる。でも残念なことに、その熱意とストレスが無駄になってしまうことも少なくない。彼らのやっていることは世の中にほとんど違いをもたらさず、これから見ていくようにむしろ物事を悪化させていることもある。

あまり力を注がなくていいことは何かをはっきりさせたいと私は言ってきた。だが、この章ではそれを列挙しないことにした。というのは、みんながもう少し力を注いだ方がいい問題が二つあるからだ。ひとつは大気汚染（そしてもうひとつは生物多様性の喪失）だ。私たちは気候変動を大いに心配し、将来多くの人が気候変動で命を失うことを懸念している。でも、大気汚染はすでに毎年数百万もの命を奪い、それがもう長いこと続いてきた。化石燃料を排除すれば、今すぐに目にみえるインパクトが表れる。そうすれば命が救われ、デリーやラホールやダッカといった大気汚染の激しい都市に住む人々には即座に違いが見てとれる。そして彼らはふたたび息をすることができる。大気汚染を減らすことは命を救ううえでもっとも効果のある方法のひとつだ。これこそ、私たちがもっともっと考えるべきことだ。

歩いたり、自転車に乗ったり、公共交通機関を使ったりすること以外に個人がもっとやるべきことはあるだろうか？　まずはじめにできるわかりやすいことは、声をあげることだ。政府が優先事項にしてくれるように、市民が清潔な空気を要求すること。この章のはじめに、北京市民が声をあげたことの影響を書いた。中国政府は耳を傾け、行動せざるをえなくなった。大気汚染を減らすための道具と知識のほとんどは、私たちの手の内にある。ないのは行動原資となるお金と政治的な意思だ。そこに私たちは影響を与えることができる。

もうひとつは、環境に優しいように見えて実はそうではない行動に逆戻りしないよう、その誘惑にしっかり抗うことだ。すでに書いたように、イギリスでは焚き火とストーブが急に人気を取り戻している。いずれも一見、エコな暖房に思える。化石燃料を燃やす前はそれが普通だったので、より「自然」で「原始的」な感じがするのだ。しかし、焚き火は世界中の貧しい国の多くがやめようとしていることだ。木を燃やせば屋内に大量の汚染物質が発生し、屋外も汚染する。ガスや電気よりも環境に悪い。こうした固形燃料の使用はかつての大問題であり、すでに解決済みになったはずだ。進歩に逆らいたい誘惑に抗おう。エコに思えても、データはそうでないと教えてくれている。

3章　気候変動――気温を下げる

「科学者は、二一〇〇年までに気温が六度上がる可能性があると言い、
パリでの国連会議に先立って行動を呼びかけている」
――インディペンデント紙、二〇一五年[1]

世界の気温が今より六度上がったら、とんでもないことになる。しかも六度とは平均気温だ。それよりずっと暖かくなる場所もある。南極と北極は特にそうだ。作物は育たなくなる。多くの人が栄養不足になる。森は枯れてむき出しの平原になる。島国は沈没する。海面上昇で多くの都市が消滅する。気候難民が押し寄せる。世界の多くの国で「平年並み」が耐えられないほどの気温になる。温帯にある豊かな国でも、冬は洪水に襲われ、夏は灼熱に焦がされる。温暖化の悪循環――氷が溶けて日光を反射しにくくなり、海中の永久凍土が溶解して海底からメタンガスが漏れ出し、森が死んで大気から炭素を吸収できなくなる――を引き起こすリスクは非常に高い。六度の上昇では終わらず、すぐに八度、一〇度、さらに上がっていくだろう。そうなると人類全体にとっての災厄になる。

ほんの数年前、私たちはそこに向かっているのだと思っていた。一・五度や二度なんて話じゃ

ない。そのうちかならず四・五度とか六度の上昇は避けられず、打つ手はないのだと思い込んでいた。その方向に向かっているといまだに思っている人がほとんどだ。でもありがたいことに、そうではない。

二〇一五年、パリで開かれた誰もが知る大規模な気候会議ＣＯＰ21に私は参加した。各国の代表団と政策立案者が集まり、新たな気候協定の合意に向けて議論した。前回合意された国際協定では、今世紀の終わりまでに世界の平均気温の上昇を二度より下に抑えることを目標にしていた。そして今回、一・五度の目標が議論されているという噂に、私は耳を疑った。どうかしてない？その時点ではすでに、二度の見込みはありえないと私は諦めていた。その目標には到底届きそうになかったからだ。一・五度を下回る目標なんて、妄想としか思えない。それなのに、最終合意されたのは一・五度の目標だった。ほぼ夢だとは言え、とりあえずそうなった。世界は平均気温の上昇を、産業革命以前に比べて二度を「充分に下回る」水準に抑え、「できることなら一・五度に抑えるよう努力する」と誓ったのだ。

それ以来、一・五度に対する私の見方はあまり変わっていない。予想外の大きな技術革新がなければ、この目標を超えて気温は上昇するだろう。私が知るほとんどすべての気候科学者はそう考えている。もちろん一・五度に抑えたいのはやまやまだが、達成できると思っている研究者はほとんどいない。だからといって、彼らは闘いを諦めていない。〇・一度でも重要で、そのために努力する価値があると彼らは知っている。二度に対する私の見方は変わった。今はこの目標に近づけるのではないかと、慎重ながら前向きに捉えている。二度を超える可能性は高いものの、大きく超えることはおそらくないだろう。そして、もし私たちが本気でこの挑戦に挑むなら、二度より下に抑えられる可能性がまだそれなりにある。

私の見方が変わったのは、新聞の見出しではなくデータを調べてからだ。私は現在地に目を向けず、この数年に物事が変わった速度と、それが将来何を意味するかに目を向けた。「気候アクショントラッカー」という組織は世界各国の気候政策と協定と目標を追跡している。それをすべて合わせて、グローバルな気候がどうなるかを予測する。「データで見る私たちの世界」ではこの未来の気候変動の軌道を描き、毎年更新している。データが軌道に近づけば近づくほど、二度を下回るように追跡する必要がある。

各国がすでに設定した気候対策を堅持したならば、二・五度から二・九度の気温上昇が予想される。[2] はっきりさせておきたいのは、これが悲惨で、そうなってはならないということだ。各国政府は二度を大きく下回ることを誓約している。これまでよりもはるかに野心的な政策にコミットしている。各国が気候政策をしっかりと実行すれば、二一〇〇年までに二・一度が実現できるだろう。

何よりも希望が持てるのは、時が経つごとに気温上昇の軌道が動いてきたことだ。気候政策のない世界では、少なくとも四度か五度の上昇に向かっていたはずだ。世の中のほとんどの人は、まだ世界がこの方向に向かっていると思い込んでいる。もしそうだとしたら、本当に恐ろしいこ

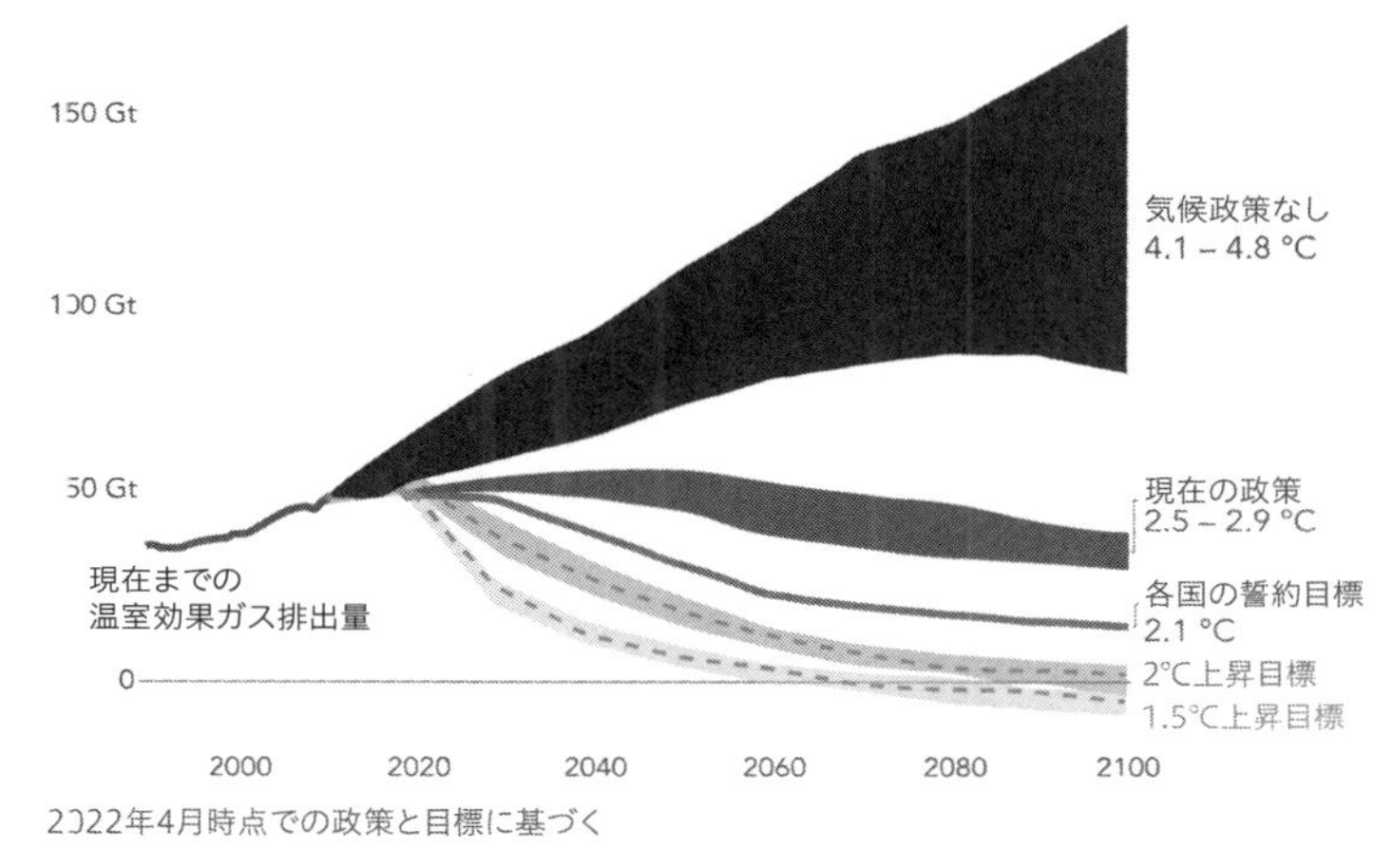

世界はあとどのくらい温暖化するだろう？ 異なる気候政策シナリオのもとでの、産業革命前と比べた2100年までの温暖化予想。

とだ。だが幸いにも、このあいだに各国はさらなる努力を重ねてきた。オゾン層の例でも見たとおり、大胆な目標を段階的に積み上げていくことで大きな違いが生まれる。

もうひとつの大きな変化は、低炭素なサステナブル経済に移行することが、昔と違って何らかの犠牲を伴うと思われなくなったことだ。化石燃料はかつて再生可能エネルギーよりはるかに安かった。電気自動車はとんでもなく高かった。だが今では低炭素技術は手の届く値段になっている。今なら環境に優しい道をいくことに経済的な合理性がある。リーダーもこうした環境の変化により前向きになってきた。それでもまだ、二度の目標からは少し遠い。だから一層の努力が必要だ。しかも迅速に行動しなければならない。だがそれはますます現実的になりつつあり、世界がこの目標に近づき続けることを私は確信している。

私は一二歳か一三歳くらいの頃、ほとんどみんなが気候変動で死んでしまうのだと思っていた。同級生にもそう信じさせようとした。英語のスピーチの試験で、今世紀末までに沈没する都市と海岸をすべて地図にして掲げて見せた。地球を焼き尽くす山火事の衛星画像を見せたりもした。でもそれは他人の興味を掻き立てようとして、自分の不安を増幅させただけだった。

エジンバラ大学に入る頃には、毎日そんな画像に埋もれていた。中には大学の講義で見た画像もあった。地球科学分野の学位を選んだので、当然のことだった。だがそれよりも、環境科学へのこだわりは報道を頻繁に目にするたびに強まっていった。最新の情報に触れ続けようと努力すればするほど、ニュースが即座に入ってくるようになり、いつも一連の映像を見ることになった。犠牲者の痛みを想像するまでもなく、見たり聞いたりできた。私は責任ある市民として情報を摂取し続けたかった。最新の自然災害が何かを知らなければならないと思っていた。ニュースから目を背けることは、失われた命への裏切りのように感じられた。

毎日災害のニュースが流れてくると、世界は悪くなっているに違いないと思えた。気候変動によって災害は増大し、かつてないほど多くの人が亡くなっていた。

というより、勝手にそう思い込んでいた。問題は、報道の頻度が増しているのを見て、災害の頻度が増しているのだと錯覚していたことだった。報道を見た自分の苦しみが増大したことで、グローバルな苦しみが増大しているはずだと勘違いしていた。現実に何が起きているかを私はまったくわかっていなかった。災害は悪化しているのか？　昨年と比べて件数が増えたのか？　これまでにないほど多くの人が亡くなっているのか？

ハンス・ロスリング博士が、極度の貧困と乳幼児死亡率は減少し、教育と寿命は向上していると教えてくれたあと、私は自分が間違った思い込みをしているかもしれない分野を探しはじめた。まずは「自然」災害のデータを見てみた。自然災害で亡くなる人の数は、百年前にくらべて今の方が多いことに大金を賭けてもいいくらいだと思っていた。大はずれだった。自然災害による死亡率は二〇世紀の前半から下がり続けていた。しかも少し下がった程度ではない。およそ一〇分の一になっていたのだ。[3,4]

ここで、ひとつはっきりさせておかなければならないことがある。ここまで書いてきたことはいずれも、気候変動が起きていないという意味ではない。災害で亡くなる人が減ったからといって、災害が弱まっているわけでもなければ、昔より珍しいものになっているわけでもない。否定論者はこのデータにつけこんで、気候変動のリスクやその存在を軽んじようとする。だがデータが教えてくれるのは、そういうことではない。

昔は災害で年間数百万の死者が出ることは珍しくなかった。一九二〇年代、三〇年代、四〇年代は特に酷かった。大地震が何度か起き、多くの命が失われた。中国、日本、パキスタン、トルコ、イタリアは連続して地震に襲われ、多くの人が亡くなった。最も死者が多かったのは一九二〇年に中国の甘粛省で起きた地震で、一八万人が亡くなったとされる。だが、死者数が最も多い

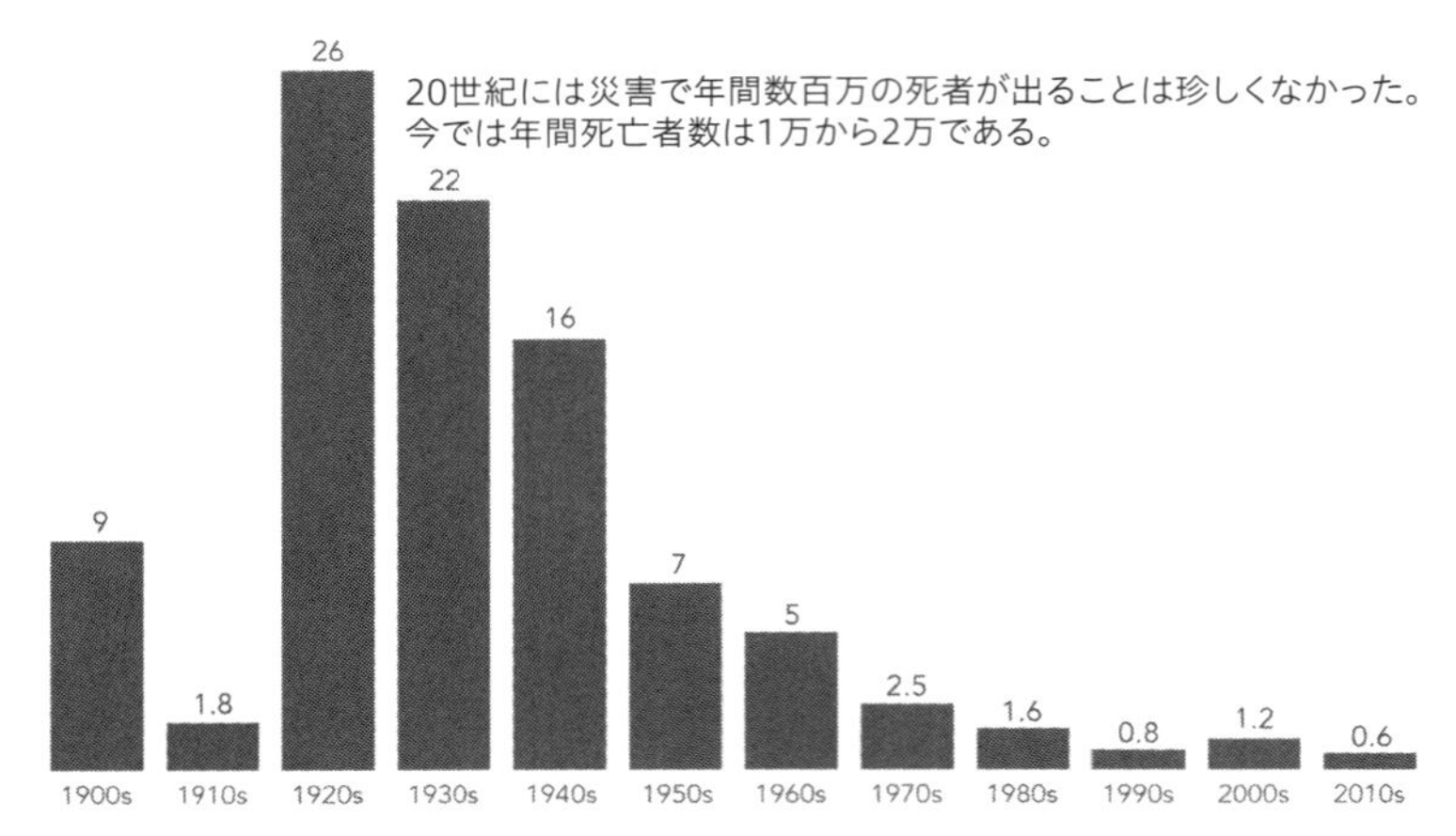

昔に比べて自然災害で亡くなる人の数は減っている　自然災害による死亡率：10 年間で 10 万人あたりの死者数を計測。
死亡者数は減ってきた——災害の頻度が減ったからでも強度が弱まったからでもなく、インフラ / 監視追跡 / 対応システムが向上し災害への耐性が整ったからだ。

のは、洪水と干魃だった。中国は一九二〇年代と三〇年代をとおして頻繁に大洪水と干魃に見舞われ、国中が飢餓に苦しみ、一度に数百万の命が失われた。

今では年間の死亡者数ははるかに少なく、通常は一万人から二万人程度に収まっている。たまに死亡者数が跳ね上がる年もある。たとえば二〇一〇年の死亡者数は三〇万人を超えたが、そのほとんどはハイチ地震が原因だった。

俯瞰的にこうしたトレンドを見てみると、自分の愚かさを感じずにはいられなかった。騙（だま）されていたような気分になった。世界について教えてくれるはずの教育制度に欺かれていたと感じた。私は頑張って勉強した。地質鉱物学でも堆積学でも大気科学でも海洋学でも学年で一番で表彰された。複雑な断層図も描けたし、鉱物の化学式も暗記して唱えられた。それなのに、災害の死亡者数をグラフで表せと言われたら、さかさに描いていただろう。

無知だったのは私だけではない。二〇一七年のギャップマインダーという組織による思い込み調査では、一四カ国の一般の人々に一二の質問を投げかけた。そのひとつが次の質問だ。

自然災害による年間の死亡者数は、過去一〇〇年間でどう変化したでしょう？

（a）二倍より多くなった
（b）ほぼ変わらない
（c）半分より少なくなった

正しい答えを選んだのは一割だった。（c）が正解だ。一番多かった答えは（a）で、四八パーセントが（a）と答えた。

それ以来、この誤解がますます悪化しているのではないかと私は恐れている。以前よりも気候変動に関心が集まっているし、それは正しい。だが、報道の即時性は高まっている。記事の頻度を重要な業績指標にしているメディアもあるほどだ。「環境報道の記事を三時間に一本出すことにより、ガーディアン紙は地球を救う闘いを先導する声となります」。ガーディアンのウェブサイトのあちこちに、こう書いたバナーがデカデカと貼られている。[5] 言い換えると、ガーディアン紙はできるだけ多くの衝撃的な記事をできる限り速く打ち出したいということだ。速ければ速いほど、「地球を救う」ことに強くコミットしていることになるらしい。だがこうしたニュースは不安を煽り、世の中がますます悪くなっているという思い込みを強めてしまう。

死亡率が下がっているからといって、気候変動のリスクを軽んじていることにはならない。むしろ、人間は問題を解決できることを、このデータは教えてくれる。一〇〇年前、洪水と干魃は深刻な飢饉につながり数百万の命を奪っていた[6]。食糧不安はいまだに大問題だ。これについては5章で見ていく。だが、深刻な飢饉はほぼ過去のものになった。今のインフラは地震に耐えうるように作られている。やってきそうなハリケーンを予測し追跡することもできる。手遅れにならないうちに避難もできる。災害に襲われたら、早急に対応できる。国内では緊急シェルターを作ったり、コミュニティーを再建することもできる。海外では国際的な支援網もある。世界最高の専門家を派遣し、生活必需品をまとめて送ることができる。

災害に強い社会を築き、災害を予測し対応するにはカネがかかる。災害のインパクトを減らすことに成功した背景には、知識と科学的理解が向上したことがある。気象学者は台風追跡モデルを作ることができる。エンジニアと地球物理学者が力を合わせて激震に耐えうる建物を設計することもできる。農業の技術革新によって異変に耐え回復できる食糧システムを作ることもできる。とはいえ、昔よりはるかに豊かになったことも、成功の要因ではある。最先端のネットワークやインフラにはカネがかかる。耐震ビルを設計しても、建てるカネがなければ意味がない。車が通れる道も、人を乗せる車両もなければ、避難ルートを計画しても仕方がない。農家に種や肥料を買うカネがなければ、新しい農業技術を設計する意味はない。災害で亡くなる人が減ったのは、世界が豊かになったからだ。

だが、みんながみんな豊かではないし、それが気候変動の最大のリスクである。それに、災害による死が減り続ける保証もない。気候変動によってこれまでのトレンドが逆行する可能性は大いにある。だが、気候変動を遅らせて軌道内に止めておけたら大丈夫だ。

ここで、気候変動を抑えるために何ができるかを見ていこう。これが合理性を持つには、二つの事実を受け入れる必要がある。まず、気候変動は現に起きているということ。そして、人間が排出する温室効果ガスに責任があるということだ。ここで、気候変動の有無について議論するつもりはない。その時間もスペースも持ち合わせていないし、すでに多くの人がやっている。次に、「私たち」にはもう時間が残されていない。「私たち」とは、世の中のみんなという意味だ。気候変動が起きているか、いないかを議論する時間はもう終わった。そこを超えて、何をするかを問う時がきている。

どのようにここまできたか

森から化石燃料へ

炭素排出量が急激に増加をはじめたのは産業革命以降だ。だが人類は数十万年ものあいだ、大気中の気体のバランスをいじり続けてきた。二酸化炭素の排出源は主に二つ。化石燃料の燃焼と用地変更だ。木を伐採すると生物学的炭素が大気に排出される。次章で見ていくとおり、森林伐採は今にはじまったことではない。人間は数千年にわたって世界の景色を再構築し続け、同時に炭素を排出してきた。

過去一万年のあいだに人間が森林伐採と草原の農地化を通してどれほどの炭素を排出してきたかを計算すると、およそ一兆四〇〇〇億トンの二酸化炭素にのぼると推定される。[7] ということは、私たちの先祖は一〇〇〇〇年をかけてゆっくりと地球の温度調節器を動かしてきたことになる。しかもそれは、地面から化石燃料を掘り出す前の話だ。

一七〇〇年代まで、人間の動力源は主に三種類しかなかった。家畜、森から取ってくる木、そして人力だ。だがこれらの動力源は拡大が難しかった。森には限りがあり、人間ができることも限られている。拡大可能なエネルギー源を持てないことが、人類の発達を妨げていた。そして、人間は石炭を見つけたのだ。

産業革命発祥の地イギリスでは、一八世紀と一九世紀にかけて、石炭消費がゆっくりと増加し

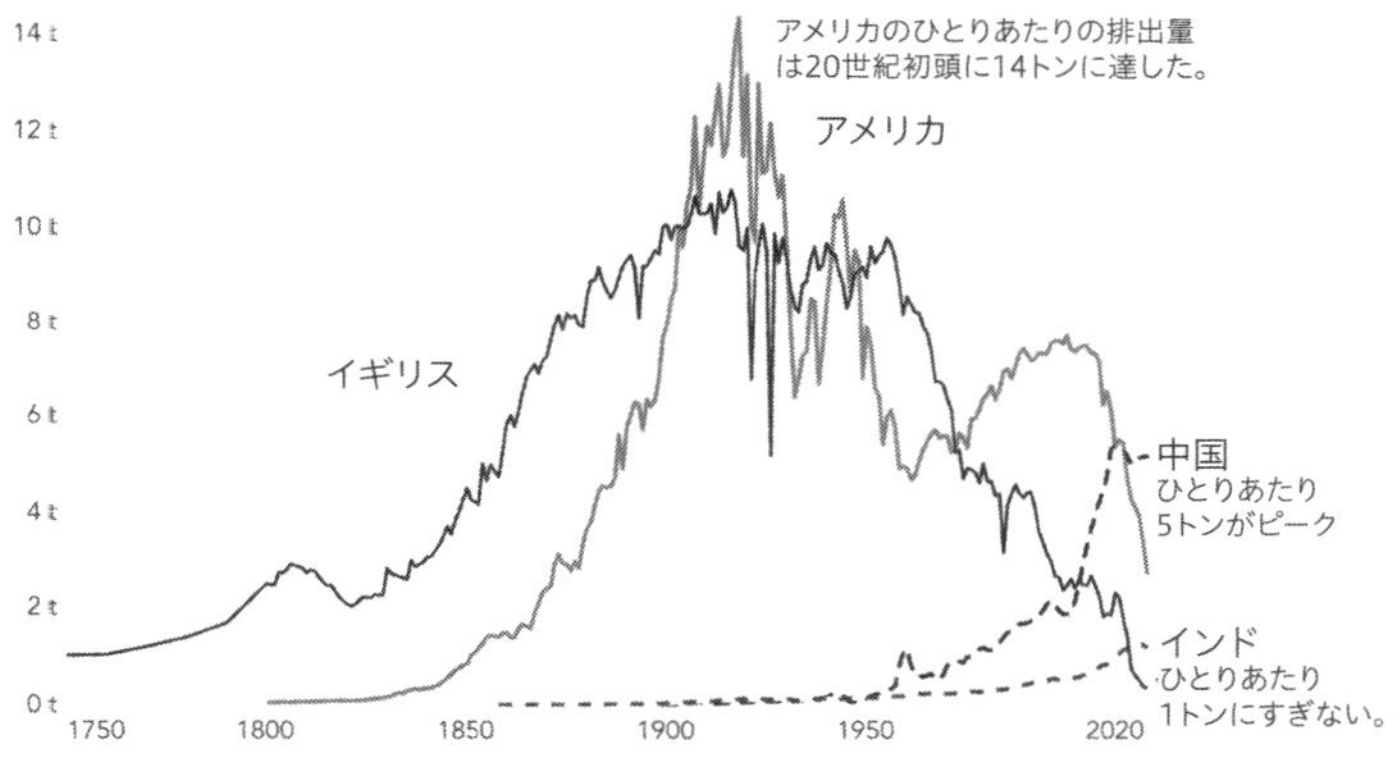

ひとりあたりの石炭による CO_2 排出量は、かつての豊かな国に比べるとほんの少しでしかない　ひとりあたりの排出量は、二酸化炭素（CO_2）をトンで表したもの。現在、中国とインドは大量排出国とされているが、ひとりあたりの排出量は、昔のイギリスとアメリカに比べるとかなり少ない。

た。[8] 石炭消費が急激に加速したのはそのあとだ。ヨーロッパ中のほかの国とアメリカもここに加わった。一九〇〇年までに、イギリスの排出量はひとりあたり一〇トンを記録した。[9] アメリカでは一四トンにものぼった。それにくらべて、今の中国はわずか五トン、インドは一トンにすぎない。先進国に石炭を燃やすなと言われて、途上国が頭にくるのも無理はない。

二〇世期の半ばまでには、石油が採掘され、その後天然ガスも掘り出された。発電が可能になったばかりか、輸送を拡大し、クリーンな方法で家を暖められるようになった。

世界人口は急激に拡大し、人々は豊かになっていった。化石燃料は進歩の象徴だった。一九五〇年代の人たちは決して、「石炭と石油をもとにしたエネルギーシステムに人々を縛りつけ、次の世代にツケを回してやろう」と考えていたわけではない。化石燃料はより良い生活への道だったのだ。

歴史を見ると、豊かになればなるほど二酸化炭素の排出は増える。世界の炭素排出の責任のほとんどは豊かな国にあった。それが変わったのは二〇世紀の後半、新興国の経済が拡大しはじめた時だった。中国、インド、インドネシア、マレーシア、南アフリカの台頭は、人類の勝利とも言える。莫大な数の人々が貧困と苦難から解放された。だがその原動力になったのは化石燃料で、大気中に大量の二酸化炭素が放出された。その頃、多くの豊かな国は排出量を削減しながら同時に、さらに豊かになっていった。低所得国と中所得国では排出量が増え、豊かな国では排出量が減っていくにしたがって、世界のひとりあたり炭素排出量は収束しはじめた。

今どこにいるか

総排出量はまだ増えているが、ひとりあたりの排出量は天井を打った

ひとりあたりの排出量はすでにピークを過ぎている。天井を打ったのは一〇年前だ。だがほとんどの人はそのことを知らない。

ひとりあたりの炭素排出量が四・九トンを記録したのは二〇一二年で、ここが最多だった。[10] だがそれ以来、ひとりあたりの排出量はゆっくりと減っている。減少のスピードは充分に速いとは言えないが、減っていることに変わりはない。そしてこれは、総排出量(ひとりあたりではなく

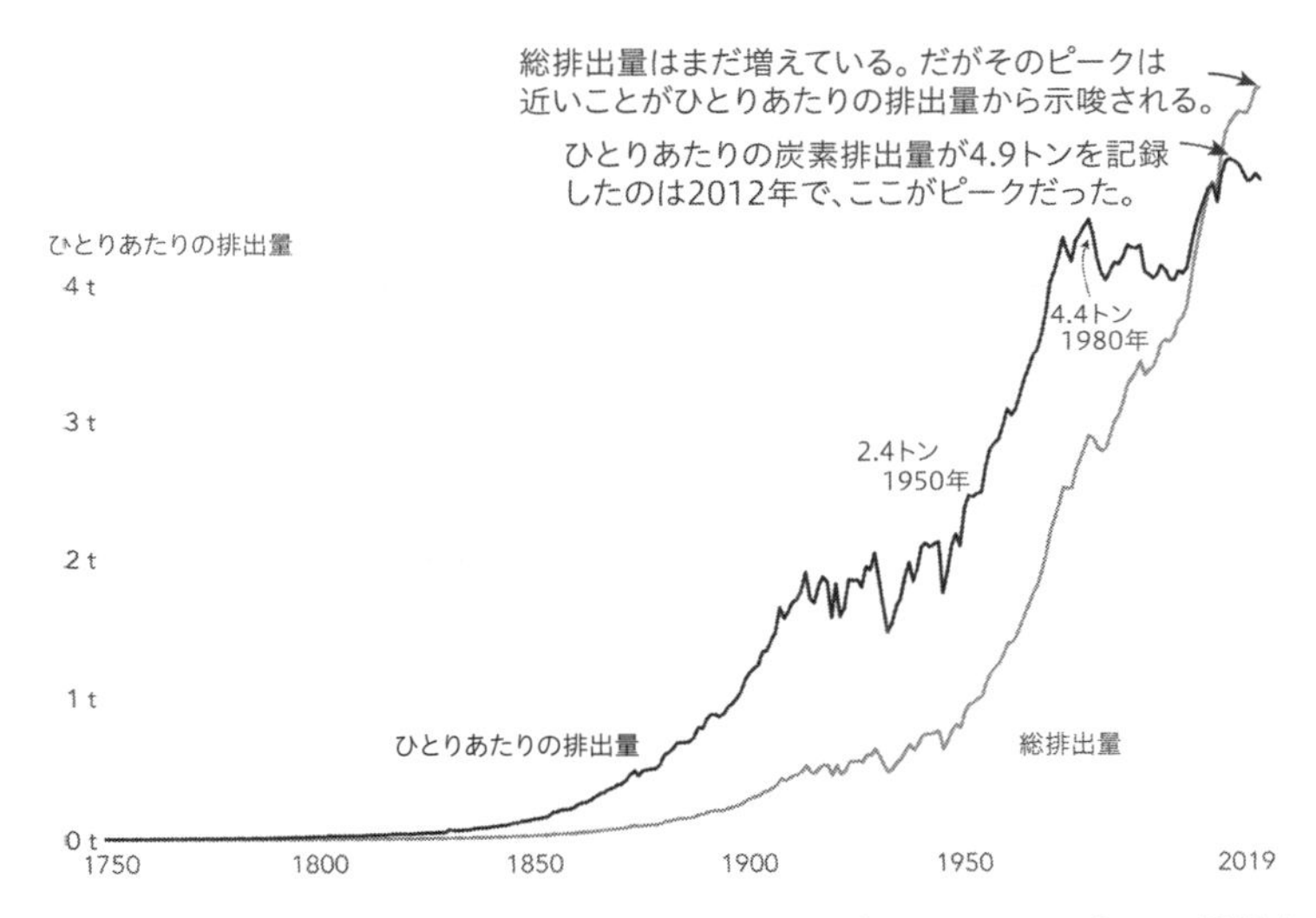

ひとりあたりのグローバルな二酸化炭素排出量はピークアウトした——総排出量もまもなく天井を打つだろう　化石燃料と産業からの二酸化炭素排出量。用地変更のインパクトは含まれない。

全体の総量）のピークが近いという兆しでもある。世界人口が増加していることを考えると、これはどの指標にも言えることだ。まず最初にひとりあたりの量が天井を打ち、それからひとりあたりの減少幅が人口増加のスピードに勝るかどうかの綱引きになる。

その均衡点はかなり近い。一九六〇年代と七〇年代に排出量は急激に増え、一九九〇年代と二〇〇〇年代のはじめにふたたび急増した。だがこのところ、増加幅はかなりゆるやかになっている。二〇一八年から二〇一九年にはほとんど増加していない。そして、コロナが原因で二〇二〇年には減少した。グローバルな排出量が二〇二〇年代に天井を打つ可能性は大いにあると私は思っている。

温室効果ガスを最も多く排出しているのは誰だ？

排出量をピークアウトさせ、減少にもっていくには、二酸化炭素の排出源を知る必要がある。誰に責任があるのか？　これは一見わかりやすい質問のようで、実は単純な答えはない。計算が難しいのではない。すべての数字は私の手元にある。問題は、「責任」が実際に何を意味するかについて合意がないことだ。国別比較のための指標はたくさんあるが、どれが一番いいかについての合意はまったくない。

各国の年間またはひとりあたりの排出量を見るべきか？　歴史的な責任を見るべきか？　過去からの排出量をすべて足し合わせるべきか？　すると厄介な貿易の問題が出てくる。イギリスが中国製品を購入した場合、炭素排出量はどちらの国に加算されるのだろう？　つまるところ、「これが正解」と言えるものはない。

とはいえ、こうした数字を比較してみると役に立つので、ここで国別または地域別の排出量を見てみよう。* 排出量第一位は中国だ。人口も世界一なので、これは意外ではない。中国は世界の排出量のおよそ二九パーセントを占めている。第二位はアメリカで一四パーセント。その次はEU（だいたいグループとして気候協定に参加している）で八パーセント。次がインドで七パーセント、そしてロシアの五パーセントと続く。

ここにすでに格差が見てとれる。インドは世界人口の一八パーセントを占めるのに、排出量は七パーセントだ。アメリカは人口では世界の四パーセントなのに、排出量では一四パーセントだ。アフリカはその正反対で、人口は世界の一七パーセントを占めながら、わずか四パーセントしか排出していない。国ごとのひとりあたりの排出量を詳しく見ていくと、この格差はより極端になる。

各国の歴史的責任を見たとき、この割合が偏っていることもわかる。一七五〇年以来の排出量を国別に積み上げてみた。するとアメリカはぶっちぎりの一位で、世界の排出量の二五パーセントを占めていた。二位はEUで一七パーセント。中国は三位に下がり、アメリカの半分になる。インドはさらに順位が下がり、排出量はわずか三パーセントだ。

このような比較は役に立つ。だが、気候変動を誰かのせいにして責任を押し付けあってもきりがない。本当はこの数字そのものに異論があるのではない。まずはじめに、どの数字を使うべきかについて争いがある。その合意がないと――たいていは合意できない――有益な議論にならない。この争いが何十年ものあいだ国際的な気候協定の障害になってきた。アメリカとEUは中国とインドを責め、中国とインドは別の（とても理にかなった）指標を使ってやり返している。

＊ここで私たちが見ているのは、二酸化炭素排出量の九割を占める化石燃料と産業からの排出量だ。用地変更による排出量は含まれていない。なぜなら、年度ごとの変化が激しくトレンドがわかりづらくなる可能性があるからだ。

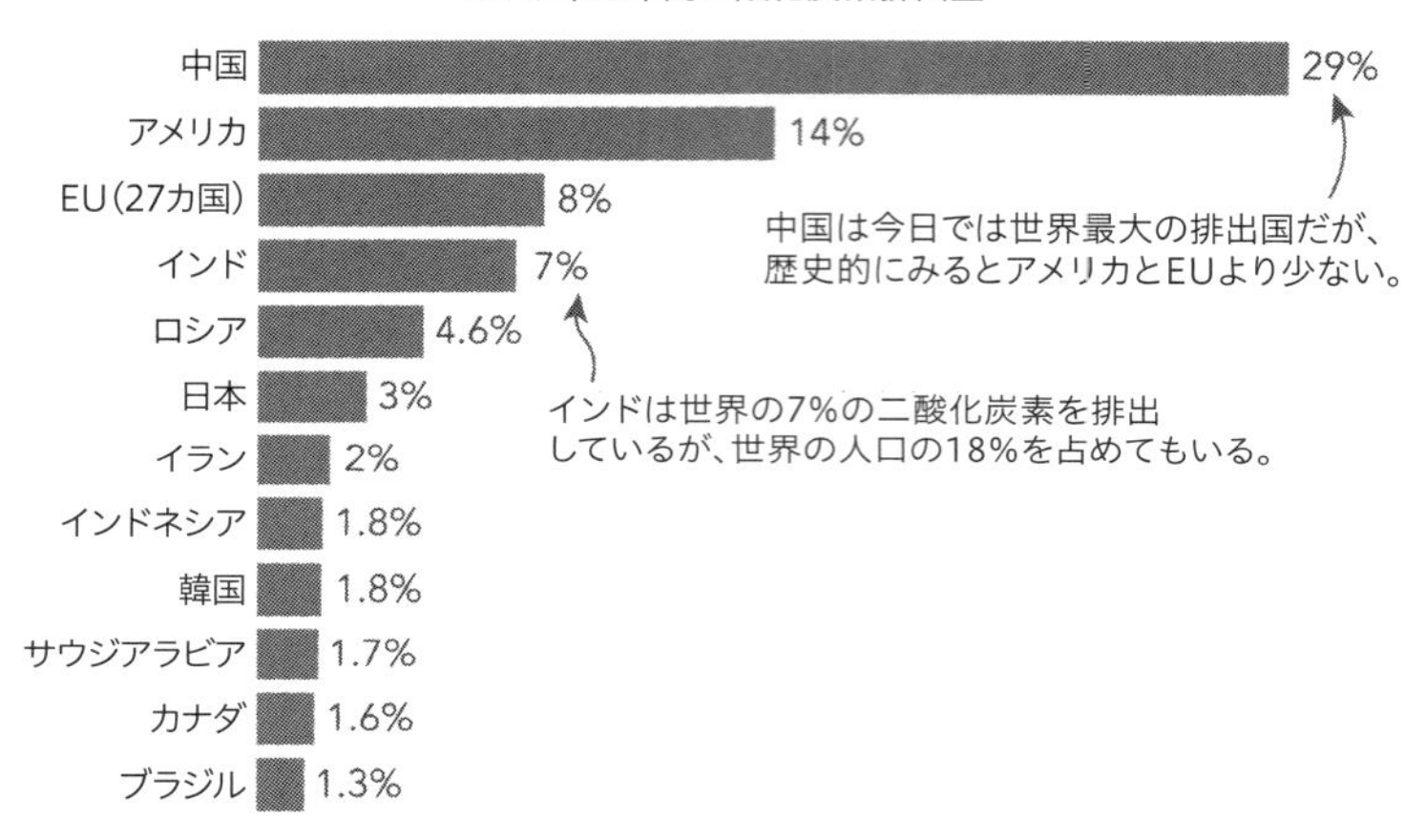

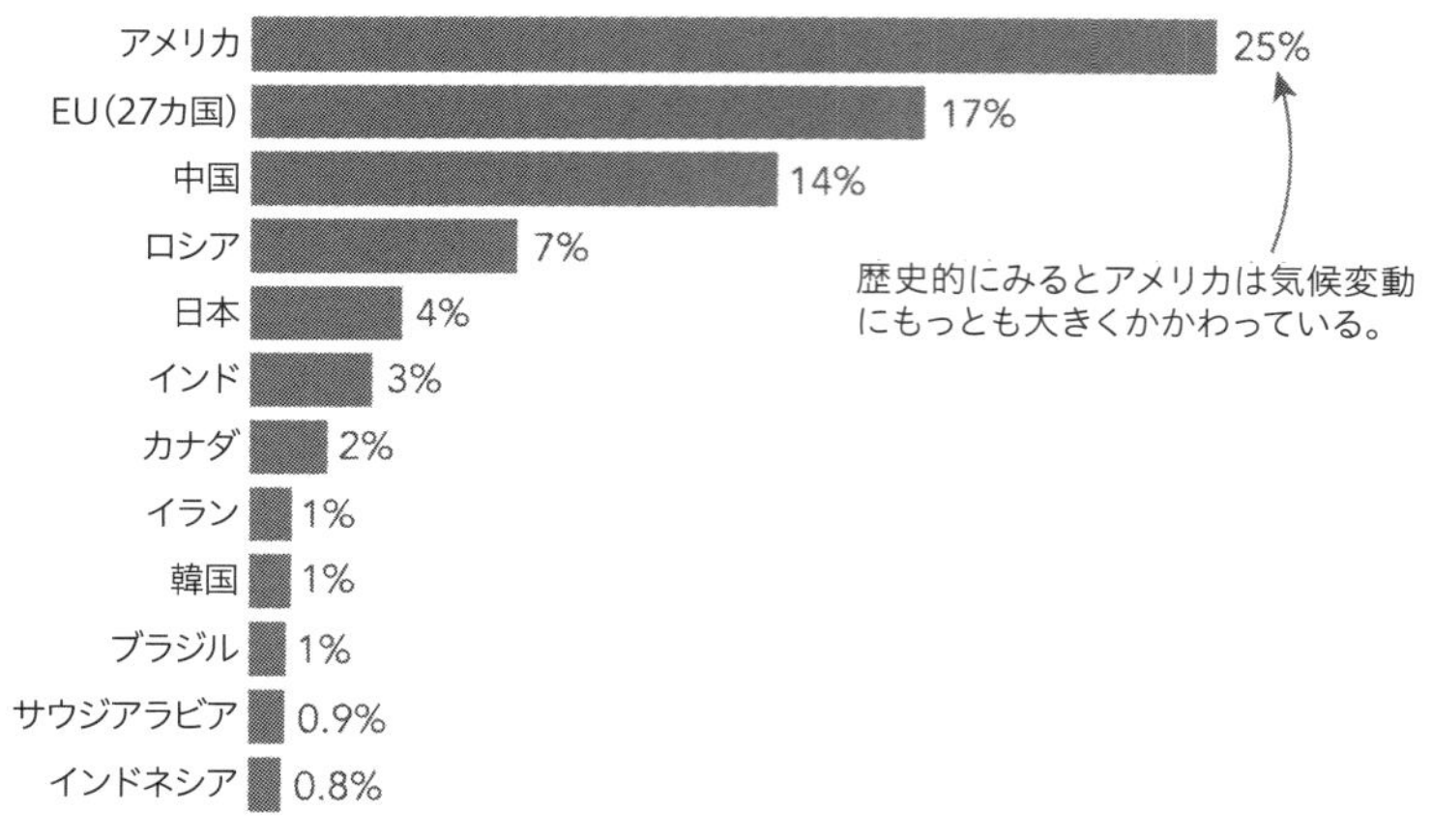

どの国が気候変動にもっとも責任があるか? 化石燃料と産業から排出される二酸化炭素。用地転換による排出は含まれない。

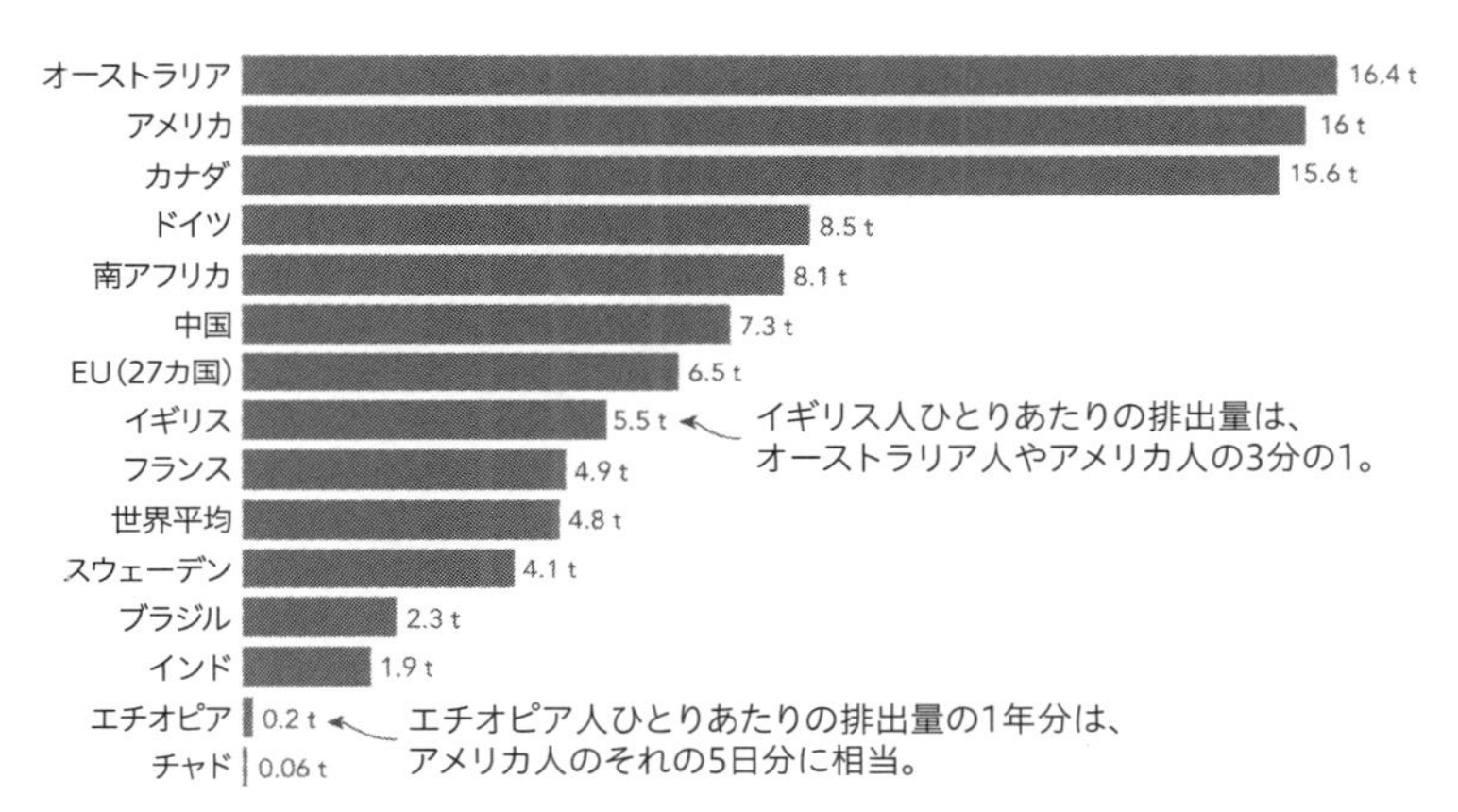

豊かな国の中でも、ひとりあたりの二酸化炭素排出量には大きな違いがある
年間のトンで測った、化石燃料と産業が排出する二酸化炭素の量。用地転換による排出は含まない。

豊かな人たちの方が排出量は多いが、それで全体は語れない

サハラ以南のアフリカでは世界の排出量にほとんど責任のない国もある。チャドのひとりあたりの二酸化炭素排出量は年間わずか〇・〇六トンだ。チャドの年間排出量が、アメリカの一日半の排出量にあたる。化石燃料も電気も車も手に入らず、産業もなければ、炭素負荷は極めて低い。

豊かになってこうしたものに手が届くようになると、炭素排出量は増える。だがそれがすべてではない。豊かな国の中でも排出量に大きな違いがある。文化、交通インフラ、エネルギー源の選択によってかなりの違いが出る。スウェーデンの生活水準はアメリカとほとんど変わらないか、少し高いくらいだ。だが、スウェーデン人はアメリカ人の四分の一しか炭素を排出せず、ドイツ人に比べるとおよそ半分だ。また、たとえば中国や南ア

フリカなど、中所得国の中にもヨーロッパの高所得国のひとりあたり排出量を上回る国もある。それは、豊かな国が排出を別の場所に輸出しているからというだけではない。

数多くの原子力発電と水力発電を保有するスウェーデンとフランスは、非常に低炭素の電力網を備えている。アメリカのように、輸送による莫大な排出もない。いい生活を送るために環境に大きな負荷をかける必要はないのだ。

祖母の世代より世界はサステナブルになった——多くの国ではすでに排出量が減っている

ちょっとしたことだが、私の人生に一番の喜びを運んでくれるのは祖母からのメールだ。私の祖母は八〇代の半ばで、ｉＰａｄを使いこなして、仕事もできるくらいだ。「仕事」といっても、写真を見たり、メールを送ったりすることなのだけど。祖母はスマホもパソコンもスマートウォッチも持っていない。テレビ以外のすべての今どきのテクノロジーを拒絶している。その生活ぶりは数十年前とほぼ変わらない。

このことが、気候変動に対する世代間の溝のようなものを生み出している。老人の多くは若者のライフスタイルが問題だと思っている。若者は一日中電子機器をいじって、エネルギーを浪費している。庭園も緑もない、人でいっぱいの都市に群れている。たくさんものを買うばかりで、修理しない。食べ物を他人と分け合うこともなく、あまりにもたくさんの食べ物を無駄にしている。

それでも、私の炭素排出量は祖父母が私の歳だった頃の半分にも満たない。祖父母が二〇代の頃にはイギリスのひとりあたりの二酸化炭素排出量は年間一一トンだった。今は五トンにも満たない。父母と私の差も同じくらいに大きい。一九五〇年代から一九九〇年代にかけて、イギリスの炭素排出量はほとんど変わっていない。排出量が激減したのは九〇年代以降、私が生まれてからだ。

これは一見、信じがたいことだ。私が生きている今の方が一九五〇年代よりもサステナブルなんてことがあるのだろうか？　私の方が祖母より倹約しているはずもない。私の方が無駄が多いのは確かだ。私は暖房をつけっぱなしにしたりもする。電子機器の充電時間も長い。それでも私の方がエネルギーの消費量は少ないし、炭素の排出量も少ない。

それはテクノロジーのおかげだ。一九〇〇年にはイギリスのエネルギー源はほぼ石炭だけだったし、一九五〇年頃までは九割が石炭だった。それが今、石炭は電力の二パーセントにも満たないし、政府は二〇二五年までに石炭を完全に排除すると宣言している。石炭はその始まりの地で終わりを迎えつつある。石炭はほかのエネルギー源に置き換えられてきた。ガス、それから原子力、そして今、風力、太陽光など、再生可能エネルギーへの転換が進んでいる。

つまり、私たちが消費するエネルギーは、単位あたりの二酸化炭素排出量がはるかに少ないということだ。変わったのはそれだけではない。エネルギーの消費量自体も減っている。一九六〇年代と比べてひとりあたりエネルギー消費は二五パーセントほど減った。エネルギー効率のいい電子機器が毎年のように数多く生活に導入されている。まず、白物家電のエネルギー効率が上がり、効率の悪い電球が一斉に取り替えられるようになった。次に複層ガラスで家を断熱するようになった。私が子供の頃は家に一台だけテレビがあって、それは奥行きが二メートルもあろうかという巨大な箱だった。なのに画面は小さすぎて、すごく近くに座らないと何も見えないような代物だった。自動車は燃費が悪かった。燃費が悪いと言われる今のＳＵＶとも比べ物にならないほどだった。両親は新車を買うなど夢にも考えなかった。家の車はボロボロで音のうるさい中古車だった。もちろん燃費は悪い。エンジン音がブンブンと唸（うな）り、加熱が感じられるほどだった。一ガロンあたりの走行距離はほんのわずかだった。

今の人たちは派手にエネルギーを使い散らかして生活しているように見えるけれど、実際にはテクノロジーの飛躍的な進歩によって、昔に比べてエネルギー消費ははるかに少なくなった。倹約しなければ低炭素な生活はできないという考えは間違っている。今のイギリス人は一八五〇年代の人たちと同じくらいしか炭素を排出していない。私の炭素排出量は、曾曾祖父母と同じだ。だけど、生活水準は私の方がはるかに高い。

ほとんどの豊かな国ではイギリスと同じく、炭素排出量が急激に減っている。アメリカとドイツのひとりあたりの排出量は、一九七〇年とくらべて三分の二になっている。フランスでは半分を下回り、スウェーデンではほぼ三分の一になっている。

それなのに、排出量の減少を知る人はほとんどいない。最近、気候科学者仲間のジョナサン

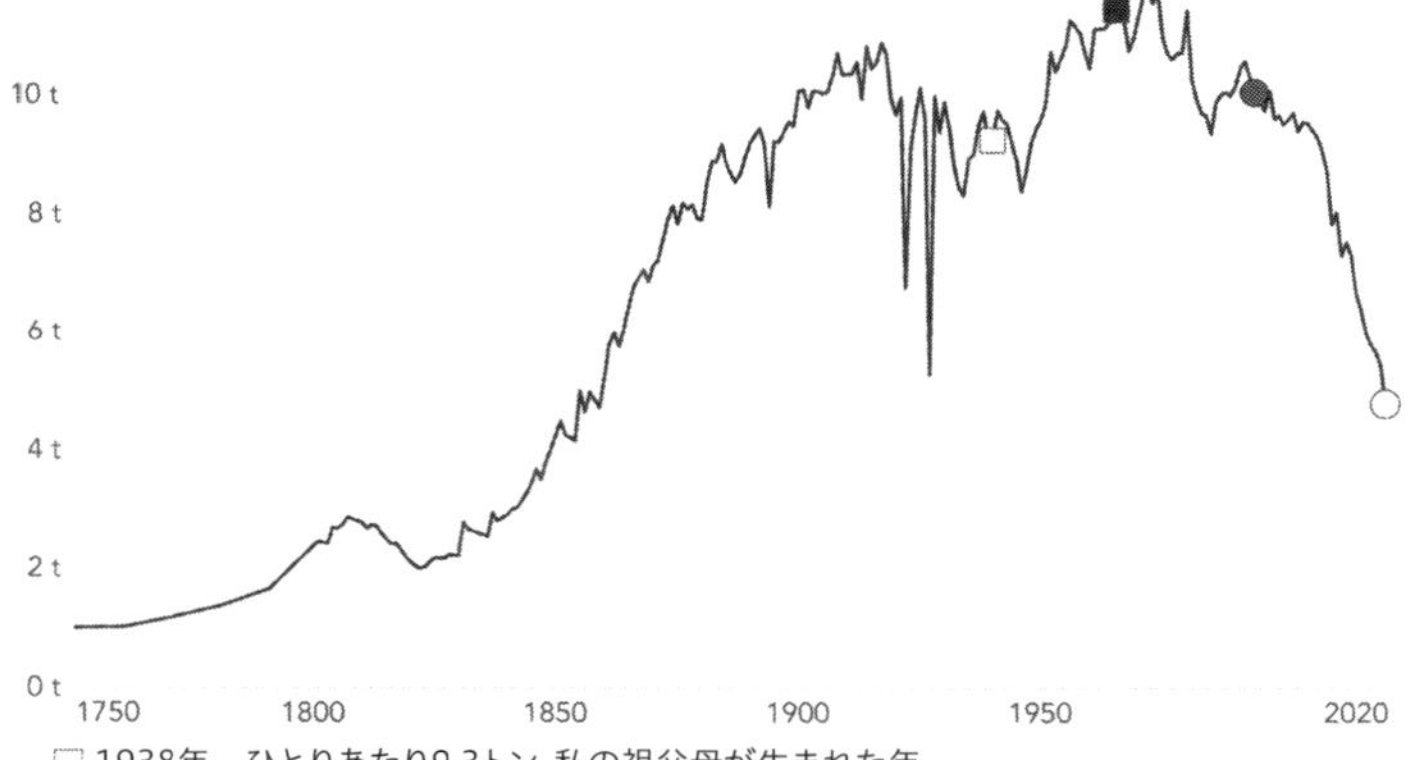

□ 1938年　ひとりあたり9.3トン。私の祖父母が生まれた年。
■ 1965年　ひとりあたり11.5トン。私の両親が生まれた年。祖父母は今の私と同い年だった。
● 1993年　ひとりあたり10トン。私が生まれた年。両親は今の私と同い年だった。
○ 2019年　ひとりあたり5.5トン。1859年の水準まで低下。私の曽曽祖父母と同じ排出量。

私の炭素排出量は祖父母の半分になっている　イギリスのひとりあたりの二酸化炭素排出量。ひとりあたり平均トンで表記。

・フォーリーが学者仲間にツイッター（現X）でアンケートを取ってみた。[11]「アメリカでこの一五年に排出量がどう変化したか」の答えとして、次の選択肢を準備した。

（a）二〇パーセント超増加した
（b）一〇パーセント増加した
（c）変わっていない
（d）二〇パーセント減少した

回答者は数千人にのぼった。三分の二は（a）または（b）を選んだ。正解の（d）を選んだのはわずか一九パーセントだった。もうだめだと思ってしまうのも仕方ない。

排出量を減らしながら経済成長した国は多い――それは、排出を海外に押し付けたからではない

豊かな国の炭素排出量が減っていると言うとしょっちゅう、「排出量が減っているのではなく海外に押し付けているだけだ」と反論される。二酸化炭素排出量は普通、生産国を基準に計算されるため、豊かな国は何か悪質な集計手法を使って、自分たちがよく見えるように操作しているのだと疑っているのだ。中国やインドやインドネシアやバングラデシュでものを作ってもらえば、自国の排出量として報告せずにすむと思われている。だから、豊かな国はよく見えるだけで、実際には環境に何も貢献してはいないのだ、と。二酸化炭素がイギリスで排出されようが中国で排出されようが、環境負荷は変わらない。大切なのは総量だけだ。

排出量の「オフショア化」は重要な懸念だ。だがありがたいことに、これがすべてではない。研究者は世界中の貿易統計を使って、輸出入品の製造で排出される二酸化炭素の量を調整している。[12,13] こうした輸出入統計をすべて考慮に入れた数字が、「消費ベース排出量」と呼ばれるものだ。イギリスに関して言うと、イギリス国内で生産される排出量と海外から輸入されるものすべてに関わる排出量がここに含まれる。

イギリスのひとりあたりのＧＤＰは、一九九〇年に比べて五〇パーセントほど増えている（インフレ調整後の数字）。一方で、国内の炭素排出量は半分になった。オフショア化調整後の消費ベース排出量は、三分の一減っている。イギリスがすべての排出量を海外に送りつけているとい

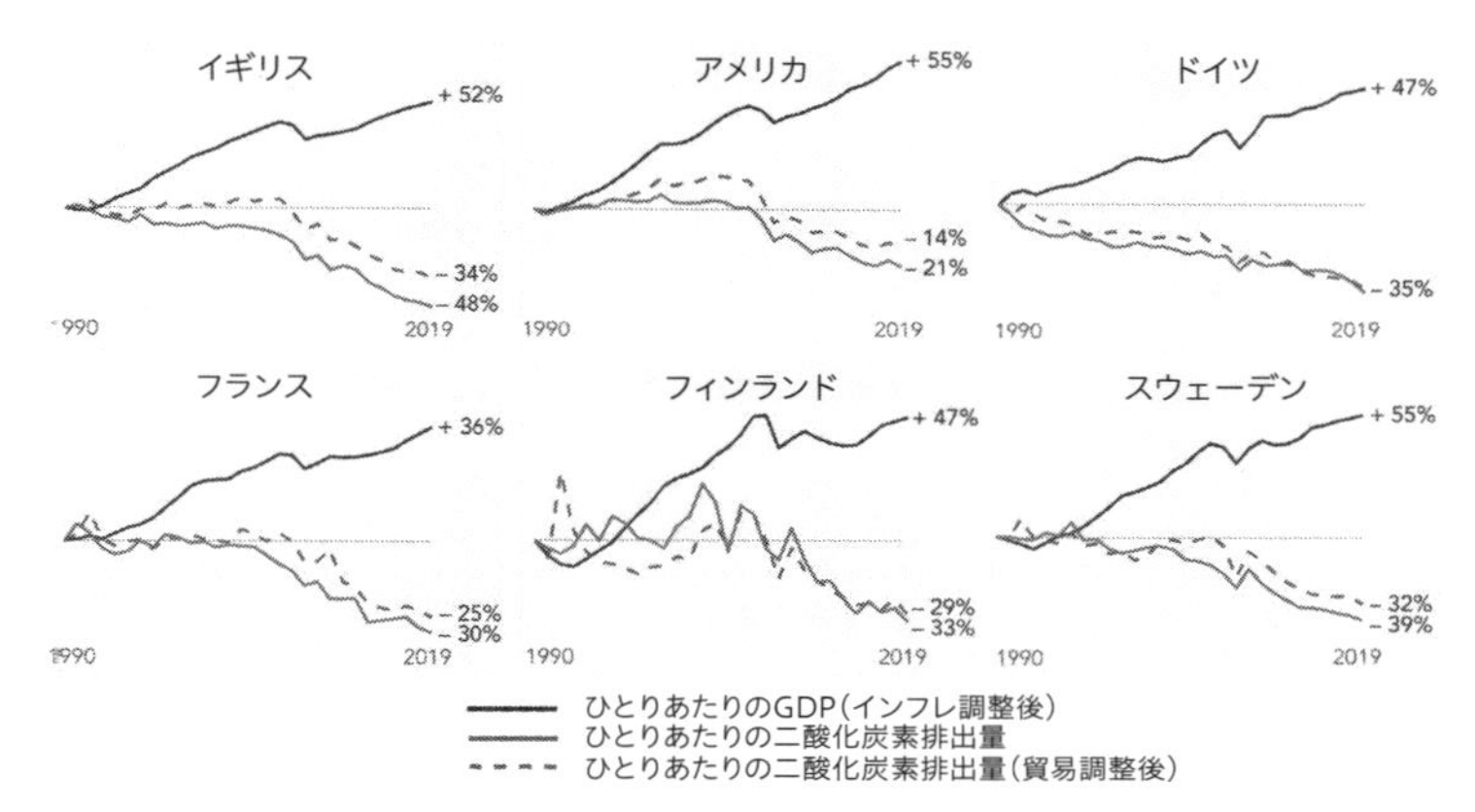

多くの国は経済成長と二酸化炭素の排出を切り離すことに成功している
1990年から2019年までの国内総生産（GDP）とひとりあたりの二酸化炭素排出量の変化を示したグラフ。二酸化炭素排出量は生産ベースの国内排出量と、国際貿易とオフショア化調整後の消費ベース排出量に分けている。

うのは真実ではない。国内を見ても海外を見ても、排出量は本当に減少している。それはほとんどの豊かな国で同じだ。ドイツでは、国内および消費ベースの排出量は三分の二になった。一方、ひとりあたりのＧＤＰは五〇パーセント増加した。フランスでは、消費ベースの排出量は四分の三になり、ひとりあたりのＧＤＰは三三パーセント増加した。アメリカでも二〇〇五年以来、国内とオフショア化調整後の消費ベース排出量は四分の三になっている。

こうしたことはめったにニュースにならない。経済成長と排出量削減はいつも相反するものとして取り上げられる。だが、この二つが両立できることは証明されている。もちろん、豊かな国が排出量を削減しているとはいえ、そのスピードは充分にはほど遠い。もっと速く削減することはできるはずだし、そうするべきだ。いずれにしろ、データを見れば排出量の削減は可能だとわかる。しかも、経済を犠牲にしなくても同時にできるのだ。

低炭素技術はますます安くなっている

物事がどれほど速く変わるかについて、私はついみくびってしまう癖がある。私たちのほとんどはこれまで再生可能エネルギーについて悲観的すぎた。専門家でさえもそうだった。（気温上昇について）二度の目標が遠すぎると感じた理由のひとつは、低炭素エネルギーがこれほど速く広がると予想できなかったからだ。エネルギー転換は歴史的にかなりゆっくりとしか起きてこなかった。科学者のバーツラフ・シュミルは研究でこのことを何度も証明してきた。[14-16] エネルギーシステムを再構築し、木から石炭、石炭から石油など、あるエネルギー源から別のエネルギー源に移行するには少なくとも数十年の年月がかかった。しかも石炭、石油、ガスは太陽光、風力よりずっと安い。化石燃料への多額の補助金を考えると、なおさらだ。

時計の針を二〇〇九年に戻そう。あなたは低所得国の首相で、新たな発電所を建設したいと思っている。人口の四分の一は電気につながっていない。電気につながった人々の多くは、経済的にほんの少量しか消費できる余裕がない。数億人がエネルギー貧困の中で暮らしている。国民の生活を向上させるのが、リーダーとしてのあなたの仕事だ。

そこで、どの種類の発電所を建設するかを決めなければならない。もちろん、費用は大きな要因だ。ここで、さまざまな電力源を「均等化発電コスト」（LCOE）という指標に基づいて比較してみよう。LCOEは次の質問の答えになる。発電所がその存続期間を通して収支トントンになるために、消費者が支払うべき最低価格はいくらになるか？　ここには、発電所の建設コストと、燃料や運営に必要な維持コストが含まれる。

あなたの選択肢と、それぞれの電力単位あたりの費用は以下の通りだ。[17, 18]

（a）太陽光（PV）：359ドル
（b）太陽熱：168ドル
（c）陸上風力：135ドル
（d）原子力：123ドル
（e）石炭：111ドル
（f）ガス：83ドル

さて、あなたならどれを選ぶだろう？　気候変動が心配なら、ソーラーか風力か原子力を選ぶだろう。だがソーラーは石炭の三倍の費用がかかる。予算が同じなら、電力供給は三分の一になってしまう。国民の四分の一に電気が通じず、多くがほんの少量しか使う余裕がない中で、これでは手頃な値段でエネルギーを届けられない。国民に人気のある選択とはとても言えない。ほとんどの国はこうした決断を迫られ、当然ながら石炭やガスを選ぶ。こうした国が気候変動に対応できないのは、無理もないことだ。

だがこのわずか一〇年で、状況はまったく変わった。今、二〇一九年に同じ判断を迫られたとしよう。今のコストは次のとおりだ。

(a) 原子力：155ドル
(b) 太陽熱：141ドル
(c) 石炭：109ドル
(d) ガス：56ドル
(e) 陸上風力：41ドル
(f) 太陽光：40ドル

わずか一〇年のあいだに、最も高価だった太陽光と風力エネルギーは、最も安価なエネルギーになった。太陽光電力の値段は八九パーセント下がり、陸上風力の価格は七〇パーセント下がった。今ではいずれも石炭より安い。国家元首はもう気候対策と国民へのエネルギー供給を天秤にかける必要はなくなった。低炭素エネルギーが突然、経済的にも優位になったのだ。この変化は驚くほど速かった。

太陽光と風力のコストがこれほど短期間で下がったのはなぜだろう？　化石燃料と原子力の価格は、石炭・石油・ウラニウムなどの燃料価格と、発電所の維持運営コストに左右される。再生エネルギーはそうではない。太陽光も風もタダだ。技術部分——電子部品とソーラーパネル——がコストになる。一九六〇年代には太陽光は主流になり得なかった。一九五六年にはソーラーパネル一枚が今の価格で五九万六八〇〇ドルにものぼっただろうと同僚のマックス・ローザーは見積もっている。とんでもなく高価ではあったが太陽光パネルはなくならなかった。宇宙で必要だったからだ。一九五〇年代に、太陽光パネルは衛星の電力源として使われた。この技術は年々進歩していった。一九七〇年代までには宇宙から地球でも使われるようになった。だが、電力網の届かない場所でお金をかけた設備にのみ使われていた。灯台、遠隔交通制御、ワクチン冷蔵といった用途だ。

この数十年のあいだに、太陽光（と風力）の利用が進むにつれて価格は下がっていった。これがいわゆる「学習曲線」だ。テクノロジーの利用が進み規模が拡大するにつれ、効率を高める方法を習熟していく。そして好循環が生まれる。太陽光パネルが多く取り付けられると、価格は下がり、需要は上がり、するとより多くの太陽光パネルが設置され、さらに価格が下がり、それが続いていく。太陽光パネルの「学習曲線」は二〇パーセントになってきた。つまり、太陽光パネルの設置能力が倍になるごとに、価格がおよそ二〇パーセント下がる。* 陸上および洋上風力も太陽光と同じ循環をたどっている。

これは再生可能エネルギー源に限ったことではない。再生可能エネルギーの間欠性を補い、電気自動車などのテクノロジーを普及させるには電池が必要になる。それも大型の安い電池でなければならない。ここでもまったく同じことが起きた。この三〇年間にリチウムイオン電池の価格は九八パーセントを下回るまでになった。[19, 20] そしてここ数年では、電気自動車にギリギリ使えるところまできている。これについては後述しよう。

学習曲線が利かないのは、石炭のような化石燃料だ。石炭火力発電の効率を今以上に上げるのは難しい。ひと塊の石炭から引き出せるエネルギー量と排熱量は変えようがない。しかも石炭火力の値段は燃料そのもののコストに紐づいている。燃料価格は変動するが、石炭を掘り出すコストは固定されている。とすると、新たな低炭素技術はどんどん安くなるが、化石燃料は安くならない。

こうした最近の進歩は決定的な重要性を持つ。技術革新が多くの国に安価で新しい低炭素社会への道を開いた。これまで豊かな国がたどってきた道と違って、貧しい国は化石燃料集中型の持続不可能な道をたどらなくていい。私たちが数世紀かけて歩んできた旅を、一足飛びに超えられる。しかも、人間のウェルビーイングとエネルギーへのアクセスを犠牲にする必要もない。こうしたテクノロジーを取り入れることで、さらに多くの人たちが手頃なエネルギーを確実に使えるようにできるのだ。

気候変動にどう対処したらいい？

気候対策に関して言えば、物事は正しい方向に向かいはじめている。これまでは変えるべきことの基礎を築いてきた。これからはその上に積み上げる必要がある。しかも、迅速にそれをやらなければならない。

これまでに一二七カ国がネットゼロ・エミッション（実質ゼロ排出）の実現に努力することを宣言した。[†] これはかなりの偉業と言っていい。これによって各国はエネルギーシステムを再設計し再構築せざるをえない。何をどのように食べるかを変えなければならない。生き方、動き方、ものの作り方を変えなければならない。この変化を進めなければならない。後戻りしてはいけない。

エネルギー利用を超低水準にまで削減するソリューションは意味がない。快適ですこやかな生活を送るにはエネルギーが要る。医療や教育を受け、洗濯機や家電を使って仕事や遊びや学びにも時間を使いたい。同時に気候変動にも適応しなければならない。

＊このテクノロジーの普及と価格低下の関係は、「ムーアの法則」として知られる。多くのテクノロジーに同じ傾向が見られる。

†ネットゼロ・トラッカーが追跡し記録する最新のコミットメントについてはこちらを参照：https://zerotracker.net/

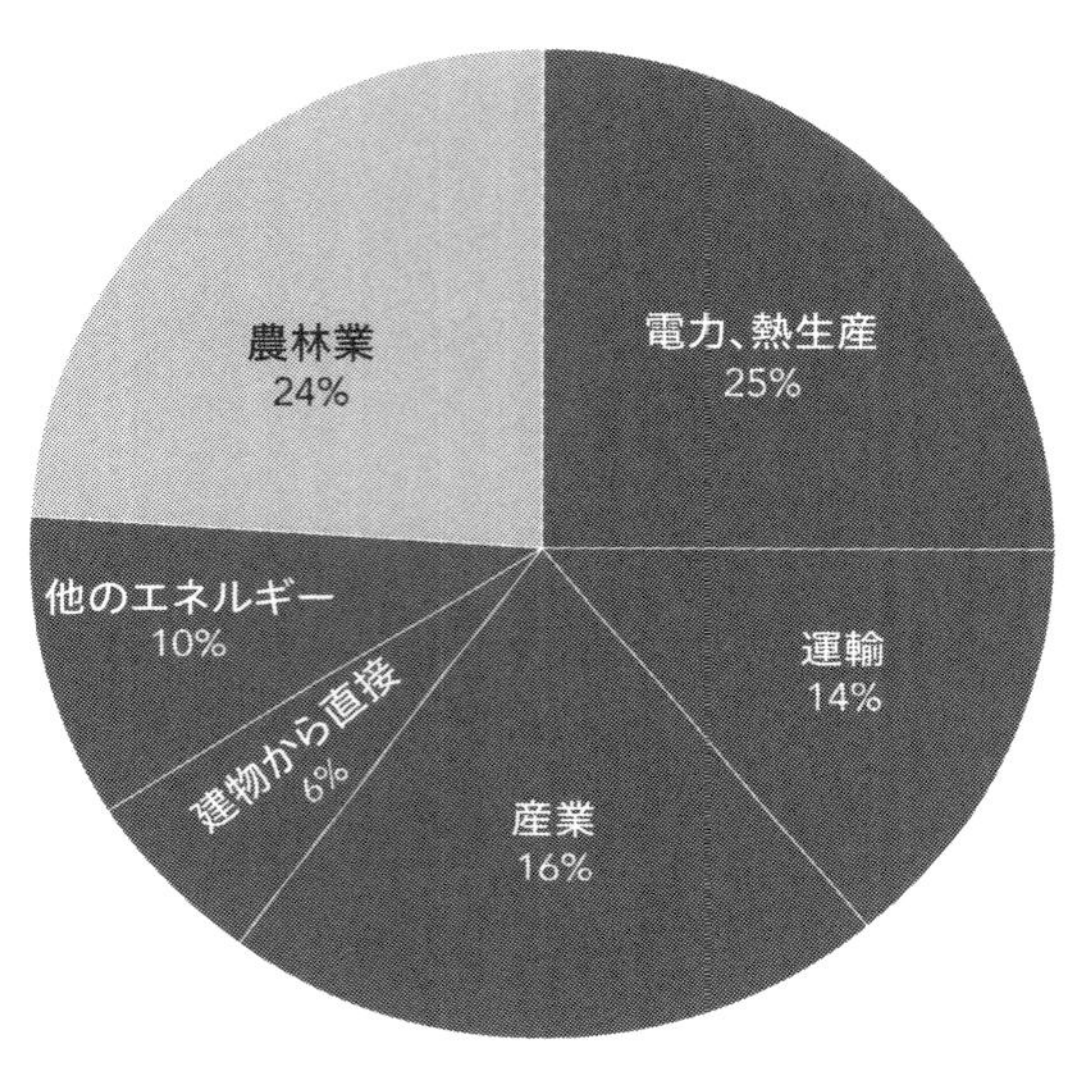

温室効果ガスの排出源はどこか?　世界の排気量の4分の1を食糧システムが占めている。エネルギーと産業は4分の3だ。

排出量を減らすために何をすべきか？　どうしたらネットゼロを実現できるのか？　残念ながら、特効薬はない。これがどれほどの難題かを理解するには、排出源を知る必要がある。排出源を二つのカテゴリーに分類すると、温室効果ガス排出のおよそ四分の三はエネルギーシステムと産業に責任があるとわかる。残りの四分の一は食糧システムに責任がある。[21-23]

業種別の中身を詳しく見ていくと、ものの製造に使うエネルギーが、排出量のおよそ四分の一を占めている。[24,25] 人とものの移動からくるのは、およそ六分の一だ。家と職場のエネルギーも同じくらい。それから、対処の難しい、産業による排出もある。生活に必要な多くのものの材料になるセメントや化学産業だ。

この円グラフに示したすべての要因にそれぞれ対応しなければ、気候変動は解決できない。

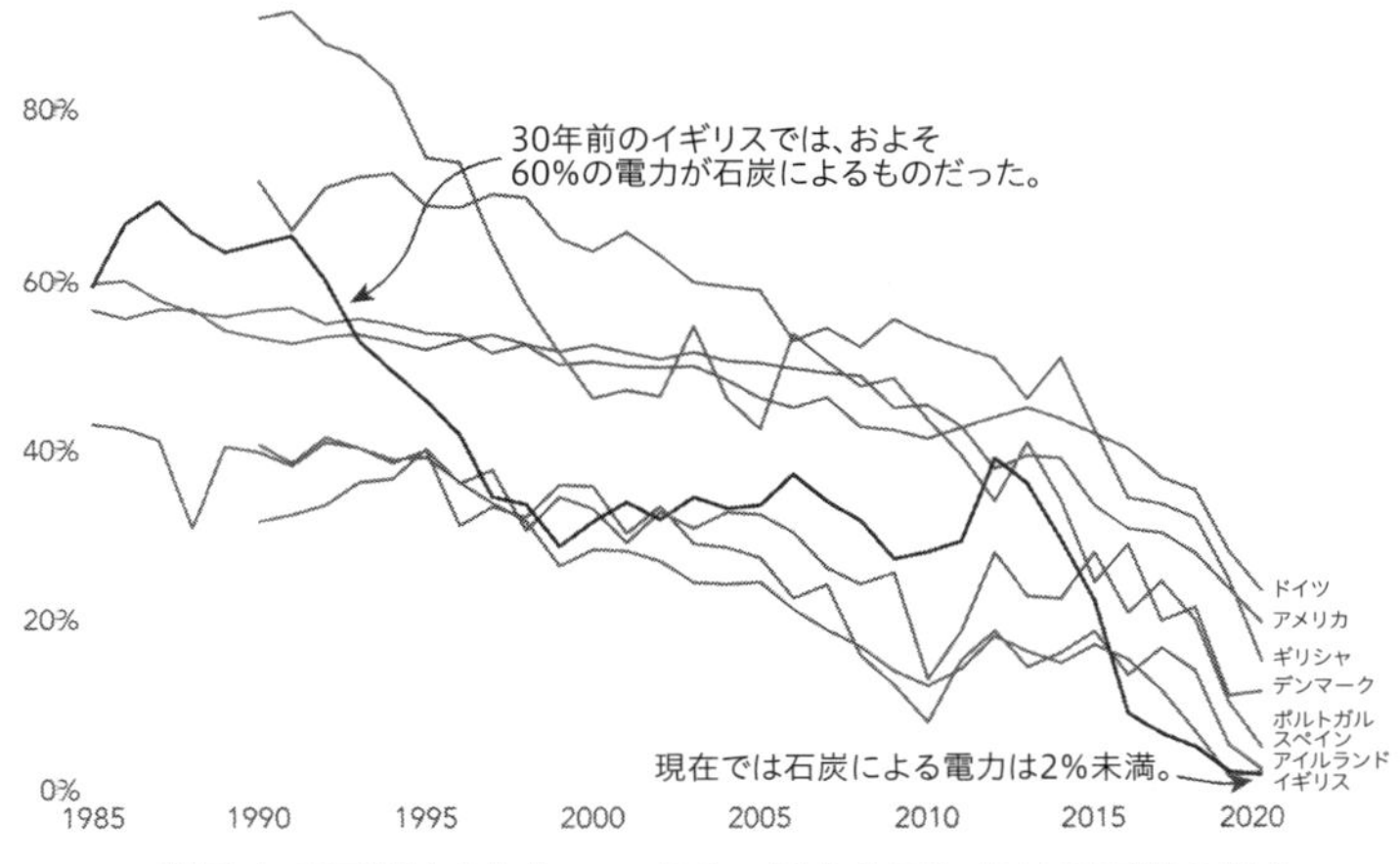

世界中で石炭はすたれつつある　電力生産における石炭の割合。

エネルギー

これまで見てきたように、化石燃料からの乗り換えが必要で、再生可能エネルギーと原子力は優れた選択肢だ。いずれも二酸化炭素排出量が非常に少なく、大気汚染の原因にもならず、はるかに安全だ。ここで闘うべきは、化石燃料対低炭素エネルギー源であって、原子力対再生可能エネルギーであってはならない。原子力論争は労力の無駄だ。

イギリスで石炭がどれほど急激に排除されたかは、すでに見た通りだ。ほかの国でも石炭はすたれつつある。三〇年前、イギリスでは電力の三分の二は石炭火力によるものだった。今では二パーセントに満たない。アメリカではかつて五割を超えていた。それが今では二割を切っている。デンマークではおよそ九割に届いていたのが、今では一割だ。世界のエネルギーシステムは一変した。

再生可能エネルギーは、石炭の地位を奪うべく、ものすごいスピードで拡大してきた。しかも豊かな国だけではない。意外な国がお手本を見せてくれている。ウルグアイでは二〇一四年に五パーセントだった風力発電の割合が、今では五割近くになっている。当時、チリには太陽光発電はなかったが、今では一三パーセントになっている。そうしたお手本を見習おうとしている国も多い。再生可能エネルギーと電池のコストがこのまま下がり続ければ、すぐにこれらの選択肢が当たり前のものになるだろう。

電池と蓄電技術に加えて、こうしたエネルギー源への転換によって、電力システムを脱炭素化に向かわせることができる。また同時に、輸送、暖房、産業などのエネルギー利用も脱炭素化しなければならない。こちらの方がより難しい。ガソリンやディーゼルに替わる持続可能な液体燃料がないからだ。だから、エネルギー源を転換するために「すべてを電動化する」ことがお題目になる。自動車や産業や暖房を電動にできれば、原子力発電所や再生可能エネルギー発電所をもっと建設することで、動力を供給できる。

そう言うと、簡単に聞こえる。太陽光や風力やそのほかの再生可能エネルギー施設をたくさん建設すればいいのだから。だが、ほかに気にかけるべきことがあるのでは？　土地は足りるのか？　建設に必要な鉱物は十分にあるのか？

太陽光パネルのせいで景観が台無しになるというのが、気候変動懐疑派のいつもの主張だ。彼らはこうして、いわゆるグリーンなテクノロジーがどれほど土地を荒らし、持続不可能であるかを「証明」しようとする。だが、実際に数字をはじいて見ると、驚くべきことがわかる。再生可能エネルギー（特に原子力）に移行しても、土地はそれほど必要ない。実際には、利用面積は少なくなるくらいだ。

エネルギー源別に土地利用を比べる場合、そこに含まれるのは地球上の空間だけ――石炭工場や太陽光パネルが設置される物理的なスペース――ではいけない。鉱物を採掘し、燃料を抽出し、最後に廃棄物を処理するための土地も含めるべきだ。国連欧州経済委員会の大規模アセスメントは、サプライチェーンのすべての段階を考慮に入れて、各エネルギー源が電力一単位あたりの生産に必要とする土地を割り出している。[26]

最も土地効率がいいのは、原子力だ。単位あたり必要な土地面積は石炭の五〇分の一で、地上設置の太陽光の一八分の一から二七分の一だ。[27] 次に土地効率がいいのはガスだった。

太陽光の土地効率は、使用する鉱物に左右される。パネルがシリコン製で屋根ではなく地上に設置される場合、土地利用は石炭より少し大きくなる。だが、カドミウム製なら石炭より少ない土地でいい。もちろん、選択肢はそれだけではなく、パネルを屋根に設置することもできる。すると利用する土地は鉱物の採掘に限られる。その場合には、太陽光はガスと同じくらい土地効率が高く、石炭よりもはるかにいい。

また、たとえば既存の農業用地に太陽光と風力を取り入れることもできる。「農業用太陽光発電」システムは土地の共同利用の好例になり得る。農業用太陽光発電で育った作物は、一定の条件下では水と蒸発散のバランスが良く気温も低くなるため、伝統的な作物より収穫量が高まるという研究もある。風力も同じだ。農地に風力タービンを備えつけることで、多くの農家はお小遣いを稼いでいる。農業への影響はほとんどない。

クリーンテクノロジーに移行しても、化石燃料で今使っているより広い土地が必要になるわけではないというのが結論だ。原子力を使い、屋根に太陽光パネルを設置し、既存地の共同利用を進めれば、むしろ狭い土地で済むかもしれない。

異なるエネルギー源で土地効率がどう違うかをここまで見てきた。だが、そもそもエネルギー用地は大問題なのかを考えてみた方がいい。ここで話しているのは、土地全体の五パーセントなのか、一〇パーセントなのか、五〇パーセントなのか？　発電に使われているのは、氷土を除いた土地のおよそ〇・二パーセントだと思われる——しかもそのほとんどは化石燃料の採掘のためだ（氷土を除く土地の五割が農業に使われていることを考えると、これは些細な割合だ）。低炭素発電が可能になった今、この数字を減らすことはできるはずだ。たとえば、原子力発電に一〇〇パーセント移行すれば、世界の土地の〇・〇一パーセントしか要らなくなる。屋根に太陽光パネルを設置すれば〇・〇二パーセントから〇・〇六パーセントで済む。

世界はまもなくもっと大量の電力を必要とするようになる。低所得国の人たちはもっと電気を使えるようになった方がいいし、私たちも電気自動車を充電したり、家を暖めたりするのに電気が必要だ。それでも、大きな用地問題にはならない。今の二倍や三倍になったとしても、まだ小さい。グローバルな土地の一パーセントをはるかに下回る。

最後に残った懸念は、太陽光パネルや風力タービンやバッテリーの生産に必要な鉱物がきちんと確保できるかということだ。こうしたテクノロジーには、リチウム、コバルト、銅、銀、ニッケルといったさまざまな種類の鉱物が必要になる。だが、採掘量は莫大で、鉱物が尽きるのではないかとよく言われる。

低炭素エネルギーは鉱物を使いすぎると言う人たちは、今、化石燃料のためにどれほど大量の採掘が行われているかを調べてみるといい。世界では毎年一五〇億トンの石炭と石油とガスが採掘されている。一方で、二〇四〇年のエネルギー転換期のピークに低炭素テクノロジーに必要な鉱物は二八〇〇万トンから四〇〇〇万トンだと国際エネルギー機関は推定している。[28]これは化石燃料の一〇〇〇分の一から一〇〇〇〇分の一の採掘量に過ぎない。もちろん、岩は純粋な鉱物ではない。岩に含まれる鉱物含有量が低いため、採掘量は多くなる。だが化石燃料の採掘でもそれは同じだ。一五〇億トンの燃料を手に入れるには、もっとたくさん地球を掘り返さなければならない。簡単に言うと、低炭素テクノロジーに移行することで、採掘量は増えるどころか減る。

また、充分な量のリチウムやニッケルやそのほかの鉱物があることも、研究でわかっている。[29]掘り尽くすことはない。リサイクルの可能性を考えると特にそれは間違いない。太陽光パネルや風力タービンやバッテリーに使われる鉱物の多くは新しい製品に再利用できる。

この鉱物をどこから手に入れ、どう抽出するかについては慎重になる必要がある。生態学上、自然保護が求められる地域や、先住民族の土地がある地域に鉱床が存在することもある。そういう地域以外の鉱床を採掘すること、そして公正で安全な環境で抽出が行われることを担保しなければならない。化石燃料の時代は、人と地球を搾取してきた時代でもある。私たちが作る低炭素の世界は、そのどちらもしないことを守っていこう。

輸送

数時間で国を横断できるようになったのは、現代の贅沢だ。わずか数時間で世界を横断できるようになったのは、現代の奇跡だ。

これから数十年のうちに、数十億人が世界旅行を楽しめるようになる。その多くはつい最近、生活に必須のエネルギー――電気や調理に使うよりクリーンな燃料――を手に入れたばかりだ。次の段階では、オートバイか、もしかすると自動車を買えるようになる。それから、はじめて飛行機に乗る。豊かな国の人は輸送の副作用に絶望する。炭素排出、大気汚染、交通渋滞は悲惨だ。だがそんな問題はあっても、輸送のおかげで数十億人がつながり、経験と知見を共有できる可能性が生まれる。そうした作用と副作用のちょうどいいバランスが必要になる。

世界の温室効果ガス排出量の六分の一は輸送が原因だ。世界中の人が豊かになるにつれ、輸送による排出量は増えるだろう。では将来、どのように排出を削減しながら旅の扉を開け続けてい

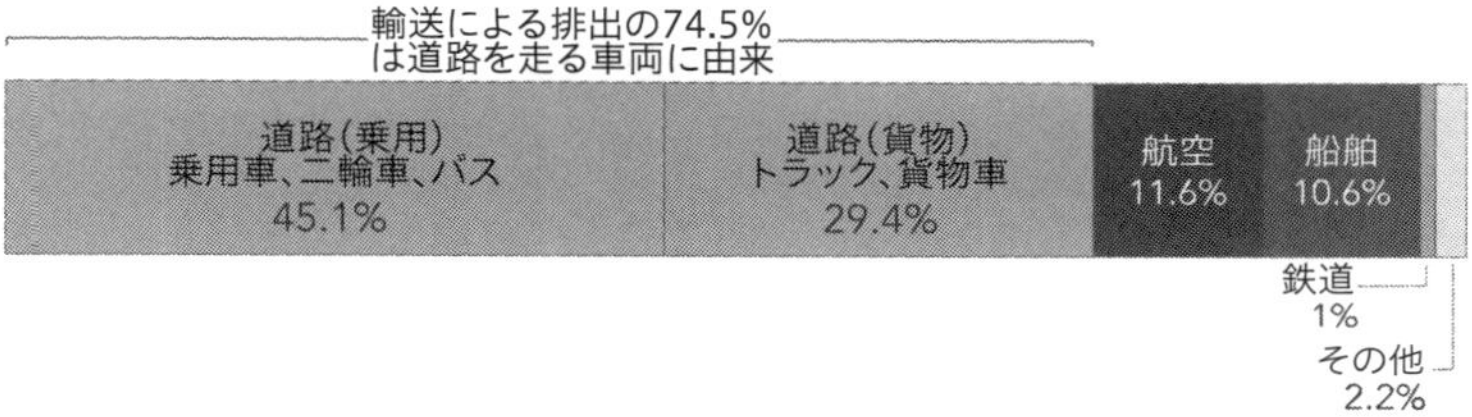

輸送による排出の74.5%
は道路を走る車両に由来

道路(乗用)
乗用車、二輪車、バス
45.1%

道路(貨物)
トラック、貨物車
29.4%

航空
11.6%

船舶
10.6%

鉄道
1%

その他
2.2%

自動車、飛行機、鉄道——輸送による二酸化炭素排出源の分類

ったらいいのだろう？

輸送による排出の多くは道路輸送が原因だ。世界の輸送による排出の七四パーセントは、道路を走る車両に責任がある。[30,31]

今の平均的な自動車は一九七五年にくらべると炭素効率が二倍になっている。[32]この改善は大きく、排出抑制に重要な役割を果たしてきた。だが、旅行が増え、化石燃料車の効率改善にも限度があるため、輸送による排出量は今も増え続けている。ガソリン車やディーゼル車を運転している限り、輸送の脱炭素化は見込めない。

バイオ燃料に切り替えるべきだと言う人もいる。だがこれも、効果はない。バイオ燃料はガソリンより二酸化炭素排出量が多く、土地利用を含めると特にそうだと研究で示されている。[33,34]次章以降で見ていくように、穀物を自動車燃料にしても解決にならない。道路輸送からの排出を真剣に減らそうと思ったら、石油や食べ物を燃料にするのはやめた方がいい。電気自動車が一番効果的だ。

電気自動車への乗り換え——電気自動車は本当に環境に優しい

家族ではじめて電気自動車を買ったのは、環境への関心が一番薄い兄だった。炭素排出量を気にしたからではなく、かっこよかったからだ。ここが重要な点だ。みんなに低炭素生活に移行してほしければ、かっこいいと思わせなければならない。それが生活の質を上げていると感じさせる必要がある。

では、電気自動車は本当に環境にいいのか、それとも見かけだおしなのか？　電池生産と電力消費を考えると、電気自動車はガソリン車と同じかもっと二酸化炭素を排出すると思っている人は多い。ここで数字を弾いて確かめてみよう。

兄は新車の電気自動車（ＥＶ）にするか、ガソリン車にするか、どちらを買おうかと悩んでいた。最初にＥＶを買ったときはガソリン車よりも炭素排出量が多かった。内燃機関の製造より電池製造に多くのエネルギーが必要だったからだ。実際に、ＥＶはガソリン車より製造過程で多くの炭素を排出する。だが運転するとそれが逆転する。

ＥＶはガソリン車やディーゼル車とくらべて運転で排出する炭素がはるかに少ない。どのくらい少ないかは、電気のクリーンさに左右される。イギリスでは、電力の半分を低炭素源が占め、今ではほぼ無石炭になった（新しく石炭採掘をはじめたとしても、発電に使われるわけではないので、これは間違いではない）。フランスやスウェーデンやブラジルで電気自動車に乗っていると、メリットはさらに大きい。石炭中心の中国やインドなら、メリットは少なくなる。だがこれらの国でもまだ、ＥＶはガソリン車よりもましだ。

ＥＶは運転時の排出量が少ないので、借金をすぐに「返済」できる。イギリスでは、この返済

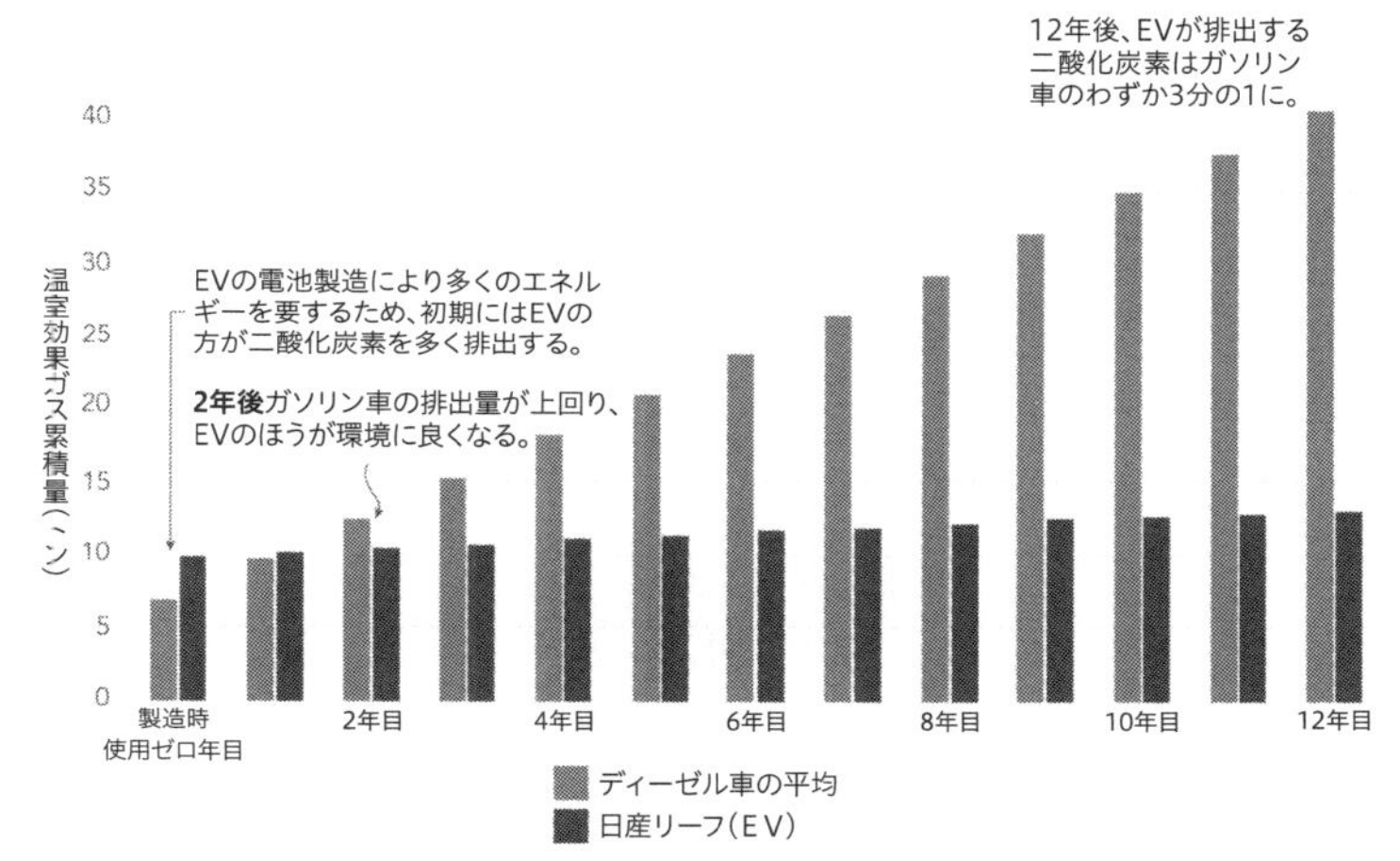

電気自動車の方が環境にいい　イギリスにおける平均的な車を運転する場合の排出量。EV 製造はより多くの温室効果ガスを排出するが、その分を 2 年で回収できる。

期間が二年を切る。[35]つまり二年もしないうちにＥＶはすでに環境にプラスになるということだ。一〇年では、排出する二酸化炭素の量はガソリン車の三分の一しかない。

むしろ、今の話はどちらかというと悲観的なほうのシナリオだ。ＥＶの炭素排出量はさらに下がる可能性がある。ＥＶはかなり新しいテクノロジーなので、改善の余地は大きい。また、ＥＶの動力となる電力網も今後ますますクリーンになっていくことはわかっている。

では、両親が買い替えをせずガソリン車を乗り続けるのにくらべて、兄の新車購入はより環境に優しいと言えるのか？　四年のうちに、保有するガソリン車の排出量は新車のＥＶを超える。だから、兄の勝ちだ。

二〇二二年の世界の自動車販売の一四パーセントは電気自動車だった。[36]少ないと思われるかもしれないが、時系列の変化はかなり目覚ましい。二年前はわずか四パーセントだった。二〇一九年は二パーセント強しかなかった。ＥＶ販売は急増している。ＥＶが主流になった国もある。ノルウェーでは二〇二二年の自動車販売の八八パーセントはＥＶだった。スウェーデンでは五四パーセント。イギリスでは二三パーセントだ。アメリカは後れをとっていて、ＥＶは新車販売の八パーセントしかない（大統領のとる気候政策でこれが変わる可能性もある）。中国では二〇二二年の新車販売のほぼ三分の二（二九パーセント）がＥＶだった。二〇二〇年の六パーセントに比べるとこれは大きな飛躍だ。

この三〇年間でリチウムイオン電池の価格は九八パーセント超低下した。これで、電気輸送の世界が開かれた。今、テスラ車に搭載される電池はおよそ一万二〇〇〇ドルだ。日産リーフの電池は六〇〇〇ドルだ。だが一九九〇年代にはこうした電池が五〇万ドルから一〇〇万ドルはした。[37]当時は「お手頃な」電気自動車など存在しなかった。

ＥＶの普及によって、世界のガソリン車販売は天井を打った。新車のガソリン車販売のピークは二〇一七年だ。[38]乗り換えまでの期間が一〇年くらいだとすると、あと数年で道路を走るガソリン車の台数もピークを過ぎる。そんな歴史的なチャンスも間もなくだ。

輸送革命の原動力になるのが、お手頃価格だ。だが、こうしたテクノロジーの価格がもっと速く下がっていかなければ、気候目標を実現できない。だから政策との組み合わせが必要になる。ガソリン車とディーゼル車の新車販売を禁止することで、これを成し遂げようとしている国も多

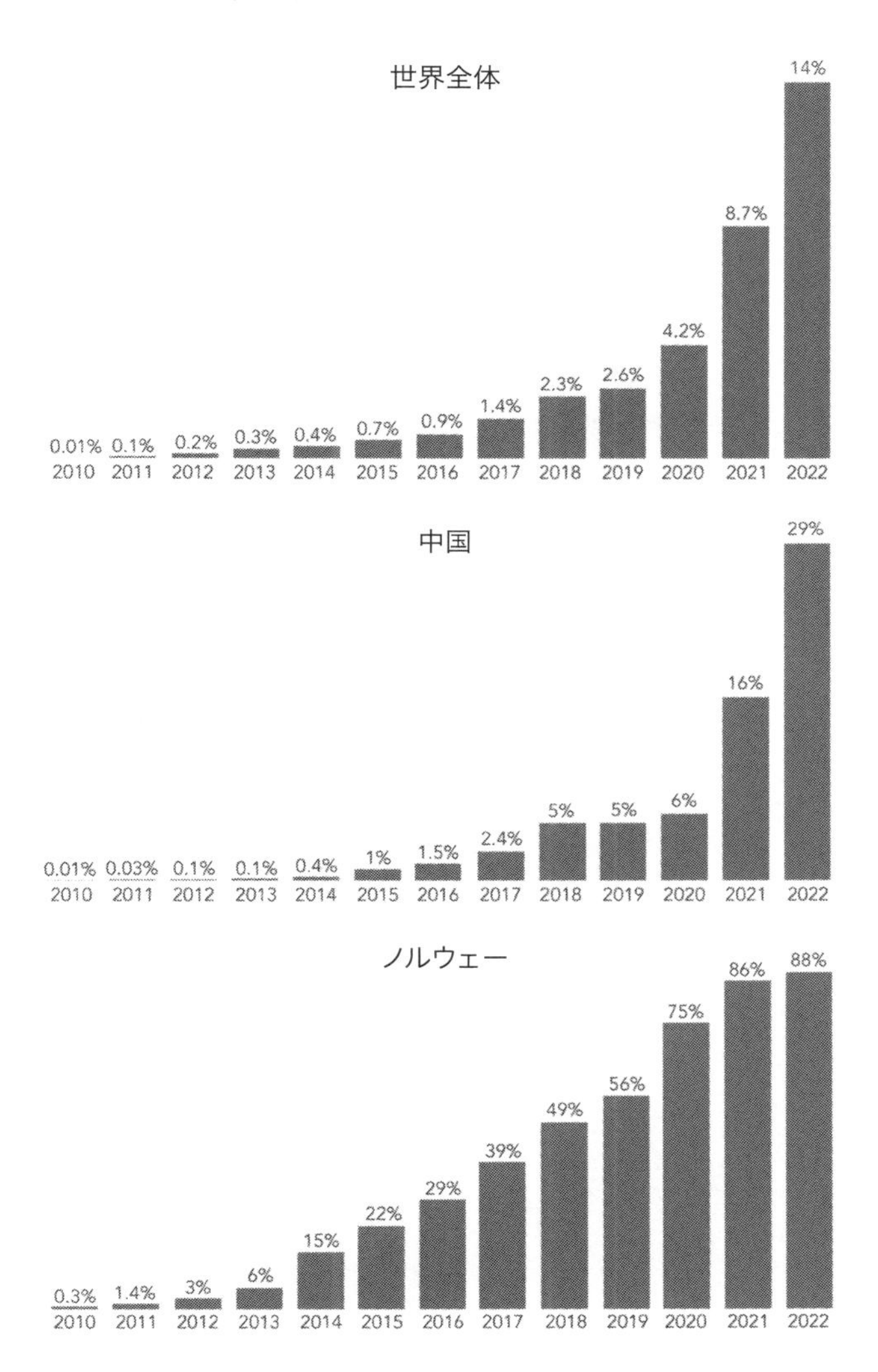

新車販売における EV の割合　内燃機関自動車の新車販売は 2017 年に天井を打った。

い。イギリスでは二〇三〇年にガソリン車販売は禁止される。二〇三〇年までか、遅くとも二〇四〇年までにガソリン車を排除しようと努力する国は増えている。中国とアメリカは二〇三五年を目標にしている。低所得国もまた、期限を決めている。ガーナとケニアは二〇四〇年までと決めた。価格低下と政策の組み合わせによって、かなりのことが実現できるだろう。人々の想像以上のスピードで、ガソリン車は姿を消すはずだ。

輸送による排出を削減する方法としてＥＶにまさるやり方がひとつある。車を持たないことだ。私はロンドンに住んでいて、車を持つのはどちらかというと面倒だ。渋滞の中で運転するより、地下鉄に乗った方がはるかに早く街中を移動できるし、炭素排出量もとても少なくて済む。

私の家族はそういうわけにいかない。家族は公共の交通機関では不便な田舎に住んでいる。義理の家族も郊外の小さな村に住んでいて、最寄り駅まで何キロもある。田舎の方が環境に優しい生活ができると思われがちだ。郊外の農園に住めば環境負荷なく生きられそうだ、キラキラで混雑した都会の生活が地球をダメにしている、と。実際は逆なのだ。都市には明らかな環境メリットがある。都市では相互につながりあった効率のいい交通網を建設できる。[39] 田舎と都会の輸送による排出量を見ると、明らかなパターンがある。人口の密集した都市の方が排出量は少ない。[40]

生活空間を見直すことも、輸送による排出量の削減につながる。ヨーロッパの都市の多くはこの点でかなり進歩している。自動車は中心的な存在ではなく、歩行者や自転車が主役になっている。街が静かになっただけでなく、大気汚染は減り、効率もよくなった。自動車がびっしりと連なった道路ほど非効率なものはない。自転車専用レーンと歩行者専用道路、そして高速の公共交通機関の上手な組み合わせが、都市の印象と効率を変える。それによって排出も減り、空気もきれいになる。

二〇〇〇年代と二〇一〇年代には、ディーゼル車かガソリン車かの二者択一が大きな悩みだった。二〇二〇年代とそれ以降は、電気自動車か車を持たないかの選択になる。

長距離輸送にはイノベーションが必要

トラックや大型貨物自動車や長距離輸送になると、少しややこしくなる。電池は重すぎるのが問題だ。車両が重くなると、より多くのエネルギーを蓄えられる電池が必要になる。だから電池も重くなる。車両の大きさによってそのバランスを上手に取る必要がある。だがトラックや飛行機は大きすぎるのだ。

電動輸送とバッテリー技術が向上するにつれて、解決に近づくはずだ。短距離輸送はすでに進歩を見せている。[41] 電動航空機の飛行はすでに成功している。だがこの航空機は小型のものだ。乗客を世界中に運んでくれるジャンボジェットにはほど遠い。この解決策が必要な規模に拡大するか、また充分なスピードでそうなるかはまだわからない。

そのあいだ、別の方法を試す必要がある。ソーラー飛行機――飛行中に太陽エネルギーを取り込んで蓄電の必要を減らしながら飛行する――も、ひとつのやり方だろう。もうひとつの進行形のテクノロジーは水素発電だ。水分子（H_2O）を水素ガス（H_2）と酸素（O_2）に分解することで、水素燃料は生産される。*この形の水素は理想的で、エネルギーを気体の状態で蓄えられる。ガソリンやディーゼルと同じで、燃やすまでエネルギーを保存しておける。ただしガソリンやディーゼルと比べて単位あたり三倍のエネルギーを保存し放出できるのではるかに優れている。

水素エネルギーが流れを変える可能性はある。大きな問題は、水分子を分解するのにエネルギーが必要になることだ。このエネルギーを低炭素源の電気で供給できれば、低炭素燃料になり得る。だが化石燃料に頼れば、明らかに環境負荷がかかる。水素が未来の燃料となるには、エネルギー効率を上げるだけでなく低炭素電力の生産量を増加させなければならない。

私が、飛行機に一切乗るなという話をしないことを不思議に思う読者もいるだろう。スウェーデン語で「フリーグスカム」、英語で「フライトシェイム」という考え方は、環境運動の一環として二〇一八年にスウェーデンで生まれた。だが、なるべく飛行機に乗らないという考え方は大昔からある。とても合理的な考えだ。世界中の大半の人は一度も飛行機に乗ったことがない。空の旅は少数の人にだけ許される贅沢なのだ。一時間のミーティングのためにしょっちゅう飛行機に飛び乗っている人もいる。コロナ禍が教えてくれたことがあるとすれば、こうしたミーティングはオンラインでも充分にこなせるということだ。飛行の頻度を減らすことは、完全に理にかなっている。だが空の交通が世界に与えてくれるメリットは大きく、これを全部無くすことはできない。飛行によって人々は国から国へ移動することができる。家に帰って家族に会うこともできる。雇用も生み出してきた。新たなテクノロジーでイノベーションの原動力にもなってきた。飛行によってこの世の中は多様になり、多文化になり、他国の美しさを経験することも可能になった。世界中のすべての人にこうした経験をしてほしい。

もちろん、空を飛ばなくても他者とつながることはできる。ほかの方法で旅行はできるし、オンラインで遠くの人とつながることもできる。だが空を飛ぶことを恥とするのは、後退にほかならない。空の旅をほんのたまにしかないことにしたければ、それは喜ばしい経験でなければならない。翌年ずっと我慢して埋め合わせをしなければならないと考えなくてもいいようにすべきだ。

食品

ネットフリックスのドキュメンタリー映画「Cowspiracy：サステイナビリティ（持続可能性）の秘密」を見たら誰でも、肉を食べなければ気候危機を回避できると思ってしまうに違いない。この映画では、世界の温室効果ガス排出量の半分超が家畜に由来していると謳（うた）っている。だが、それはとんでもない話だ。実際には五分の一もないくらいだ[42]。

食べものを変えても気候変動は解決しない。解決には化石燃料を燃やさないのが一番だ。とはいえ、エネルギーシステムだけ変えて食を無視していたら、解決に届かない。今のままの食生活

＊このバランスを取るような実際の化学式は次のとおり：$2H_2O + energy = 2H_2 + O_2$

を続けていたら、これから数十年のあいだに食料システムから排出される温室効果ガスの量がどのくらいになるかを研究者たちは算出してみた。結果は芳しくない。このままでは一・五度の目標も、二度の目標も軽く超えてしまう。

二〇二〇年から二一〇〇年までのあいだに、食糧生産から排出される温室効果ガスはおよそ一兆三六〇〇億トンにものぼる。[43] 温暖化を一・五度より下に抑えるには、排出量を五〇〇〇億トン程度にとどめなければならない。[44] しかもその排出量には食糧だけでなく、電気、輸送、産業といったあらゆるものが含まれる。食糧だけでも、排出量は一・五度の目標を守るのに必要な量の三倍にのぼってしまう。二度の目標を守るのに許された制限量をすべて使いきるほどだ。この数字を見れば明らかだ。気候変動に対処しようと思ったら、食を無視できない。

幸いにも、目標を実現することはできる。選択肢は多いが、最終的には何を食べるか（食べないか）、どれだけ食糧生産の効率を上げられるかにかかっている。詳細は次の二つの章で見ていくことにしよう。

ここでは食糧による気候へのインパクトを減らすためにはどうしたらいいかを挙げてみた。メディアでは日替わりで悪い食べ物が取り上げられる。あれを食べるな。これを食べるな。それを食べたら後ろめたく思え。見出しにのぼるものを全部避けていたら、食べるものがなくなってしまう。本当に環境インパクトをもたらすものは、それほど多くない。ここに、注目すべき大きな五つのものを挙げておく。

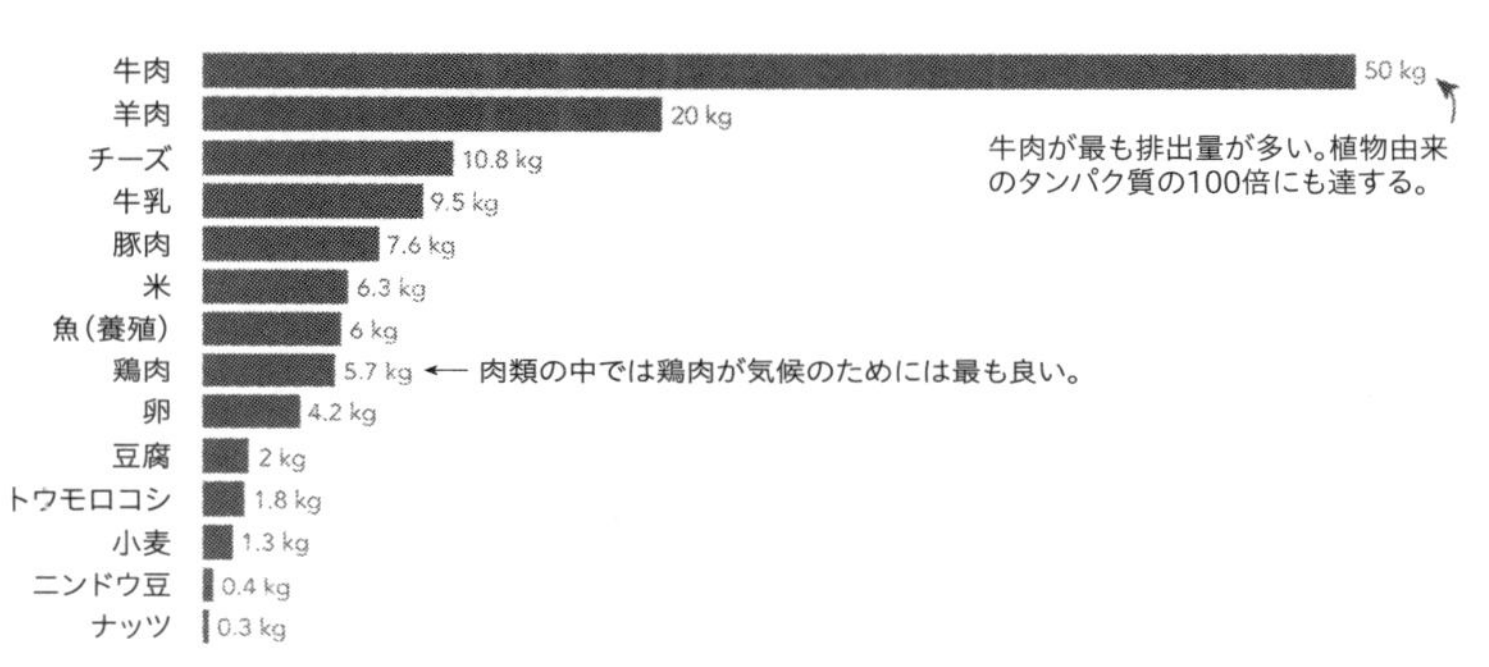

植物性の食品は気候に優しい　タンパク質100グラムを生産するにあたり出される二酸化炭素の量をキログラムで表示。

（1）肉と乳製品の摂取を減らす、特に牛肉

一番インパクトが大きいのがこれだ。炭素排出を減らすのに一番効果のあることのひとつでもある。食品ごとにインパクトを見てみると、階層が浮かび上がる。一番上にくるのが――ほかの食べものに比べてダントツでインパクトが大きい――牛肉だ。牛肉を生産する過程で、タンパク質一〇〇グラムにつき五〇キロ相当の二酸化炭素が排出される。[45] 羊の場合は二〇キロ程度だ。次が乳製品で、その次は豚肉、そして鶏肉と続く。ここでランキングの明らかな傾向に気づくだろう。大きな動物（牛）はインパクトが大きく、小さな動物（鶏、そのあとに魚）になるとインパクトが小さくなる。その理由は5章に書いた。

植物性の食べもの――大豆、エンドウ豆、ソラ豆、レンズ豆、穀類、ナッツ――は階層の一番下にくる。動物性の食べものに比べて、こちらは環境負荷がはるかに低い。ここからわかることは単純だ。炭素排出量を減らしたければ、植物性

のものを多く食べた方がいい。とはいっても、ビーガンになるべきだというわけではない。それに、一年に数キロしか肉を食べられない人たちは、これ以上減らさなくていい。でも、一年に五〇キロ以上肉を食べている人は、その量を減らせば大きなインパクトを与えられる。牛肉を鶏肉に変えるだけでも――ビーフバーガーをチキンバーガーにすればいい――かなり効果がある。

もしすべての人がもう少し植物性の食生活を取り入れたら、食糧生産による排出量を半分にできると研究者は予測している。植物性寄りの食生活といっても、肉や乳製品をまったく食べるなということではない。[46] 一日にベーコン一枚、鶏肉の薄切り四枚、牛乳一杯分は摂取していい。卵と魚も数日おきに食べていい。もちろん、これは豊かな国の人たちの摂取量よりはるかに少ない。だが、貧しい国の多くの人よりも多いのだ。

（2）最も効率の良い農業手法を取り入れる

先ほどの数字は、世界中の数千という農家から収集したグローバルな平均値だ。だが農業手法は農家によってかなり異なる。ニュージーランドやアメリカの効率的な畜産家が生産する牛肉の炭素排出量が、アマゾンの熱帯雨林を伐採しなければならないブラジルの畜産家と同じはずはない。

炭素排出量を減らすには肉を減らそう――特に牛肉――と言うとしょっちゅう、この反論を聞かされる。みんな声を揃えて、イギリスで地産された牛肉は世界平均よりもはるかに炭素排出量

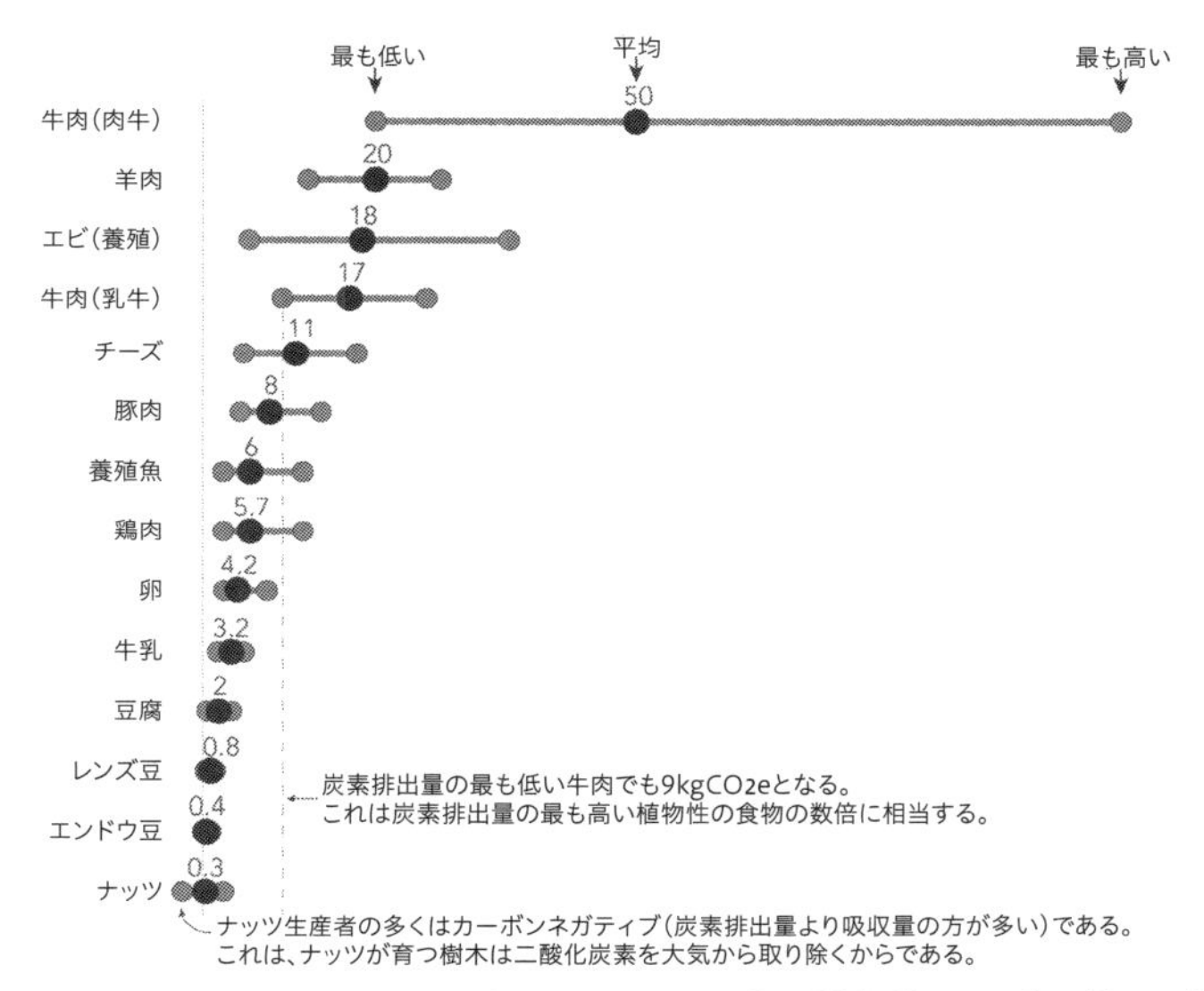

炭素排出量の最も低い肉でも、炭素排出量の最も高い植物性タンパク質より排出量は多い　タンパク質100グラムあたりの二酸化炭素換算排出量（CO_2e）をキログラムで表示。119カ国の3万9000の商業農家からのデータに基づく。

が少ないと言うのだ。もちろん、ほかの牛肉より排出量は少ないかもしれないが、植物性の食べものよりははるかに多い。

世界平均を超えて、すべての食品の炭素排出量の分布——最もサステナブルな生産者から最もそうでない生産者まで——を見ても、全体としての結論は変わらない。炭素排出量の最も多い植物性の食べものでも、排出量の最も少ない牛肉や羊肉よりもましなのだ。炭素排出量を減らすのに最も効果的なのは牛肉と羊肉を減らすことだが、同じ食品群の中での違いも気にかけた方がいい。これからも牛肉や羊肉や豚肉や乳製品を食べ続けるのなら、最も効率がよく炭素排出量の少ない生産者から買うべきだ。

（3）作り過ぎない、食べ過ぎない

世界ではすべての人口を一度ならず二度までも満腹にできるだけの食糧が生産されている。このことについてはさらに5章で議論しよう。残念ながら、とんでもない格差が世の中には存在する。一〇人にひとりはカロリーが足りていない。それなのに一〇人に四人は食べ過ぎで太り過ぎている。食品の過剰消費を防ぐにはまず、生産を減らすことからはじめた方がいいという当たり前のことから私たちは目をそらしがちなのだ。

（4）食品廃棄を減らす

農家から店舗までの流通過程で食べものを腐らせてはいけないし、私たちの手元に届いた時点での廃棄も減らす工夫が必要だ。食品廃棄を完全になくすことはおそらく無理でも、廃棄を今の半分に減らすことはできるはずだ。

（5）世界のイールドギャップ（収量格差）を埋める

前世紀のあいだに、世界は不可能と思われたことをやってのけた。作物収量を大幅に増やしたのだ。多くの国で収量は三倍、四倍、またはそれ以上になった。つまり、これ以上土地を使った

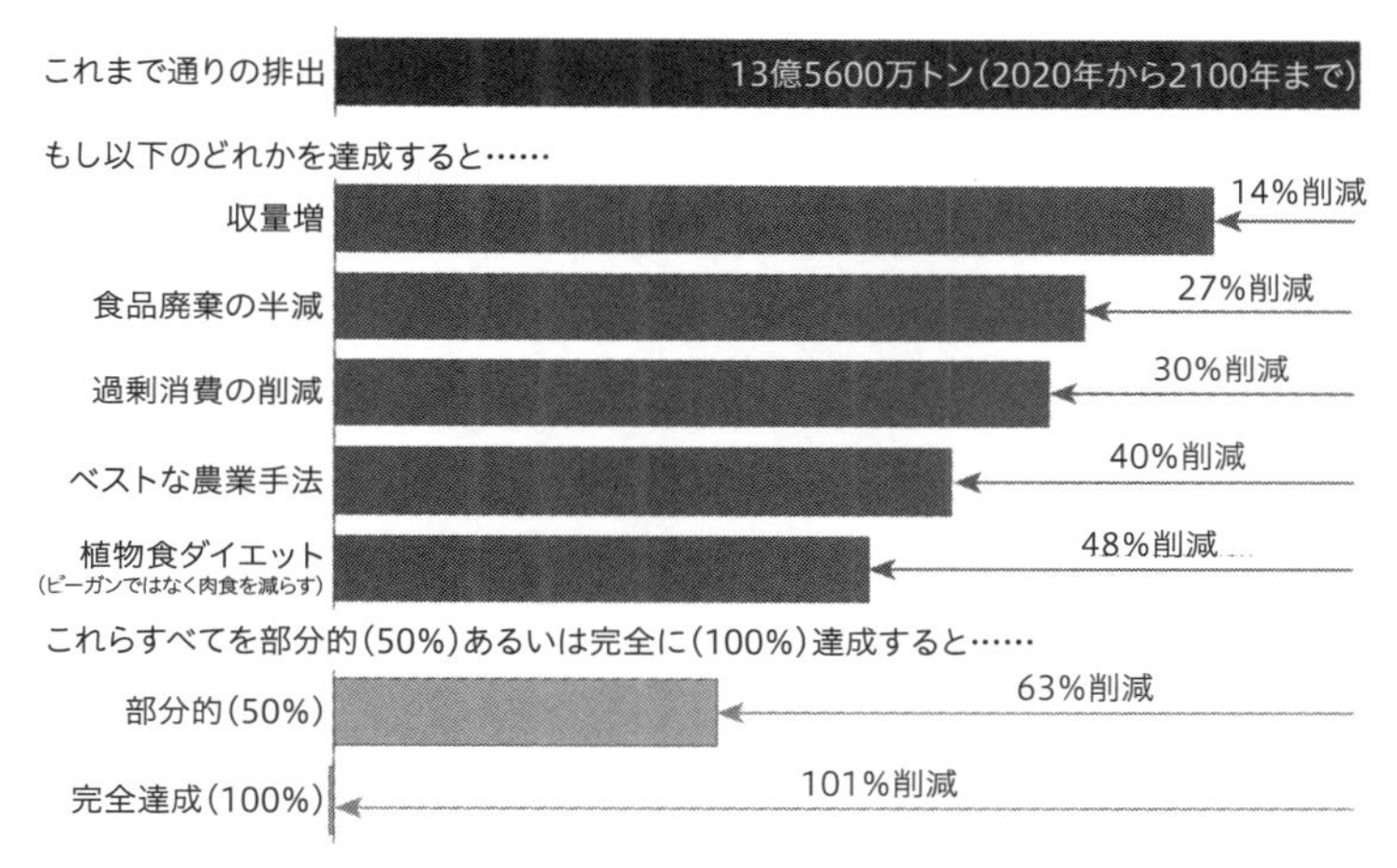

食品に由来する温室効果ガスの排出をどう減らしたらいいか?　これまで通りのシナリオに基づく2020年から2100年までの食糧システムから出る炭素排出量の予測と、5つの削減策。

り森を伐り倒さなくても、食べものを育てられるということだ。だが、後れをとっている国もある。世界中で貧しい国の収量格差を埋めることができれば、今後森を伐り倒さなくてもよくなる。

ここに挙げた五つの施策を実行すれば低炭素食糧システムを作りあげられる。この中のいずれの策を実行したらどんなインパクトがあるかは、上の図でわかる。どれもかなり効果がある。すべて実行すれば、食品に由来する実質排出量をゼロにできる。排出がなくなるわけではないが——肥料や家畜から少量の炭素は排出される——、開放される土地や、ふたたび育っていく森や、回復していく野生の草原によって、排出は相殺されるだろう。それぞれの目標の半分でも実現できれば（たとえば食品廃棄の半分まではいかずとも四分の一でも減らしたり、食べ過ぎを今の半分にするだけで）排出量を三分の一にできる。これで、排出制限量に空きができ、エネルギーやほかの産業が排出をゼロにするまでの時間を買うことが可能になる。

食品に関して言うと、思うほど効果がない策は多い。地産地消はほとんど効果がない。オーガニック食品も同じ。実際には、地元の気候や条件に合わない食べものを育てている場合には、むしろ排出量が増える可能性もある。プラスチック包装も、炭素排出量にはほとんど影響しない。この三つの誤解については5章で説明しよう。

ものを燃やす

私が子供の頃、父は仕事で中国に出張していた。二〇〇〇年代のはじめ頃のことだ。最近また、十数年ぶりに中国に戻った父は、その変わりように目を疑ったらしい。ずらりと並んだ家の後ろに、さらにずらりと新築物件が建設されていた。

中国はものすごいスピードで開発を進めてきた。そのため大量の建築資材が必要とされた。セメント、鋼材、鉄といったものだ。アメリカが二〇世紀をとおして使った量のセメントを中国は三年で使うという言説をよく聞く。それは本当だ。計算しなおして確かめたので間違いない。

急速に発展しているのは中国だけではない。農村部から都市へ急激に人口が流れ込んでいる。これは人類の発展にとってはいいことだが、持続可能な形で都市を建設する難しさもある。化石燃料と産業から排出される二酸化炭素の五パーセントはセメント生産によるものだ。あまり多くないように感じられるかもしれないが、これからの数十年で数十億人が都市に流入するため、セメント生産はさらに増加する。

エネルギーに関しては、すでに必要な解決策はたくさんある。ものの生産における脱炭素化は、これから複雑になっていく。セメントの生産にはエネルギーが必要だが、それ自体は障害ではない。低炭素源でエネルギーを生産できれば問題ない。セメントの本質的な問題は、製造工程の化学処理でも二酸化炭素が排出されることだ。* 製造工程を調整すれば排出量を多少減らすことはできるかもしれないが、ゼロカーボンのセメントを製造するにはほど遠い。[47]

必要なのは二酸化炭素を回収して何らかの方法で処理することだ。[48] 地下に貯蔵して大気中に放出されないようしまいこむことはできるだろう。製造工程に二酸化炭素を戻して化学反応を起こし、セメントそのものに組み入れることも可能かもしれない。すると、二酸化炭素はセメントの中に永久に「封じ込められる」ことになる。このややこしい問題に対して効きそうな解決策を開発している会社は多い。

ではセメントをあきらめて、ほかの材料ですべて間に合わせてみたらどうだろう？　するとまず、コストと規模が問題になる。新興国経済は急速に成長しているため、すぐに手に入る安価な

*セメントの主要部分であるクリンカーを作るには、石灰石（$CaCO_3$）を九〇〇度の高温で熱しなければならない。この過程から生石灰（CaO）が生産され、残念なことに二酸化炭素も発生する。

建設材料が必要になる。中国のような国にとって、セメントは理想的な材料だ。大量の木材はなかなかすぐに生産できない。しかも、木材は値段が高い。世界の土地利用のあり方を大きく変えなければ、供給が追いつかないのは言うまでもない。原生林や自然の森を伐り倒し、材木用に植林しなければならなくなる。超長期で見れば、森を育て、伐り倒し、再生を繰り返す過程で一定の炭素を節減できるかもしれないが、大切な生物多様性が失われてしまう。次章で見ていくとおり、材木の植林はグローバルな森林伐採の最大の原因になっている。地域単位ではサステナブルな手法を管理できても、私たちが必要とする規模とスピードを考えると、グローバルな解決策にはならない。

現実には、セメントや鉄といった材料を扱うための低炭素のイノベーションが必要とされている。世界中で都市が膨張している今、そうしたイノベーションがすぐに起きる方がいい。

炭素に値段をつける

経済の脱炭素化のためにやるべきことの最後のひとつは、特定の産業にかかわるものではない。それは、これまでに挙げたもの以外のすべてを支える介入策だ。

私はこれまで何人もの経済学者に気候変動に対処するにはどうしたらいいかと聞いてきた。ひとり残らず全員が同じ答えだった。炭素に値段をつけることだ。カーボンプライシングは、おそらく経済学者が合意する唯一の策だろう。

炭素に値段をつけるとは、どういうことか？　私たちが買うものすべてに、その生産過程で排出した温室効果ガスの量に応じて炭素税を課すということだ。石炭、石油、ガスといった炭素負荷の重い燃料を使えば、税金は高くなる。原子力、太陽光、風力といった低炭素燃料を使うと、税金ははるかに安くなる。

炭素税を導入する理由は、今のものの値段は実際の費用を正確に反映していないからだ。化石燃料を燃やすことで発生する費用は、市場価格に反映されていない。それは気候変動という形のコストであり（将来の世代がツケを支払うことになる）、毎年数百万人の命を奪う大気汚染のようなインパクトとして現れる。炭素税の目的は、こうした市場の不均衡を是正して、私たちがツケを支払えるようにすることにある。[49]

炭素税は、消費者の判断を変える。エネルギーをガンガンに使うSUVはクリーンな電気で動く日産リーフより相当に高くなる。人気の植物性インポッシブルバーガー〔5章参照〕と比べるとその隣の牛肉は割高に見える。誰もが低炭素の選択肢に向かうようになる。ものを作る企業のインセンティブも変わる。高炭素商品は市場から追い出される。企業はライバルとの価格競争に陥る。価格を下げるためには排出量を削減するしかない。

カーボンプライシングは、とんでもなく効果的になり得る。強硬な気候変動否定派でもしまいにはサステナブルな選択に向かうだろう。それが地球に優しいからではない。財布に優しいからだ。ドナルド・トランプのような人物でさえ、石炭より太陽光や風力エネルギーを選ぶだろう。

脱炭素化の鍵は、できる限り痛みを感じさせないことだ。簡単で安くなければいけない。

私が心配なのは――ほかの多くの人も心配している――、炭素税がもっとも貧しい人に深刻な打撃を与えるだろうことだ。明日ガソリン価格が倍になっても、五台もランボルギーニを持っている金持ちにとってはちょっと痛いだけだ。大丈夫。五台のうち一台を売るか、プライベートジェットのかわりにファーストクラスに乗ればいい。すぐに痛みを忘れるだろう。だがギリギリの生活をしている親たちは、家を暖めるのも、子供を学校に送っていくのも難しくなる。電気自動車を買う余裕などない。カーボンプライシングを実施する場合は、エネルギー価格の上昇を埋め合わせ、貧しい家庭をサポートする政策を組み入れる必要がある。たとえば、税収を貧しい家庭の補助に充ててもいい。税収をほかの前向きな政策に使うこともできる。低炭素テクノロジーの開発、クリーンエネルギーや代替肉のイノベーション、サステナブル都市の建設、森林伐採の停止や伐採された森の再生などに投資してもいい。

高い値段を支払うのは、一番豊かな人たち、つまり最も多くの炭素を排出する人たちでなければならない。カーボンプライシング政策の設計にあたっては、金持ちが最も多くを負担するように設計すべきだ。

気候変動にどう適応するか？

世界の最貧国は、気候問題に関してほとんど何の罪もない。彼らの排出量は、全体の〇・〇一パーセントにも満たない。それなのに、最貧国は気候変動の損害をもっとも被り、それに対する備えもほとんど持っていない。うだるような暑さも、一日中エアコンをつけっぱなしにできるなら耐えられる。灌漑設備を取り付ける余裕があれば、作物もなんとか育てられる。保護インフラに投資できれば洪水から守られ、水が引けば損害を修復できる。だがその日ぐらしの生活では、一度不作の季節があると自分も家族もおしまいになる。それが気候変動の残酷さである。

将来の変化と、すでにここにある変化に適応する方法を、私たちは見つける必要がある。適応に目を向ければ、排出削減がおろそかになるという人もいる。だがそれは違う。温室効果ガスを急いで削減しなくてはならないことに変わりはない。ただし、どれほど急いで排出を削減しても、いくばくかの気候変動は避けられない。たとえ奇跡的に気温上昇を一・五度に抑えられたとしても、今より暑い世界に適応していかなければならない。世界中の多くの人はそこから逃れられない。

気候変動に関する政府間パネルが先ごろ発表した、気候変動のインパクトと適応についての報告書は三六七五ページもの長さにわたった。[50] ここでは、各国が気候変動にどう適応するかについての詳細には触れないが、すべての国に共通する基本原則がいくつかある。

（1）人々を貧困から引き上げる

気候変動に適応するには、これが何より大切だ。貧しいと気候変動の打撃をもろに受ける。というよりも、貧しいとほぼどんな危機にも弱くなる。貧困線ギリギリで暮らしていると、一度の打撃で貧困に陥る。すでに貧困線より下なら、どんな小さな打撃も致命的になりかねず、常にストレスを抱えたまま暮らさなければならない。本当に悲惨な状況だが、それが数十億人の現実だ。

二〇世紀のあいだに自然災害で亡くなる人の数はおよそ九〇パーセント減ったとはいえ、気候変動の影響で災害の頻度と強度は悪化すると思われる。自然災害の死者数が減ったのは、災害から身を守る方法を学んできたからだ。その対策のほとんどは、貧困解消にかかわるものだ。今では事前に極端な天候異変を予測することが可能になったが、優れた情報網がなければ世界中に予測を知らしめて、洪水や台風に耐えられる家やインフラを準備することはできない。

（2）干魃、洪水、温暖化に対する作物耐性を向上させる

私が何より心配な気候変動のインパクトは、食糧不足だ。作物は特定の気候条件のもとで育つことが多い。条件が変化すると、作物もそれに対応して変わる。収量が増えることもあるが、たいていの場合は減る。不作に陥る場合もある。だがこうした変化に強い作物や、これから新たな天候により適応する作物を開発できる可能性は大きい。これまでもそうできたので、これからも改善できるはずだ。肥料や殺虫剤や灌漑設備を使って収量を増やすことは可能だ。また病気や害

虫に強い種を開発することもできる。

環境コミュニティーでは遺伝子組換えの評判は悪いが、世界の作物収量を増やすために遺伝子組換えは不可欠だし、変化する天候にうまく順応できる農業を開発するには遺伝子組換えの役割はもっと大きくなるだろう。遺伝子組換えによって農家は安定した充分な収量を確保できるばかりか、肥料や殺虫剤の使用量を減らすことも可能になる。遺伝子エンジニアリングに反対することを私が嫌がるのは、それで一番深刻な損害を被るのがもっとも貧しい層だからだ。もっとも貧しい人たちが、収量減少や食糧供給不足にもっとも弱い。その打撃を和らげられるかもしれない解決策を邪魔するのは、不正義でしかない。

（３）うだるような暑さに備えた生活環境を取り入れる

極端な気温はますます普通になりつつある。そこで、涼しさを保つための非常に基本的な公衆衛生のアドバイスから、苦しむ人を受け入れる医療施設のキャパシティの増加まで、幅広い方策が必要になる。繰り返しになるが、先ほど書いた貧困緩和にもう一度戻りたい。もっとも打撃を受けやすいのは、住む場所やエアコンのない人たちか、極端な暑さの中で働く以外に選択肢のない人たちだ。二一世紀の今、必要な人はみな、エアコンを手に入れられるようでなければならない。環境議論の中でこれは異論のあるポイントだ。というのも、エアコンはエネルギーを食うからだ。それでも私は意見を曲げない。すべての人にとって居心地のいい未来を築くべきだし、極度の暑さに焼かれることが、その未来にあってはならない。

国際的な気候協定の障害になることのひとつが、適応努力に必要な資金をどう捻出するかという問題だ。気候変動の責任がもっとも少なく、かつリソースももっとも不足している国が、気候変動への適応がもっとも必要になる。豊かな国が、貧しい国の適応のための資金を支援すべきだろう。豊かな国はそうすると約束しているが、まだ実行していない。その現状は変わるべきだし、それも早急に変えた方がいい。

あまり力を入れなくていいこと

私の肩書きは気候データの専門家なので、どこにいてもそれが付きまとう。医者はいつもパーティーでみんなから、死ぬかもしれない病気について聞かれてしまう。私がいつも聞かれるのは、「これって環境に悪いの？」とか「これとあれだと、どっちが環境に悪い？」という質問だ。ものすごく深く掘り下げて聞いてくる人も多い。ほんの少ししか炭素を排出しないような行動についても細かく聞いてくる。

私は喜んでお答えするのだが、それは環境オタクとしてすべての数字を熟知しているからではない。マイク・バーナーズ＝リーの『バナナはどのくらい環境に悪い？　あらゆるもののカーボンフットプリント』（未邦訳）は私のバイブルで、昔はどこに行くにもこの本を持ち歩いていた。[51] 自分のカーボンフットプリント〔「炭素の足跡」の意〕についてどんな些細なことでも理解して最適化しようと必死だったのだ。トイレで手を乾かすにも、ハンドドライヤーとペーパータオルのどちらがいいのか知りたかった（正解は、一枚しか使わないのならペーパータオルで、二枚使うならハンドドライヤーだ）。読書とテレビはどっちが環境に優しい？（もちろん読書）食洗機か手洗いか？（冷水を使ったり、温水でも控えめに使ったりするのでなければ、食洗機が勝つ）

こうした比較は楽しいし、オタクっぽい。だけど、そうすることのメリットよりデメリットの方が大きいこともある。私はこれが仕事なので、長時間費やしても当たり前かもしれない。でも、些細なことまでいつも考え込んで、ストレスになっては元も子もない。それが負担になってしまう。気候変動への取り組みが、人生を奪い取る大きな犠牲のように感じられるのだ。もし、こうした行動がすべて世界を変える効果があるならそれでもいいけれど、実はそうではない。ストレスだけかかって努力の無駄だったり、そのために本当に効果のある行動が犠牲になってしまうこともある。「モラル・ライセンシング（道徳的許可）」という概念がある。これは自分の行動を正当化するための心理的なトリックで、別のところで犠牲を払ったから少し自分を甘やかしてもいいと許すことだ。たとえば、（肉を包む）プラスチック包装紙はリサイクルするからステーキを買っちゃえ、とか、食洗機は「環境に優しい」設定にしてるから、自転車じゃなくて車にしよう、といったことだ。

自分の炭素排出量を削減するためにもっとも効果的なことは何かと聞くと、たいていはインパクトの一番小さなことが返ってくる。[52] リサイクルだったり、エネルギー効率のいい電球だったり、テレビをつけっぱなしにしないことだったり、乾燥機を使わないことだったりする。環境に重大なインパクトを与えることは見逃されている。あまり肉を食べない、電気自動車に乗り換える、飛行機に乗る回数を減らす、家を断熱する、低炭素エネルギーに投資するといったことだ。[53]

だからこそ、数字を理解するのが大切なのだ。ネットフリックスを見たらどれだけ二酸化炭素が排出されるかをいちいち気にかけるより、本当にインパクトのあるいくつかの行動変容を理解するために、データを見るべきだ。

では、気候変動に関して私たちが気にかけなくていいことはなんだろう?

ここに、一般には炭素排出に大きなインパクトをもたらすと思われているけれど、実際にはたいして効果のないことを、順不同で並べてみた。もちろん、こうしたことをやりたければ続けてもいいけれど(私もいくつかはやっている)、気にかけすぎなくていいし、本当に大切なことをないがしろにしてまでやらない方が絶対にいい。

▼ペットボトルをリサイクルする(7章を参照)
▼古い電球をエネルギー効率のいい電球に取り替える
▼テレビを見ない、映画をストリーミングしない、インターネットを使わない

▼読書の方法――電子書籍でも紙でもオーディオブックでも同じ
▼食洗機を使ってても使わなくてもあまり変わらない
▼地産地消（5章を参照）
▼オーガニック食品を食べる（炭素排出量をむしろ増やす可能性がある――5章を参照）
▼テレビやコンピュータをスリープ状態にしてもしなくても、大差はない
▼携帯充電器を差し込み口に入れたままにしてもしなくても、大差はない
▼レジ袋か紙袋か――レジ袋の方が炭素負荷は少ないが、どちらにしろ大差はない*

*次ページの図にあるデータは、環境学者のウェインとニコラス（二〇一七年）による排出量削減見込み値と、市場調査会社のイプソス（二〇二一年）によるアンケートデータを組み合わせたものだ。排出削減量に関する数字はすべてウェインとニコラスによるものだが、植物性食品中心の食生活についての見込み値だけ、別のソースから取った。この数字はプーアとネメセック（二〇一八年）のデータをもとに更新されている――食生活の変化と、農地の縮小による炭素抑制（たとえば炭素の機会コスト）もここに含まれる。

　産む子供の数をひとり減らすという行動は、ここに含めなかった。というのは、もとになるデータに経年の人口あたりの炭素排出量の変化が含まれていないからだ。私の子供が私と同じ量の炭素を排出することはないだろう。今後数十年で急速に脱炭素化が進むにつれて、ひとりあたりの排出量は大幅に減少し最終的にはゼロに近づくことが期待できる。

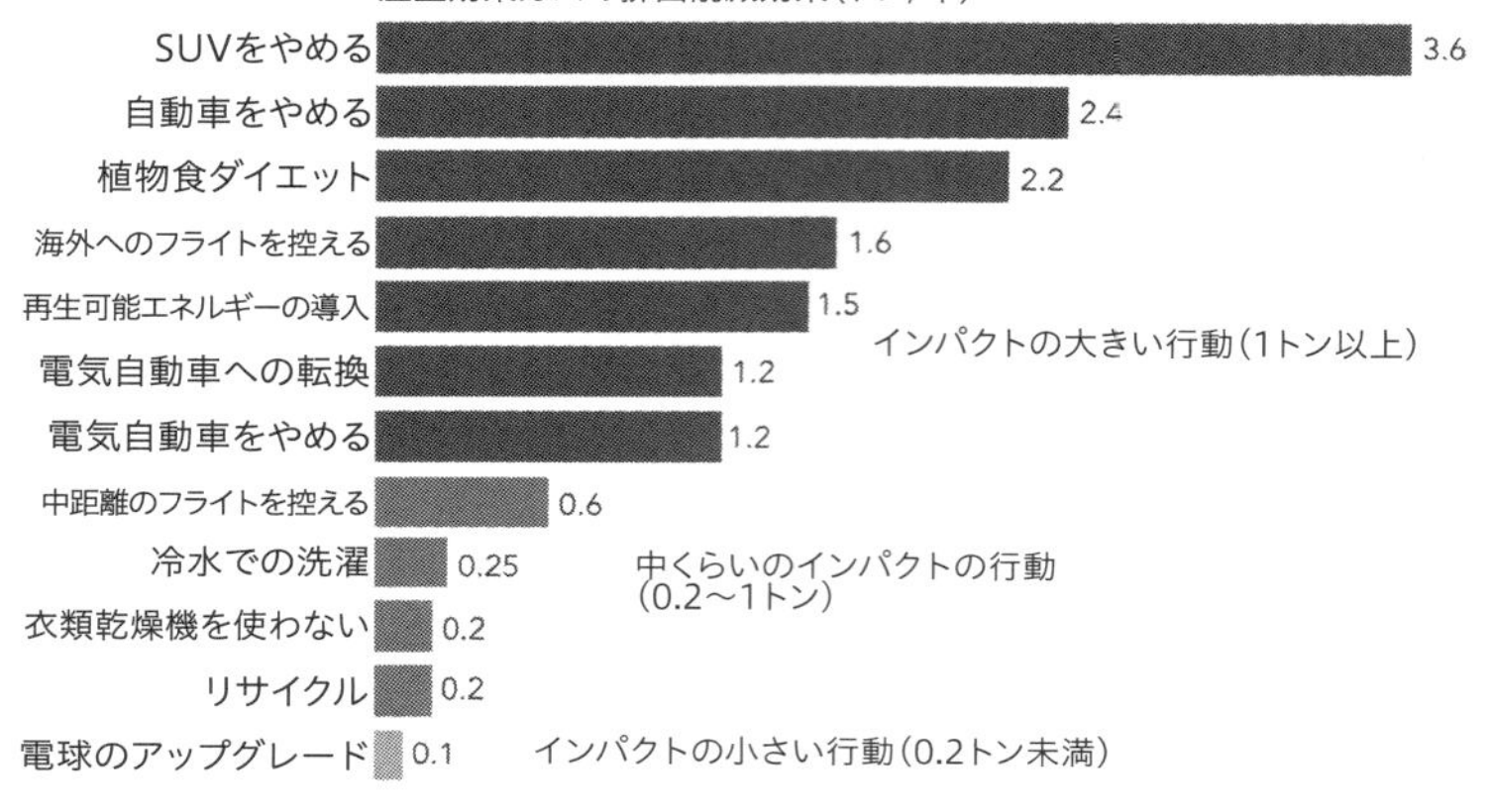

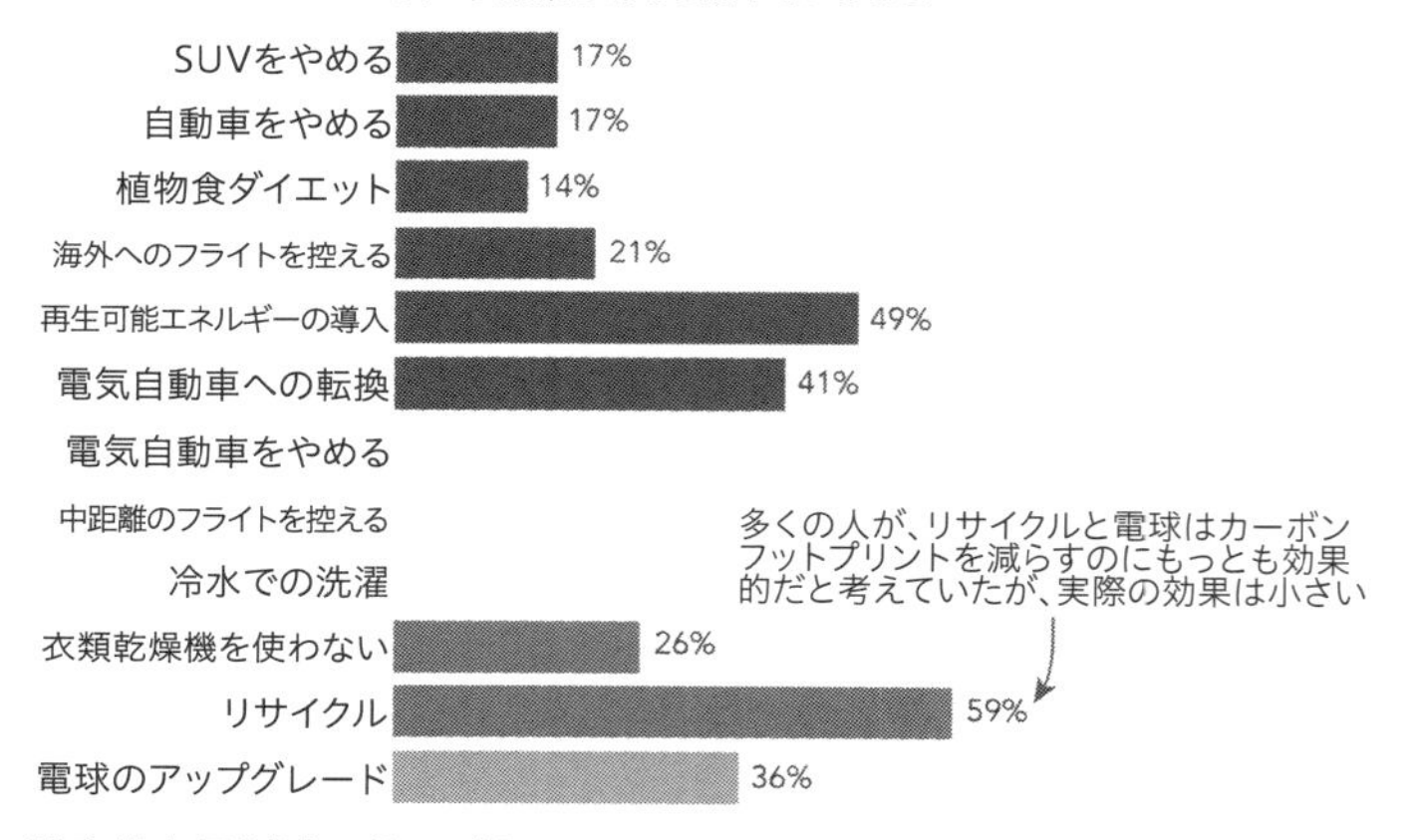

炭素排出量削減に効果があると思われている行動のほとんどは効果がない　個人の炭素排出量削減にもっとも効果があるのは、車に乗らない、植物性の食生活を心がける、飛行機に乗る回数を減らす、電気自動車に乗り換えるといった行動だ。
だが、30 カ国で 2 万 1000 人の大人を対象に行ったアンケートでは、リサイクルや電球のアップグレードがトップ 3 だった。

4章　森林破壊——木のために森を見る

「アマゾンの熱帯雨林——地球の酸素の二〇パーセントを生み出す、地球の肺——が燃えている」

——エマニュエル・マクロン大統領、二〇一九年[1]

アマゾンの熱帯雨林は「地球の肺」とも呼ばれる。地球の酸素の二割がここで生まれると主張するのはマクロン大統領だけではない。レオナルド・ディカプリオ、カマラ・ハリス、クリスティアーノ・ロナウドを含む多くの人が同じようなことを言っている。[2,3]元NASAの宇宙飛行士スコット・ケリーもこの統計をSNSで拡散し、その後「息をするのに酸素が必要！」とつぶやいた。[4]

彼らが言わんとしているのは、アマゾンが失われることは地球の酸素供給への脅威だということだ。アマゾンの熱帯雨林が失われつつあると聞くと、とても恐ろしくなる。ニューヨーク・タイムズは、「もし熱帯雨林の多くが失われて再生できなければ、その地域は砂漠化し、炭素はあまり吸収できず、この地球の『肺機能』が低下することになる」と書いた。[5]今アマゾンが「臨界点」に近づいているという懸念は、本当に現実のものだ。だがそれは、酸素が足りなくなるという話ではない。アマゾンからの酸素貢献は世界の二割ではない。せいぜい差し引きゼロといったところだ。

もちろん、アマゾンは大量の酸素を生み出している。光合成によって二酸化炭素を取り込み、酸素を放出する。だが、二割という数値は高すぎる。六パーセントから九パーセント程度だろう。[6,7]だがこの数字も的外れだ。アマゾンは大量の酸素を生み出すが、同時に大量の酸素を消費するからだ。日光がなく光合成できない夜間に、木は糖質をエネルギーに転換する。このプロセスの動力源になるのが酸素だ。林床に生息する微生物もまた、木の上から地面に落ちてきた有機物を分解する時に酸素を消費する。アマゾンが消費する酸素の量は、生産量とほぼ同じだ。そうやって相殺されるので、大気中に放出される酸素はほぼゼロになる。

これはアマゾンに限らない。世界中の森林も草原も、酸素供給にそれほど貢献していない。地質学者のシャナン・ピーターズは次のように分析している。「人間以外のすべての生き物を燃やしつくしたとしても、酸素レベルは二〇・九パーセントから二〇・四パーセントに減るだけだ」[8]。地球の酸素供給をかなりの量使い果たすまでには、数百万年もかかるだろう。今、私たちが吸っている大気中の酸素は、数百万年前に海の植物プランクトンから生まれたものだ。その前には、地球の大気中に酸素はなかった。微生物は嫌気的に生きていた――つまり酸素を必要としなかった。厳しい環境で生きる極限環境微生物は硫黄などを養分にして生きていた。地球に「酸素の大量発生」が起きたのはおよそ二五億年前だ。この時、藍藻（らんそう）――はじめて光合成を行った生物――

が二酸化炭素を酸素に転換しはじめた。ほとんどの酸素はここから生まれており、このバランスを変えるのは非常に難しい。

だからといって、何も手を打たないでいいというわけではない。アマゾンやほかの熱帯雨林は、地球上でもっとも豊かな生物多様性を持つ生態系を宿している。それが今、危機にさらされている。森林破壊は気候にも脅威になる。木を伐り倒すと炭素が放出され、それが数十万年にわたって滞留するからだ。現実は悲惨で、それが行動を起こす充分な動機になる。世間の関心を引くために毎度大げさな見出しを掲げる必要はない。真実が世に出れば科学者への信頼が損なわれ、実際に行動を起こす理由までも疑われてしまうからだ。

森林破壊を終わらせられるだろうとそれなりに楽観的に考えられる理由はいくつかある。「アマゾンが世界の酸素の二割を供給している」という見出しとともによく引用されるのは、アマゾンの森林破壊が歴史的な高水準にあるという説だ。これもまた間違っている。アマゾンの森林破壊の割合は一九九〇年代の終わりにピークを迎え、それ以来減少している。

どのようにここまできたか

今豊かな国ははるか昔に森を失っている

森がなくなるという危機感に多くの国にとって現実の問題だ。一〇〇〇年前、フランスの半分は森だった。一九世紀までに、それが国土の一三パーセントにまで減っていた。西暦一〇〇〇年から一三〇〇年のあいだにフランスの人口は八〇〇万から二倍の一六〇〇万人になった。この時代は平和が続いていた。戦争はなく、人口は一貫して増え続けた。人口が増えるとその分、食べ物もエネルギーも建設資材も必要になった。そこで木を伐り倒して家を暖め、農地を開拓した。この時代は「フランスの大開墾時代」とも言われる。森林の半分は伐採された。

だがその後、ヨーロッパでペストが大流行した。この疫病はノミを媒介にした細菌が原因だが、人から人へも飛沫感染した。そしてみんな死んでいった。ヨーロッパの人口のおよそ半分が亡くなった。フランスもペスト禍に襲われ、人口は一六〇〇万から約一〇〇〇万に減った。人口が減った分、必要な食べ物やエネルギーや資源も減った。農地はなくなり、森が戻った。一四世紀から一五世紀にかけて、森林面積はおよそ二倍になった。ペスト禍のあと、ヨーロッパのあちこちに自然の景観が戻った。再生された森林や草原の花粉を調査したところ、穀物の原料となる植物は激減し、ほかの種類の植物が戻っていた。[9]

だが森が戻ったのはほんの一時期だった。フランスの人口は数世紀のうちにペスト以前の水準に戻り、その後増加の一途をたどった。フランスは世界の大国になった。土地とエネルギーと木材の需要は跳ね上がった。大国としての支配を強めるため、遠征用の船を建造しなければならなかった。木材不足が最大の懸念になった。一六〇〇年代にルイ一四世は「木材不足のせいでフランスは滅びる！」と悲鳴をあげた。

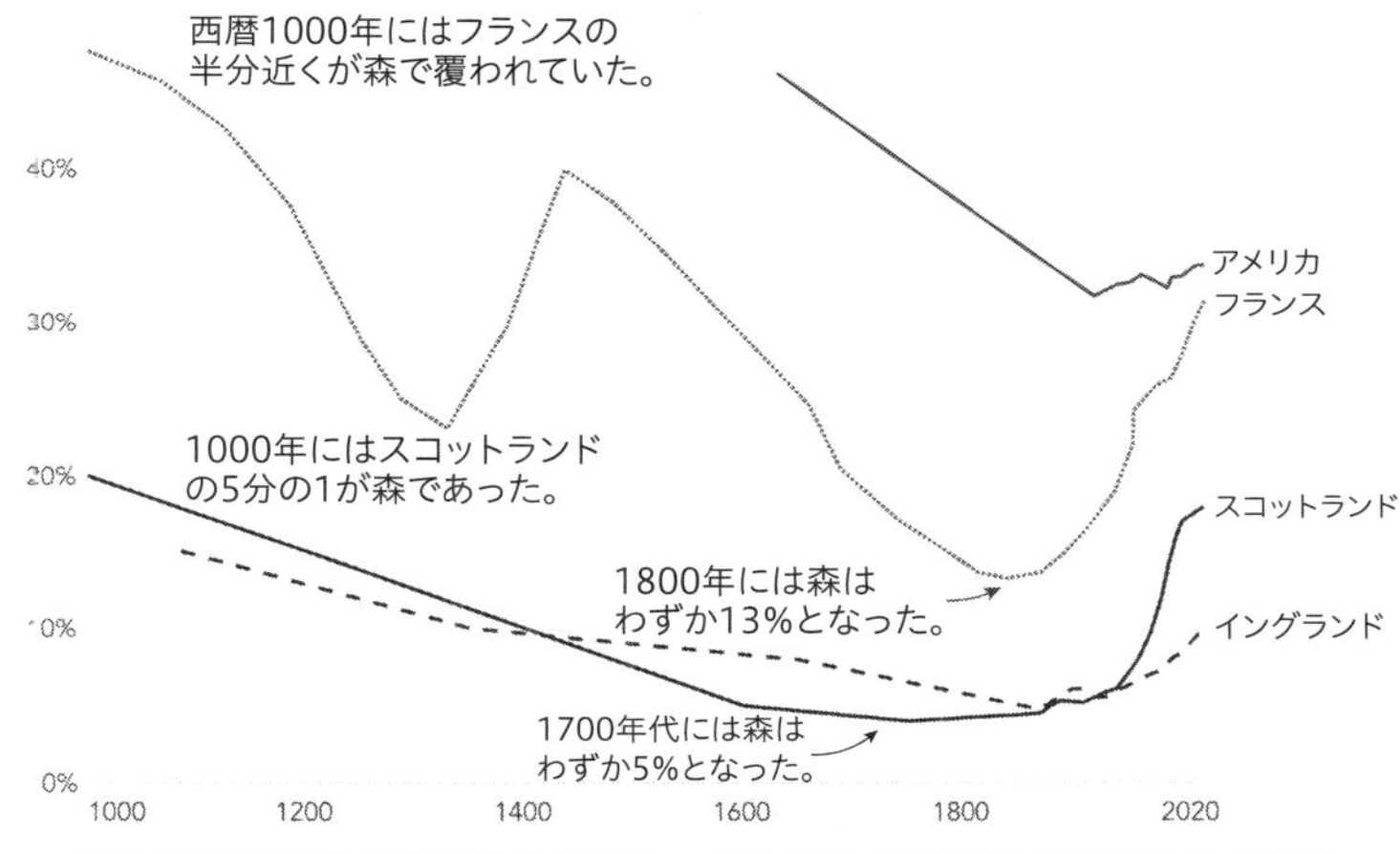

豊かな国における森の消失と再生　それぞれの国土における森林の割合。

また、国民を食べさせていく必要もあった。作物収量は今とくらべるとほんのわずかしかなく、食糧生産を増やすためには森を農地に変えるしかなかった。政府はこれを積極的に推奨した。一七〇〇年代には、森林を農地に転換すると一五年にわたって税控除が与えられた。そのうちに燃料用の木材需要も増加した。フランス中で都市の人口は激増した。家の暖房や産業の動力のために木が必要になった。森はどんどん失われていった。

海峡を隔てたお隣のイギリスでも同じことが起きていた。一〇〇〇年前、スコットランドの二〇パーセント、イギリスの一五パーセントは森に覆われていた。[10,11] 一九世紀までに、どちらの国でもこれが五パーセントを下回った。[12,13] 大西洋の向こうでも、木が伐り倒されていた。一七世紀にはアメリカの半分近くは森に覆われていたが、それから二世紀後には約三〇パーセントにまで減っていた。[14]

一八世紀のフランスかイギリスに生きていたら、この先ずっと森は減り続けるに違いないと思っただろう。だが森が完全に消滅するかに見えたその時、国々の潮目が変わった。

この時の転換はペスト後と違って一時的なものではなかった。今回は人口は増え続けていたのに、森は戻っていた。これにはたくさんの理由がある。ひとつは効率のいい農業への転換が始まったことだ。農業の集約化に伴って収量が上がりはじめた（ただし、そのペースはゆっくりとしたものだった）。政府はより収量の高い作物への移行を奨励した。フランスはライ麦の栽培をやめて、単位面積あたりの収量がはるかに高いジャガイモの生産に切り替えた。政策も変わった。森林伐採へのインセンティブをなくして厳しい制限を導入し、農村部の人たちに生産性の低い農地を手放すよう説得した。

そしてとうとう石炭ブームがやってきた。一八一五年のパリでは一年間にひとりあたり平均一・八立方メートルの薪を燃料として使っていた。一八六〇年にそれが〇・四五立方メートルになり、一九〇〇年までには〇・二立方メートルにまでなった。燃料としての木はすたれ、石炭が新たな流行になった。

この転換によって、豊かな国は人口増加と経済成長を、森林破壊から切り離すことに成功した。今も世界中でそれと同じパターンが見られる。国が工業化されるにつれ、同じ歩みが繰り返される。国が貧しい時には森林破壊と経済発展が固く結びついているが、この結びつきはそのうちに崩れる。国がある程度豊かになると、森は回復をはじめる。

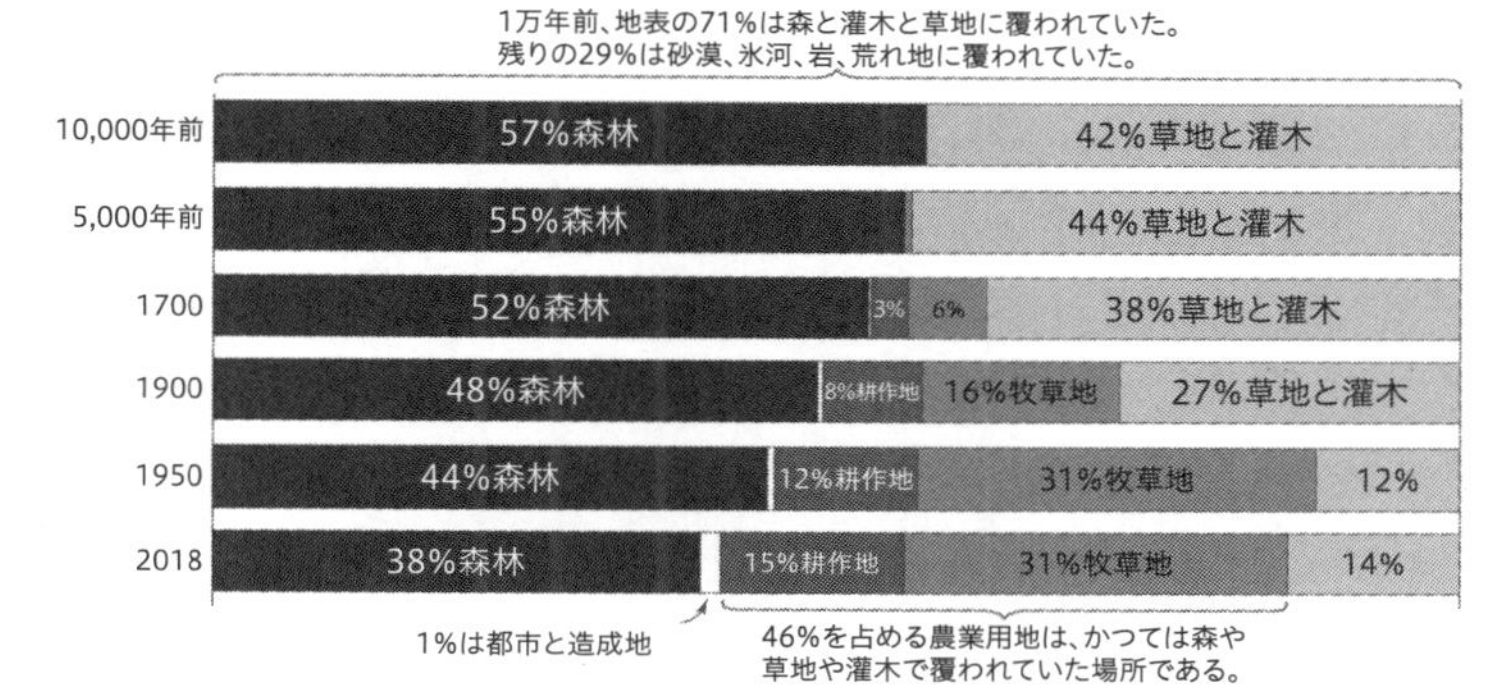

人類は農耕のために世界の森林の3分の1を伐採してきた　農業は常に森林伐採の主原因だった。今もそうだ。

とはいえ、真実をオブラートに包むのはやめよう。多くの国で状況は改善しているが、これまでの森林伐採による世界的な損失は限りなく大きい。

最後の氷河期以来、世界は森林の三分の一を失った

一万年ほど前の最後の氷河期以来、世界の三分の一の森が失われてきた。[15, 16] 面積にするとアメリカの国土の二倍にものぼる。その半分は一九〇〇年以前に失われている。しかし、この一世紀にも驚くほど大きな森が失われている。そのほとんどは農業の拡大によるものだ。農耕地と牧草地の面積はほぼ二倍になった。今では残った森林より農地の方がはるかに大きい。農業はこれまで長いこと森林破壊の原因となってきたし、今もそうだ。ブラジルではこのパターンがもっとも顕著に表れている。

前ブラジル大統領のジャイール・ボルソナーロは、森林破壊に取り組むという公約に煙幕を張ることが多かった。二〇二一年にグラスゴーで開かれた国連気候変動枠

組条約締約国会議（COP26）で、ボルソナーロ政権は違法な森林伐採を、以前に合意した期限より二年前倒しした二〇二八年までに終わらせると宣言した。

他国を含めた共同声明がまとまるにつれ、世界は喜びに包まれた。世界の森林破壊のほとんどはブラジルで起きている。その場所で森林破壊を終わらせることができるなら、ほかでも終わらせられる。壇上にのぼったボルソナーロ大統領は、アマゾンの森林破壊を終わらせることに全力を尽くす男といった風だった。だがそのほんの数カ月後、それが口だけだったことが明らかになった。ブラジル国立宇宙研究所（INPE）が最新の森林破壊報告書を公表した。二〇二一年の森林破壊率は一五年間で最悪の水準だった。[17] この悲惨で重要なデータをマスコミはこぞって取り上げた。二〇二二年にもそれがニュースになった。グローバルな森林破壊率が歴史上最悪な水準にあり、ますます悪化していると人々が思ったとしても無理はない。

だが、少し俯瞰して見ると、全体像は違うとわかる。もちろん、世界で多くの森林が伐り倒されてきたのは間違いない。そして今も、警戒すべきスピードで森が失われている。二〇二〇年の国連森林報告書によると、二〇一〇年から二〇二〇年のあいだに一億一〇〇〇万ヘクタールの森が破壊されたという。面積にするとスペインの二倍になる。五〇〇〇万ヘクタールは回復したため、差引した純損失はおよそ半分になる。

しかし、データを見ると、グローバルな森林破壊はピークの一九八〇年代から減少していることがわかる。

国連は半世紀以上にわたって世界の森林を評価測定してきた。二〇二〇年の概算によると、森林破壊率は一九九〇年代から二六パーセントほど減っている。以前の報告書では、一九八〇年代の破壊率はさらに高かったとされている。

森林破壊の統計にはもちろん異論もある。「森林」とは何かというシンプルな問いにさえ、研究者のあいだの合意はない。森林破壊の測定法にもさまざまなやり方が存在する。いずれも完璧ではない。最近の手法のひとつは遠隔センサーと衛星を使ったやり方だ。二〇二二年に国連は遠隔センサーだけを使った評価報告を発表した。結果は以前と同じで、グローバルな森林破壊率は減少しているというものだった。

推定値に違いが出るのは、衛星が「樹木被覆の減少」を測定してしまうことが多いからだ。樹木被覆の減少は森林破壊と同じものではない。森林破壊とは、森がほかの用途、たとえば牧草地や農地や都市や道路に永久的に転換されることである。樹木被覆の減少には、森林破壊だけでなく、そのほかに山火事で一時的に森が失われたり、森林農法に使われたり、植林された材木が定期的に伐採されたりする場合も含まれる。こうした森林は再生されるため、国連の言う「森林破壊」の定義には含まれない。「樹木被覆の減少」については長期的に一貫したデータは存在しないが、最近の統計を見るとこの減少率はまだ高く、増加している地域もある。

全体を見ると、森林破壊の割合は今も警戒が必要な高さにある。残念なことに破壊のほとんどは生物多様性のもっとも豊富な熱帯地域で起きている。とはいえ、グローバルな森林破壊はおそらく数十年前に天井を打った。そして、これから見るいくつかの例でもわかるとおり、適切なツールと政策があれば森林破壊を減らすことができる。

今どこにいるか

今、どこで森が失われ、どこで森が増えているか？

森林破壊の歴史を見ると──その歴史は長い──これまでにどれほどの森が失われてきたか、そもそもなぜ森を伐り倒してきたのかについて、新たな視点が得られる。森林破壊を止めなければならないし、急いでそれをやる必要がある。熱帯雨林が失われる一方で、温暖な国で植林するにも限りがある。こうした森林を伐採することで失われるものは多い。炭素だけでなく、多くのものが失われてしまう。熱帯雨林を伐採すると、数百年、数千年かけて築かれた均衡が破壊される。熱帯雨林にはそこにしかいない野生生物が豊かに息づいている。こうした生態系は二度と元に戻らないかもしれないし、もし再生できたとしてもそれには長い年月がかかる。森林を一ヘクタール分再生するより、そもそも一ヘクタールの熱帯雨林を破壊しない方がはるかにいい。夏休みに飛行機で旅行した分の炭素排出量をオフセット購入で埋め合わせるのとはわけが違う。

どの国で森が失われているか、どの国で森が増えているかを見てみると、明らかな格差があることがわかる。豊かな国では森が再生されている。中所得から低所得の国では森が失われている。

これは偶然ではない。国別の森林面積を時系列で見ると典型的なU字型カーブを描き、それは国の発展と同じ軌道になる。これが「森林転換モデル」と呼ばれるものだ。[18-20]

この曲線には四つの段階があり、ただ二つの変数によって段階が決まる。その国にどれだけの森林があるか、そしてそれが年ごとにどう変わっているかだ。

段階一（**前・転換期**）　森林がふんだんにあり、時間が経過してもあまり減っていない。森林破壊はゼロではないにせよ、かなり少ない。

段階二（**初期の転換期**）　森が急に失われはじめる。森林面積が急速に減り、年間の破壊割合は大きい。

段階三（**後期の転換期**）　森林破壊の速度が下がる。この段階ではまだ森は失われているが以前よりそのスピードが遅い。このあたりで「転換点」にさしかかる。

段階四（**ポスト転換期**）　森林減少が止まり、森林増加へと転じる。森は自然に再生しはじめる、または国が植林を行う。この期のはじめには森があまり残っていないかもしれないが、回復の兆しはある。理想的にはこの期の終わりには森が再生されるばかりか、その面積がかつての水準に近づいていることが望ましい。そこまでくると、また次の新たな段階（段階五）と言えるのかもしれない。

イギリスもフランスもアメリカも韓国も、このありがちなU字型のパターン通りだった。だがこれが経済発展と結びついているのはなぜなのか、どのような仕組みなのだろう？　ではそもそも木を伐り倒すのはどうしてかを振り返ってみよう。それは燃料や建物や船や紙の材料にするため、または食べ物を育てるための土地を確保するためだ。人口が増加しはじめ、経済が成長しはじめると、いずれの需要も増える。調理のための燃料も、住むための家も、食べ物ももっと必要になる。そこで、段階一から段階二へと進む。森が伐採されはじめ、需要が増え続けるにつれ伐採のスピードはますます速まる。

だが、国が豊かになるにつれ、需要の伸びはゆるやかになる。燃料として木のかわりに石炭を使うようになる（今は願わくば再生可能エネルギーや原子力エネルギーに変わっていてほしいものだ）。作物収量が増加し、農業のための土地もそれほど必要でなくなる。このあたりで段階三に移行する——森林破壊のペースがかなりゆっくりになる。そしてとうとう、森林破壊が終わる発展段階に到達する。農業生産性が高まり、人口増加もゆるやかになり、燃料として木を燃やしたがる人はいなくなり、建物の建設材料も別のものになる。ここで段階四に達し、森が回復する。

低所得国と中所得国のほとんどは熱帯と亜熱帯地方にあり、世界の森林破壊の九五パーセントは熱帯で起きている。[21] これは残念なことだ。熱帯雨林は地球でもっとも豊かな生物多様性を宿す宝庫である。世界の生物種の半分がここに生息している。[22] また熱帯雨林は大量の炭素を貯蔵している。この森林を伐採すれば気候変動にも最悪の影響がある。[23]

熱帯雨林の破壊を止めなければならないことは、火を見るよりも明らかだ。森は国の発展と同じ軌跡をたどるため、私たちが何も手出しをせずに自然の展開に任せていても、そのうち回復するのかもしれない。国が豊かになればいつかは段階四に到達する。だがそれには時間がかかりすぎる。気候変動を止めることもできず、そのあいだに多くの野生生物が失われてしまう。低所得国と中所得国が工業国と同じ道をたどったら悲劇だ。

でも同じ道をたどらない選択もできる。今の途上国は二世紀前のイギリスとは違う。農業の生産性を上げるテクノロジーが今ならある。政策と規制を実現する枠組もある。衛星を使って世界中の森林破壊を追跡し監視することもできる。木の代替燃料もある。そして助け合える仲間もいる。国を超えた仲間のネットワークで知識を共有できる。

低所得国が迅速にこの転換を乗り越えられるよう、私たちが助けなければならない。もっといいのは段階二と段階三を一気に飛び越えることだ。跳躍のための道具はある。問題はその道具を使おうという充分なやる気があるかどうかだ。

これまでにアマゾンのどのくらいが失われたか？　そして今、記録的な速さで森は失われているのか？

アマゾンの熱帯雨林は世界全体の森林の一四パーセントでしかないが、グローバルな議論の中ではそれよりもはるかに大きな問題として扱われている。人々はアマゾンで起きていることを見て、それがすべてのように思い込んでいる。

アマゾンが見出しにのぼることがあまりに多すぎるので、本当に何が起きているかはなかなか見えない。アマゾンのどのくらいが破壊されているのか？　残りはどのくらいか？　今の森林破壊のスピードは本当に歴史上最悪なのか？

アマゾン川流域は七〇〇万平方キロメートルにわたって広がっている――オーストラリアと同じ面積だ。実際の熱帯雨林は五五〇万平方キロで、イギリスの国土の二三倍にのぼる。その約六割はブラジルにあり、残りは南米諸国にまたがっている。

森林破壊のほとんどはブラジルで起きている。二〇世紀の最後の三〇年間に起きた森林破壊がその大半を占めている。だから森林破壊の本格的な出発点を一九七〇年としていいだろう。一九七〇年以前、ブラジルのアマゾン川流域面積は四一〇万平方キロだった。それが今は三三〇万平方キロだ。ということはブラジルのアマゾンの二割が失われたことになる。近隣諸国の森林破壊のペースはそれより低く、アマゾン全体では一一パーセントが失われた。[24]

さて、今はどのくらいが失われつつあるかを見てみよう。グローバルな森林破壊率は一九八〇年に天井を打ったが、アマゾンの破壊率は一九九〇年代と二〇〇〇年代のはじめまで上がり続け、わずか一〇年のあいだに年間一万五〇〇〇平方キロからおよそ三万平方キロまで増加した。二〇〇三年にルーラ・ダ・シルバがブラジルの大統領に就任し、これを反転させると誓った。そしてシルバは実行した。任期最後の二〇一〇年には、年間の森林破壊面積を二万五〇〇〇平方キロから五〇〇〇平方キロへと八割削減した。だがしばらくすると、安定していたこの数字はふたたび上がりはじめたが、二一世紀のはじめごろに比べると、ほど遠いものにとどまった。

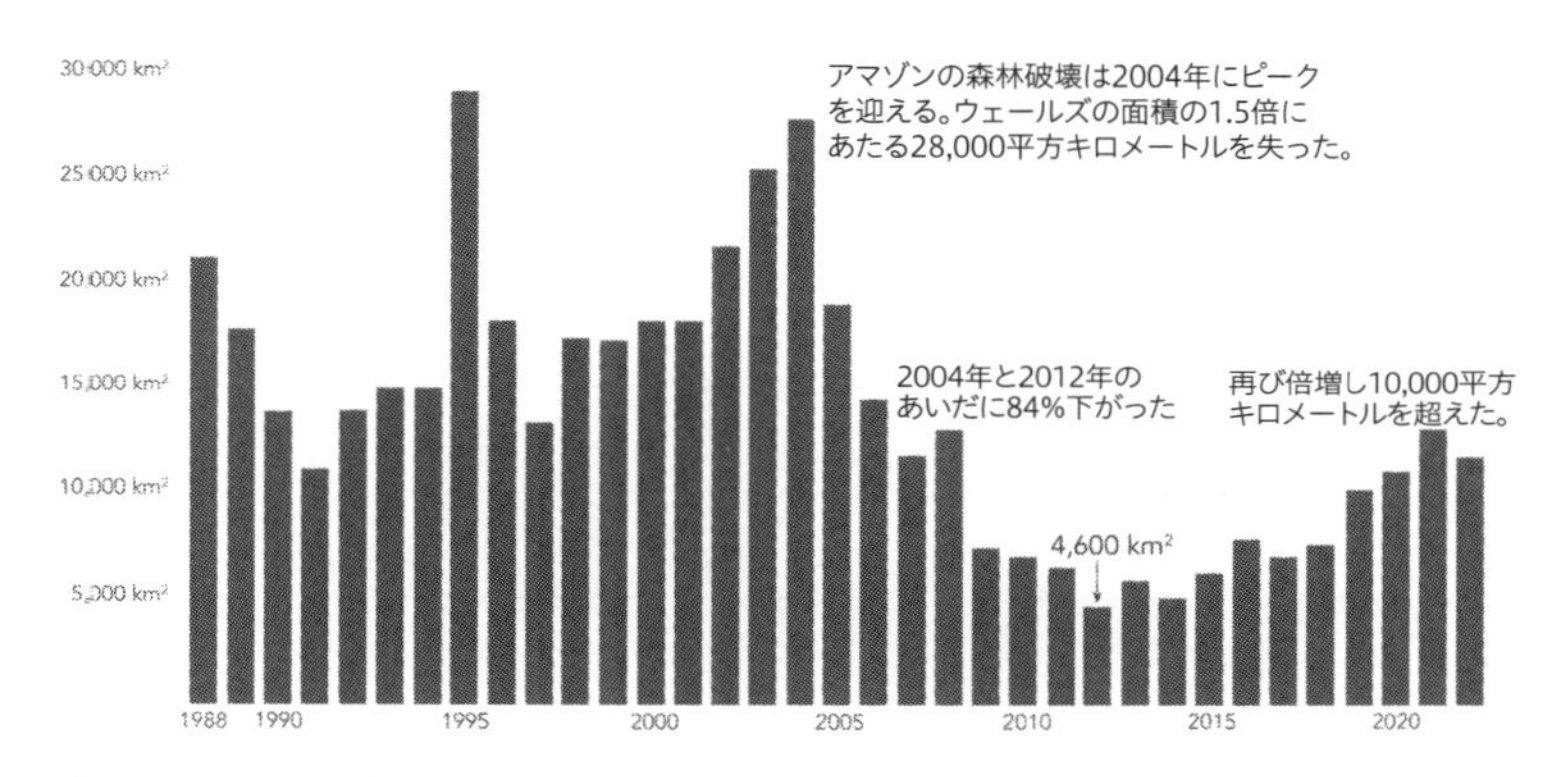

ブラジルのアマゾンの森林破壊は 2000 年代のはじめに天井を打った　年間の森林破壊面積（平方キロメートルで計測）。

現在、アマゾンの年間森林破壊面積は二〇〇〇年代はじめごろの半分を下回っている。とはいえ、最小だったころにくらべると二倍を上回っている。ここからいくつか明らかなことが言える。まず、アマゾンの森林破壊はピークを過ぎた。歴史的に最悪な水準にあるというニュースは間違いだ。この数年間は森林破壊が悪化しているとはいえ、昔と比べると伐採される面積ははるかに少なくなっている。これから急激な進歩が起きる可能性はある。ルーラ・ダ・シルバの在任中のわずか七年間で森林破壊を八割減らすことができた。ダ・シルバは二〇二二年一〇月に再選された。だから希望を持っていいはずだ。森林破壊を二〇三〇年までに終わらせるのは不可能だという人たちは、状況がどれほど速く変わる可能性があるかがわかっていない。最後に、こうした改善は自然に起きるわけではないし、気を抜いたらすぐに元に戻ってしまってもおかしくない。

森林破壊の原因は何か?

「ベン・アンド・ジェリーズはパーム油の入ったアイスクリームは作りません」。社のウェブサイトのバナーの一番上にはそう謳われている。[25]

ベン・アンド・ジェリーズがパーム油の入った残りのいくつかのフレーバーの販売をすべて取りやめたのは、二〇一七年だった。サステナビリティに対する真摯な姿勢は賞賛された。ベン・アンド・ジェリーズのアイスクリームをボイコットしていた消費者は、ふたたび同社のチョコチップアイスクリームを冷凍庫に詰め込んだ。それが宣伝用の作戦だったにしろそうでなかったにしろ、なぜ彼らがパーム油を使用しないと宣言したかったかは明らかだ。誰もがパーム油を嫌っている。それは食品業界の毒になったのだ。

数年前には私もパーム油を忌み嫌っていた。あれは二〇一八年、イギリスでクリスマスのテレビコマーシャル合戦がはじまる頃だった。どの人気ブランドが国民の同情をさそうだろう? その年、イギリスでスーパーマーケットチェーンを展開するアイスランド社の広告を制作したのはなんと、環境保護団体の「グリーンピース」だった。そのアニメーション広告では、小さな女の子の寝室でオランウータンが飛び回っている。オランウータンは部屋をぐちゃぐちゃにし、チョコレートを放り投げ、女の子のシャンプーに向かって何かを叫んでいる。女の子が言う。「私の部屋にランタンがいて、追い出したいの。きかんぼうのランタンに、出てってって言ったわ」。ナレーターを務めるのは俳優のエマ・トンプソンだ。

そこで場面は熱帯雨林に切り替わる。「私の森に人間がいて、私はどうしたらいいかわからなくなっちゃった。あなたたちが食べるものやシャンプーのために私たちの森をぜんぶ壊しちゃった……。お母さんも連れていかれて、私も連れていかれるんじゃないかと恐ろしいの。人間はパーム油のために森を焼いてる。だからあなたのところに行こうと思った」。オランウータンは小さな女の子にそう言う。動画の最後にアイスランド社がすべての自社ブランド製品からパーム油を取り除くことを宣言する。

そのコマーシャルは結局テレビで放映されなかった。政治的すぎるとして規制当局が放送を許可しなかったのだ。アイスランド社にとってはむしろ好都合だ。インターネットで口コミによって拡散されるいいチャンスになったからだ。禁止された政治広告ほど消費者の怒りを掻き立てるものはない。私も頭にきた。

何年間も私はその立場を貫いていた。サステナブルな生活をするにはどうしたらいいかと人に聞かれるたびに、パーム油を使わないでほしいと言い続けた。ベン・アンド・ジェリーズのような人たちを、私は賞賛した。

その後しばらくして、「データで見る私たちの世界」の仕事で、森林破壊に対する大型プロジェクトに取り組むことになった。グローバルな全体像を完成させることがプロジェクトの目的だ。どれほどの森林がこれまで伐採されたのか、それはどこで起きたのか、森林破壊の原因はなにか、そして私たちにはなにができるのか。パーム油が大きな課題になるだろうと私は信じ切っていた。

現代の森林破壊の中心にこの問題があると思っていた。私はこの課題を深掘りしはじめた。

数えきれないほど学術論文を読み、政策文書に目を通した。専門家の主張は明らかだろうと思っていた。パーム油こそ森林破壊を引き起こす主原因で、今すぐにパーム油の使用を止めるべきだ、と。ボイコットを勧める意見を期待した。だが実際には、パーム油のボイコットは最悪の行動だというのが専門家の意見だった。ボイコットによって熱帯雨林の破壊は止まるどころか進んでしまうというのだ。

大量の論文を読めば読むほど、私は謙虚になっていった。私は間違っていた。パーム油と森林破壊と食べ物は複雑な問題なのに、私は単純な広告によってただ感情に流されていただけだった。こうした問題を目の前にすると、悪者を探してしまいがちだ。「問題はあなただから、あなたがいなくなればすべてうまくいく」と思ってしまう。パーム油は悪者の役目にピッタリはまった。

感情的で複雑なパーム油の問題に話を戻そう。オランウータンが森を失っているのは、パーム油のせいなのか？　アイスランド社の広告は正しかったのか？　本当か、嘘か？

世界のパーム油の八五パーセント近くを生産するのはインドネシアとマレーシアである。いずれの国もパーム油の農園開発のために森林を伐採してきたことは間違いない。だが、どのくらいの面積かはあまり知られていない。国際自然保護連合（ＩＵＣＮ）はタスクフォースを立ち上げて、パーム油が環境と生物多様性に与える影響とそれに対して私たちはなにができるかを調査した。[26] 世界中でパーム油のために伐採される森林は、全体の〇・二パーセントから二パーセントのあいだと推定された。それが原生林――近年には伐採されていない、昔から存在する多様性豊かな森林――のどのくらいにあたるかというと、六パーセントから一〇パーセントだ。

少なくない量の森林が――たくさんのオランウータンの住み家が――伐り倒されている。とはいえ、地球全体で見ると、パーム油がほかの原因とくらべて特に悪いわけではない。インドネシアとマレーシアだけを見るとどうだろう？　二一世紀の最初の一〇年間は、インドネシアの森林破壊の最大の原因はパーム油で、伐採の四分の一を占めていた。[27]だがその割合は減ってきて、この数年はごく小さな要因になっている。

パーム油による森林破壊の正確な数字を出すのが難しい理由は、パーム油農園が既存の森林から直接転換されているのか、すでに材木や製紙用に伐採された森林を使っているかで違ってくるからだ。ネイチャー誌に掲載されたある論文では、インドネシアとマレーシアのボルネオ地域でどの種類の土地がパーム油農園に転換されているかを衛星画像を使って調査していた。[28]すると、パーム油農園の四分の三は、一九七〇年代までは森に覆われていた土地を使っていた。ただし、一九七三年以降に作られたパーム油農園の四分の三は、製紙業のためにすでに伐採された土地に作られていた。原生林から転換された農園はわずか四分の一だった。

というわけで、どのくらいの森林伐採がパーム油のせいかはわからない。もちろん一部はパーム油が原因であることは間違いない。だが、牛肉のようなほかの製品に比べればはるかに少ない。それでも、パーム油には森林の悲惨な消失に対する責任があるし、なんとかしなければならないことは確かだ。そんなとき、多くの人は反射的にその製品を完全に排除すればいいと思いがちだ。ベン・アンド・ジェリーズもそうだった。ほとんどの消費者が多くのメーカーに同じようにしてほしいと思った。だがそれでは問題は解決しない。それどころか、問題を悪化させてしまう可能性もある。パーム油を使わなければ、ほかの油が使われる。どれに替えても、パーム油よりましではない。

パーム油のような食品の環境サステナビリティについて議論する前に、その健康へのインパクトに対する懸念についても触れておく必要があるだろう。最近では種子油が炎上した。種子油（シードオイル）とは大豆、アブラナ、とうもろこし、ヒマワリ、セイヨウアブラナ、ヤシなどから精製した植物油の総称だ。これらが健康に悪く、肥満や心臓病その他の病気を引き起こすと批判されている。種子油のかわりにココナッツオイルやアボカドオイルやオリーブオイルを摂取すべきだと言う人もいる。

この主張に対して、信用できる証拠は私が見る限りない。種子油が健康に悪いとされる理由は、オメガ6脂肪酸が多く含まれるからで、それが炎症を引き起こすとされるからだ。[*] だが逆のことを指し示す研究は多い。オメガ6脂肪酸を多く摂取するほど、病気のリスクは下がるともされている。[29] ハーバード大学の研究者たちは、種子油の炎上に対して強く抗議している。三〇件の研究を総合的に分析したところ、オメガ6脂肪酸が心臓疾患のリスクを低減することがわかった。血中のオメガ6脂肪酸濃度が高い人たちは、心臓病になる確率が七パーセント低かった。[30] 平均年齢二二歳の男性二五〇〇人を対象にした別の調査では、オメガ6脂肪酸の血中濃度が最も高い人たちはどんな病気でも死亡リスクが最も低いことがわかった。オメガ6脂肪酸はコレステロールと血糖値を下げることが、こうした研究で証明されている。[31] アメリカ心臓協会もまた、カロリーの五パーセントから一〇パーセントをオメガ6脂肪酸で摂取すれば心臓病のリスクを減らせると言っている。[32] もちろん、大量に種子油を摂取すべきだと言いたいわけではない。それをオリーブオイルに替えたところで、健康が大きく改善されるわけでもない。私は健康のために種子油を控えることはない。

さて、ここで環境専門家の意見に戻ろう。パーム油はとんでもなく生産性の高い植物だ。だか

＊どんな油にも、多価不飽和脂肪酸と一価不飽和脂肪酸と飽和脂肪酸の組み合わせが含まれる。種子油が健康に悪いと思う人がいる理由は、不飽和脂肪酸のオメガ6が多く含まれるからだ。オメガ6の一種であるリノール酸が慢性的な炎症の原因になるという人もいる。だが、炎症を引き起こすのはリノール酸そのものではなく、体内でリノール酸から合成されるアラキドン酸だ。

これが人間に影響を与えることはほとんどない。アラキドン酸に変換されるリノール酸はほんの少量（〇・二パーセント）しかない。しかも、これがすべて炎症の原因になるわけではない。アラキドン酸は複雑な化合物だ。アラキドン酸には抗炎症作用もある。ラットを使った研究ではリノール酸によって炎症が起きたが、人間では正反対の効果があった。リノール酸が炎症を鎮め、病気から守ってくれる場合もある。

リノール酸は、人体が生産できない必須脂肪酸だ。だから外から取り入れる必要がある。細胞膜を作ったり、肌の健康を守ったりするために必須脂肪酸は欠かせない。食べ物から完全に種子油とリノール酸を排除するのは身体によくないことがわかっている。

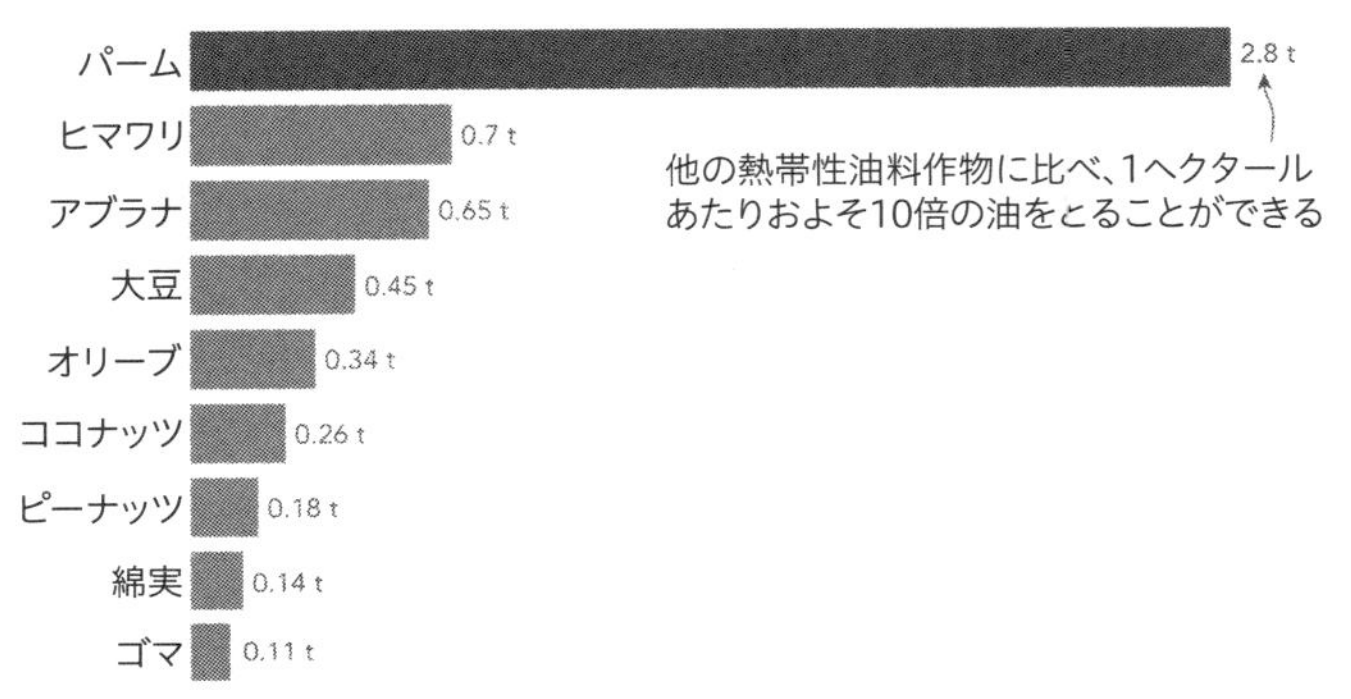

パーム油はほかの油料作物に比べて生産性が飛び抜けて高い　土地１ヘクタールあたりの植物油の生産量。

らこそ、ここまで広がった。ほかのどの代替品よりも生産性が高いからだ。一ヘクタールあたりのパーム油の収量は二・八トン。オリーブオイルは〇・三四トン、ココナッツオイルは〇・二六トンだ——パーム油の一〇分の一にも満たない。ピーナッツはさらに低く、〇・一八トンしか採れない。*

この意味を考えてみてほしい。もしパーム油をボイコットして代替品に変えたとしたら、はるかに多くの農地が必要になる。すべての会社がベン・アンド・ジェリーズにならってパーム油の替わりにココナッツオイルや大豆オイルを使うことになれば、油料作物だけのために、これまでの五倍から一〇倍の農地が必要になる。その土地はどこからくるか？　ココナッツは熱帯の作物だ。熱帯雨林が犠牲になる。それではサステナブルな解決策にならない。むしろ、とんでもない災厄だ。

この点についてもう少し思考実験をしてみたい。この中のいずれかの植物油のひとつですべてを賄うとしたら、どのくらいの土地が必要になるかを考えてみよう。現在油料作物を育てるために私たちが使っている土地の面積は三億二二〇〇万ヘクタールにおよぶ。インドと同じ大きさだ。すべてをパーム油で賄えば、七七〇〇万ヘクタール――およそ四分の一しか必要ない。たくさんの土地を開放できる。一方、すべてを大豆油で賄うとなると、土地がもっと必要になる。四億九〇〇〇万ヘクタールほどだ。オリーブオイルなら六億六〇〇〇万ヘクタールと今の倍の土地が必要になる。インド二個分だ。これらすべての作物が油の生産に使われれば、必要な土地は今よりも少し狭くて済むが、パーム油だけと比べるとはるかに広い土地が必要になる。

イギリスで行われた大規模な消費者アンケートでは、パーム油は植物油の中で最も環境に優しくない油だと思われていた。[33] 回答者の四一パーセントが、パーム油は「環境に悪い」と答え、それに比べて大豆油は一五パーセント、菜種油は九パーセント、ヒマワリ油は五パーセント、オリーブ油は二パーセントという結果だった。欠点はあっても、植物油を大量に必要とする世界の中で、実はパーム油は「土地を一番使わなくて済む」作物だ。評判は悪くても、悪者の中で最善であることは間違いない。

＊これは国連食糧農業機関が発表した油の生産と土地利用に関するデータに基づいている。このデータは、これらの作物のどのくらいの量が油に使われ、どのくらいがほかの製品（種子やココナッツなど）に使われているかに影響される。パームは三・五トンでココナッツは〇・七トンという数字を見たこともある。主な用途がオイルの場合はいずれの作物も生産性が高いが、中でもパーム油はダントツだ。

森林破壊のほとんどは農業によるものだ。その四分の三は原生林から農業用地への転換か、紙パルプ産業のための農地転用が原因となっている。中でも最も土地を使うのが牛肉だ。[34] グローバルな森林破壊の四割以上が、放牧用地のための伐採によるものだ。[35] こうした破壊のほとんどは南米で起きている。ブラジルの牛肉生産だけで、グローバルな森林破壊の四分の一を占めている。

次に大きな要因が油料作物だ。大豆とパーム油だ。ここにはさまざまな作物が含まれるが、ほとんどが二つの作物で占められている。しかし、いずれの要因による森林破壊もこの一〇年で急速に減っている。これは国際的な政策が奏功している兆しかもしれない。[36,37]

紙パルプ産業の拡大は、熱帯雨林の破壊が進んだもうひとつの原因だ。特にアジアと南米では植林が急ピッチで進んできた。イギリスでは植林が多く、木材として収穫されるか製紙の材料になる。植林が行われるのは森林以外の土地が多い。むしろ、数世紀前には森林があった土地で、もう長いこと森が消えていた場所に植林される。こうした農園はある意味でサステナブルだ。木が育つ過程で大気中の二酸化炭素が吸収され、伐採するとそれが失われ、再植林によってまた吸収される。これはインドネシアの場合とは違う。インドネシアでは古い熱帯の原生林が農業のために伐採され、大量の二酸化炭素が放出され、数百年かそれ以上かけて築かれた生態系が破壊される。

最後に、それ以外にもさまざまな種類の作物が分布している。穀類、コーヒー、カカオ、ゴム

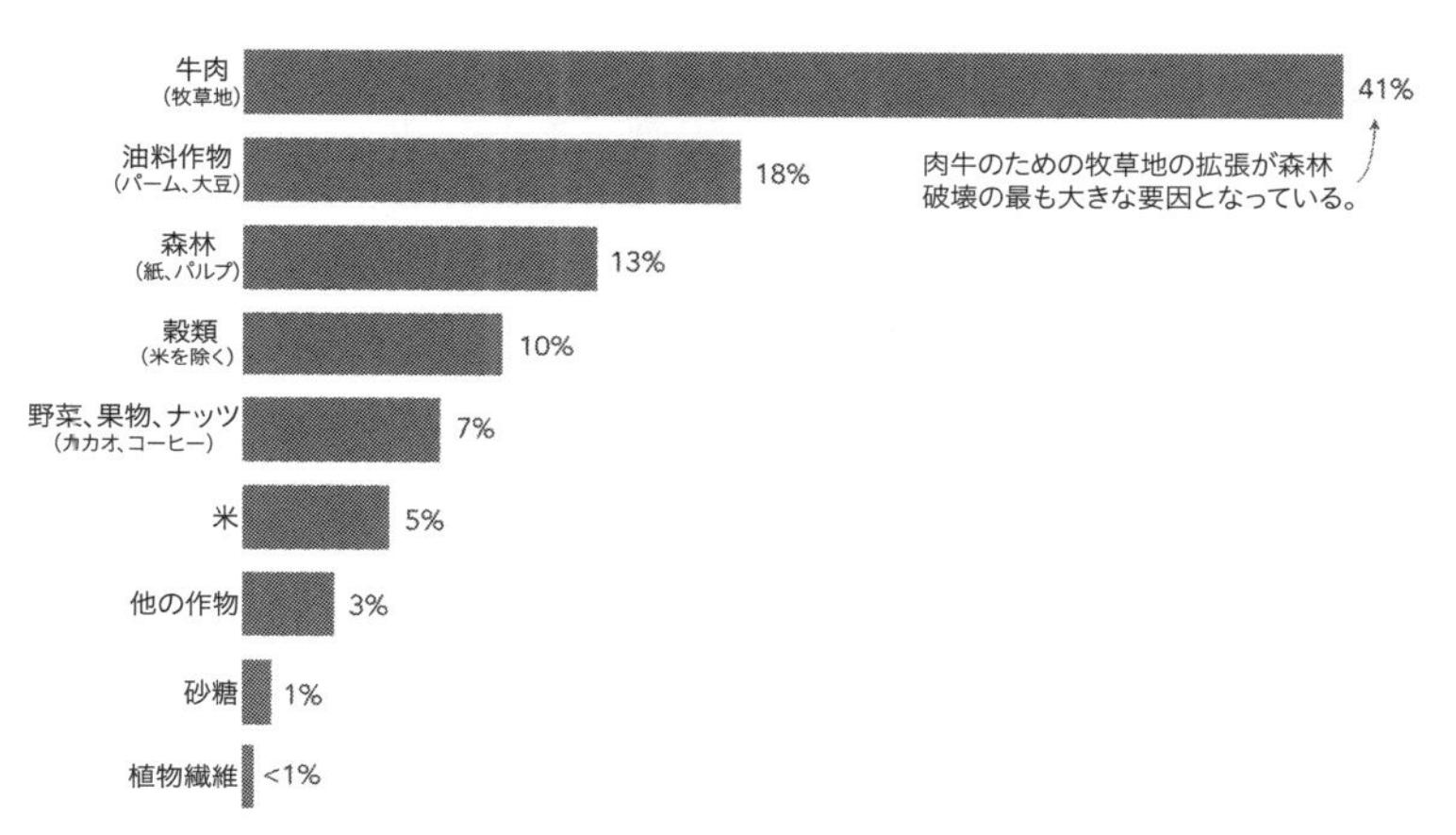

熱帯雨林の破壊の原因はなんだろう？　グローバルな森林破壊の大半は熱帯で起きている。このグラフは2005年から2013年までの原生林の転換理由を示している。

などだ。その多くは——小麦やとうもろこし——国民の主食になるものだ。多くの貧しい国——特にサハラ砂漠以南のアフリカ——の問題は作物収量が低いことだ。だから、地球にとっても人にとっても生産性を上げることが大切なのだ。

貿易によってどのくらいの森林伐採が引き起こされたか？

豊かな国は森を再生しつつあり、貧しい国と途上国は木を伐り倒している。すると豊かな国は罪を免れるのか？　そう簡単にはいかない。森林破壊は、国内だけの問題ではない。貧しい国から木材を輸入している国はいずれも責任がある。

これは前章で触れた「オフショア排出」に近い考え方だ。森林破壊のどのくらいが輸入食品によるものかを調べた研究がある。[38] サプライチェーンを通して食品を詳しく追跡しなければ（これは本来企業が行うべき調査だが）、この分析はなかなかできない。だが、この調査から得られたデータは意外なものだった。世界の森林破壊のほとんどは国内の需要によって進んでいる。その割合は七一パーセントにのぼる。最大の原因は牛肉で、牛肉は産地に近い場所で消費されるからだ。大豆、パーム、カカオ、コーヒーなどは海外の消費量がはるかに多い。輸出入品の生産によって起きる森林破壊は全体の三分の一より少ない（二九パーセント）。この発見は意外だった。グローバル貿易による森林破壊はもっと多いと思っていたからだ。

食料を輸入するのは豊かな国だけではないが、貿易による森林破壊のおよそ四割は豊かな国の責任だ。すべてを足し合わせて計算すると、豊かな国が買い入れるものの生産に由来する森林破壊は世界全体の一二パーセントになる。*

豊かな国の消費者が消費行動を変えればもちろん足しにはなるが、グローバルな森林破壊を終わらせることはできない。これはメディアがよく宣伝する「豊かな国が地産地消すれば、問題は解決する」という筋書きとは相反する。ことはそれほど単純ではない。

グローバルな森林伐採を止めるにはどうしたらいいか？

ボイコットではなく、森林伐採ゼロ政策

パーム油をボイコットしたのはベン・アンド・ジェリーズだけではない。ほかにも多くの企業と消費者が同じことをしている。だが専門家の意見ははっきりしている。パーム油を完全に排除するのは大きな間違いだ。ここまで見てきたように、パーム油をほかの油に変えても、より多くの土地が必要になるだけで、森林破壊のリスクは高まる可能性さえある。とはいえ、パーム油による森林破壊は仕方ないと諦めるべきではない。パーム油の高い生産性を利用しながら同時に、オランウータンの住む森を守ることはできる。ボイコットではそれが実現できない。ではどうしたらいいのだろう？

専門家のイチオシの施策は、少し割高になってもサステナブル認証を受けたパーム油を買うことだ。一番よく知られた認証システムはRSPO「持続可能なパーム油のための円卓会議」だ。認証を受けたサプライヤーはインパクト評価を行い、生物多様性の豊かな地域を保護管理し、原生林を伐採から守り、山火事を防止する。原生林や生物多様性の豊かな地域を伐採しない農園だけが認証を受けられる。

インドネシアの森林伐採低減にRSPO制度は効果的だったと調査では示されている。[39] だが完全実施には程遠い。RSPO認証を受けたパーム油の生産は一九パーセントにすぎない。本物の

＊これは二九パーセント（輸出入品による森林破壊の割合）のうちの四〇パーセント（豊かな国の割合）という計算だ。すると一二パーセントになる。

恒久的なインパクトを与えるには、もっとたくさんの生産者が認証を受ける必要がある。だからこそ、消費者が——あなたと私が——サステナブルなパーム油を要求しなければならない。それが食品会社や化粧品会社への圧力になる。認証によってサステナブルな生産者は報われ、そうでない生産者はやり方を変えて認証を受ける動機になる。消費者からの要求はそこで終わりではない。ＲＳＰＯの認証はないよりは明らかにましだが、それとて完璧ではない。ＲＳＰＯの認証基準がゆるい場合もあり、森林伐採を完全に終わらせようと思ったら、すべての作物がこうした認証を受けるだけでなく、その基準も厳格化する必要がある。

パーム油は食品の多くにとってはいい材料だろう。だが、パーム油を使わない方がいい製品も少しはある。シャンプーや化粧品といった産業用に使われるパーム油を、化学合成油——研究室で作られた油——に替えれば環境への負荷は低くなる。

輸送のためのバイオ燃料にもパーム油は使われている。これは絶対にやめた方がいい。グローバルに見るとバイオ燃料に使われるパーム油はわずかで、生産量の五パーセントほどだ。だがバイオ燃料の生産のためにパーム油を大量に使う国もある。たいていは豊かな国だ。たとえばドイツがそうだ。輸入パーム油の四一パーセントはバイオ燃料に使われる。利用用途としては食品よりも多い。これはバカげているし、環境にとっては最悪だ。はっきりさせておきたいのは、ドイツが森林破壊リスクの高い熱帯地域からパーム油を輸入し、それを自動車の燃料にしていることだ。しかもさらに図々しいことに、それを「再生可能エネルギー」目標達成のために統計に入れているのだ。実際にはパーム油のバイオ燃料はガソリンやディーゼルよりも炭素排出量が多い。[40] これをボイコットするのは当然理にかなっている。

最後に、おそらく単純なことだが、油の消費量を全体的に減らすことはできる。そうすればパーム油の需要が減るばかりか、より広い土地を必要とする代替油への移行も止められる。

肉をあまり食べないこと――特に牛肉

あなたがチーズバーガー好きなら残念だが、この本はずっと牛肉を食べるなと言い続けている。なぜなら、牛肉の環境負荷は大きく、そのほかの多くの問題と結びついているからだ。牛肉は世界の森林破壊の最大の原因である。森林破壊を減らす最も明らかな方法は、牛肉の消費を減らすことだ。

畜産は非常にリソースのかかる食糧生産方法だ。牛を育てるには、大量の食べ物と水がいるし、温室効果ガスの排出も多く、広い土地が必要になる。一キログラムの食糧を生産するのに必要な土地の広さで言うと、牛肉と羊肉がほかの食べ物より群を抜いて大きい。タンパク質の量やカロリーに基づいて食品を比べても、同じことが言える。一〇〇グラムのタンパク質を含む牛肉を生産するには、一六四平方メートルの農地が必要になる。ほかの肉よりもはるかに広い面積だ。豚肉はわずか一一平方メートルで、一五分の一の広さで済む。鶏肉はたった七平方メートルだ。豆腐や豆といった植物性のタンパク質と比べると、牛肉には一〇〇倍近くの土地が必要になる。

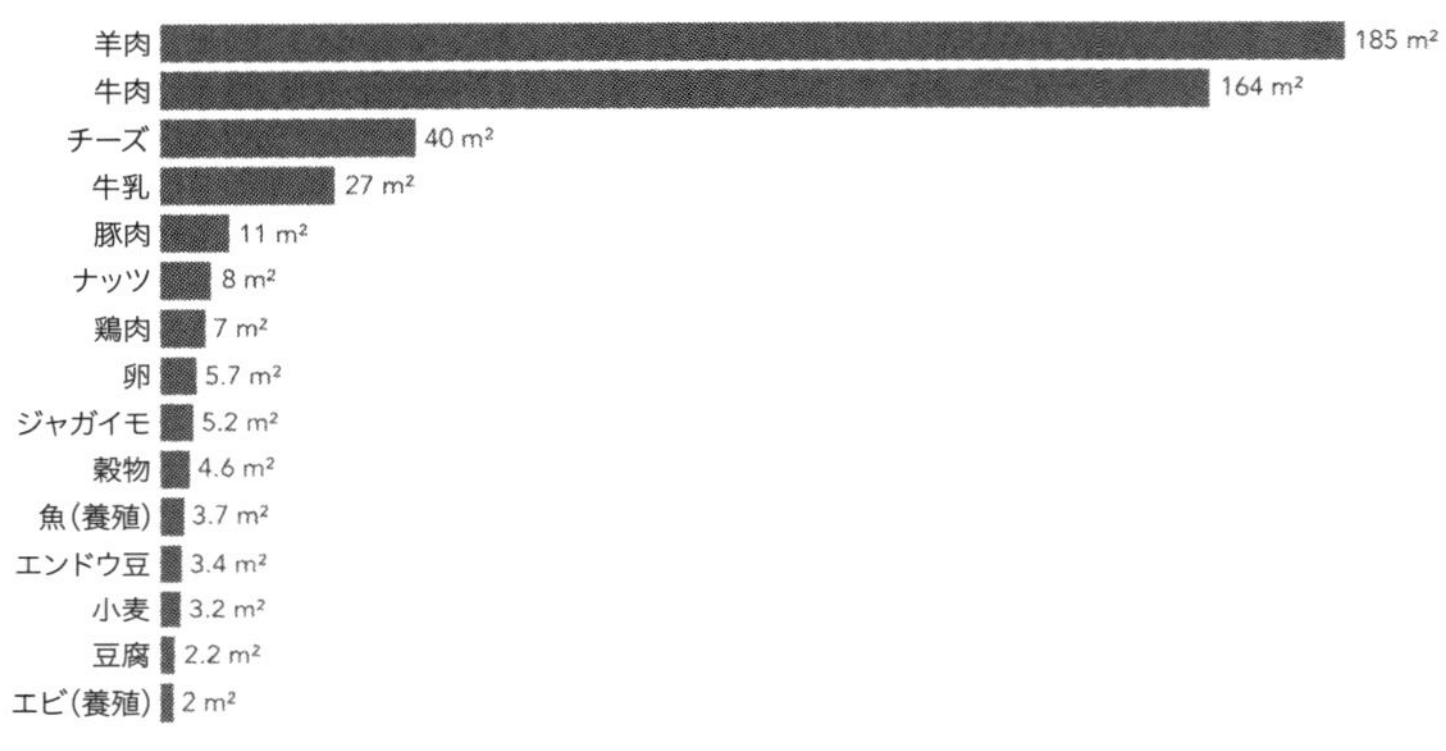

タンパク質100グラムを生産するのに必要な土地面積

肉の消費を減らせば森林破壊を減らせると私が言うとかならず、二つの反論が返ってくる。ひとつは、牧草地のおよそ三分の二は作物生産に適してないというものだ。だからその土地で作物を育てるより家畜を育てた方がいいという意見になる。だが、土地の用途は別にもある。森や草原や野生のままにしておくこともできる。

グローバルに見ると、食糧生産のためにこれ以上の土地は必要ない。次章で書いていくとおり、肉の消費を減らせば、作物用地も今より少なくて済む。今は動物の餌用に大量の作物が使われているが、肉の消費が減ればその分の用地を人間の食糧用に使うことができ、自然に返せる土地も増える。

もうひとつの反論は、牛肉の生産効率はまちまちだというものだ。自分が口にするのは、地産牛肉なので平均よりはるかに環境負荷が少ないという人は多い。すべての牛肉の生産条件が同じでないというのは、本当のことだ。グローバル平均よりもずっと広い土地を必要とする場合もあれば、はるかに狭い土地でいい場合もある。たとえば、南米で生産される牛肉には広い土地が必要になる。[41,42] 南米の場合はアマゾンの熱帯雨林が犠牲になるので、これは最悪だ。だが、環境にとって一番いいことは、人々が思うのと反対のことが多い。牧草だけで育った牛は（牧草と穀物で育った牛とくらべて）グローバル平均の二倍から三倍の土地を必要とする。したがって気候変動へのインパクトが大きい。

すると、複数のリスクが積み上がっていくことになる。牛肉の生産には広い土地が必要になる。牧草を餌にする牛には、穀物や農作物を餌にする牛よりもさらに多くの土地が必要になる。広大な牧草地で牛がまばらに放牧されている場所は、森林伐採のリスクが最も高い地域と重なる。

こうした反論には三つの解決策がある。まず、牛肉を食べる量を減らすことは、やろうと思えば誰でもできる。ここを変えると一番インパクトが大きい。それぞれが少しずつ牛肉を減らすことは可能だし、今すぐまったく牛肉を食べるなと言っているわけではない。では、牛肉を食べるにしろ、そこに何らかの解決策が必要になる。

ここで二番目の解決策が出てくる。これは多くの人が敬遠したがるものだ。牧草牛ではなく穀物牛を食べることだ。穀物牛の方が必要とされる土地が少なく、森林伐採の低減につながる。[43] 牛肉に替わる肉を考える時にここでも、また先でも出てくる重要な利益相反は、動物の福祉と環境負荷の低減は必ずしも一致しないという点だ。残念ながら、環境に優しい、または「効率のいい」選択は動物から見ると不幸なことも少なくない。このバランスをどう取るかはあなた次第だ。

三つ目の解決策は、最も効率のいい地域での牛肉生産を最大化するというものだ。効率が最も悪い（最も多くの土地を使っているという意味）二五パーセントの牛肉生産者が全体の六割の土地を使っている。もし、グローバルな牛肉消費量を二五パーセント減らすことができ、「最低効率の」牛肉生産者を減らすことができたら、牛肉生産に使用される土地をなんと六〇パーセントも減らすことが可能になる。

解決策となると、極端な行動を推奨されることが多い。たとえば、明日から全員がビーガンになるべき、といったことだ。あるいは、肉も大豆もパーム油もアボカドもなにもかもダメということになって、食べるものがなくなってしまう。だが、本当に効果のある策だけを選べば、それほど劇的な変容は必要ないはずだ。

作物収量を上げる——特にサブサハラのアフリカ

この一世紀のあいだ、森林破壊に対抗する最も効果的な武器は作物収量の大幅な増加だった。限られた土地でより多くの食べ物を育てることができたら、森を伐り倒さなくていい。ヨーロッパでも、アメリカでも、アジアでも収量の大幅増加に成功した。だが、後れをとった地域がひとつある。サブサハラ、すなわちサハラ砂漠以南のアフリカだ。

作物収量がまったく増えなかったわけではない。だが世界の伸びには追いつけなかった。南アジアと比べてみよう。どちらの地域も一九八〇年以来穀物の生産を増やしてきた。だがそのやり方はまったく違っていた。アフリカはより多くの土地を使い、アジアは生産性を上げてきた。南アジアでは農地面積は一九八〇年代と変わらず収量はヘクタールあたり一・四トンから三・四トンへと一五〇パーセント増加した。一方アフリカでは生産性はあまり伸びず、三〇パーセントの増加（一ヘクタールあたり一・一トンから一・五トンへ）に止まった。低い生産性を補うために、アフリカは農地を増やした。穀物用の農地面積は二倍以上になった。増加分はどこからくるかといえば、たいていは森林を切り開いていた。

一〇年先を見ると、人口増と経済発展によってサブサハラのアフリカではもっと食糧を生産しなければならなくなる。生産性が上がらなければ、生物多様性の宝庫である美しい森を伐り倒さなければならない。もちろん、別の道もあるはずだ。サブサハラのアフリカ全体で収量格差を縮めることができれば、農地をまったく増やさずにより多くの食糧を生産することは可能であると研究でも証明されている。[44]

次章では、サブサハラのアフリカに限らず、世界中のどんな場所でもこれができることを見ていこう。

豊かな国は貧しい国にお金を払って森林を守ってもらうべきだ

数世紀前、イギリスで森が伐採されていた時代には「炭素予算」や「排出目標」なんてものは存在しなかった。たとえ狼（おおかみ）や鹿の数が減ったとしても、気にする人はほとんどいなかった。国際会議で首脳たちがお互いを指差して、お前は地球のために十分なことをしていないと責め合うこともなかった。木を伐り倒したければ、とっととやっていた。

豊かな国は、なんの罪の意識も感じずに森林を破壊しながら発展してきた。森を農地にして食べ物を育て、木を切って燃料にし、軍艦を建造し、武器やインフラを作って世界のあちこちを植民地化した。化石燃料も同じことだ。豊かな国は一九世紀と二〇世紀のはじめまでずっと自由に石炭を燃やし、そのあいだに莫大な富を築いた。低所得国と中所得国も、今の豊かな国が数百年前にやったことを繰り返そうとしただけなのに、そのことで責められている。先進国は途上国にやめろと言い、気候目標を達成しようと思ったら同じことは続けられないと説教している。

それは不公平だし、残酷だ。途上国の損にはならないというのは嘘っぱちだ。再生可能エネルギーはますます安くなっているので、まもなく化石燃料を掘り返さなくてもエネルギーが手に入るようになるだろう。だが、森林伐採に関しては、まだ途上国に皺寄せがくる。森林を守ることによって、利益と食糧が失われる。国が森林を守ることで得る長期的なメリットはある。森は大切な生態系の宝庫だ。だが短期的には明らかな機会損失が存在する。それは、私の先祖が夢にも考える必要のなかった損失だ。

森林伐採をやめさせるために、貧しい国にお金を払うことは充分理にかなっている。少なくともこれらの国は逃した利益を埋め合わせるなんらかの補償金を受け取るべきだろう。この提案には異論も多い。いくら補償すべきか？　どの国が受け取るべきか？　お金を受け取った国が約束を守っていることを、どう担保できるのか？　この中には答えやすい問いもあれば、そうでない問いもある。森がいつ伐採されたか、どのくらい伐採されたかは測定できる。私たちもよく地元の組織と協力して誰に責任があるかを追いかけている。正当な補償額を計算するシステムを設計することも可能だと思われる。一定の森林面積あたりの機会損失を計算するのもひとつのやり方だ。作物生産のパターンは予測可能だ。大豆を育てる地域もあれば、とうもろこしやバナナの場合もある。その面積になにを育てるかを仮定して、そこで収穫できるバナナなり大豆なりの市場価格がどれくらいになるかを計算すればいい。

予測が難しいのは、補償スキームがない場合にどのくらいの面積を伐採するかという点だ。森林伐採の計画を過大に提示するインセンティブが強く働くはずだからだ。ここで、以前の森林伐採のパターンを検証することが役に立つ。これまでに毎年年間一〇〇万ヘクタールを安定的に伐採してきた国が、いきなり一〇〇〇万ヘクタールを伐採すると言い出せば、それはほぼ確実に金目当てだと思っていいだろう。

すでに補償スキームで一定の成功を収めた小規模な例はある。最もよく知られているのは、国連気候変動枠組条約が立ち上げたＲＥＤＤ＋（途上国の森林減少対策）スキームだ。これによって豊かな国から貧しい国への支払いが実現され、この資金が森林破壊と炭素排出の減少に役立つことは証明されている。[45]とはいえ、資金を提供している国はひと握りしかない。ノルウェーが先頭に立ち、アメリカ、ドイツ、イギリス、日本があとに続いた[46]。だがこの資金規模では熱帯雨林の破壊を終わらせるにはまったく足りない。

ここで明らかな問いが生まれる。豊かな国にどんな得があるのか？　まずはじめに、先進国の首脳が国際会議のスピーチで宣伝するほど熱心に気候変動と生物多様性を気にかけているのであれば、これはやって当たり前のことだろう。グローバルな森林破壊を終わらせることが最も喫緊の課題だと思うのなら、こうした努力を支援してしかるべきだ。また、倫理的な正当性を超えて経済的な合理性もあるとも言える。森林破壊を止めることは、炭素排出を止める比較的安価な方法だ。牛肉を食べることを禁止したり、空の旅を脱炭素化することにくらべたら、ずっと安上がりで簡単だ。

これはある国が別の国を支援するというだけの話ではない。企業と民間セクターも一緒に取り組むことができる。民間企業の多くはすでにお金を払って植林を行うことで、ある意味で炭素排出をオフセットしている。お金を払ってそもそもの森林伐採を止めれば、より大きなインパクトを与えられる。お金で最も効率的に気候と生物多様性に貢献しようと思ったら、森林伐採を止めるのが一番有効な賭けだ。

あまり力を入れなくていいこと

都市と市街地のインパクトは少ない

都市の拡大によって世界の森林が失われていると思い込んでいる人は多い。コンクリートのジャングルが、本物の緑のジャングルの犠牲の上に成り立っているように見えるのだろう。だとしたら、都会を離れて田舎に移住すれば――人口密集地から人がいなくなれば――環境のためになるのだろうか？

田舎に住むというのは夢のある考えだが、環境にはまったく助けにならない。都市と市街地は、世界の居住可能な土地のわずか一パーセントしかない。農地は五〇パーセントを占める。環境にとって最大の負荷は私たちが占めるスペースでも家を建てる場所でもない。食糧をつくるために使っている土地だ。これが森林破壊の最大の原因であって、都市の発展ではない。

実際、田舎から都市への人口移動は、森林保護にとっておおむねいいことだった。もちろん、地域の森林と生態系の保護に重要な役割を果たす先住民も中には存在する。彼らはこうした環境の中で生き、その均衡を維持している。だがこのやり方は小規模にしか機能しない。都市への人口移動と農業の集中化によって土地が開放され、森林が戻った。数十億人が田舎に住めば、世界の森林にとっては最悪だ。

あなたが食べる豆腐、豆乳、野菜バーガーは森林破壊の原因ではない

ブラジルでは大量の大豆が生産されている。そしてブラジルにはアマゾンがある。アマゾンは

直接人の口に入る食品(20%)

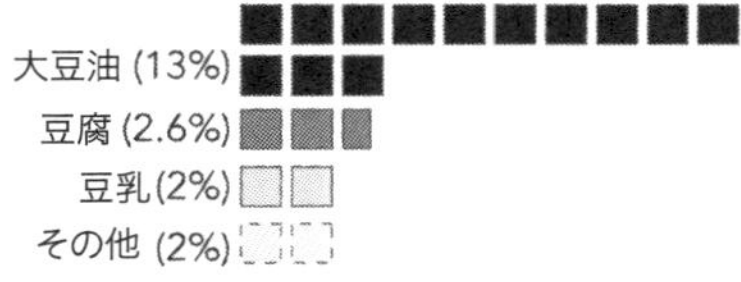

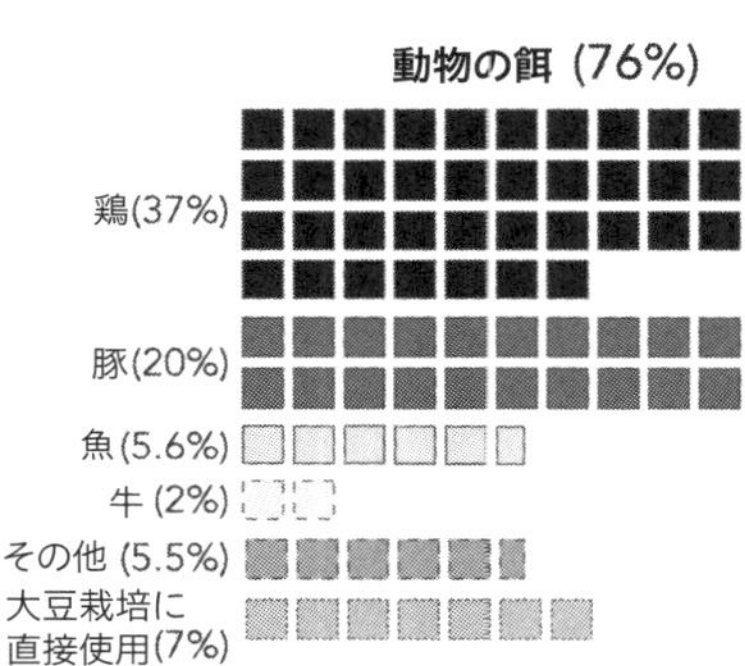

産業用 (4%)
バイオ燃料(3%)
その他 (1%)

世界の大豆の4分の3は家畜の餌に使われている　大豆は肉の代替品と思われることが多いが、人の食品に直接使われるのはごく一部だ。

伐採されている。この点と点をつなぐとすぐ、私たちが食べている豆腐や豆乳や野菜バーガーが熱帯雨林を壊しているという結論にたどり着いてしまう。そこでみんな悩む。肉や乳製品を減らしたいのに、代替品も同じく環境に悪いからだ。でもそれは思い込みだ。

　ブラジルでは世界の大豆の三分の一が生産されている。それに加えて、アルゼンチンは一一パーセントだ。昔は――特に一九九〇年代と二〇〇〇年代のはじめは――大豆が直接的にも間接的にも森林破壊の原因になっていた。だが今、森林破壊を進めているのは、あなたの口に入る豆腐や豆乳ではない。世界の大豆の四分の三は動物の餌に使われる。ほとんどは鶏と豚の餌になるが、牛と魚の餌に使われることもある。[47] 人の口に入るのは五分の一で、そのほとんどは植物油に使われている。豆腐やテンペ〔インドネシア発祥の発酵食品〕や豆乳といった典型的な「ビーガン」食品に使われるのはわずか七パーセントに過ぎない。ブラジル産の大豆に関しては特にそうだ。ブラジル産大豆のほぼすべて――九七パーセント――は遺伝子組換えの派生種で、人の食用ではなく動物の餌として使われることがほとんどだ。事実、遺伝子組換え大豆は、ＥＵなど一部の市場では、人の直接摂取が認められていない。

あなたが食べる豆腐がアマゾンを壊している可能性は極めて低い。肉や乳製品を代替食品に変えることは、森林破壊ではなく森林保護につながるはずだ。

5章　食糧——地球を食い尽くさないためにできること

「このまま土壌が劣化し続ければ、農業ができるのはあと六〇年しかない」
——サイエンティフィック・アメリカン、二〇一四年[1]

環境破壊についての恐ろしい言説に、「この世界はあと残り六〇回しか収穫できない」というものがある。地球の土壌劣化が急速に進んでいて、二〇七四年までに使い物にならなくなるから、というのがその理由だ。もしそれが本当ならお先真っ暗で、この本に書いているすべてのことは意味がなくなってしまう。それにも増して恐ろしいことに、二〇一七年にはイギリス環境省の担当大臣だったマイケル・ゴーブが、イギリスはあと三〇回しか収穫できないと警告した。

グーグルで「収穫　残り」と検索すると、ものすごい数の結果が表示される。インディペンデント紙もガーディアン紙も、何度もこの件を一面ニュースとして取り上げ、主要な環境団体はこの説を繰り返し主張してきた。残された時間があと三〇年という報道もあれば、「気前よく」一〇〇年という場合もある。こうした言説に共通することがあるとすれば、それはいずれもばかげているということだ。

「あと六〇回しか収穫できない」というニュースの見出しは、国連食糧農業機関（ＦＡＯ）の誰かが二〇一四年に発したコメントがもとになっているようだ。六〇回の根拠はどこにあるのか？　誰も知らない。ＦＡＯはこの数字を支える根拠を提供していないし、この発言をした人は自身のコメントの正当性を打ち出してもいない。つまるところ、このコメントはでまかせのように見える。

ではほかの予測はどうか？　「残りあと一〇〇回」という数字は明らかに、イギリスの街レスターの市民農園で計測された有機物の量と、その周辺の農地で計測された有機物の量を比べた研究がもとになっている。[2] そもそも、イギリスの市民農園の状態についての一度きりの調査から世界の土壌の現状がわかるのか、はなはだ疑わしい。イギリスの土壌の現状だってわかるはずがない。次にもっと心配なのは、この調査では「あと何回収穫できるか」についてはなにも触れていないことだ。もちろん一〇〇回などという数字も出てこない。植物学者のジェームズ・ウォンはこの数字の出どころを辿ろうとしたが、できなかった。[3] 私もまたこの数字がどこからきたのかを調べてみたが、なにも出てこなかった。この数字もまたおそらくでっちあげられたもののようだった。とするとマイケル・ゴーブの言う「あと三〇年」もかなり眉唾だろう。

特定の数字はこの際どうでもいい。というのも、そもそもそんなものは存在しないからだ。あと何回収穫できるかと土壌研究者に聞いたら笑われるだろう。この数字に科学的な意味はない。地球の土壌は多種多様である。劣化している場所もあれば、改善している場所もある。安定している場所も多い。世界の土壌がある期限までに死に絶えるという考え方——しかもすべて同時にダメになる——はでたらめだ。

土壌科学者によると、世界の土壌の「寿命」には五段階の度合いがある。[4,5] 土壌が痩せていくのは悪い。肥えていくのはいい。急速に痩せつつあり、これからの一〇〇年で使いものにならなくなる土壌もあるかもしれない。今は劣化していても、数千年または数万年の「寿命」があるものもある。まったく劣化していないものもある。むしろ肥えている場合もある。

土壌の劣化が問題でないというわけではない。それは大きな問題だ。土壌を使い果たすのではなく再生するような農業の方法を編み出さなければならない。しかし、あと三〇年、六〇年、一〇〇年しか残っていないというのは間違いだ。殺しても殺しても蘇ってくるゾンビのようなこの言説にはイライラするが、いい面もある。真実でなく見出しに惹かれるのがどの活動家なのか、どの記者なのかがこれでわかるということだ。本当かどうかを確かめもせず、大げさな話を吹聴する人は信用ならないという赤信号になる。

グローバルな飢餓についての同じような見出しを見ると、世界がいつも食糧不足の瀬戸際にあると思ってしまってもおかしくない。だが一歩下がってデータを見れば、ここでも間違っていることがわかるだろう。

「今日は皆さんに、地球をボロボロにしなくてもすべての人を食べさせていける方法をお話しします」。ありがたいことに、その場が静かになった。当時私は二一歳で、エジンバラ大学の学部生にはじめて講義をするところだった。すごく緊張していた。目標としたのは二つだけ。できるだけ多くの学生に起きていてもらうことと、教室を出るときに以前は彼らが知らなかった何らかの知識を得たと思ってもらうことだ。

「平均的な人が一日に必要とするカロリーは二〇〇〇から二五〇〇カロリー*です。世界の食糧生産を全員に均等に分けるとしたら、ひとりあたりどのくらいのカロリーを得られるでしょう?」

もし我こそはと思う人がいたら当ててみてほしい。

「少なくともひとりあたり一日一〇〇〇カロリーは得られると思う人は手を上げてください」。全員が手を上げた。ほっとした。とりあえず、私に合わせてくれるつもりらしい。

「少なくとも一五〇〇カロリーは取れると思う人は?」。一割か二割が手を下げた。残りの手は上がったままだった。

「二〇〇〇カロリーくらいだとどうでしょう?」。残りの五割くらいが手を下げた。それでも三割くらいの手は上がったままだ。

「二五〇〇カロリーだとどう?」。ほぼみんな手を下げた。残ったのは一割もいない。

「三〇〇〇カロリー?」。一〇〇人の学生のうち、まだ手を上げていたのはたったひとりになった。

＊以降本書では、「カロリー」は「キロカロリー」を表す。

「三五〇〇？」。最後のひとりが手を下げた。ゲームオーバーだ。

わたしはニヤリとした。ハンス・ロスリングと同じ、「してやったり」の瞬間だった。「世界の食糧生産を全員に均等に分けたら、少なくとも一日にひとり五〇〇〇カロリーは取れるんです。必要な量の倍以上です。言い換えると、世界の今の総人口が二倍になっても十分な食糧を生産しているということです」

教室は静まりかえった。誰も寝ていなかった。スライドを映す前に二つの目標を達成したのだ。

私の学生時代に誰かにそのことを教えてほしかった。世界のあちこちで食糧生産がどう変わってきたのかを、もっと詳しく調べればよかった。ニュースに触れるより、データを見ることにもっと時間を使っていればよかった。

あの日、もし学生時代の私があの講義を受けていたら。一日二五〇〇カロリーで手を下げていたはずだ。全員にちょうどくらいの食糧は生産できても、食べすぎる人もいればお腹を空かせる人もいるだろう。だからグローバルな飢餓は悪化しているはずだと思っただろう。

幸い、私は間違っていた。この数十年で世界は驚くほど発展し、飢餓を劇的に減少させてきた。栄養不良の割合はまだかなり高く、一〇人におよそひとりは十分なカロリーを摂取できていないが、昔よりはずいぶんと改善している。人類の歴史をとおして、人の時間のほとんどはみんなに十分な食べ物を供給するための狩猟や生産に使われてきた。栄養は恐ろしく足りていなかった。

数世紀前には、ほとんどの人は満足に食べることすらできなかった。

今では全人口の二倍の規模を食べさせていけるだけの食糧がありながら、数億人もがいまだにお腹を空かせているというのはただただショックだ。ただし、これほどの食糧を生産できる能力があるとわかれば、問題を解決するための手段とやる気が生まれるはずだ。食糧問題は解決できる。今はまだ空腹と飢餓が存在するが、その本質的な原因は政治と社会にある。全員を食べさせていけないという限界はみずからが生み出したものだ。人類の歴史のなかで、これはめずらしい現象だ。前世紀まで、大勢の人口を食べさせていけるかどうかは、どれほどの動物を狩猟できるか、そして最近では限られた土地からどれほど多くの食糧を生産できるかにかかっていた。今ではそれが、自分たちの生産する食糧をどう使うかという私たちの選択にかかっている。

どのようにここまできたか

十分な食糧を得るための永遠の苦労

食糧システムだけでなく食糧文化の発展は広範囲にわたり、多種多様で千差万別なので、この本の一章だけで表すことは到底できない。だが、今の食糧システムがどうなっているかを理解するには、どのようにここまできたかという背景を知る必要がある。

初期の人類は——ホモ・エレクトス、ネアンデルタール人からホモ・サピエンスまで、数百万年前にさかのぼると――食べ物を育てていなかった。すでにそこにあるものを取ってくるだけだった。動物を狩り、果物や木の実や種を採っていた。狩猟・採集民族は肉ばかり食べていて、炭水化物はほとんど食べていなかったというのはよくある誤解だ。これが今、典型的な「パレオ・ダイエット」と呼ばれていて、たくさんの人が実践している。だが、人類学的な証拠や今の先住民の食生活を調べてみると、みんなに共通する「パレオ・ダイエット」など存在しない。[6] 集団によって違うし、季節によっても違う。乾季には肉を多く食べ、雨季にはベリー類やハチミツを食べている。[7] 月によっては肉が食べ物の半分以上になることもあれば、五パーセントにも届かないこともある。

人口が少ない時には、人類は自然界と完璧な調和を保って生きていたと思われがちだ。残念ながら違う。次章で見るように、人類はゆっくりと、だが確実に大型哺乳動物の絶滅を進めてきた。振り返って驚くのは、当時の人口がどれほど少なかったかということだ。地球全体で数百万人という単位だった。もちろん狩猟・採集民族全体としてのインパクトは今日の私たちに比べるべくもないものの、ほかの生き物と完璧な調和を保って生きていたというのは幻想でしかない。人類はこれまでずっとほかの生き物と争っていた。最初は動物を狩り、火をおこして景観を変え、その後は作物を育てるための場所を争奪した。

人類の歴史のほとんどにおいては、とんでもなくゆっくりとした直線的な変化が長期に続いていく。だがその中で何度か大きな転換点があり、イノベーションがこれまでとまったく違う方向に私たちを導いてきた。そのひとつが農耕だ。農耕は約一万年前にはじまり、ひとつの場所に大勢の人が集まる社会の発展を可能にした。自然の「気まぐれ」に左右されることなく、人は自分たちで周囲の環境を形成するようになった。農耕の目的は環境を形作ることそのもので、自分たちが作りたいものを作れるように土壌を育て、邪魔な侵入者――雑草や害虫――をひとつひとつ駆除していくことにほかならない。

農耕は簡単なことではなかった（いまでも簡単ではない）。事実、はじめは栄養と健康に最悪の影響をもたらした。人類学者が時代別に人間の骨格を調べたところ、初期の農耕社会の人々の頭蓋骨はその前の時代の人々より短く、また近隣の狩猟・採集民族に比べても短かかった。[8] 穀物や芋類などの主食になる作物は育てやすい。カロリーと炭水化物を取るのには最適だ。だがこれだけでは生きていけない。カロリーのほとんどをこうした食べ物で賄っていたら、重要な栄養素が欠乏してしまう。肉や果物、野菜、種子、そのほかの食べ物を含む多様な食生活から、穀物ばかりになったことで、普通の人の栄養状態はおそらく悪くなった。だがこれにより、はるかにたくさんの人を食べさせていけるようになった。活動に十分なカロリーを摂取できるようになったおかげで、人間社会は発展できた。農業革命は個人にとってはおそらく害になったが、人口全体には得になった。

農耕における闘いの核にあったのは、あるひとつのことだ。それは適切な時に土壌に十分な栄養を持たせることだ。一〇〇年前まで、作物収穫量はある重要な要素によって制約を受けていた。窒素だ。窒素は生命に必須の構成元素だ。タンパク質を作るもとであり、あらゆる植物の成長に欠かせない。土壌に十分な窒素がないと作物はほとんど、あるいはまったく育たない。窒素は大気中に最も多く含まれる元素であり、その七八パーセントを構成している。だがそのままでは非常に安定している。ということは、植物は窒素を直接利用できない。だから、反応性を高くして水素や炭素やほかの重要な生物的要素に反応させる必要がある。世界中の窒素の中で、植物や動物の成長に使える形の窒素分子はほんの一部しかない。

これを克服するために私たちの祖先には三つの選択肢があった。窒素が枯渇していない新たな土地を探して農耕を移動すること。これがいわゆる「焼畑農業」だ。このやり方だと、最も生産性の高い狩猟・採集社会の一〇倍の人口を支えることができた。だが社会を移動させ続けることに伴う犠牲も大きく、より大きな集団の定住には向かなかった。

これを一歩先に進めたのが、定住をもとにする――いわゆる「伝統的」――農業だ。窒素の豊富な場所を求めて移動を続けるのではなく、ひとところに留まって窒素を土壌に戻して再利用するやり方だ。伝統農業は移動型の一〇倍の人口を支えることができた。大規模な社会と文化がここから発展しはじめた。

伝統的農耕民には、土壌に窒素を戻して再利用するための方法が二つあった。ひとつ目はエンドウや豆の力を利用するやり方だ。ほとんどの作物は大気中の窒素をそのままでは活用できない。だがマメ科植物は例外で、大気から窒素を抽出し自分たちのために使える形に変えられる。豆類を植えれば、土壌に窒素を増やすことができる。量に限りはあるものの、それなりに十分な量を加えることができる。もうひとつは、家畜を育てて厩肥（きゅうひ）を地面に撒くやり方だ。こうすれば効果的に土壌が肥えるが、ものすごい量の厩肥が必要になる。厩肥を集める作業は重労働だし、周辺環境にも栄養が漏れ出し、作物が十分な栄養を吸収できない場合もある。

人間社会はこうしたやり方で一〇〇〇年近くも生き延びてきた。それでも窒素による制約はあった。だがその後、二〇世紀のはじめに次の転換点が訪れた。窒素の制約からとうとう解放されたのだ。フリッツ・ハーバーとカール・ボッシュが化学合成肥料を発明した。このイノベーションが世界を一変させた。

ハーバーとボッシュ――魔法のように無から食べ物を作り出す

私の大好きなウェブサイトのひとつに、「サイエンス・ヒーローズ」がある。どれほどの命を救ったかという推定値をもとに科学界の大物をランクづけしたサイトだ。医療分野の誰かが上位にくると思ってもおかしくない。でも違う。最上位は農業科学者のカール・ボッシュ、フリッツ・ハーバー、ノーマン・ボーローグの三人だ。私たちの多くが今生きているのは、この三人のおかげだ。

ハーバーとボッシュは二人ひと組で、ハーバーは科学の試行錯誤によりイノベーションを起こし、ボッシュはその規模を拡大させた。

フリッツ・ハーバーは一八六八年にポーランド（当時ドイツの一部だったプロイセン）で生まれ、はじめは化学事業を営む父親のもとで働いた[9]。事業で何度も失敗し、家を追い出されて学問の世界に入った。ここでハーバーは窒素の問題に目をつけた。窒素は二つの原子が結びついた窒素分子（N_2）の形で大気中に存在している。植物が利用できる形にするには、アンモニア（NH_3）に転換しなければならない。だがこれがとんでもなく難しい。ほとんどの人が無理だと思っていた。フリッツ・ハーバーは引き下がらなかった。成功の鍵はちょうどいい具合の圧力と温度だった。窒素と水素を高圧にし、四〇〇度から五〇〇度の温度で熱しなければならない。それを触媒にくぐらせて、三重結合で強く結びついた窒素原子を分離させる必要があった。そこではじめて窒素と水素が結合しNH_3になる。一九〇九年、フリッツ・ハーバーは、エンドウや豆類が軽々とやってのけるこのプロセスの複製に成功した。文字通り、空気からアンモニアを生み出したのだ。

次の難題はこのプロセスを大規模に行うことだった。研究室内の実験から、世界規模の人口を食べさせていく事業へと拡大しなければならない。ドイツ企業のＢＡＳＦがこの権利を買い取り、最も優秀な人材をこのプロジェクトに投入した。それがカール・ボッシュだ。ハーバーの発明を商業化することがボッシュの役目だった。ハーバー＝ボッシュ法のプロセスから生まれた合成ア

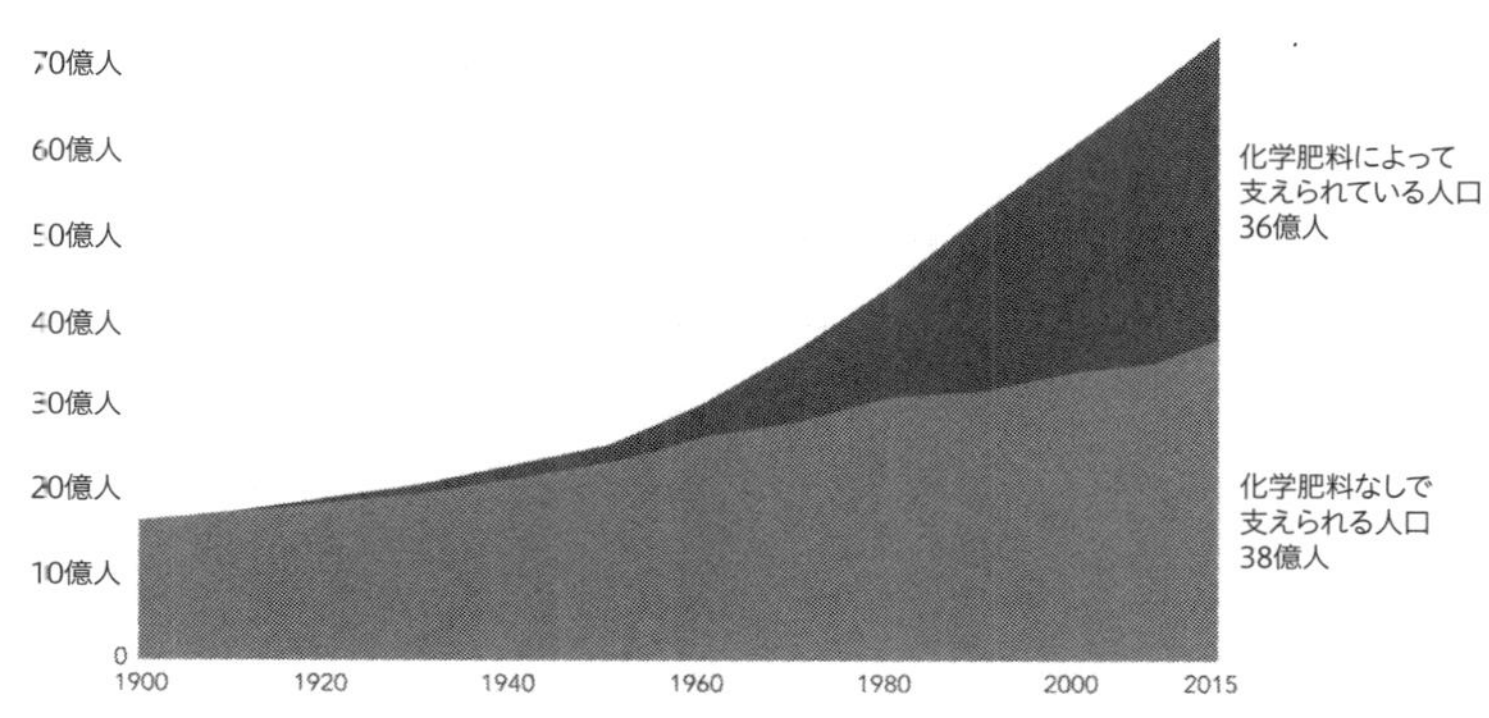

世界人口の半分は化学肥料に頼って食糧を生産している　化学肥料がなければ今の半分の人口しか支えられない。

ンモニアは、一九一〇年までに世界に向けて販売できる準備が整った。

二人の科学者はその後、この功績を認められノーベル化学賞を受賞することになる。フリッツ・ハーバーは一九一八年に、カール・ボッシュは一九三一年に受賞した。この二人が世界の姿をガラリと変えたこと、そして彼らのイノベーションが農業を完全に変えたことは間違いない。この発明を世界市場で販売できるまでにエネルギー効率とコスト効率を上げるには数十年の時がかかったが、二〇世紀の半ばには生産が急拡大した。アメリカ市場はこの製品を大量に消費し、一九八〇年代には新興国の農業においても必須になった。

土壌に栄養を加えることで、作物の生産性はかつてないほど増加した。一〇〇〇年にわたってなかなか伸びなかった作物収量が、突如として伸びはじめたのだ。農業のイノベーションは化学肥料だけではなかった──灌漑、品種改良、トラクターなどの農業機械の普及もそこに加わった。

だが、収量増加に欠かせないのは化学肥料だった。化学合成肥料が発明されていなければ、今の世界人口の約半分は生き延びていないだろう。化学肥料がない場合にどのくらいの人口を支えていけるかを数多くの科学者が別々に試算しているが、いずれも同じような数字に収斂（しゅうれん）している。それは今の半分くらいだ。[10,12] 熱帯地域では化学肥料の貢献はさらに大きいと思われる。

有機農業を目指すべきかどうかについての議論がとんでもなく混乱してしまう理由はそこにある。現実には、有機農業に全振りできない。化学肥料がなければ生存できない人が多すぎる。あとで見ていくように、多くの国では食糧生産を減らさずに化学肥料の量を減らすことはできるが、すべての国や地域でそれができるわけではない。

ノーマン・ボーローグ——緑の革命家

フリッツ・ハーバーとカール・ボッシュは二〇世紀前半の農業界のヒーローだ。二〇世紀後半のヒーローの栄冠に輝くのが、ノーマン・ボーローグである。

ボーローグはアメリカ人農学者で、一九一四年、ハーバーとボッシュが化学肥料のイノベーションを起こしてほどない時代に生まれた。[13] 一九四〇年代にロックフェラー財団に雇われ、それまでに誰もが諦めていた問題を解決するためメキシコに送られた。メキシコの農家は「黒さび病」の問題に苦しんでいた。プクシニア・グラミニスという真菌が小麦に繁殖し、黒さび病を引き起こすのである。穀物生産ではよくある、悲惨な問題だった。黒さび菌によって小麦の品質と収量

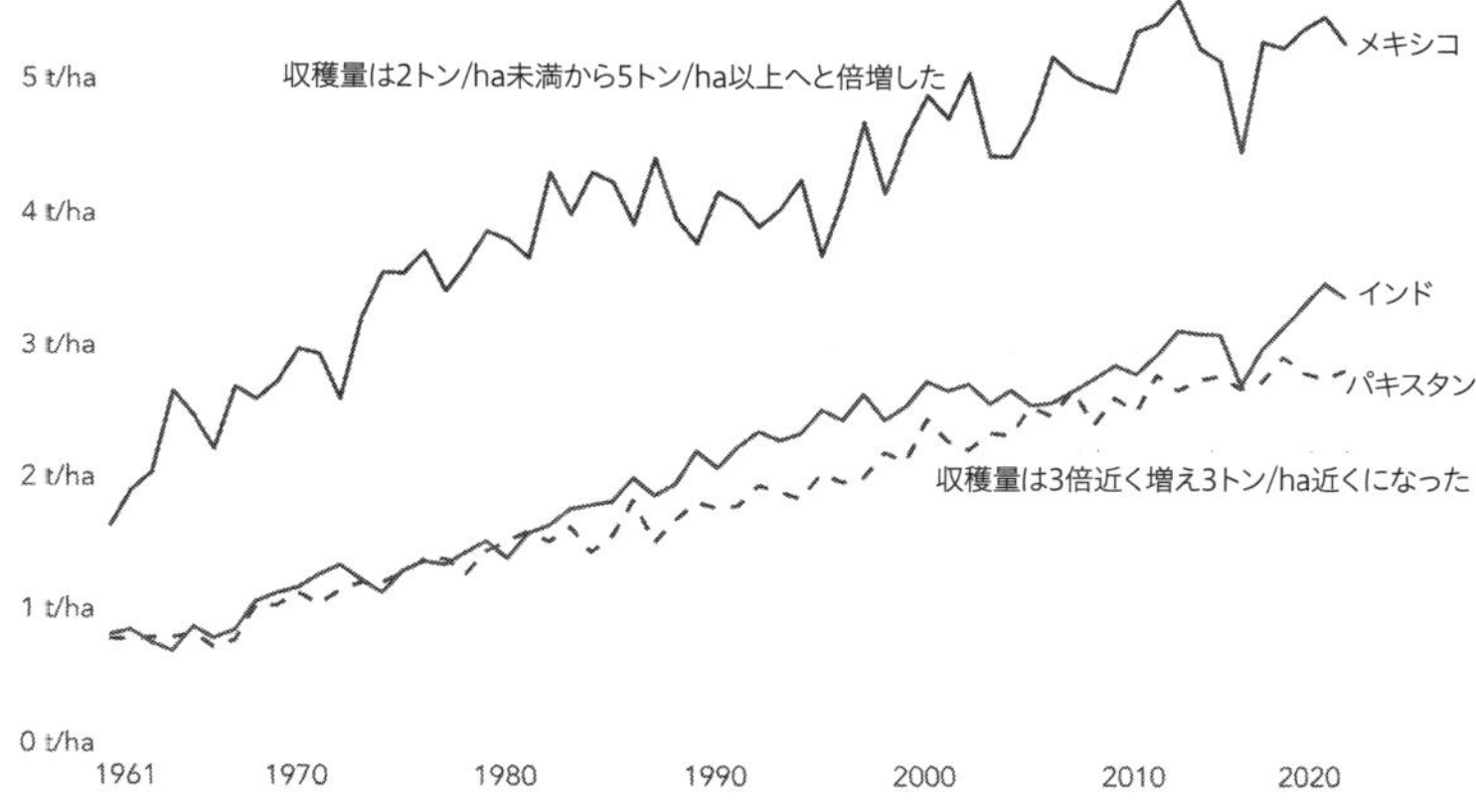

「緑の革命」によって小麦の収量は劇的に増加した　化学肥料の発明、品種改良、機械の導入によって収量は２倍、３倍、またはそれを超えるほどに拡大した。

は激減する。作物の成長に必要な栄養を、黒さび菌が吸い取ってしまうからだ。

この解決策を見つけるのがボーローグの仕事だった。ボーローグは大胆にも上司の指導に刃向かい、植物学の基本原則とは反対に、同種の小麦を異なる緯度や気候で育てる実験をはじめた。周囲は冷たかった。メキシコの農家はボーローグを歓迎しなかった。以前にもこのような実験に散々失敗していたからだ。思うような資金も人材もない中で、その後一〇年にわたってボーローグは六〇〇〇回を超える小麦の交配を試みた。彼の粘り強さは報われた。おかげで一連のイノベーションに成功し、メキシコ中の農家にその技術が行き渡った。

一九六〇年にはメキシコ農家が期待できる小麦の収量はヘクタールあたり一・五トンだった。今ではボーローグの発明した品種改良によってヘクタールあたり五・五トンの収量が可能になった。収量は三倍以上になり、メキシコは小麦の輸入国から輸出国になった。かつて他国に頼っていたメキシコは、自国民を食べさせていくのに有り余るほどの食糧を生産できるようになったのだ。

ボーローグの仕事はここで終わらなかった。その後まもなく南アジアに赴き、インドやパキスタンでもメキシコと同じ結果を出した。ずっと少なかった収量が一気に増加した。一九六〇年にはヘクタールあたりの収量は一トンにも届かなかった。それが今では三トンを超えている。世界中で起きた農業生産手法の劇的な変化はその後、「緑の革命」と呼ばれるようになった。ノーマン・ボーローグはその功績によって一九七〇年にノーベル平和賞を受賞した。彼の粘り強さと従来のルールにとらわれない手法が、一〇億を超える人々の命を救ったと言われる。世界が飢餓の瀬戸際にあるという声を、ボーローグは黙らせた。彼の品種改良のイノベーションは、たとえ乗り越えられないように見える難題でも、解決策を編み出せるチャンスがあると証明することになった。

カール・ボッシュ、フリッツ・ハーバー、ノーマン・ボーローグのような天才たちのイノベーションによって、かつては考えられない量の作物が今では育つようになった。それは私たちに必要な量をはるかに超えている。*それなのに、人口過多に対する恐慌がいまだに存在する。「人が多すぎる。それが問題だ」という話をしょっちゅう耳にする。世界的な食糧不足の原因は人口が多すぎることだという言説が世の中にまかり通っていて、それが人口を減らした方がいいという声にもつながっている。

人口抑制の提唱は今にはじまったことではない。一九五〇年代、六〇年代、七〇年代を通して、食糧不足を懸念する声は常に大きかった。一九六八年、国連は「喫緊のタンパク質危機を回避するための国際行動」という報告書を発表した[14]。それは、ポール・エーリックの『人口爆弾』が出版された年だった。エーリックはこの本で、人口増加は手に負えず、今後十分な食糧を生産することは不可能で、大規模な飢餓が起き、一〇年のあいだに数億の人が餓死すると主張していた。

もちろん、今ではその予言は当たらなかったとわかっている。それはかまわない。未来予測は十中八九当たらないものだ。エーリックの本が罪深いのは、強い（しかも間違った）信念に基づいて、非人道的な政策が提唱されているところだ。世界の人口は厳しく統制されるべきだとエーリックは説いた。人類はがんであり、抑制されるべき自己再生組織である、と。「人口増加というがんの症状だけを手当てしている余裕はもうない。がんそのものを切除しなければならない」

＊食糧とはカロリーだけの話ではない。カロリーはエネルギー量であり体重を維持するもので、エネルギー源となり空腹を抑えてくれる。だが健康とはそれ以上のものだ。人間にはタンパク質、脂肪、そしてビタミンやミネラルといった微量栄養素が必要だ。目標のカロリー量を摂取するだけでなく、多様な食生活が求められる。こうした様々な栄養素をすべて十分に生産できているのか、疑わしいと思っているかもしれない。幸いにも、生産できている。私自身が博士号取得のためにあらゆる数字を計算してみたので、間違いない。というのも、私が博士号を取ろうと思った動機は、カロリーを超えて食糧システム全体をより総合的に見たかったからだ。その結論は、もし私たちが望めば、すべての人に完全に栄養バランスのとれた食事を与えられるというものだった。

とエーリックは書いていた。
エーリックは、アメリカとほかの豊かな国で、水や食糧に一時的な断種薬を混ぜるという案に触れていた[*]。経済的な子育て支援ではなく、結婚後五年間子供を作らないカップルや、不可逆な断種手術を受けた男性に「責任報酬」を与える案もあった。もうひとつの案として、子供のいない人たちだけに特別な宝くじを渡すというものもあった。

いずれもへどが出るようなアイデアだ。だが、「途上国」に対する彼の施策案に比べればまだかわいいものだ。断種プログラムだけでなく、誰を餓死させるかを決める「トリアージ」システムまで提案していた。なんとかなる国もある――自力で飢餓から抜け出せるかもしれない。だが捨て駒となる国があってもいい。豊かな国は貧しい国への食糧援助を引き上げ、彼らが死ぬに任せるべきである、と主張していた。エーリックがこうした案をどのくらい本気で実現しようとしていたのかは定かでない。だが、アメリカ政府の上層部を含む多くの人たちが、彼の提案を真剣に受け止めていた。誤った予測をもとに数十億の人口に残酷な影響を与えた可能性もあったのだ[15]。

地球を破壊することなく、八〇億、九〇億、一〇〇億という人口に栄養ある食生活を提供することは可能だ。そのために人口を抑制する必要はない。ただ、必要な食糧をどう育て、どう効率よく使うかについて、より良い計画が必要なだけだ。

今どこにいるか

腹を空かせた家畜――欲張りな車

世界人口を食べさせていくのにいまだ苦労している現状を見ると、一日ひとりあたり必要な五〇〇〇から六〇〇〇カロリーもの、実際に必要な熱量の倍を超える食べ物を生産できているという話はにわかに信じがたいが、本当なのか？

全員を食べさせていけないのがグローバルな格差のせいなのは明らかだ。満足に食べられない人が何億人といる一方で、食べ物が有り余っている人が何十億人といる。世界の大人の一〇人に四人は肥満だ。人類の歴史のほとんどのあいだ、充分な食べ物を手に入れることが最大の闘いだった。今、腹を空かせた人は少数派だ。世界で肥満がこれほど増えているという状況は、これまでになく珍しいことだ。食べ物が希少な世界で進化してきた人間は、手に入れた食べ物を最大限に活用するのが習性となっていた。だから、世界中の人が必要以上に食べてしまうという一面がある。とはいえ、一日に五〇〇〇カロリーは摂取しない。おそらくその半分だろう。むしろ、食べ物が食卓に届く前に半分近くが失われていることの方が大問題だ。

この理由は、人間ではなく家畜や車に食糧が使われることにある。年間に生産される穀物の量

＊エーリックは、これが政治的に実行不可能であるとも言っていたが、そのことに失望している（いら立っている）ようだった。

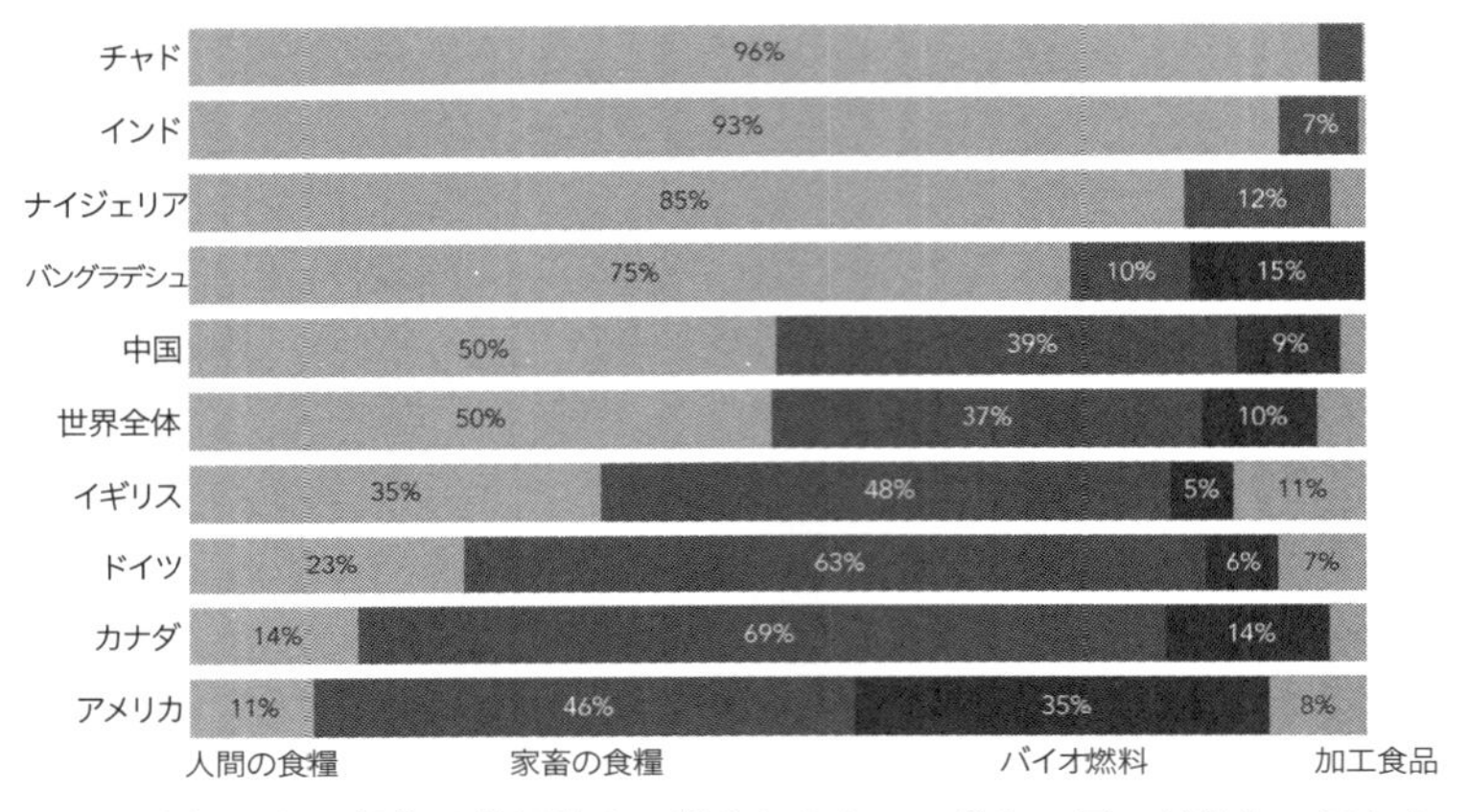

人間の食糧になる穀物は世界生産の半分しかない　貧しい国では穀物のほとんどが人間の口に入る。豊かな国では動物の餌やバイオ燃料など工業用に利用されることがますます多くなっている。

は三〇億トンにのぼる。うち人間に回るのはその半分もない。四一パーセントは家畜の餌になり、一一パーセントはバイオ燃料などの工業用途に使われる。この割合だけでも意外だが、特定の国を見ると目が飛び出るほど驚かされる。

貧しい国は穀物のほぼすべてを人間の食べ物にしている。たとえばチャド、マラウイ、ルワンダ、インドなどではその割合が九割を超える。すべての人に行き渡るのにかつかつの食糧しか生産できない場合は、自動車や家畜に使っている余裕はない。人間以外に食糧を使うのは贅沢なことだ。多くの豊かな国は贅沢の極みと言ってもいい。アメリカが自動車用のバイオ燃料として使うとうもろこしの量は、アフリカ大陸全体で生産されるとうもろこしの量より五〇パーセント以上も多い。*これはアメリカに限らない。世界中で、人間が口に入れる穀物は少数派になりつつある。アメリカはバイオ燃料への利用が極めて多い点で独特だ。ほかのほとんどの国では動物の餌にすることが圧倒的に多く、腹を空かせた鶏や牛や豚に穀物が使われる。

これは穀物に限らない。ほかの作物も同じだ。前章で見た通り、世界の大豆の四分の三は家畜の餌となり、鶏や豚や牛の口に入る。†

にくにくしいジレンマ――美味しい食べ物を作るための非効率な方法

こうした製品のどれが大豆生産の「主目的」になっているのかを突き止めようとすると、「鶏が先か卵が先か」の議論になってしまう。そもそも大豆油のニーズが大きく、残った固形物を動物の餌にしているだけなのか？　それとも動物のタンパク質の方がまず必要で、大豆油はおまけなのか？　いつものことだが、おそらく両方だ。油と餌の経済価値はおよそ半々である。どちらが主目的かははっきりせず、二つが全く同じ重要性を持つ両輪となっている。また、もし動物の餌を大豆から作っていなかったら、別の何かから作らざるを得なかっただろう。世界中の人がたくさんの肉を食べるため、いずれにしろ動物の餌は必要なのだ。

＊二〇一九年、アメリカでは一億二一〇〇万トンのとうもろこしが工業用に使われた（そのほとんどはバイオ燃料だ）。アフリカ大陸全体で生産されるとうもろこしの量は八二〇〇万トンだ。ブラジルの生産量もほぼ同じ。

†この数字――大豆の四分の三は家畜用の餌になる――でひとつ注意しておかなければならないことがある。これは総量、つまり毎年生産される三億五〇〇〇万トンの大豆がどのように分配されているかという数字だ。だが、経済価値――製品の販売価格――で分けると、大豆油も大きい。動物の餌と大豆油は同じプロセスから生まれる副次製品だ。まず大豆から油を抽出したあとに、タンパク質豊富な固形残滓（ざんし）が動物の餌になる。大豆油は料理用に使われたり、スナックやお菓子や焼いた食品やソースやドレッシングといったさまざまな加工食品の材料として使われる。

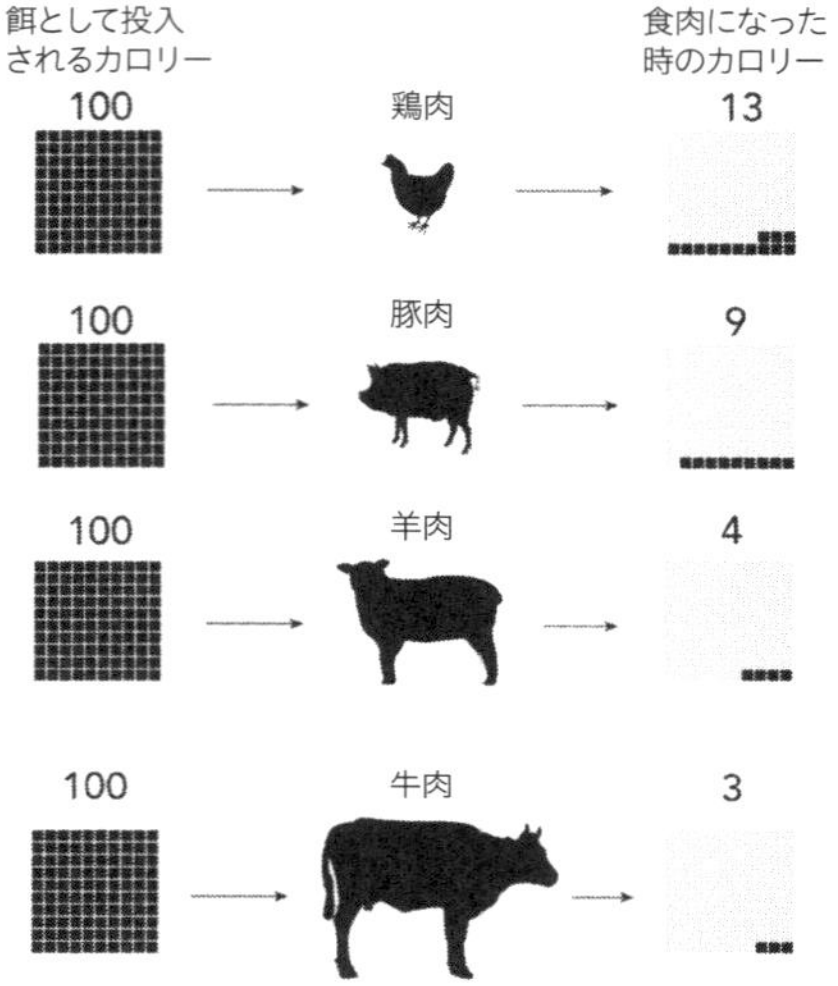

餌として投入されるカロリー　食肉になった時のカロリー

100　鶏肉　13

100　豚肉　9

100　羊肉　4

100　牛肉　3

食肉用の家畜に与えるカロリーのほとんどは無駄になる　肉に転換されるカロリーはほんの一部に過ぎない。大きな動物ほど浪費されるカロリーは多い。

家畜に餌を与えると、カロリーの一部は脂肪とそれ以外の組織になり、それがのちに私たちの口に入る。だが、大部分は消えてなくなる。なぜなのか？　あのカロリーはどこにいくのだろう？

餌を与えるのは動物の体重を増やすためで、そうすればもっと肉を生産できる。だが、体重が増えなかったとしても、生かしておくためには餌を与えなければならない。そして日常の活動でカロリーは燃やされる。歩き回ったり、突いたり、鳴き声を出したり、すべての身体機能を持続するために使われる。それは人間と変わらない。酷な言い方をすれば、動物をただ生かし続けるためだけに与えるカロリーは「無駄」なのだ。その「無駄」の量は動物によって違う。大きければ大きいほど、生かし続けるために必要な餌の量も多くなる。繰り返しになるが、人間と同じだ。アーノルド・シュワルツェネッガーが体重を維持するために必要な食べ物の量は、私よりもはるかに多い。それはただ、私の方が身体が小さいからだ。仮に私とシュワルツェネッガーがお互いの日々の習慣を真似て同じ活動をしたとしても、燃焼するカロリーの量は彼の方が少なくとも五〇パーセントは多いはずだ。

このシンプルな関連性は役に立つ。小さな動物はカロリー効率がいい。魚と鶏は最も効率が良く、次に豚、羊、そして最後に牛がくる。* 残念ながら、動物福祉（アニマルウェルフェア）にとってはこれが反対の意味を持つ。同じ量の肉を取るにはより多くの数を殺さなければならないからだ。この倫理的な矛盾の落とし所をどう考えるかはあなた次第だ。カロリー効率とは、動物に摂取させるカロリーのうちどのくらいの割合が、人間が「食べることのできる」製品に転換されるかという数字だ。これはかなり衝撃的な数字だ。

牛肉だとわずか三パーセントに過ぎない。[16,17]† つまり、牛に摂取させる一〇〇カロリーのうち、人間の口に入るのはわずか三カロリーということになる。九七カロリーは無駄になる。羊の場合はおよそ四パーセント。牛よりはましだが、それでもおそろしく効率が悪い。豚は約一〇パーセント。鶏は一三パーセントだ。最も効率のいい動物でさえ、カロリーの大部分は——八割以上は——無駄になる。これはなかなか受け入れがたい数字だ。たとえば、パンを一斤買って、それを一

---

*羊は豚より少し小さいが、効率は少し劣る。羊の方がよく動き、餌の質も悪く、羊毛などの副次品の生産にエネルギーが使われるからだ。

†肉と乳製品のカロリー効率は、餌の品質、食事の計画、サプリメントの利用といったことに左右される。ここでは、それぞれの肉の世界的な平均効率を挙げているが、この数字は地域によってかなり違いがある。

切れだけ切り分け、残りを——九割以上を——ゴミ箱に捨ててしまうなんてことが考えられるだろうか？　カロリーという点で見ると、肉の生産で私たちのやっていることはそれにかなり近い。

肉のカロリー転換効率が悪いことはわかった。だがタンパク質についてはどうだろう？　タンパク質転換という点で見ても、家畜の効率はかなり低い。豚肉と羊肉と牛肉については、餌から得るタンパク質の九割以上は失われる。一〇〇グラムのタンパク質を食べさせて、戻ってくるのは一〇グラムだ。鶏肉は少しましだが、それでも食用肉として戻ってくるタンパク質は二割に過ぎない。

肉と乳製品のいいところは、いわゆる「完全」タンパク源である点だ。餌として与えるタンパク質のうちの大部分が失われたとしても、人間の健康に欠かせないすべての必須アミノ酸を備えた、より質の高いタンパク質が動物から生み出される。穀物にも一部は含まれるものの、すべてではない。もし穀物しか口にしなければ、タンパク質不足に陥る。[18]とはいえ、植物由来の製品がすべてそうだというわけではない。エンドウ、インゲン、大豆といった豆類には、豊富なアミノ酸が含まれている。穀物と豆類を組み合わせた食生活なら、必要なタンパク質は摂取できる。

肉と乳製品は微量栄養素——カルシウムや鉄分の宝庫でもある。植物中心の食生活でも、食べ物を正しく組み合わせればこうした栄養素は取り入れられる。例外はビタミンB12で、これは動物性タンパク質にしかない。これはビーガンがサプリメントで補うべき栄養素だ。とすると、理論上は、肉と乳製品を食べなくても栄養バランスのいい食生活はできる。上手な計画を立てて、多様な植物由来の食べ物を組み合わせれば問題はない。とはいえ、みんながそうできるわけではない。私は近所に大型スーパーが二軒もあり、ありとあらゆる食べ物がそこで手に入るので、苦もなくこれができる。なによりも、さまざまな種類の食べものを必要なだけ買える経済的なゆとりがある。それに長いあいだこのことを研究しているので、必須の栄養素を摂取するためになにを食べたらいいいかが自分でわかっている。

世界中のほとんどの人にとってこれはそれほど簡単なことではない。貧しい国では、穀類やイモ類などの主食によってカロリーの三分の二が賄われている。たとえばバングラデシュでは、カロリーの約八割が主食によって賄われる。大多数は米と小麦に頼っている。一方、イギリスでは穀類や根菜類から摂取するカロリーは全体の三分の一しかない。残りのカロリーは果物、野菜、主食、肉、乳製品など、さまざまな食べ物から摂取される。異なる食べ物が身の回りにあること、そしてそれを買える余裕があることは少数者の特権なのだ。

肉は千年にわたって人間の食生活に必須の役割を果たしてきた。無駄は多いが栄養価は高く、なによりも美味しい。それでも、地球を破壊することなくすべての人が食べていける食糧システムを築こうと思ったら、肉との関係を見直す必要がある。

食糧――世界のサステナビリティ問題の核心

世界の環境問題のどれをとってみても、その中心には食糧がある。食糧がサステナビリティの核であることは間違いない。3章で見たように、世界の温室効果ガス排出の三分の二は食糧システムに責任がある。だが気候変動をさておいても、食糧システムを修正しなければ環境問題は解決できない。

淡水の供給不足が不安？　世界の水使用量のおよそ七割は農業用水だ。熱帯の国では九割を超える水が農業に使われる。[19]森林破壊が心配？　すでに書いたとおり、農業を除けばほぼ消え失せる。多様性の喪失を懸念している？　またここでも、世界の野生を圧迫する最大の要因は農業生産だ。[20]昔からずっとそうだった。食べていくために生き物を乱獲し、動物の生息地を農地に変え、殺虫剤と農薬で生態系を荒らしてきた。つまり、世界の生き物への最大の脅威は人間の食糧需要なのだ。水質汚染が心配？　もうおわかりだろう。農業が一番の要因だ。土壌や作物に栄養を与えると、そのほとんどは土地と河川に、そして湖と海に流れ込む。こうした栄養素が生態系をぐちゃぐちゃにしてしまう。藻類のような生物種がこれに乗じていたるところに繁殖する。魚やほかの生き物は酸素不足になり、水中の命は死に絶える。

少し離れて全体を俯瞰すると、農業がどれほど大規模に地球の姿を変えてきたかが見てとれる。世界全体の氷河でもなく砂漠でもない土地の半分が農業に使われている。森よりもはるかに広い面積が農地になっている。その四分の三は畜産に使われている——放牧用か、家畜の餌となる作物を育てるための用地だ。ショッキングなのは、最終的に私たちが口に入れる食べ物と、農地面積の割合が釣り合わないことだ。肉と乳製品は私たちのカロリー源の一八パーセントで、タンパ

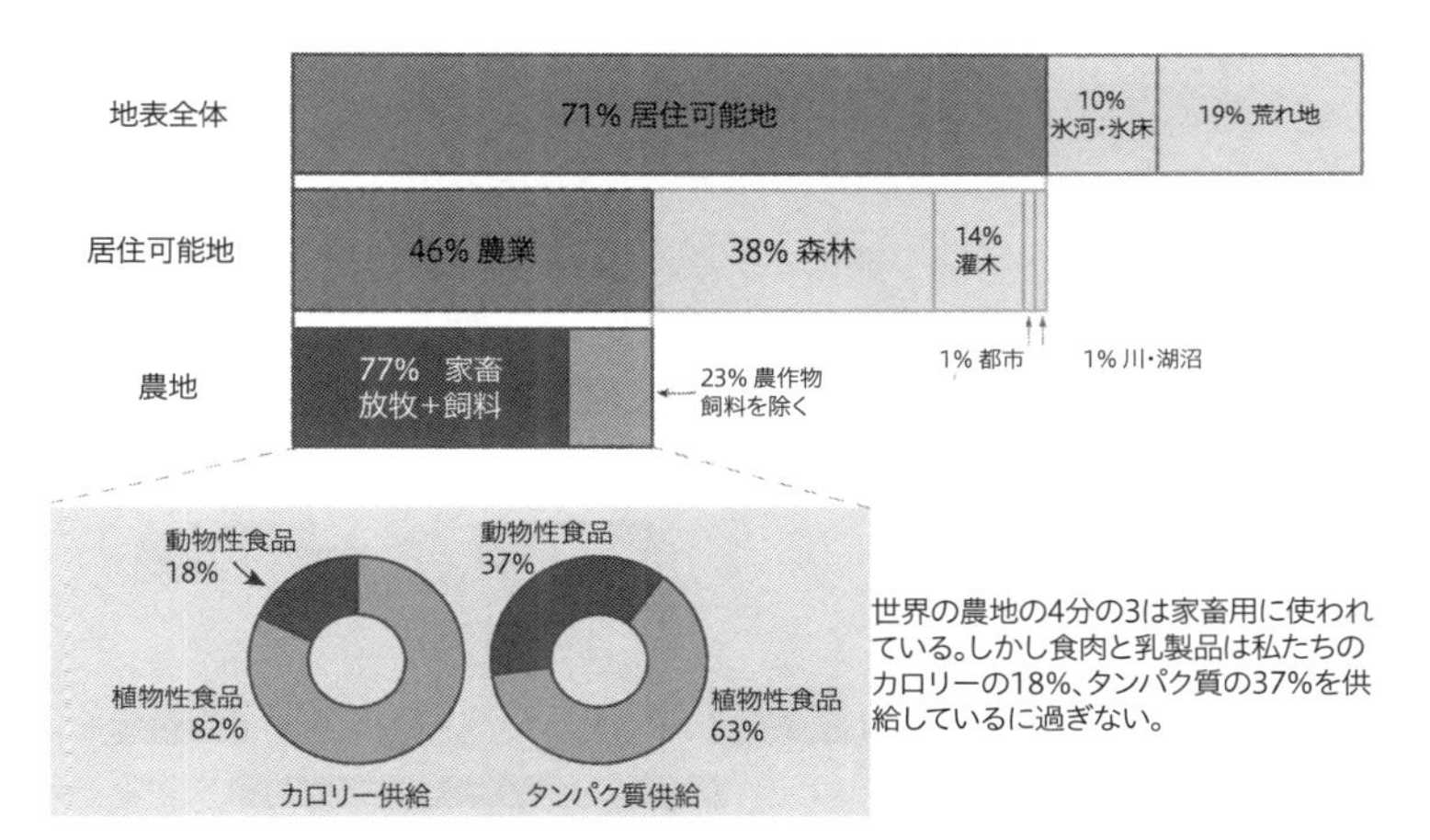

世界の農地の4分の3は家畜用に使われている。しかし食肉と乳製品は私たちのカロリーの18%、タンパク質の37%を供給しているに過ぎない。

居住可能な土地の半分は農業に使われている　農業は森林破壊と生物生息地喪失の最大の要因である。農地の４分の３は家畜に使われている。

ク源の三七パーセントでしかない。私たちは家畜に莫大な資源を投入しているが、見返りはそれほど大きくない。

異なる土地用途に分けてグローバルな地図——分類ごとにまとめてみる——を作ったとすると、畜産用の土地は、アラスカのてっぺんからアルゼンチンのリオグランデの端っこまで北アメリカ、中央アメリカ、南アメリカがすっぽりと含まれる広さになる。

農業領域の環境問題の多くは、二つのことに関連づけられる。どれだけ土地を使うかと、水や肥料の投入量をどう管理するかという二つだ。サステナブルにすべての人口を食べさせていくには、農地の面積をできる限り減らしていくことが必要になる。ほかの野生生物にできるだけ土地を返していかなければならない。この点については、農業の集中化によって世界的な進展

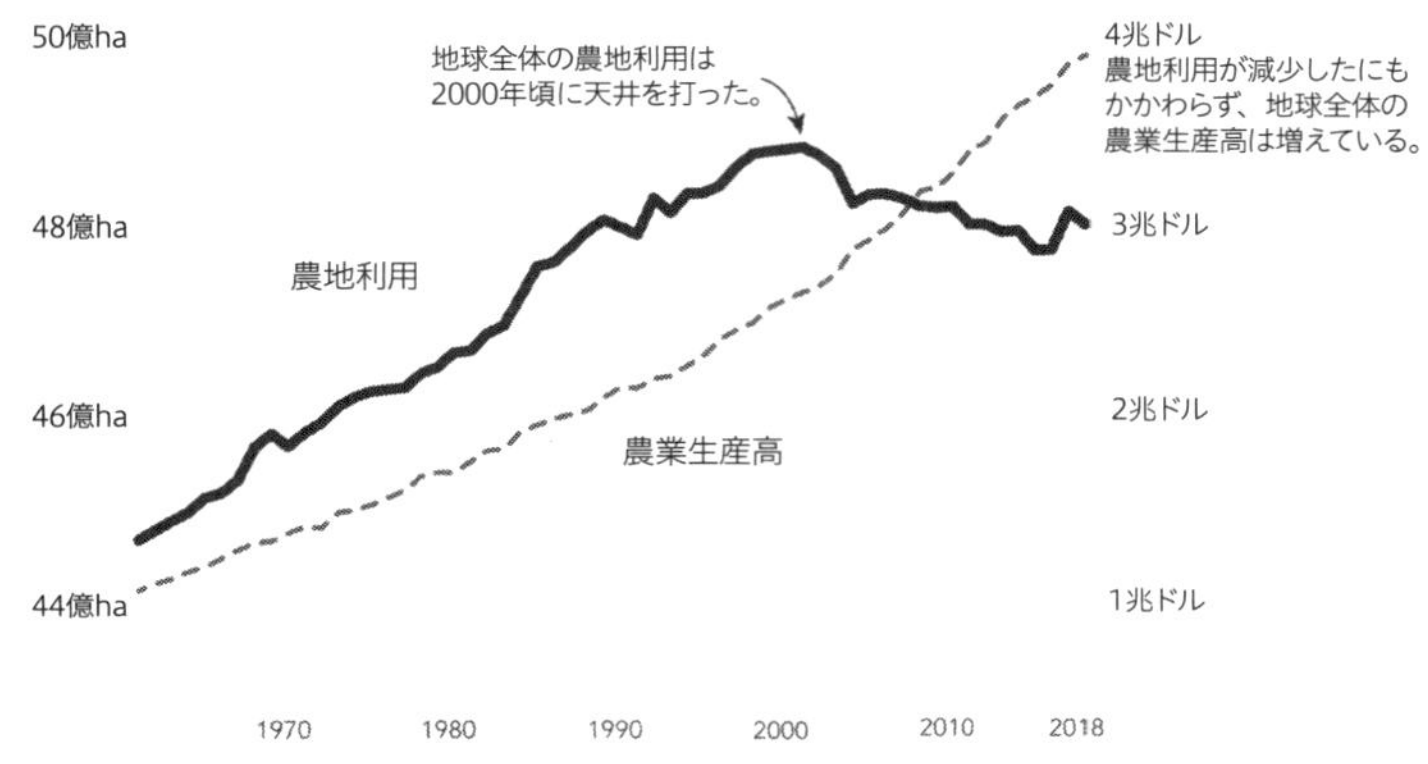

農地面積のピークは過ぎたかもしれない　グローバルな牧草地の面積は天井を打ったが、作物用地はまだそうなっていない。世界中のすべての場所で農地利用がピークを過ぎたとは言えない。

がある。化学肥料などを利用して収量は拡大してきた。ここにもまた進歩が見られる——多くの人にとってこれは意外に思われるだろう。

農地面積のピークはおそらく過ぎた

食べさせる人口が増え、より広い土地を必要とするような食生活（肉の消費量が増えれば、より広い土地が必要になる）に移行するにつれ、農地の需要は限りなく拡大していくような気がしてしまう。グローバルには、人口増加が止まるまで、農地需要は増え続けると思われがちだ。

幸いにも、そうではない。数年前、多くの研究者が、農地面積のピークは近いと予測した。[21] 恥ずかしながら私はこれを聞いて、そんなわけはないと一蹴した。絶対にありえないと思った。たしかに作物収量は増加しているし、人口増加には追いついていける程度かもしれないが、肉を食べたいという欲求もまた急増していた。その需要に応えられるほど効率が上がるとは到底思えなかったのだ。

私はデータを深掘りし、数字を分析しはじめた。最も信頼できるデータ源——国連食糧農業機関——は、二〇〇〇年ごろにピークは過ぎたと示唆していた。このデータに基づいて行われたほかの研究でも、同じことが指摘されていた。農地のピークはすでに過ぎていた。[22]「決定的な」ピークを過ぎたと私が言い切れないのはなぜかというと、グローバルな牧草地はたしかに天井を打ったが、作物用地はそうではないとデータが示しているからだ。もし作物用地が拡大し続けるとしたら、今の勝利が覆(くつがえ)されてしまう可能性もある。

だが、少なくとも、農地のピークが近いことは間違いない。そして毎年の作物生産量はますます増え続けている。このところ食糧生産とグローバルな農地面積は切り離されてきた。* これは環境の歴史の中で重大な事件だ。野生の生き物はこれまで数千年にわたって人間が拡大を止めるのを待ち続けてきた。とうとうそれを実現するチャンスが目の前にある。

たしかに、あらゆる場所で農地拡大が止まったわけではない。多くの豊かな国では農地利用は縮小している。一方で、森を切り開いて耕作地や牧草地がいまだに拡大している国もある。農地の縮小は拡大を相殺してあまりあるほど進みつつある。その結果、グローバルに見ると農地は縮

＊226ページの図では、食糧生産を金額ベースで表している。インフレ調整後の数字だ。金額ベースでも傾向は同じだし、トン単位の数量（総生産量）で見ても、同じことが言える。

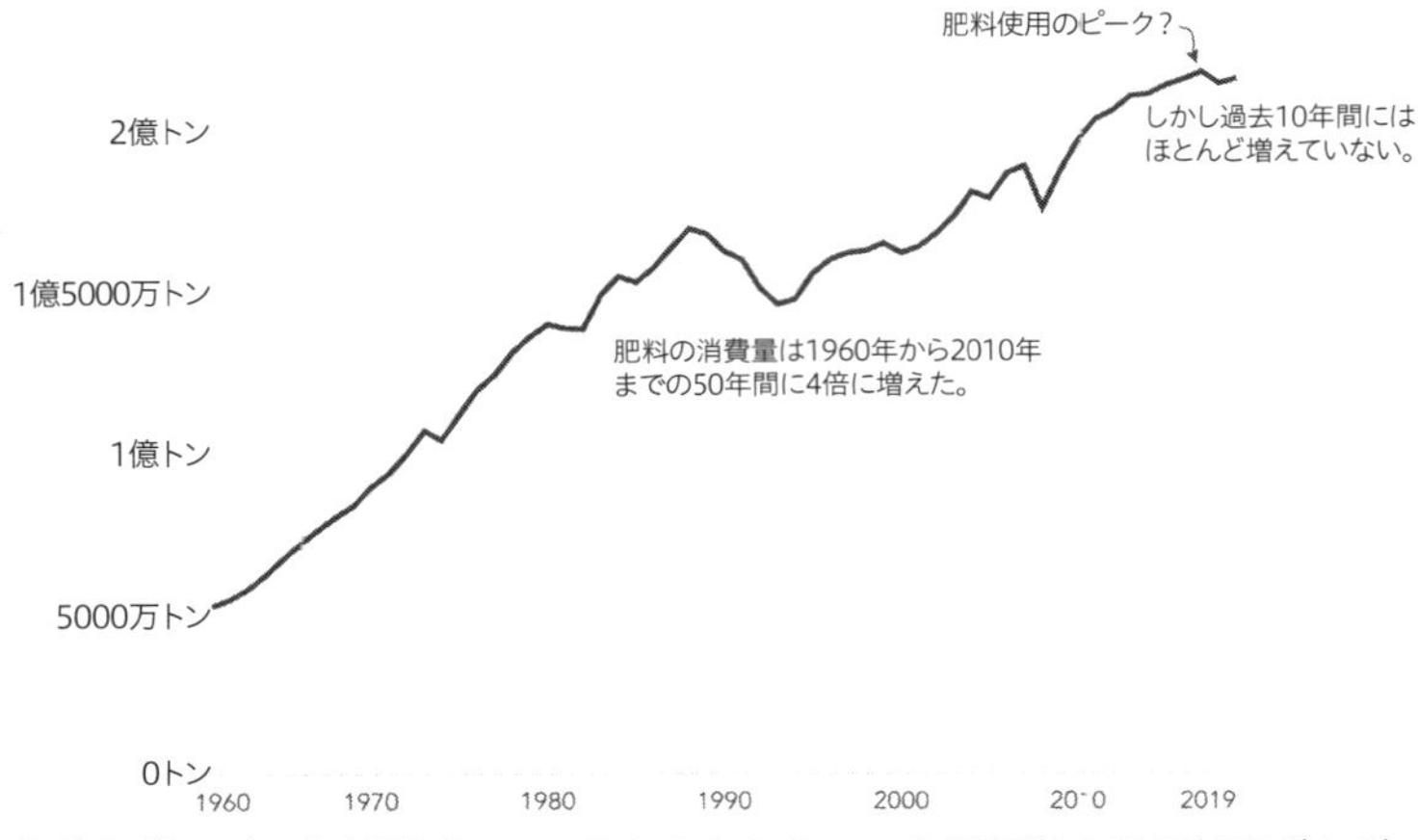

化学肥料のピークが近づいているかもしれない　化学肥料の利用効率が上がっているということは、多くの国では少ない化学肥料でより多くの食糧を生産しているということだ。

小傾向にある。このことは、より少ない土地でより多くの食べ物を生産できるという、強力な兆候だ。私たちがこの教訓を生かしてほかのすべての場所に応用すれば、あらゆる場所で同じことができる。食糧生産の未来は、これまでと違って破壊的な道をたどる必要はないことを、このデータは示している。

化学肥料のピークは目の前だ

農地の縮小は好ましく、いいことだ。だが、ヘクタールあたりの生産量がこれほど伸びた理由のひとつは、肥料や農薬や灌漑といった技術の導入によって作物収量を増やせたことだ。サステナブルでないやり方を別のサステナブルでないやり方に置き換え続けることで、化学肥料漬けになってしまうのではないかと懸念する人は多い。

だが現実には、世界の年間化学肥料使用量はこの一〇年間ほとんど変わっていない。化学肥料の消費量が急増したのはそれ以前の五〇年で、四倍以上になった。だがこのところは頭打ちになっている。今、化学肥料の消費量が減りはじめる転換点にいる可能性はある。

食べさせていく人口が増えたのに、どうしてこんなことが可能になっているのだろう？　世界の多くの貧しい国では、化学肥料の使用はいまも増え続けている。これはいいことだ――フリッツ・ハーバーとカール・ボッシュのイノベーションがどれほど大きなインパクトをもたらしたかはすでに見てきた。

だが化学肥料の使用は頭打ちになるか、多くの豊かな国では減少しつつある。アメリカでは、一九七〇年代の半ばから化学肥料の利用は増えていない。それなのに食糧生産は七五パーセント増加した。フランスは今、一九八〇年代に比べて半分の化学肥料しか使っていない。イギリスとオランダでも同じことが言える。経済が急拡大している国でも、化学肥料の利用は頭打ちになりつつある。中国でもピークは過ぎた。中国は二〇一〇年までにその五〇年前と比べて二五倍を超える化学肥料を使うようになっていた。しかし、中国の化学肥料の利用量は二〇一五年に天井を打ち、それ以来減っている。

化学肥料の利用が減ったのは、食糧生産を減らしたからでも、有機農法に切り替えたからでも、合成肥料を完全に禁止したからでもない。それは、私たちが化学肥料をより効果的に使えるようになったからだ。世界最大規模の重要性の高い研究でも、それは明らかになっている[23]。研究者チームは一〇年にわたって中国じゅうの二一〇〇万の中小農家を対象に実験を行った。彼らは環境インパクトを削減しながら作物収量をあげる手伝いができるかを試してみた。結果は成功だった。二〇〇五年から二〇一五年のあいだに、とうもろこし、米、小麦の平均収量はおよそ一一パーセント増加した。それと同時期に窒素肥料の利用量は六分の一ほど減少した。つまり、少ない肥料で多くを生み出していたのだ。

化学肥料の利用に関して、いずれもパターンは同じだ。まず、最も貧しい国の農家はほんの少ししか肥料を使えない。経済的な余裕がないからだ。収量が少なく稼げる金も少ないので、彼らにとっては不幸なことだ。これは地球にとっても不幸なことだ。というのも、より大きな農地が必要になるからだ。農家が少しずつ豊かになるにつれ、化学肥料の利用が増えはじめる。作物収量は拡大する。だがそのうちに、こうした技術をより効率よく使う方に注意を向けるようになる。化学肥料の使用はゼロにはならないが、作物に必要な栄養だけが与えられるように適量を使用できるようになる。

地球を破壊せずに全員を食べさせていく方法

地球を破壊せずに、今世紀に二〇億人も増える人口を食べさせていくにはどうしたらいいだろう？

ひとつたしかなことは、後戻りはできないということだ。食糧生産をより原始的な、地に足のついた方法に戻すべきだと思ってもおかしくはない。小規模ならこうしたやり方でもいい。だが数十億人を食べさせていくのは無理だ。計算が合わない。

狩猟・採集と農耕のそれぞれで、現在の八〇億の人口を支えるのにどのくらいの土地が必要かを計算してみた。地球の居住可能な土地面積――氷に覆われておらず、砂漠でもないすべての土地――はおよそ一億平方キロメートルで、その半分の五〇〇〇万平方キロが農業に使われている。

狩猟・採集によって八〇億の人口を支えるには八〇億平方キロから八〇〇〇億平方キロの有効な土地が必要になる。これはすなわち、地球全体の一〇〇倍から一万倍の面積になる。またこれは、その過程ですべての哺乳類を絶滅させることになるという不都合な現実を無視している。

では牧畜はどうだろう？　家畜に頼って小さな集団で生きていくやり方は？　これは、最も生産性の高い狩猟・採集生活とそう変わらない。三〇億から八〇億平方キロの土地が必要になる。地球の一〇倍ということだ。

昔ながらの有機農業に戻るのは？　みんなが小さな区画を所有し腕まくりをしてかつての農耕生活に戻るのは？　焼畑農業に移行すると、八〇〇〇万から八億平方キロが必要だ。だんだんい い線に近づいてはきたが、そんな生活に充分な土地はない。ひととところで伝統的な農業を行うとすれば八〇〇万から八〇〇〇万平方キロの土地が必要になる。少なくともこれならどちらかといえば少ない方だし、はるかに現実的だ。だがこれは、全員が植物中心の食生活を送って農地を効率的に使うことが前提になる。それでも、このやり方ではまだ森を伐採しなければならないだろう。

近代農業なら、はるかに狭い土地で八〇億の人口を食べさせられる。世界中で生産性の高い農業を実現し植物ベースの食生活に移行できれば（これはかなり無理した仮定の話だが）、四〇〇万から八〇〇万平方キロしか土地を使わずに済む。

つまり、昔に戻るのは得策ではない。それでは八〇億人を支えられない。

サステナブルな食糧システムを築く方法

「ハナ、じゃあどうしたらいいの？」と恐れていたことを聞かれると、私はパニックになってしまう。この質問が出た瞬間、世界のみんなが何を食べるべきかについて熱い議論にどっぷりとはまるのがわかりきっているからだ。誰もがこのことを話したくてうずうずしている。この件については全員が一家言持っている。何をどう食べるかはものすごく個人的なことだ。食生活がアイデンティティーの強力な一部になっていることも少なくない。それが集団の帰属意識につながることもある。そのルールは排他的だ。ビーガンは動物性の食品を口にしない。もしそんなことをしたら、ビーガンでなくなる。その集団から追い出される。ケトン体濃度を適切に保つには、炭水化物の摂取量を非常に低く抑えなくてはならない。一定量を超えると、この適切な状態が維持されなくなる。有機食品や非遺伝子組換え食品はいずれも、分類表示があるかないかの二択だ。

有機食品として認証を受けているか、そうでないか。非遺伝子組換え食品か、そうでないか。説教されたり否定されたりすることも、日常茶飯事だ。私は他人に何を食べるべきかなんて説きたくない。だが同時に、よりサステナブルな食生活を送るにはどうしたらいいかについて、基本的な質問にはっきりと包み隠さず答えたいと思っている。適切な判断のために必要な情報を提供し、それぞれの価値観に基づいたやり方に任せたい。自分の食生活の炭素負荷など気にしないなら、それは結構だ。でも、サステナブルな食生活をすごく気にかけているのに、間違った情報に踊らされて的外れなことに力を入れているのを見るのはつらい。頑張っているつもりでも、改善につながっていないのだ。実際には悪化させていることもある。

よりサステナブルな食糧システムを作るにはどうしたらいいかについて、ここで私のおすすめを紹介したい。私のおすすめを取り入れるかどうかはあなた次第だ。あなたの価値観に反するようなこともあるだろうし、それはそれでいい。あなたの判断で、自身が優先したいこととのバランスを取ればいい。

（1）世界中で作物収量を増加させる

今、私たちはこれまでにない立場にいる。自然との行き詰まりは打ち破られた。より少ない土地からより多くの食べ物を生み出せるようになったのだ。[24]

だが、例外はある。サブサハラ・アフリカのほとんどの国は遅れている。作物収量はあまり改

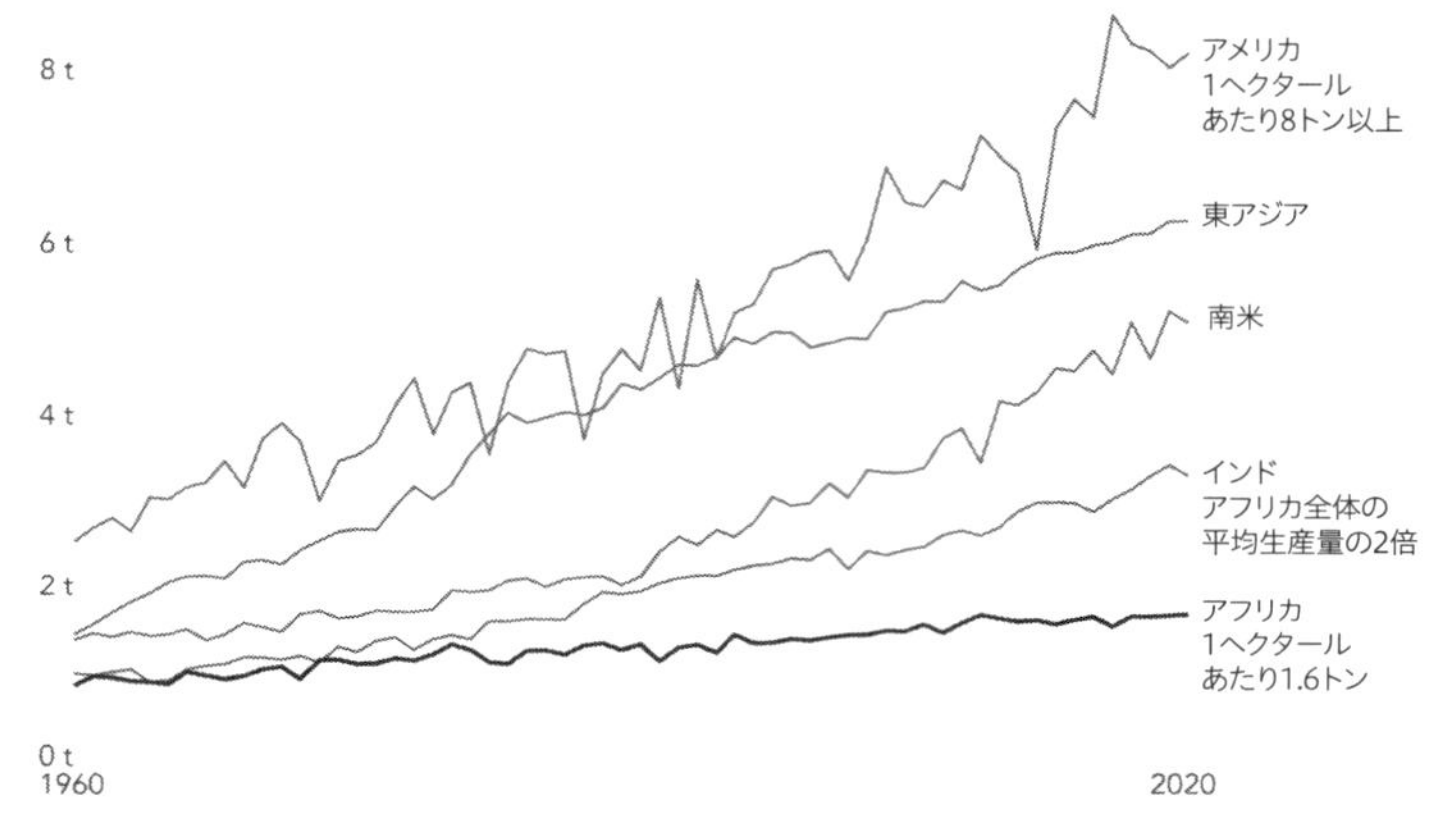

サブサハラ・アフリカ全体の作物収量は低い水準にとどまっている 1ヘクタールあたりの穀物収量をトンで表した数字。

善されておらず、依然として低いままだ。アフリカ全体の平均穀物収量はインドの半分で、アメリカの五分の一にとどまっている。これは地球にとっても、人間にとっても損失だ。サブサハラ・アフリカ全体の労働力の半分以上は農民で、非常に低い賃金しか稼げない。多くの農民は一日あたり数ドル未満で暮らしている。[25]

アフリカはこれからの数十年ではるかに多くの食べ物を生産しなければならなくなる。今後三〇年で人口は一〇億人増加し、その後の三〇年でさらに一〇億人増加することと予想されている。もし収量が拡大しなければ作物生産に必要な土地面積は二〇五〇年までに三倍になると言われている。

収量の拡大——特にサブサハラ・アフリカ全体で——は今後必須になる。もしこの地域でそれが実現されれば、つまり生物学的かつ技術的に可能な収量と実際の収量の差である「収量格差（イールドギャップ）」を埋めることができたら、森や野生をまったく失うことなく人口を食べさせていける。幸いにも、そのやり方はわかっている。

かなり多くの国ですでに成功した技術と投資――化学肥料や品種改良や灌漑――は、気候変動が進む中でさらに重要になっていく。気温が上がり、干魃がより頻繁かつ深刻になるにつれ、農家は養分と水の管理をこれまでより上手くやっていく必要がある。

ノーマン・ボーローグがメキシコやインドやパキスタンやブラジル（そのほかの多くの国）でとんでもなく収量の高い小麦を開発したように、私たちも干魃に強く気温上昇にも耐えられるような品種を開発できる。多くのイノベーションによって化学肥料や農薬の量を抑えても育つ作物も開発できる。少量の化学物質で育つ作物はより干魃に強く、収量も増える――悪いことがひとつもない。人間にとっても地球にとってもいいことずくめだ。おかしなことに、多くの環境活動家は品種改良や遺伝子操作に強く反対しているが、これまでこれらの技術が世界中の生態系と野生生物を守るために極めて重要だったことは間違いない。私たちはこのような反対を乗り越えていく必要がある。森をこれ以上破壊せずに一〇〇億人を食べさせようと思ったら、より少ない資源からより多くの食べ物を育ててくれる技術を、排除するのではなく慎重に受け入れていかなければならない。

（2）肉の摂取量を減らす――特に牛肉と羊肉

読者の皆さんにはすでにこのことはお示しした。

3章で、異なる食品の気候インパクトをいくつか並べている。肉――特に牛肉と羊肉――の炭素排出量は頭抜けて多い。だがことは気候変動に限らない。というのも、食糧は多くの環境問題のすべてにかなり大きな役割を果たしているため、食べ物が変わるだけで多くの良い波及効果があるからだ。たとえば、温室効果ガスの排出にしろ、土地利用にしろ、水資源にしろ、水質汚染にしろ、*インパクト要因の順番はほとんど同じだ。牛肉と羊肉は最悪で、次に悪いのが乳製品、豚肉、鶏肉、そのあとに豆腐やインゲンやエンドウや穀類といった植物性の食べ物がくる。そして、重さで比べても、熱量でも、タンパク質でも、同じ順番になる。しかも違いは少なくない。一〇〇平方メートルか、一平方メートルか、一〇〇平方メートルか、九九平方メートルかといった僅差ではないのだ。一〇〇平方メートルか、一平方メートルかくらいの違いがある。文字通り、違いは一〇〇倍だ。

つまり、繰り返しになるが、何より効果があるのは肉と乳製品を減らすことだ。本気で大規模に状況を変えたいと思ったら、多くの人に賛同してもらわないといけない。菜食主義者を数パーセント増やすより、もし人口の半分が週に二日だけ肉を断ってくれたら、炭素排出量も農地面積も水利用もはるかに多く削減できる。

ゼロか一〇〇かの選択を迫られたら、ほとんどの人は変わらない。肉を減らしてもらうのに、最悪なのはビーガンになれと説くことだ。これは絶対にうまくいかない。誰にとってもシンプル

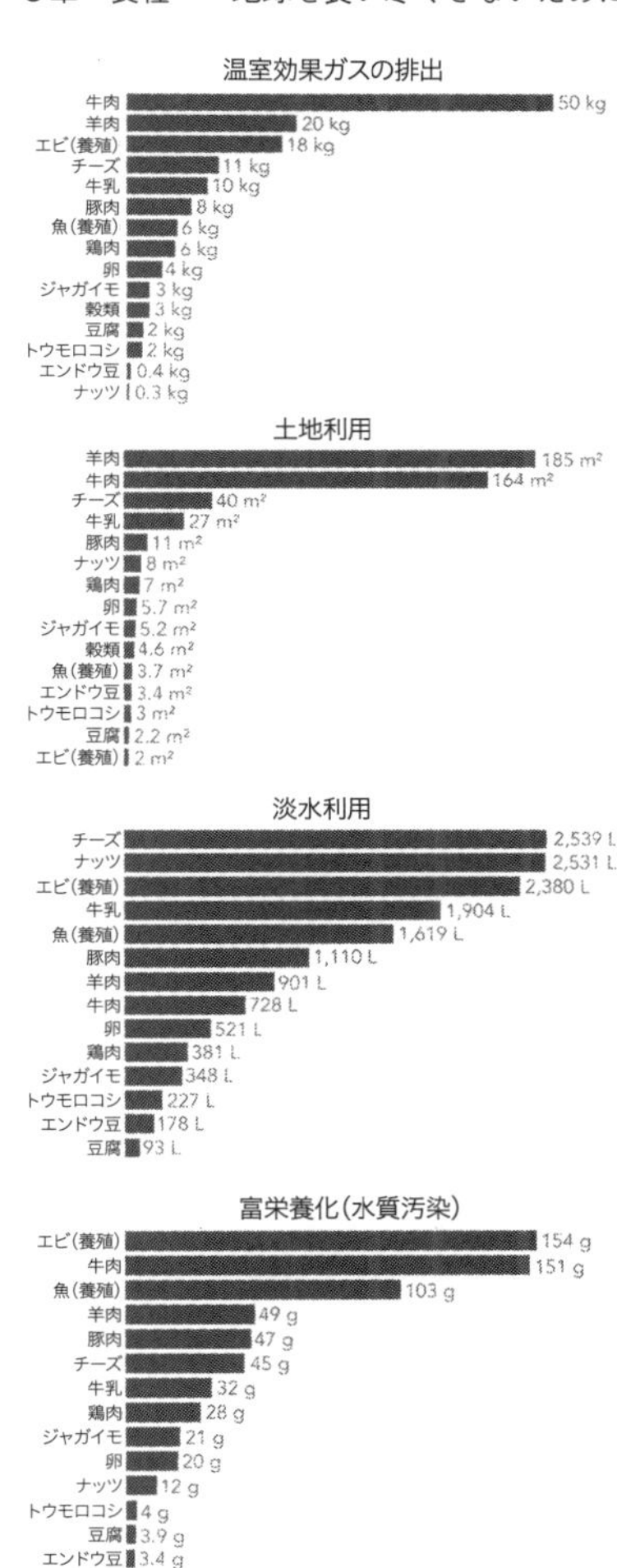

環境負荷の最も大きな食品は何か？　肉と乳製品（特に牛肉と羊肉）は、植物性のタンパク源よりも環境負荷がはるかに大きい。100グラムあたりのタンパク質量で比較。

な方法で、楽しみながら少し量を減らしてもらう方がいい。たとえば、「月曜は肉抜き」とか、「ランチは肉抜き」といったやり方だ。植物寄りの食生活をちょっと試してみると、意外に簡単だったと思う人は少なくない。

大事なのは肉と乳製品の摂取量だけではない。種類も重要だ。食べる肉の種類を変えるだけでも、相当に大きなインパクトがある。牛肉好きなら、週に一度か二度、鶏肉、魚に変えるのも大きい。実際にはその方が、鶏肉好きがビーガンになるよりも大きなインパクトがある。

このインパクトがはっきりと目に見えるのが、農地面積だ。今、世界で食糧生産に使われる土

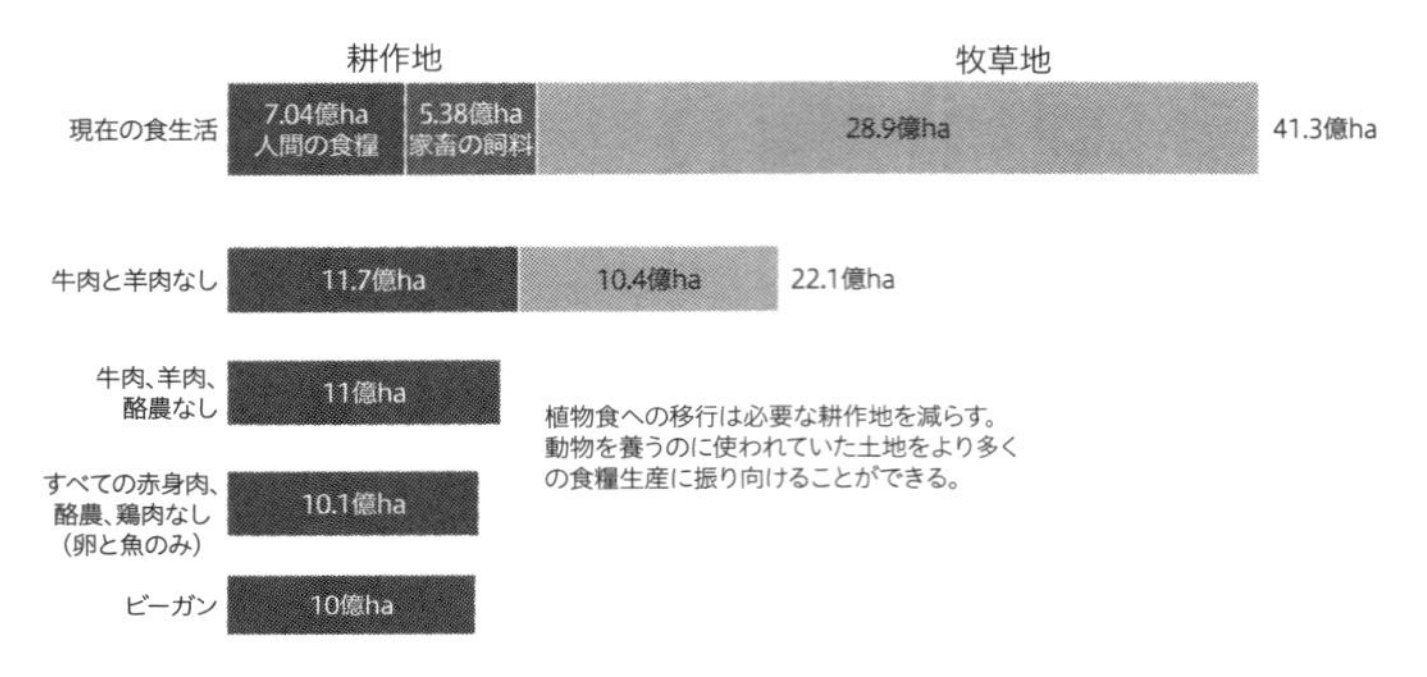

植物性の食生活に移行すると農地を75パーセント削減できる　全員が同じ食生活を送ることを前提に、グローバルな農地を作物生産地と家畜の牧草地に分けている。熱量とタンパク質の必要量を満たす模範的な食生活を前提にしている。

地面積はおよそ四〇億ヘクタールだ。[†] もし世界人口のすべてが食生活を変えたら、農地面積がどう変わるかをシナリオ別に地図にした研究がある。グローバルな土地利用がどう変わり得るかを見せてくれる、興味深い研究だ。牛肉と羊肉を排除すれば（乳製品のための牛はそのままにする）、グローバルな農地面積はおよそ半分になる。それだけで、二〇億ヘクタール、つまりアメリカの二倍の面積を節約できる。最大の削減はここからくる。しかもみんながビーガンにならなくてもいい。

もし乳製品も排除すれば、さらにこの半分の面積の一〇億ヘクタール超で済む。アメリカと同じ面積三つ分の農地が節約できる。だがこれ以降の削減はわずかなものになる。もちろん、ビーガンに移行すればもっと削減できる。全員がビーガンになれば、農地は七五パーセント削減できる。その広さは北アメリカとブラジルを足したほどだ。だがこの削減幅は、鶏肉または魚と卵に移行した時に比べるとそれほど大きくない。

また、この研究は、私がよく耳にするもうひとつの大きな懸念を一蹴するものだ。「全員がビーガンにはなれないよ——だって作物を育てる土地がないんだから！」。全員がビーガンになれば、必要な農地面積は今より減ることは、先ほどお示しした通りだ。なぜかというと、家畜の餌を育てる土地が要らなくなるからだ。世界の穀物生産のうち人間の口に入るのは半分に満たない。残りは家畜にいくか、バイオ燃料になる。大豆も同じだ。食品の目的を変えてもいいし、土地の用途を変えて違う作物を育ててもいい。

これは一見シンプルに思えるが、人々の行動を変えるのは難しい。倫理観に引っ張られて行動を変える人はそれほど多くないと私は思う。世界中の人々の食生活を変えるには、何らかの新しくて美味しい、肉らしい食品が必要になる。

(3) 代替肉への投資——研究室でバーガーを作る

＊栄養分が農地から川や河口や湖や海に流れ込むことによって起きるのが富栄養化という現象だ。こうした栄養分は化学肥料からくることもあれば、厩肥のような有機肥料からくることもある。水源に流れこんだ余分な栄養分は生態系を破壊する。藻が大量に繁殖し、ほかの生き物から酸素を奪って生態系を乗っ取ってしまう「水の華」現象もよく見られる。

†これは四〇〇〇万平方キロだ——この本で前に触れた五〇〇〇万平方キロよりもやや少ない。なぜなら、ここでは食糧生産に使われる農地だけを見ているからだ。バイオ燃料、繊維、その他食品以外の作物はここに含まれない。

私がはじめてベジタリアンになった時、家族全体の炭素排出量は増えてしまった。それは私でなく弟のせいだった。ちょうど同じ時期に、弟がフィットネスに目覚めたのだ。週に六度もジムに通い、よくあるアドバイスにしたがって肉の摂取量をいきなり倍にした。毎食、肉とブロッコリーを食べていた。私が肉を減らした分、弟はそれを相殺し、さらに上乗せするくらい肉を食べていた。

弟は肉のかわりに大豆バーガーを食べたり、クォーン〔イギリスの肉代替食品メーカー〕のソーセージを食べたりすることはなかった。肉の味がしないと言っていた。当時、代替肉はあまり市場に出回っていなかった。家族の食事にそれとなく代替肉を混ぜてみて、弟が気づくかどうか試してみたこともある。チキン・ファヒータをクォーン・チキン・ファヒータに変えてみた。スパゲティ・ボロネーゼに大豆の代替ひき肉を使ったりもした。弟は絶対に騙されなかった。

この世界がちょっと変わったかも――本当に進歩している――と思ったのはそれから数年後、弟が植物性の代替肉を食べたのに気づかなかった時だ。義妹がチリコンカーンに植物性の代替肉を紛れ込ませたのに、弟はまったく気づかなかった。というか肉じゃないことが信じられなかったほどだ。これまで食べた中で最高に美味しいチリコンカーンだと言っていた。弟が気に入るなら、誰でも気に入るはずだ。

代替肉製品は食品の中でも拡大著しい領域だ。面白いことに、代替肉を買う人のほとんどは肉を食べる人たちだ。アメリカで植物性の代替肉を買う消費者の九八パーセントは、肉製品も買っている。[26] これはいい兆候だ。植物性の代替肉を誰もが試せることが望ましい。ビーガンやベジタリアンのためのニッチな製品であってほしくない。

肉の市場に本気で参入していくには、次の四つを実現しなければならない。美味しいこと、手に入れやすいこと、いつもの食事に組み入れやすいこと、そして値段が安いことだ。そのうちひとつでも欠けると、永久に主流になれない。

だいたいの人は肉が好きだ。だから、代替肉を手に取る理由はシンプルだ。環境負荷や動物福祉の心配をせずに肉を食べる体験を再現すること。この数年で、かなりの進歩があった。ひと昔前は、もどきバーガーやもどきソーセージはダンボールのような味がした。だがアメリカで最大手の「インポッシブルフーズ」や「ビヨンドミート」といったブランドが、市場を一変させた。彼らは本物の肉のような味と食感のバーガーを作るために多額の投資を行っている。これがブランド戦略の核になっている。

インポッシブルフーズの主張が、このことをはっきりと物語っている。「インポッシブルフーズ以前には、肉と植物しかなかった。私たちはシンプルな問いから、二〇一一年にはじまった。『肉を肉らしい味にしているのは何なのか？』それを植物で再現するにはどうしたらいいかを見つけた」。成功の秘訣はヘム分子にある。「肉を肉の味にしているのはヘムだ。ヘムはすべての植物と動物に含まれる必須分子で、特に動物には豊富に含まれ、人類の誕生以来私たちが食べ続け、欲し続けている物質だ」

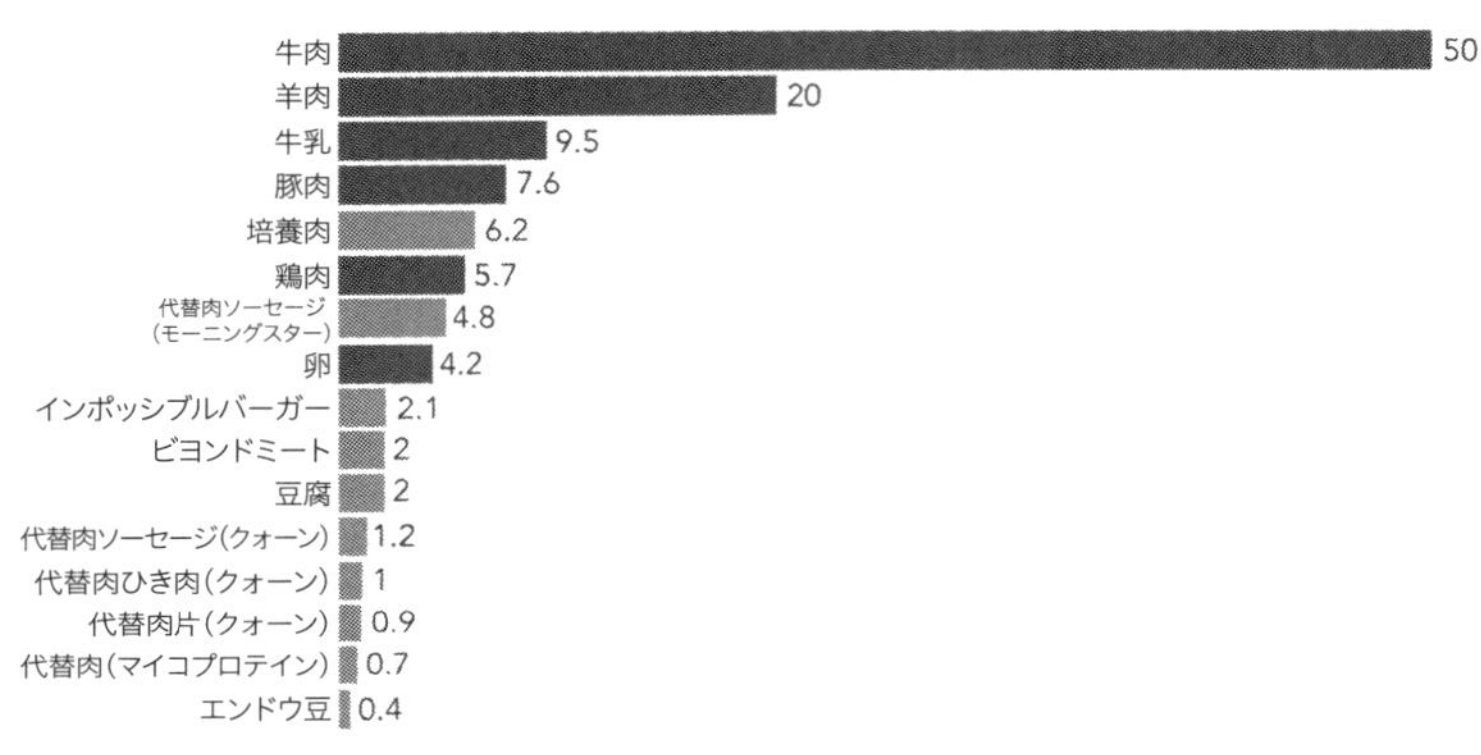

ほとんどの代替肉は、肉に比べて炭素排出量がはるかに低い　各製品ごとにタンパク質100グラムあたりの炭素排出量を示した。これは、農場、用地変更、原材料、食品加工、輸送、包装を含むライフサイクル分析に基づいている。

「肉汁のしたたる植物性バーガー」の開発によって、インポッシブルフーズはほぼ完璧な肉のコピー品を作ることに成功したと私は思う。数年前、私たちのチームは三カ月ほどサンフランシスコに滞在した。インポッシブルバーガーを食べられるレストランは世界に数軒しかなかったが、私たちの宿はそのレストランのすぐ隣だった。ひと口食べて、私は過去に引き戻された。ベジタリアンであることを大変だと思ったことはないし、肉を食べたくなることもほとんどない。だが、そのひと口で、肉のバーガーの味がガツンと蘇った。すごく美味しかった。インポッシブルバーガーのないイギリスに帰らなければならなくなり、本当に残念だった*。だが、その後たくさんの製品が市場に出回り、みんなが競うことで味がどんどん本物の肉に近づいていった。

　こうした製品が実際に環境にいいのかを疑う人は多い。答えはイエスだ。間違いなく、牛肉よりもはるかにいい。[27,28] クォーン製品の炭素排出量は、牛肉の三五分の一から五〇分の一だ。ビーフバーガーをビヨンドミートかインポッシブルバーガーに変えると、排出量は九六パーセントほど下がる。これは、牛肉のグローバルな平均排出量と比べた場合だ。アメリカ産またはヨーロッパ産の牛肉に比べても、代替肉の排出量はおよそ一〇分の一になる。世界一炭素排出量の低い牛肉でも、ビヨンドミートやインポッシブルバーガーの五倍超はあり、クォーンの一〇倍超になる。

ほとんどの代替肉は豚肉や鶏肉と比べても炭素排出量は低いが、差はそれほど大きくない。代替肉の違いは、改善の余地が大きいことだ。代替肉の場合、炭素排出量の大部分は生産に必要な電気からくる。世界が低炭素エネルギー網に移行するにつれ、こうした食品の排出量も改善される。肉の場合はそうならない。動物を飼育する効率は頭打ちになりつつある。

グローバルに肉の生産を屋外から研究室に移すことに成功すれば、値段がはるかに安くなる。貧しい国の人たちは、今のままではこうした製品に手が届かない。肉より安くできれば、グローバルな栄養の市場が一変するだろう。環境負荷を減らしながら、タンパク質豊富な栄養価の高い食生活を世界に提供できるようになる。代替肉の新製品を買うたびに、自分の炭素排出量を減らすばかりか、世界のみんなのために価格を引き下げることに貢献できることになる。

＊この執筆時点で、イギリスではインポッシブルバーガーは手に入らない。

(4) ハイブリッドバーガーを作る

多くの人は植物性のインポッシブルバーガーに満足できるだろうが、ビーフバーガーにしがみつく人もいるだろう。もちろん、牛肉を食べながらも、いくらか量を減らすことはできる。

ひとつのやり方は、牛肉と鶏肉、大豆、またはそのほかの低炭素タンパク源を混ぜて、ハイブリッドバーガーを作ることだ。それでも味は牛肉に近くなる。食感は普通のビーフバーガーとそう変わらないはずだ。というか牛肉そのものと言っていいだろう。目隠しテストでは、一〇〇パーセント牛肉または一〇〇パーセント代替肉よりも、ブレンドしたバーガーを好んだ人の方が多かった。[29,30] だが、目隠しなしのテストで「ブレンドバーガー」だと告げた上で食べてもらった場合は、それほどでもなかった。この心理的な壁を超えることができたら、ハイブリッドは大きな違いをもたらすだろう。

ではどのくらいの違いがあるか、数字を弾いてみよう。私の計算では、もしマクドナルドとバーガーキングの両方がすべてのバーガーを牛肉と大豆の半々のブレンドにしたら、毎年五〇〇万トンの温室効果ガスが削減できる。* これはポルトガル一国分の排出量にあたる。しかも、アイルランドより広い土地が解放され、毎年三〇〇万頭の牛が食肉処理を免れる。二社だけでこれほどの効果がある。それよりもっと大規模にやったらどうなるか、想像してほしい。数カ国分の排出量と数カ国分の土地と数百万頭の動物を毎年節約できる。しかも本当のセールスポイントは、消費者が食習慣を変えなくていいことだ。誰も違いに気づきもしないだろう。むしろ、ハイブリ

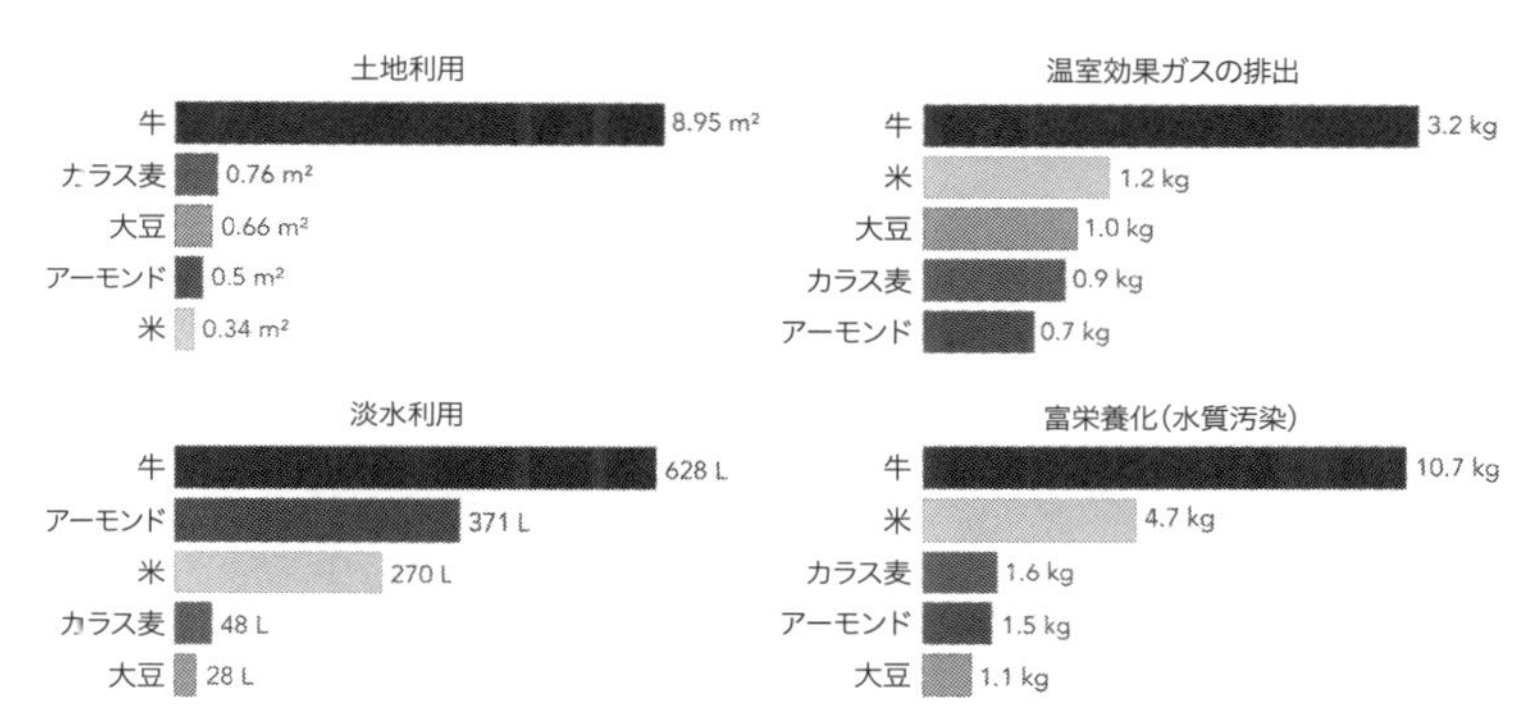

どのミルクが最も環境にいいだろう？　ミルク１リットルあたりの環境負荷を示している。すべての指標で勝る植物性ミルクはないが、牛乳に比べて環境負荷ははるかに小さい。

ッドバーガーの方が美味しいと思うかもしれない。

(5) 乳製品を植物由来の代替品に変える

ヨーロッパの典型的な食生活では、乳製品は炭素排出量の四分の一超を占め、時には約三分の一に達する。[31]

植物性の代替食品を試している人は多い。調査によると、今、イギリスでは成人の四分の一が代替乳を飲んでいて[32]、若い世代の間ではさらに人気があり、一六歳から二三歳の三分の一は代替乳を選んでいる。でも、どの「ミルク」が一番いい？　しょっちゅうこう聞かれる。

短く答えると、どれでもいい。好きなものを選べばいい。どの植物性代替乳も牛の乳に比べたら環境負荷は低い。牛の乳は、温室効果ガスの排出量が三倍多く、一〇倍の土地を使い、二〇倍の水を使い、高水準の富栄養化現象（余分な栄養による水質汚染）を引き起こす。[33]

どの代替乳が一番いいかは、あなたがどの環境負荷を最も気にかけているかに左右される。アーモンドミルクは温室効果ガスの排出量が低く、大豆より土地が少なくてすむが、水は多く使う。すべての指標で明らかにまさっているものはない。あなたが一番好きなものを選べばいい。

植物性ミルクと乳製品では栄養素の構成が同じでないことは、はっきりさせておいた方がいいだろう。牛乳にはカロリーとタンパク質が多く含まれる。また、ビタミンB12などの植物性ミルクに含まれない微量栄養素が含まれる。だが今の植物性ミルクはビタミンDとB12が補強されていることが多い。多様な食生活を送っている人なら、乳製品を植物性ミルクに置き換えても心配はないし、そもそも牛乳を飲まない人には大切なタンパク源になる。ほかの食品でこれらの必須栄養素を摂取することも可能だ。しかし、特定の層にとっては——特に小さな子供や多様な食生活のできない貧困層にとっては——代替がよくない場合もある。

(6) 食糧廃棄を減らす

世界の食糧の三分の一は廃棄される[34,35]。この「廃棄」の中には、作物を家畜の餌にしたり車の燃料に使ったりする場合のエネルギーの損失は含まれない。文字通り、腐ってしまったり、使われずに捨てられる食べ物のことを指している。

この三分の一という数字は、食糧の重さで測った廃棄量のことだ。無駄になるカロリーやタンパク質の量ではない。カロリーで示すと、廃棄分はそれより少なく、およそ二割程度だ。この差の理由は、廃棄する食べ物の多くが重くて水分が多いものだからだ。果物、野菜、サトウキビ、キャッサバのような塊茎類だ。こうした作物はすぐに傷がついたり潰れたりする。ただ、多様な食生活にはもってこいで栄養も豊富だが、穀類や肉類よりもカロリーが低い。

食品「廃棄」と言えば、金持ちが残り物をゴミ箱に放り投げる姿が目に浮かぶ。豊かな国では確かにこのケースが多い。私たちが自宅やレストランで廃棄したり、スーパーの棚に残ったものを廃棄したりすることだ。ある意味でこれは恣意的なものだ。私たちはみずからそれを食べないという選択をしている。

だがグローバルに見ると、特に貧しい国ではほとんどの食品廃棄はサプライチェーンの中で起き、これは「フードロス」と呼ばれている。たいていは意図しないことであり、農家や生産者にとっては辛いことだ。というのも、その分が自分の懐から失われるからだ。フードロスには様々なケースがある。収穫の器具が適切でないため、畑に作物の多くが残される。収穫した作物を古い袋に入れるのでいろんなところから漏れ出してしまう。作物が害虫や病気に感染してしまう。日に当たって腐ってしまう。冷蔵庫がないので輸送の途中で新鮮さを失ってしまう。

以前の上司であるマイク・バーナーズ＝リーとフードロスについて話していると、彼は、フードロスは単なる「タッパーウェア問題」だと言った。その言葉がずっと心に残っている。それは

＊これには、生産から出る排出量だけでなく、解放できるはずの土地の炭素機会コストが含まれる。畜産用の土地を解放すれば、ふたたび緑化して大気中の二酸化炭素を吸収できる。

正しい。タッパーウェアがあれば、フードロスははるかに少なくなるはずだ。実はこのことを証明する研究もある。[36] 南アジアの研究者が、布製の袋から安いプラスチックの箱に容れ物を変えたらどのような違いが出るかを実験した。農家と卸屋が食品を布袋に入れて運ぶと、市場に出るまでにトマトやマンゴーに傷ができたり潰れたりすることは想像にかたくない。こうして運ばれる食品の最大五分の一は廃棄される。布袋のかわりにプラスチック箱を使うと、ロスは八七パーセントも減った。つまり、廃棄される食品は五分の一ではなく三パーセントになったのだ。

サプライチェーンで変えなくてはならないのは、それだけではない。農場から市場への輸送時と市場に置いておく間の冷蔵も増やさなければならない。プラスチックのような包装材（プラスチック包装なんてとんでもないと思っているのはわかる）を使えばスーパーの棚に置ける寿命を延ばすことができ、害虫や病気からも保護できる。また適切な貯蔵場所を選んで、日光に晒したままにしておかないことも大切だ。これらはシンプルなことだが、大きな違いを生む。

家やレストランや店舗でのフードロスは、別の問題だ。基本的に、これはわかりやすい。必要なものだけを買い、それをきちんと食べればいい。だが人間の行動を変えるのは難しい。これにはいくつか助けになることがある。スーパーで棚にポツンと残った「形の悪い」果物や野菜を探すこと。本当に食べたいものでなければ、「二個買えば一個ただ」、「二個分の値段で三個まとめ買い」といった割引に手を出さないこと。「賞味期限」を気にしすぎないこと。「賞味期限」を消しているスーパーも多い。というのは、「賞味期限」を「消費期限」と勘違いして、これがすぎると食べられないと思い込んでしまう人が多いからだ。だが、賞味期限は読んで字のごとく、その日までは新鮮で食べ頃という意味だが、それ以降も普通に食べられる。スーパーやレストランの未使用食品を分配するうまい方法を見つける必要がある。完全に問題なく家で食べられるものが廃棄されるのはもったいなさすぎる。特に、生活に困っている家庭に配れるのなら、なおさらだ。

食品廃棄とフードロスを削減することの環境メリットは非常に大きく、それは廃棄場で食べ物を腐らせる環境被害だけにとどまらない。もちろん、ここから温室効果ガスはいくらか排出されるが、それはインパクトのほんの一部に過ぎない。もっと大きな問題は、そもそも食糧生産に必要となる土地や水の利用、そして温室効果ガスの排出にある。

(7) 屋内農業に頼らない

私は新しいテクノロジーに強く惹かれる。だから、できるだけ土地を使わず食べ物を育てるイノベーションに私が熱を上げるはずだと思うかもしれない。それが、屋内の垂直農法が目指すところだ。だが残念ながら、私はうまく行かないと思っている。

垂直農法の概念は極めて単純だ。太陽のエネルギーを使って作物を育てるのではなく、屋内でLEDを使うというものだ。土壌のかわりに培養液に種を敷いて作物を育てるこれが「ハイドロポニックス」と呼ばれる方法だ。この培養液のトレイをどんどんと上に重ねていくのが、この方法のポイントだ。垂直農法はタワマンのようなものだ。巨大都市にあれほど多くの人が外に広がらずに密集して住むのは難しかった。その解決策が上に伸びることだ。垂直農法なら、普通の屋外農業よりもヘクタールあたり一〇倍、二〇倍、もしかすると一〇〇倍の作物を育てられる可能性がある。[37]

水と肥料の使用量もかなり少なくて済む。[38] すべての条件――温度、湿度、明るさ――が制御でき、害虫の大発生や悪天候にも振り回されなくなる。食べ物がまさに必要とされる都市のど真ん中であらゆる食べ物を生産できる。

もし今の話がうま過ぎると感じられたら、その通りだ。垂直農法の問題は、大量のエネルギーが必要になることだ。太陽のかわりにＬＥＤを使うので、この明かりは火の玉のように強力でなければならない。垂直農法で食糧を生産するのにどのくらいの電力が必要なのかを調べてみた。レタス――一番人気のある屋内作物だ――を例にとってみよう。もしアメリカのレタスをすべて垂直農法で栽培するとしたら、必要な電力はアメリカの総電力使用量の二パーセントにもなる。もし二パーセントなんて少ないと思うなら、レタスは一日ひとりあたりおおよそ五カロリーにしかならないことを頭に留めてほしい。アメリカの電力使用を二パーセント増やしても、カロリーはわずか〇・二パーセントにしかならない。

垂直農法で実際に育てられる――育てられるといっても、ギリギリできるかどうかだ――作物は少数しかない。果物や野菜は育てるのにお金がかかるが、農家にとっては利益が大きい。さらにコストのかかる垂直農法で育てられるのは、レタス、きのこ類、トマトなどで、農家によっては損益トントンか少し利益を出せる程度だ。だが主食になる作物には垂直農法は使えない。とうもろこし、小麦、米、キャッサバや大豆は世界中の人口のエネルギー源の大半を占める。こうした作物は売価が激安なのに、屋内での生産にはコストがかかりすぎて見合わない。ある研究では、屋内農場で育てた小麦からパン一斤を作るのに一八ドルもかかると推定している。しかもこれは照明だけのコストだ。このＬＥＤ照明の効率は改善していくだろうが、照明コストの大幅な改善を見込んでもまだ、今の穀類の売値に比べて少なくとも六倍の費用がかかるだろう。

とどめの一撃は、垂直農法に必要な電力を考えると環境メリットの多くが消え失せるという点だ。現在の電力網はまだゼロカーボンではないため、エネルギーを生み出すのに二酸化炭素を排出することになる。炭素排出量が膨大になる場合もある。屋内農場を太陽光パネルで動かすことができたら、ゼロカーボンをほぼ達成できる。だがそのためには太陽光パネルを設置する土地が必要になる。この電力源に必要な土地を入れると、垂直農法によって節約できる土地面積は完全に相殺される。場合によっては、普通の畑よりも広い面積が必要なこともある。

私が間違っていたと、この技術が証明してくれることを願っているものの、現状を見ると屋内垂直農法は少数の特定作物にのみ有効で、世界中の人口を食べさせていくことはできないだろう。

あまり力を入れなくていいこと

地産地消――環境にやさしい食べ物という幻想

数年前、私は出身大学に招かれて科学コミュニケーションの賞を受賞した。その会はありがちな格式ばったパーティーで、みんながワインを片手にちょっとしたおしゃべりを交わしながら部屋の中を歩き回っていた。読者の皆さんにはもうお分かりかもしれないが、私はこういうイベントが大の苦手なのだ。

ディナーのテーブルで隣になったのは、昔授業を受けていた講師だった。教師と生徒としてではなく、同僚として見られるのは不思議な感じだった。食事がはじまると、自然と食べ物の話になった。私はベジタリアンのコースを頼んだ。その講師は羊を頼んだ。「肉が環境に悪いのは知ってるわ。だからチキンやポークは食べないの。でもラムは食べるわ。地産だから、炭素負荷が低いの」。冗談かと思った。でも冗談ではなかった。ありえないと思った。環境分野の講師がそんなことを本気で信じてるなんて。地産だから炭素負荷が低いって？

今の私だったら、ちょっと言い返したりしていたかもしれない。でもあの頃は臆病だった。私はニコッとして、口をつぐみ、残りの焼き野菜を食べたのだった。

だけど、そのディナーのあとで、あの問いを一刀両断できるような答えを準備しようと心に決めた。地産地消で本当に炭素負荷が減るのか？　間違っているのは私なのか、あちらなのか？

それからの一年間、私は論文という論文を読み漁ったが、いずれも同じ結論を示していた。それは炭素負荷に大きく影響するのは、「私たちが何を食べるか」であって、その食べ物が移動する距離ではない、ということだ。

私はあらゆるデータを揃えてこの発見を論文で発表した。おかげで「アンチ地産地消オンナ」なんて言われるようにもなった。私はまったく「アンチ地産地消」なんかじゃない。地元でとれたものを食べるにはいろいろな理由がある。地域の農家を支えたいのかもしれないし、自分が見える場所で作られたものを食べたいのかもしれない。いずれももっともな理由だ。もっともでないのは、炭素負荷が低いからという理由だ。特に、低炭素の食べ物のかわりに、地元だからという理由で高炭素の食べ物をあえて選んでいる場合はそうだ。なのに、地産地消がいいとよく聞くし、国連のような権威ある機関でさえそう言っている。

二〇二一年に市場調査会社のイプソスが三〇カ国で二万一〇〇〇人の成人を対象に気候変動についての知識と意見を調査した。調査項目のひとつに、次の質問があった。

「個人の温室効果ガス排出量削減にもっとも役立つのは次のどちらの行動だと思いますか？」

1. 地産の肉や乳製品を含む、地元で生産された食べ物中心の食生活を送る
2. 果物や野菜の一部が輸入品であったとしても、ベジタリアンな食生活を送る

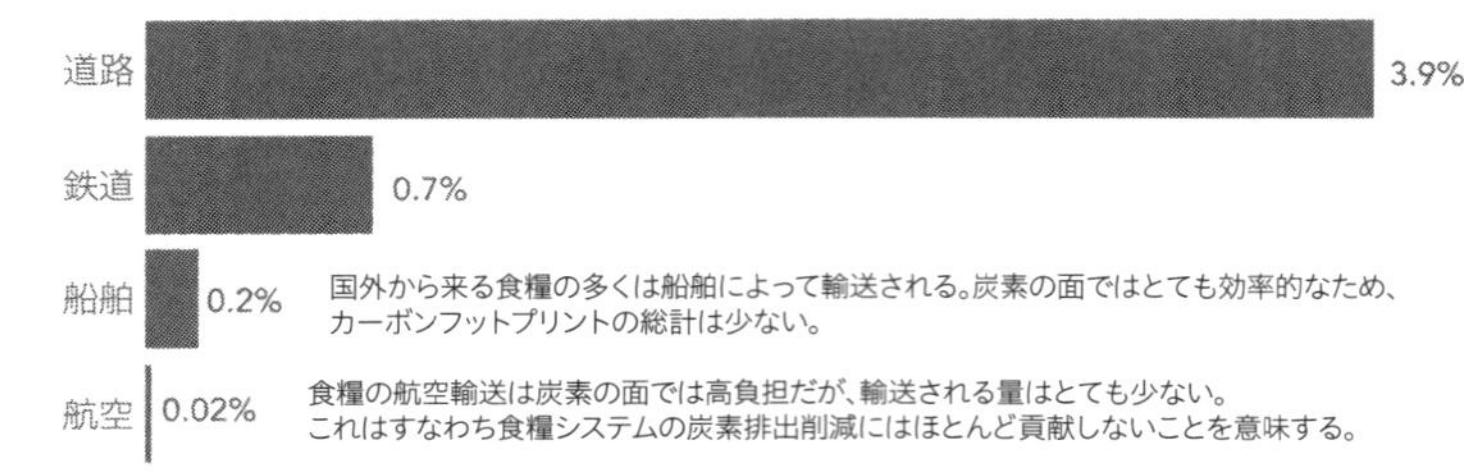

食品の炭素排出において輸送の占める割合は低い　輸送は食品による炭素排出全体のわずか５パーセントしかない。輸送による排出のほとんどは国内の陸上輸送によるもので、海外からの船舶または航空輸送ではない。

すべての国で――植物性の料理が多いインドを除く――、地産の肉の方が輸入品を含むベジタリアンな食生活よりも気候にやさしいと思われていた。回答者の五七パーセントは地産肉の方が環境にいいと答え、二〇パーセントはベジタリアン食の方がいいと答え、残りの二三パーセントはどちらも選ばなかった。

地産地消の根拠はもっともだ。食べ物の輸送に温室効果ガスが排出されるため、輸送距離が長くなればなるほど排出量は増える。理屈は通っているように聞こえるが、本当は違う。もちろん、食べ物の輸送に必要な二酸化炭素の排出量は計算に入れなければならない。だが、フードチェーンの中で輸送の部分は、食べ物による温室効果ガス排出量全体の五パーセント程度でしかない。そのほとんどは農地への土地用途変更と、農場での排出だ。牛のゲップによるメタンガスの排出。化学肥料や厩肥からの炭素排出。土壌から出る炭素などだ。

輸送のインパクトがこんなに小さいのはなぜだろう？　世界のあちこちで生産された食べ物――グアテマラのバナナ、ブラジルの大豆、ペルーのアボカド、ガーナのカカオ豆――を口にするとき、それらが飛行機で輸送されてきたと多くの人は思い込んでいる。だが実際には航空輸送される食べ物はほとんどない。運賃が高いので、絶対に必要な場合以外はやらないからだ。ほとんどの輸入食品は船便で運ばれ、海上輸送はかなり低炭素の輸送手段だ。航空輸送に比べて炭素排出量は五〇分の一を切る。

食べ物にかかわる炭素排出量の五パーセントにあたる、輸送による排出のほとんどは陸上輸送——つまり、地域またはローカルな配送によるものだ。海上輸送はわずか〇・二パーセント、航空輸送は〇・〇二パーセントにすぎない[39]。

植物中心の食生活に変えることへのよくある批判は、人気の「ビーガン」食品はほとんど海外産だということだ。アボカド、大豆、バナナが代表的だろう。いわゆる地産の肉よりも、こうした輸入品の方がはるかに環境に悪いと主張する人は多い。だがこれらの輸入品は海上輸送されているため、この主張は間違っている。

もちろん、航空輸送される食べ物については、そうとも言い切れない。ではどの食べ物が航空輸送されるかは、どうしたらわかるのか？　残念ながら、簡単にはわからない。私は、航空輸送だとみんなが見分けられるよう、食べ物の外側に小さな航空機シールを貼ってほしいと以前から言ってきた。これなら簡単にできるし、私たちも悩まずにすむ。だが、そうしたシールがなくても、一般的な見分け方はある。航空輸送を選ぶのは、急いで食べ物を届けなければならない場合だ。つまり、消費期限が極めて短いものや、収穫から数日で腐ってしまうような果物や野菜がほ

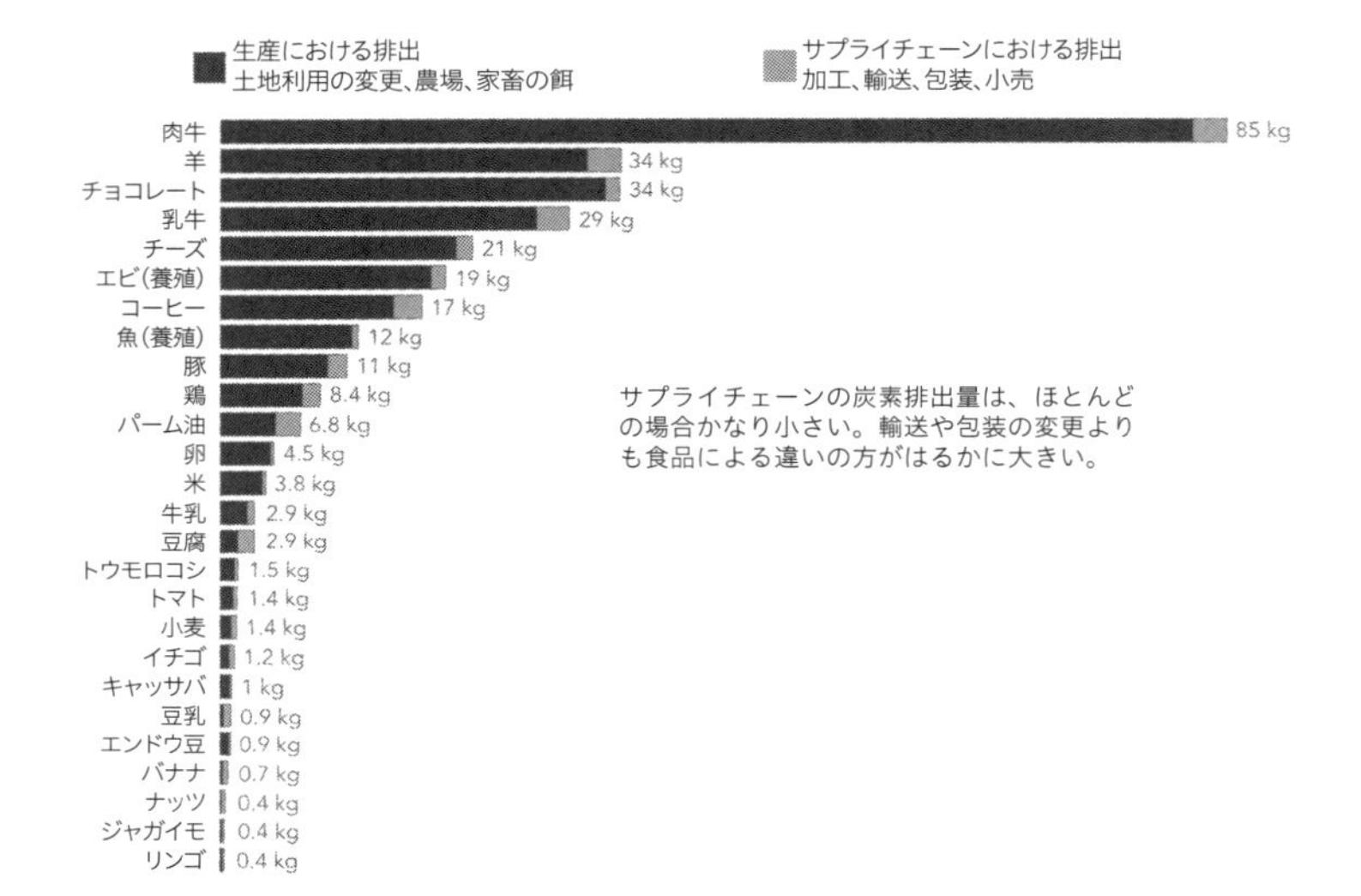

どこからきたかより、何を食べるかの方が大切　輸送と包装による炭素排出は食品全体のほんの一部に過ぎない。地産にこだわるよりも植物性の食生活を送る方が環境にはやさしい。食品１キログラムあたりの 炭素排出量をキログラムで示している*。

とんどだろう。たとえば、アスパラガス、緑豆、ベリー類だ。バナナや アボカドやオレンジなどの果物と野菜はこの中には入らない。だから、消費期限が短く輸送距離の長い食べ物は避ければいい（多くの食べ物には産出国のラベルが貼ってあるので、これを見るといい）。

もちろん、食べ物の産地がまったく重要でないわけではないし、輸送距離はどうでもいいというわけでもない。食べ物がどこで生産されたかは重要だ。というのも、世界を見渡すと、作物や家畜を育てるための農業慣習や気候や条件が国や地域によってかなり違うからだ。ひとつの食べ物をとっても、どこでどのように育てられたかで、炭素排出量は相当に違ってくる。

ということは、地産地消が実際には環境に悪い場合もあるということだ。特に、その食べ物に適さない場所で育てている場合はそうだろう。たとえば、イギリスはカカオ豆やバナナを育てるのに適した場所には絶対になり得ない。温室で人工的に熱帯環境を作り出せはしても、それには膨大なエネルギーが必要になる。これらの作物が効率的に生産できるアフリカや南米から海上輸送するよりもはるかに多くのエネルギーを使うことになる。輸入作物の方が炭素排出量が少ない例を挙げれば限りない。冬のあいだにはレタスをスペインからイギリスに輸入すれば、排出量は三分の一から四分の一になる。[40] スウェーデンの温室でトマトを生産すると、旬の時期に南欧から輸入するよりも一〇倍のエネルギーを消費しなければならない。[41]

ちょっと立ち止まって考えたら、地産地消が原則として世界のすべての人にいいというのは、バカバカしい考え方だとわかるはずだ。ブラジル人が地産の牛肉を食べれば、森林伐採によって生産された牛肉を食べていることになる。もっといい原則は、最適な場所で生産されたものを食べることだ。つまり、熱帯の国々で生産されたトロピカルな食べ物や、穀物収量の高い国で生産

*この図で示した総量は、本書の中で前述した食品の炭素排出量とは少し違っている。一方は平均で、もう一方は中央値だからだ。食品によってはこの値がかなり違うものもある。前述の指標をそのまま使ってサプライチェーンの内訳を示せるのが理想的だとは思う。だが残念なことに、ここでもとにした論文からはそういったデータが手に入らない。正確な値は違っているかもしれないが、全体の順番とここからわかることは同じはずだ。

された穀物、そして牧草地の生産性が高く、森林を伐採しなくても牧草地を拡大できるような場所で生産された肉を買った方がいいということになる。それが地産にあたるかどうかは、読者の皆さんがどこに住んでいるかによる。いずれにしろ、重要なのは地産かどうかは関係ないということだ。

有機食品を食べる――環境にいいとは限らない

ここは、なかなか納得しづらいポイントだろう。環境へのやさしさをアピールする食品表示といえばまず、「オーガニック」が思い浮かぶ。

だが実際には、有機農業が、いわゆる「伝統」農業より環境にやさしいかどうかは定かではない。*有機農業は生物多様性の点ではいいことも多く、特に虫にとってやさしい。有機農場と伝統農場をヘクタール単位で比べると、有機農場の方がおそらく生態系がより健全だと思われる。だが有機農業の大きな欠点は、作物収量が低く（私が何を言いたいかはもうおわかりだろう）、必要な土地面積が広くなるということだ。このトレードオフがあるため、生態系を守るにはどうするのが一番いいのかという意見の相違が生まれる。狭い面積の中で集中的に農業を行うのか、はるかに広い面積を使って有機農業を行い、生態系にインパクトを与える方がいいのか。[42] 最終的な答えはまだ出ていない。

だが、気候にとってはどちらがいいだろう？　有機農業なのか、伝統農業なのか？　今のところ、はっきりとどちらに分があるとも言えない。一六四本の論文からメタ分析を行い、七四二の農業システムの環境インパクトを比べた結果がある。温室効果ガスの排出量については、まちまちだった。有機農業の方がいいという研究もあれば、伝統農業の方がいいという研究もあった。

このメタ分析によると、土地利用の点で有機農業は分が悪く、河川の汚染についても有機農業の方が悪いという結果で一致していた。化学肥料の利用が周辺の生態系を害することを心配する人は多いが、有機農業がそうでないと思い込むのも間違いだ。有機農家も、たいていは厩肥という形で作物に栄養を与える。すると、厩肥の余分な栄養が大量に河川に流れ込み、藻が大量発生したり生態系を乱したりする。

もちろん、有機農業に適している場所もある。ローカルな環境で他のやり方よりもいいという場合もあるが、グローバルな規模ではうまくいかない。有機農業がよく言われているような万能薬でないことだけは確かだ。

今この執筆中にも、スリランカの全域で有機農業による大混乱が起きている。二〇二一年、スリランカ政府は突然化学肥料の輸入を禁止し、全国の農業を有機農業に移行させようとした。それが大惨事を引き起こしている。全国の農業生産は激減し、価格は急騰した。野菜の値段は五倍

＊ここで言う「伝統」農業とは、何らかの化学製品を使う「非有機」農業である。化学製品の使用が「伝統的な」農法として見られることに異を唱える人もいる。だが、言葉の定義としてはこれが一般的だろう。

以上に跳ね上がった。これまでで最悪の事態だと売り手は言っていた。ほとんどの人は野菜を見つけるのにも一苦労で、もし見つかったとしても、高すぎて買えない。多くの農家はいつもの半分の収穫しか期待できない。この試み自体が大失敗で、スリランカ政府は急いで元に戻そうとしている。

この拙速な判断――多くの人に大損害を与えた――から、もし有機農業に全振りしたら世界がどうなるかが垣間見える。ひとつはっきりさせておきたいのは、有機農業自体には何の問題もないということだ。良い土壌と十分な栄養があれば、うまくいく場合も多いだろう。有機農業が最適な場合もあるはずだ。だが有機農業が包括的な解決策にはなり得ないし、これによって食糧システムを立て直すことはできない。

有機食品の方が非有機食品よりもそもそも健康にいいと思い込んでいる人は多い。非有機食品を食べる時に消費者が一番気にするのは農薬の使用だ。確かに、有機食品は化学農薬の使用量が少ない傾向にある。アメリカで行われた三つの調査では、伝統農法で作られた食べ物に比べて、有機食品の農薬残量は三分の一程度であることがわかっている。[43] これは意外ではない。だが、これらの農薬残量は私たちが気にしなければならないほどの水準なのだろうか？　ＷＨＯは、人間の健康に害を与えない「安全な」一日の摂取量を規定している。政府と食品管理機構はこの水準を守らなければならない。多くの国ではこの水準が守られている。

アメリカで一二の食品分類において一〇種類の最もよく利用される農薬の残量を調査した研究

がある。そこで、すべての食品において農薬水準が制限量を大幅に下回っていることがわかった。食品の大半（七五パーセント）では制限量の〇・〇一パーセントにとどまった。つまり、残量水準は、健康に明らかな影響を与え得る基準の一万分の一ということになる。さまざまな国でも同じような例が見られる。[44,45] もちろん、すべての国が規制を守っているとは限らない。国によっては収穫後の作物の管理が適切でなく、農薬残量がＷＨＯの制限を超えているかがはっきりしない場合もあるだろう。農薬を手にいれる農家が増えるにつれ――低所得国では特に――規制と監督の体制も同時に整備していく必要がある。

きちんとした食品管理機構がある国では、非有機食品は間違いなく安全だと言える。そして、有機食品がより健康にいいことを示す証拠はあまりない。もし私が個人的におススメするとしたら、有機食品にこだわる必要はないと思う。わざわざ探してまで買わなくてもいい。だけど、避ける必要もない。どちらでもいいと思っている。「地産地消」と同じような話だ。「何を」食べるかの方が、有機食品かどうかよりずっと重要であることがわかっている。環境面でも栄養面でもそのインパクトは大きい。食べ物の認証表示よりも、中身が何かに私は注目する。

プラスチック包装――気にしすぎ

食べ物を五重にプラスチックで包まなくてもいいなんてことは、もちろん私だってわかってはいる。商品の見栄えを良くしようとして、または自分たちのブランドを見せびらかそうとして、企業は過剰包装に走りがちだ。だが包装を完全に排除すれば、とんでもないことになる。食品廃棄は増えて、むしろ環境にも悪い。

繰り返しになるが、「何を」食べるかと、買ったものをきちんと食べることの方が、包装がどうなっているかよりもはるかに大切だ。プラスチック包装による炭素排出量は、中身の炭素排出量に比べるとごくわずかでしかない。食品の炭素排出量に占める包装の割合はわずか四パーセントだ。

プラスチックとその環境インパクトについては7章で詳しく見ていくことにする。現時点での私のおススメは、余分な包装をできるだけ排除することだ。バナナはビニールにくるまなくてもいい――すでに皮があるからだ。だが多くの食品はプラスチック包装した方がいい。食品を安全で新鮮に保ち、ゴミ箱行きを防ぐことには大きな意味がある。

これを全部やったら世界はどんな姿になるだろう?

今が二〇六〇年だと仮定してみよう。世界の全員がこの本を読み――もしそうなったらびっくりだけど――ここにあるおススメをすべて行動に移したとしよう。世界はどうなっているだろう?

人口は一〇〇億人。ということは人類滅亡は避けられた。とりあえずよかった。農業技術は格段に進歩し、品種改良は進み、世界中で作物収量は上がり続けてきた。

気候変動を遅らせることにもある程度の成果を上げてはきたものの、以前に比べると予想通り温暖化は少し進んでいる。幸運にも、農業のイノベーションによって温暖化や定期的な干魃に強い品種を作ることには成功した。厳しい時にも農家はそれなりの収穫を得られるようになった。

サブサハラの国々は自給に十分な食糧を生産しているだけではない。世界に向けた一大食糧輸出国となっている。豊かな国は抑制的な貿易政策を緩め、カカオやコーヒーやトロピカルな果物を全面的に輸入するようになっている。農業の収穫率が高まると、家族全員が農場で働く必要はなくなる。子供達は学校にいき、大学に入り、教師になったり、都会で起業したりするようになる。農家の就労時間は減り、時給は大幅に上がる。収量が増えて生産量が上がったため、美しい森はそのままの姿を保っている。

世界の誰もが、カロリーだけでなくタンパク質や必須微量栄養素の点でも、十分にバランスのとれた食生活を送っている。みんなが多様な食べ物を口にしている。動物性の食品を食べている人もいるが、全体で見ると二〇二〇年に比べてその摂取量はかなり減っている。食生活は植物性のものが中心になっている。人々はさまざまな種類の穀物や果物や野菜や豆類を食べている。乳製品も植物性のもので完全に代替できるようになった。味はまったく同じだ。

農業に使う土地面積は、二〇二〇年代に比べるとほんの少しで済むようになっている。航空写真からはかつての森が再生されている様子が見える。野生の草原が戻っている。生態系は命を取り戻している。

　これは、魔法のような、あまりに楽観的すぎる未来の姿に思えるかもしれない。だが、どの一部を抜き出してみても、それが実現しない明らかな理由はない。もちろん、これは簡単でもなければ、自然にそうなるものでもない。とはいえ、実現は可能だ。私たちが望めば、この未来は手に入る。

6章　生物多様性の喪失――野生を守る

「人間はたった二世代で世界の野生動物の半分以上を殺した」
――ワシントン・ポスト、二〇一八年[1]

世界自然保護基金（ＷＷＦ）が野生動物についての報告書を発表するたび、一年おきにこのような見出しが世間を賑わせる。この数字をみんなが誤解している。それなのに、いつもこれが話題になる。

この見出し自体は意外ではないし、私がバカにする権利もない。生物多様性を測るこの指標はややこしく、私も含めて多くの人が自分なりの視点に凝り固まりがちだ。数年前、私はアメリカの公共ラジオ局から、世界の最も重要な統計についてインタビューを受けた。私は懸念すべき野生動物の減少に注目を集めようとして、ＷＷＦの「生きている地球指数（ＬＰＩ）」の頭にある数字を取り上げてしまった。正確に何を言ったかは覚えてないが――そのインタビューを聞き直すのもつらすぎるくらい後悔している――、私はパニックになった。「世界の動物の数は一九七〇年に比べて六九パーセント減った」とかなんとか口に出してしまった。これは事実ではない。指数が示しているのは、違うことだ。穴があったら入りたい――一般の人たちのデータへの誤解を正すのが私の仕事の一部なのに――私は大きなヘマをやらかしてしまった。

間違いを元に戻すことはできないが、これからこの報告書が正しく伝わるように努力すること はできる。このような見出しはなぜ間違っているのだろう？ そしてＬＰＩの数字は本当は何を 表しているのか？ ＬＰＩは、三万を超える動物における、群れの大きさの変化――個体数の増 減――を測ったものだ。ここでの「個体数」とは、ある地域内の種を指している。同じ種でも、 南アフリカのアフリカゾウはタンザニアのアフリカゾウとは別のものとして数えられる。ＬＰＩ はこの群れの大きさの平均の変化を測るものだ。この指数がどれほど誤解されやすいかについて、 簡単に例を挙げよう。

以下は二つのクロサイ群の実例だ。ひとつはタンザニア、もうひとつはボツワナのクロサイ群 を例として挙げる。一九八〇年にタンザニアには三七九五頭のクロサイが生息し、ボツワナには 三〇頭しか生息していなかった。その後数十年のあいだに、タンザニアでは密猟が頻発しクロサ イは絶滅の危機に瀕するまでに減少した。二〇一七年までにはわずか一六〇頭になっていた。一 方ボツワナではその間に改善が見られ、三〇頭が五〇頭に増えた。タンザニアのクロサイは九六 パーセントも減ったことになる。一方ボツワナのクロサイの数は六七パーセント増えた。

この二つの平均の変化を計算すると、マイナス一五パーセントとなり、クロサイは平均で一五 パーセント減ったことになる。ここでは単純に、「算術平均」を取っている。ＬＰＩでは「幾何 平均」を使う。算術平均と少し違うが、多くの集団の平均を計算する場合の問題や、外れ値によるブレの問題は同じように存在する。これが見出しになると「クロサイは一五パーセント減少した」となるが、それは違う。一九八〇年時点で、クロサイの生息数は三八二五頭だった。そこから、三六一五頭がいなくなった。つまりクロサイは九五パーセント減ったということだ。ＬＰＩは動物の個体減少数やパーセンテージとはかなり違う指標なのだ。

ＬＰＩを報告する際には、さらに誤解される危険が大きくなる。二つの群れを平均することで、どちらの現状についてもまったく見えなくなる。タンザニアのクロサイは九六パーセント減り、絶滅の危機に瀕している。一方で、ボツワナでは何かがうまく行っている。それなら、本当に必要になったらタンザニアのクロサイを優先しないという判断もあり得る。しかも、絶滅危惧種を増やす秘訣をボツワナから学ぶ大切な機会を失ってしまう。

さて、ＬＰＩが教えてくれる事実は、一九七〇年から二〇一八年までに平均でこの数字が六九パーセント減少したということだ。多くの動物が懸念すべきスピードで減っていることは間違いない。だが少し深掘りして見ると、一部の動物はいい方向にむかっていることもわかる。変化の方向を見ると、かなりまちまちの様子が見えてくる。動物の約半分は増えていて、半分は減っている。[2] 哺乳類動物の四七パーセントは増え、四三パーセントは減り、一〇パーセントは変わっていない。数が増えた動物群と同じだけ、減った動物群があった。平均の減少率がこれほど大きいのは、増加スピードより減少スピードが速く、増加幅より減少幅が大きいからに違いない。

この結果を見ると、グローバルな野生動物の状態を心配しなくていいとは思えない。私たちがこれまでにないほどのスピードで生物多様性を破壊していることは間違いなく、絶滅の危機が急速に迫っている種も多い。だが、この問題を解決するには、最も苦労している点を強調する必要がある。[3]生物多様性の本当の姿を伝えるには、見出しがどんな印象を与えるかを意識しなければならない。

後述するが、世界の野生種の六九パーセントを数十年で失ったということは、大量絶滅まであと少しのところまで近づいているという風にも考えられる。幸い、まだそこに至るまでは遠く、立て直す時間はたっぷりある。

キタシロサイは絶滅が近い。ナジンとその娘のファトゥが現在生息している最後の二頭だ。最後に残ったオスのスダンは二〇一八年に亡くなった。この美しい動物の絶滅は悲劇だ。一九六〇年には二〇〇〇頭を超えるシロサイが生息し、そのほとんどはスーダンとコンゴ民主共和国にいた。だが、密猟が横行し、数が激減してしまった。

最後の二頭のシロサイはどちらもメスなので、これから数が増える可能性はほとんどない。それでも、科学者や自然保護活動家は諦めずにシロサイを救うことに時間とお金をつぎ込んでいる。ナジンとファトゥは、ケニアのオルペジェタ自然保護区にいる。この二頭を、武器を持った警備員が二四時間三六五日見守っている。密猟者の関心を失わせるために、ツノは削られている。世

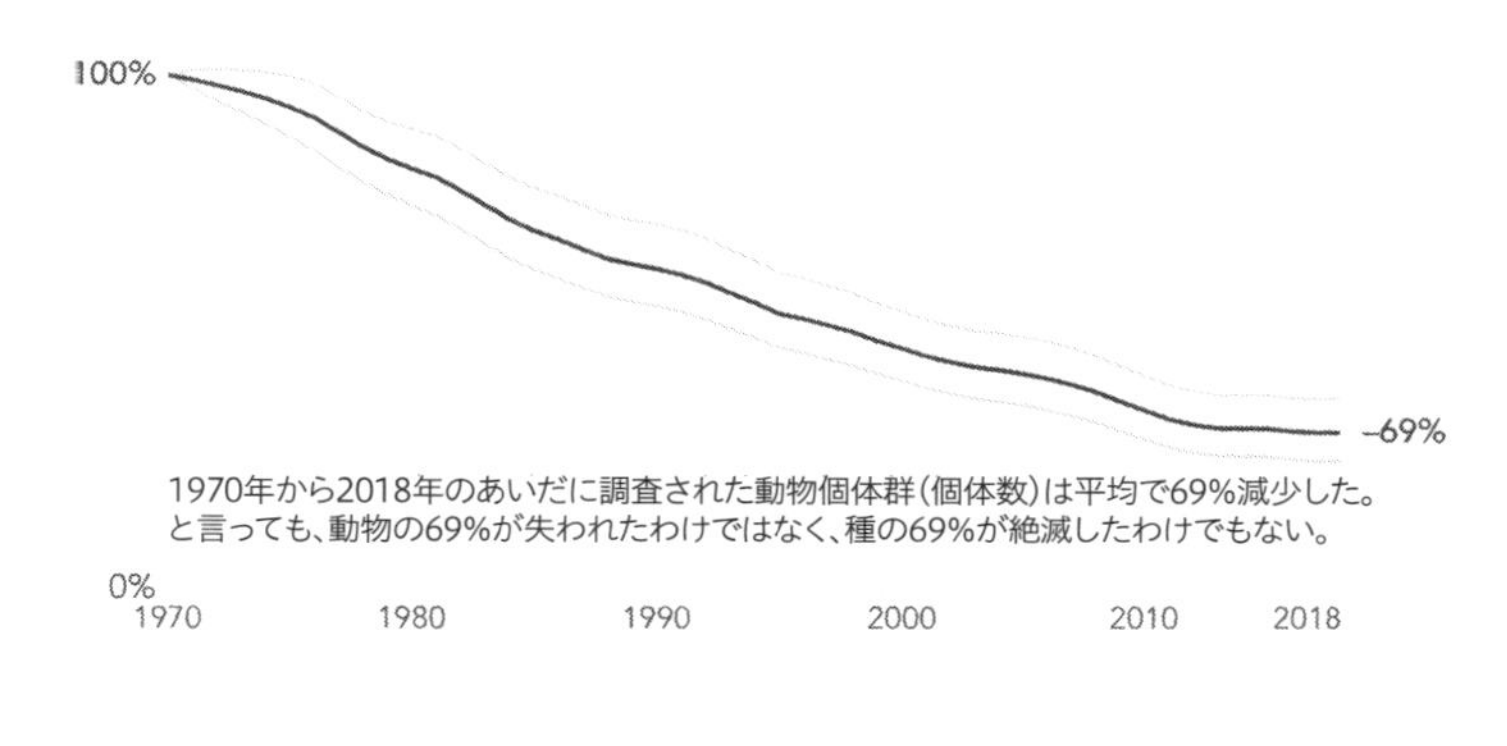

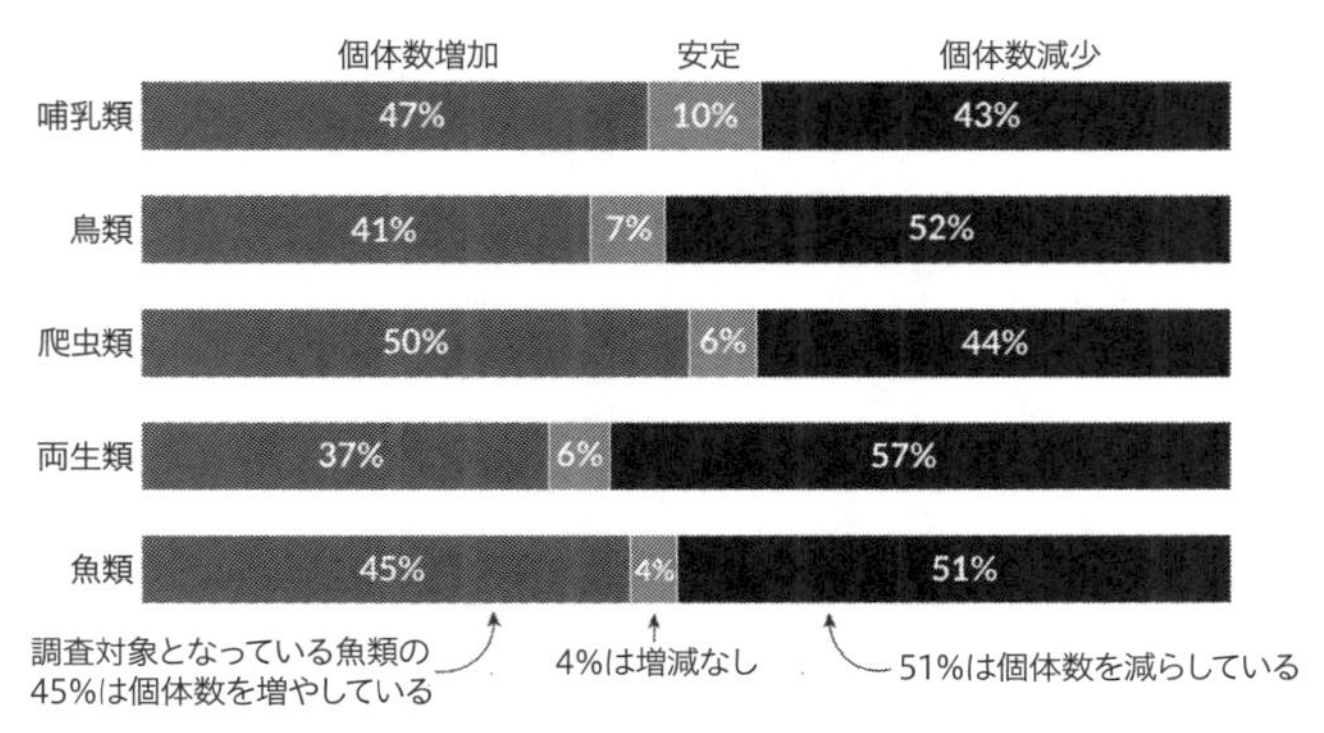

野生動物の 69%が失われ、多くが生存の危機に晒されている　2022 年の LPI によると、1970 年以来野生動物の数は 69%減っている。危機に瀕している動物もいる。動物のおよそ半分では頭数が増え、半分では減っている。

界中の研究室で科学者が生殖方法の開発を試み——幹細胞、雑種胚、胚移植——シロサイを絶滅の危機から蘇らせようとしている。成功確率は低くても、国際的な努力が続けられている。

なぜこれほど多くの人が、このひとつの種を救うことに人生を捧げているのだろう？　おかしいじゃないか？　たった二頭を守るのに莫大なお金と時間をかけるくらいなら、ほかのさまざまなことにそれを使った方がいいかもしれないのに。少なくともミナミシロサイ——キタシロサイのいとこの種で、今はまだ大丈夫だが危機に晒されている——を回復する努力に使ってもいいはずだ。このプロジェクトに賭けてきたのは科学者と自然保護活動家だけではない。私たちの多くもこの話に心を惹かれてきた。

このことは、なぜ私たちが生物多様性を気にかけるかという大きな問いに関係する。科学者としての私は、なぜ私が二頭のキタシロサイを気にかけているかを合理的に説明したいと思う。人間はバランスのとれた生態系に依存している。人間が生き残るために生態系は必要だ。それはたいていの場合正しいが、そうと言えないこともある。この機能的価値が明らかな種もある。一方で、それほど明らかでない種もある。生態系は複雑だ。種のあいだの必要性と依存性は入り組んでいる。私たちはそうした関係性をまったく理解できていない。これまでの歴史の中で、人間が生態系に介入しめちゃくちゃにしてしまった例は枚挙にいとまがない。生態学者で経済学者でもあるギャレット・ハーディンは、生態学の第一法則として「ひとつの行動がそれだけに終わることはまずない」と言った。波及効果（効果の効果）を考慮しないと、問題を招くことになる。

ということは、機能的価値が明らかでない多くの種において、その価値はむしろ、獲物と捕食者と生態系を繋ぐ複雑な関係性の中に隠れている可能性がある。問題が起きるまで、私たちにはその真価がわからない。私たちにどの種が「必要」でどの種が必要でないかがはっきりしない理由はそこにある。しかも、生態系の測り方が異なれば、どの種を保護すべきかや世界のどこを守ればいいかも異なってくるので、余計に難しい。[4] 生態系に介入したくなったら、このことをいつも謙虚に心に留めた方がいい。

とはいえ、ある種の重要性――または重要でないこと――が明らかな場合もある。キタシロサイは「重要でない」種のいい例だ。ナジンとファトゥは人間の生き残りに必須の存在ではない。警備の厳しい場所に囲いこめば、二頭は野生の生態系から切り離されてしまう。キタシロサイが絶滅しても、生態系は崩壊しない。人間にとってはまったく問題ない。はっきり言えば、人間にキタシロサイは必要ない。ナジンとファトゥが明日死んでも、心以外は何も痛まない。

ということは、私たちのキタシロサイへの思い入れは、機能を超えた何かによるものなのだ。野生動物は美しく、私たちを幸せにしてくれる。人間は自然に喜びを見出す。私たちは庭園でミツバチやチョウを追いかけたり、森でリスを探したり、海で魚を探したりする。たとえ自分が野生動物を見ることはなくても（私はサイを見たことがない）、どこかにいることを知っていれば十分だ。

『パンダは人間に必要か？――生物多様性の居心地の悪い真実』（未邦訳）の中で、生態学者のケン・トムソンは本の題名からもおそらく明らかなように、人間は自分たちにとって最も機能的価値の少ない種（パンダ）に大きな関心を寄せるのに、自分たちの生き残りに欠かせない種（蠕虫（ぜんちゅう）やバクテリア）を無視することを指摘している。[5] 私は長いあいだこのような姿勢は間違いだと反論してきたが、今では動機はどちらでもいいし、どちらもあっていいとやっと観念した。前向きな行動につながるものであれば、活用した方がいい。人によっては、それは人間の生き残りへの貢献かもしれない。また別の人にとってそれは私たちの周りの生き物の美しさを祝うことかもしれないし、ほかの種の権利のために立ち上がることかもしれない。

私もそうだが多くの人はその組み合わせだろう。その組み合わせが合理的でない場合もある。トムソンの本の前書きで、トニー・ケンドルは私が感じている科学者としてまた人間としてのジレンマを次のように美しく表現している。

> 主観への後ろめたさは、自然保護の難しさと科学の役割の核にある問題だ。私たちは時に、自分の心を動かすものを保護するために必死に闘う。それは機能的な重要性という客観的な価値が理由ではない。人間の生存には熊より微生物の方が必要だが、熊が人生を生きる価値のあるものにしてくれることもある。

どのようにここまできたか

私たちは微生物や蠕虫よりも大型動物が大好きなのに、だからといって狩猟をやめるわけではない。人間が世界の野生生物に与えた最も明らかで深淵なインパクトは、私たち自身の王国、つまり哺乳類の変遷にある。

人類がいつアフリカから出て世界中の大陸に足を踏み入れたかについては、これまでに侃侃諤諤の議論が交わされてきた。移動の時期については多くの考古学的痕跡が残されている。だが、そのほかにも人類が地球上でたどった旅の軌跡を探る方法がもうひとつある。それは哺乳類の絶滅時期を見てみることだ。大型哺乳動物が絶滅した場所ではいずれも、私たちの祖先の足跡がそう遠くないところに残されている。

人類がオーストラリアに到着してまもなく、ジャイアントカンガルーが絶滅した。北アメリカに到着すると、アメリカマストドンが絶滅した。南アメリカに到着すると、地上性ナマケモノが絶滅した。この一連の哺乳類の絶滅の波は紀元前五万二〇〇〇年から九〇〇〇年にかけて地球全域に広がった。これが第四紀の大型動物相（メガファウナ）大量絶滅と呼ばれる出来事だ。[6]「メガファウナ」とは大型哺乳類——体重四四キログラムを超える哺乳動物で、羊からマンモスまですべてが入る——を指す。世界中で少なくとも一七八の大型哺乳類が絶滅した。

これら動物の絶滅は気候の変化によるものだと主張する人もいる。しかし、その絶滅に私たちの祖先が決定的な役割を果たしたことを示す強力な証拠がある。

人類の移動の足跡に続いて大型哺乳動物の絶滅が起きる　紀元前5万2000年から9000年のあいだに第四紀の大量絶滅によって世界中で178を超える哺乳類が絶滅した。この絶滅は世界中の大陸への人類の移動と同じ軌跡をたどっている。

この殺人ミステリーの最後の証拠となる痕跡が、化石の記録に見られる。人類の歴史における哺乳類の大きさを見ると、ある傾向がはっきりと見てとれる。小さくなっているということだ。[7] 世界中の多くの記録から、身体が縮小している証拠が発見されている。

レバント地方――東部地中海沿岸――では、研究者が一〇〇万年以上前の哺乳類の大きさを再現し、人間が捕らえていた哺乳類の大きさが平均九八パーセントも減少したことを発見した。[8] 一

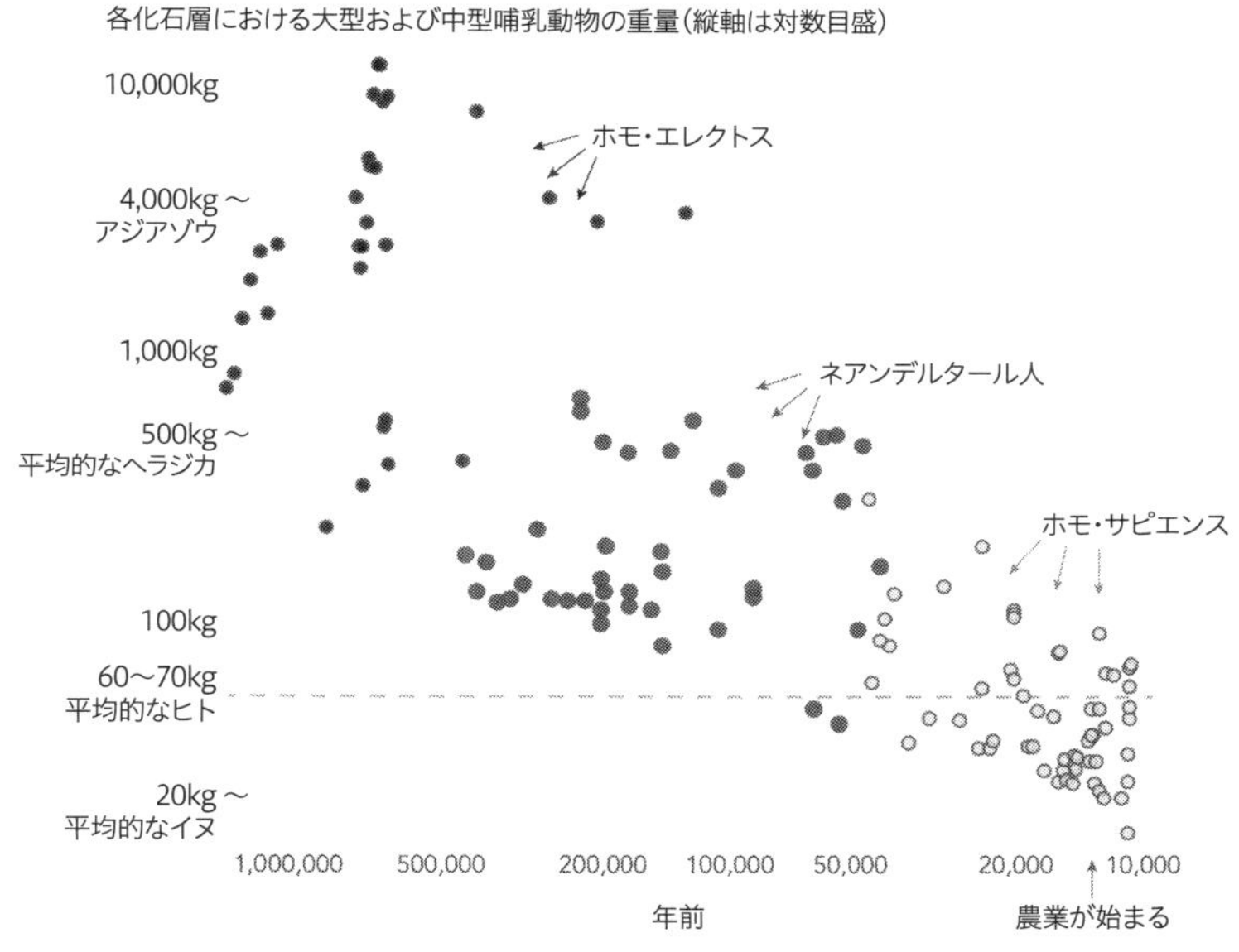

狩猟によって大型哺乳類は絶滅に追い込まれた　レバント地方の化石サンプルから、哺乳動物が時間の経過とともに小型化していることがわかる。

五〇万年前、私たちの祖先であるホモ・エレクトスは、体重が数トンもある哺乳動物とともに地球をさすらっていた。当時は「アンティクウスゾウ」（体重が一一トンから一五トンもある）や、メリジオナリスゾウ、巨大なカバも存在した。こうしたとてつもない動物たちが、ひとつまたひとつと絶滅していった。絶滅した哺乳類のほとんどは大型だった。もし気候だけが理由なら、超大型の哺乳類だけがいなくなるのはおかしい。大型動物は繁殖率が低いので小型動物よりも危機に弱いが、それでも小型哺乳類の一部も影響を受けるはずだ。気候は動物を差別しない。差別するのは人間だ。

大昔に、私たちの祖先が世界の大型

哺乳類絶滅の大きな元凶となった可能性は高い。乱獲が原因かもしれないが、火の使用やそのほかの自然の生息環境への圧力が一因になったのかもしれない。

この時代にはどの時点でも人口は五〇〇〇万を超えていなかった。現在の人口とくらべると、およそ二〇〇〇分の一だ。我が街ロンドンの今の半分の人口で、何百種という超大型哺乳動物を絶滅に追いやったのだ。信じられない。それは、今私たちがよく耳にする環境についての通説に反している。通説は、爆発的な人口増加によって生態系への被害がもたらされたというものだ。たった五〇〇〇万人が哺乳類の王国全体を一変させたとすれば、明らかに通説は正しくない。

世界の哺乳類の変遷はここで止まらなかった。およそ一万年前の農耕のはじまりより前、動物への最大の脅威は直接の狩猟だった。農耕のはじまりによって、今度は生息地が破壊された。ゆっくりと、だが確実に農地は拡大していった。ほんの少しの食べ物を育てるにも、広大な土地が必要になった。4章で見たとおり、これによる環境負荷は甚大だった。広大な範囲の森林が伐採された。草原は奪われた。生態系のすべてがガラリと変わった。まず、多くの偉大な種の生息地と行き交う場が縮小し、その後完全に消滅した。この一連の出来事は、左のジャブの後に右のアッパーカットをくらったようなものだった。

これによって哺乳類王国は滅びた。地上に生息する野生哺乳動物の生物体量（バイオマス）は、人類が生まれてから八五パーセントも減少した。[9-11] 生物体量とはつまり、身体を構成する「もの」の量だ。各動物は生命の基本構成要素である炭素のトン数で測られる。ちなみに、炭素一ト

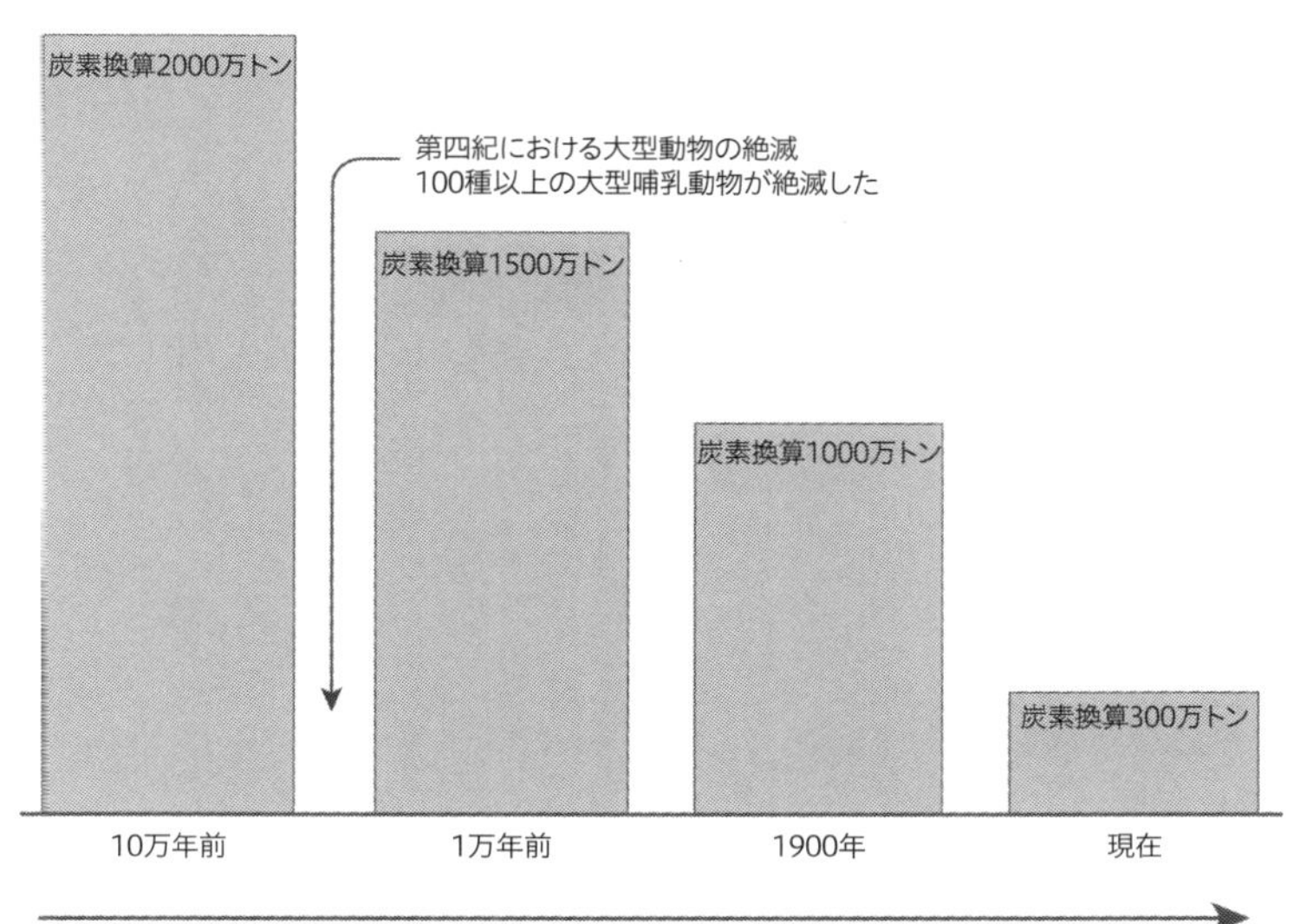

人間は長期にわたって野生の哺乳動物を減少させてきた　地上の野生哺乳動物の推定生物体量。人類が生まれて以来、85% 減少した。

ンは、人間一〇〇人分またはゾウ二頭分に相当する。

一〇万年前には地上の野生哺乳動物は炭素約二〇〇〇万トンの重さがあったとされている。第四紀の大量絶滅によって生物体量の四分の一が失われ、哺乳動物の生物体量は一五〇〇万トンになった。農耕が世界に広がった一九〇〇年までに、生物体量はさらに五〇〇万トン減少した。二〇世紀がはじまって人口が爆発的に拡大しグローバルな工業化が起きる前に、野生の哺乳動物はすでに半分に減っていた。

この一〇〇年で縮小のスピードはさらに加速している。野生哺乳動物の生物体量は炭素三〇〇万トンにまで減っている。一〇万年前に地球上を闊歩（かっぽ）していた時のわずか一五パーセントしかない。

だが、変わったのは野生哺乳動物の激減だけではない。かわりに増えたものもある。人間と家畜が世界を乗っ取り、哺乳動物の均衡が崩れた。人間と牛や豚やヤギや羊やそのほかの家畜哺乳動物の生物体量を足し合わせると、このことが見て取れる*。

一九〇〇年までに野生の哺乳動物の生物体量は哺乳類全体の一七パーセントにまで縮小し、人間は二三パーセント、家畜はなんと六〇パーセントに拡大した。今ではこの格差がさらに劇的に広がっている。野生の哺乳動物はわずか二パーセント、人間は三五パーセント、そして家畜は六三パーセントを占めている。

海洋動物を加えたとしても——大量の炭素体量を含むクジラがそのほとんどだ——野生の哺乳動物は全体の四パーセントにしかならない。現在の哺乳類の王国を支配するのは人間だ。八〇億の人口はかなりの生物体量になる。野生の哺乳動物の一〇倍だ。だが全体像を変えるのは、人間が食用に育てる家畜だ。牛だけでも野生の哺乳動物を足し合わせた生物体量のおよそ一〇倍になる。野生の哺乳動物の総生物体量はだいたい羊と同じくらいだ。

哺乳類王国の多様性は減少したものの、総生物体量は大幅に増加した。一万年前、全世界の地上に住む哺乳動物を合わせると——人間と家畜も含む——推定二〇〇〇万トンの生物体量があった。今はその九倍になっている。人間によって哺乳類王国の大きさはおよそ一〇倍にもなった。

ここでは哺乳類に注目しているため、鳥類や家禽類は含まれていない。だが鳥類を見ても同じ

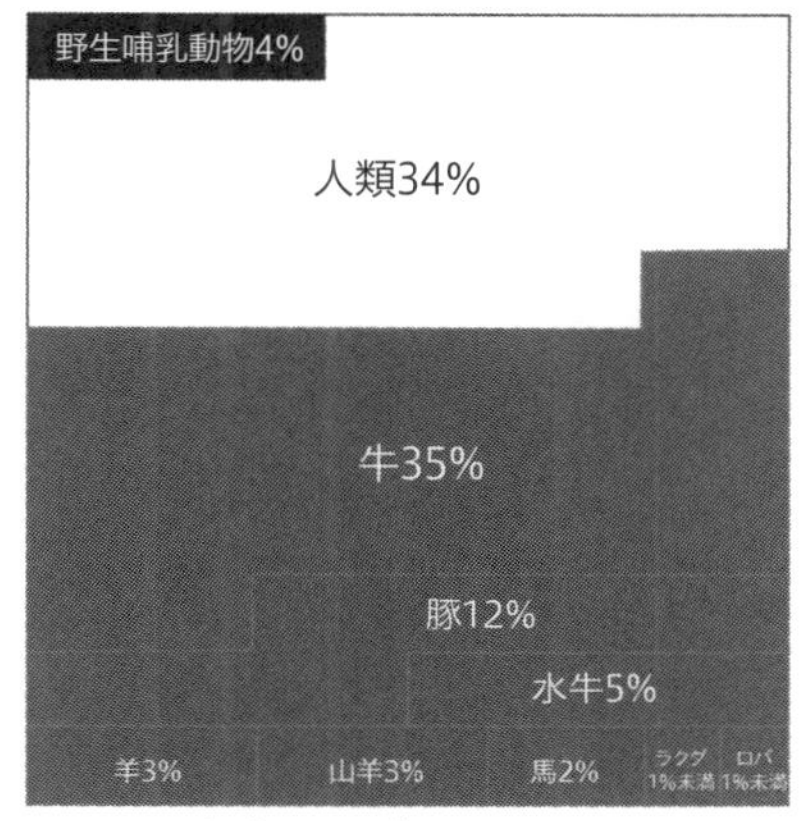

哺乳類の大半は人間とその家畜になった　2015 年時点の哺乳類の生物体量の比較。野生の哺乳動物は全体のわずか 4% にすぎない。

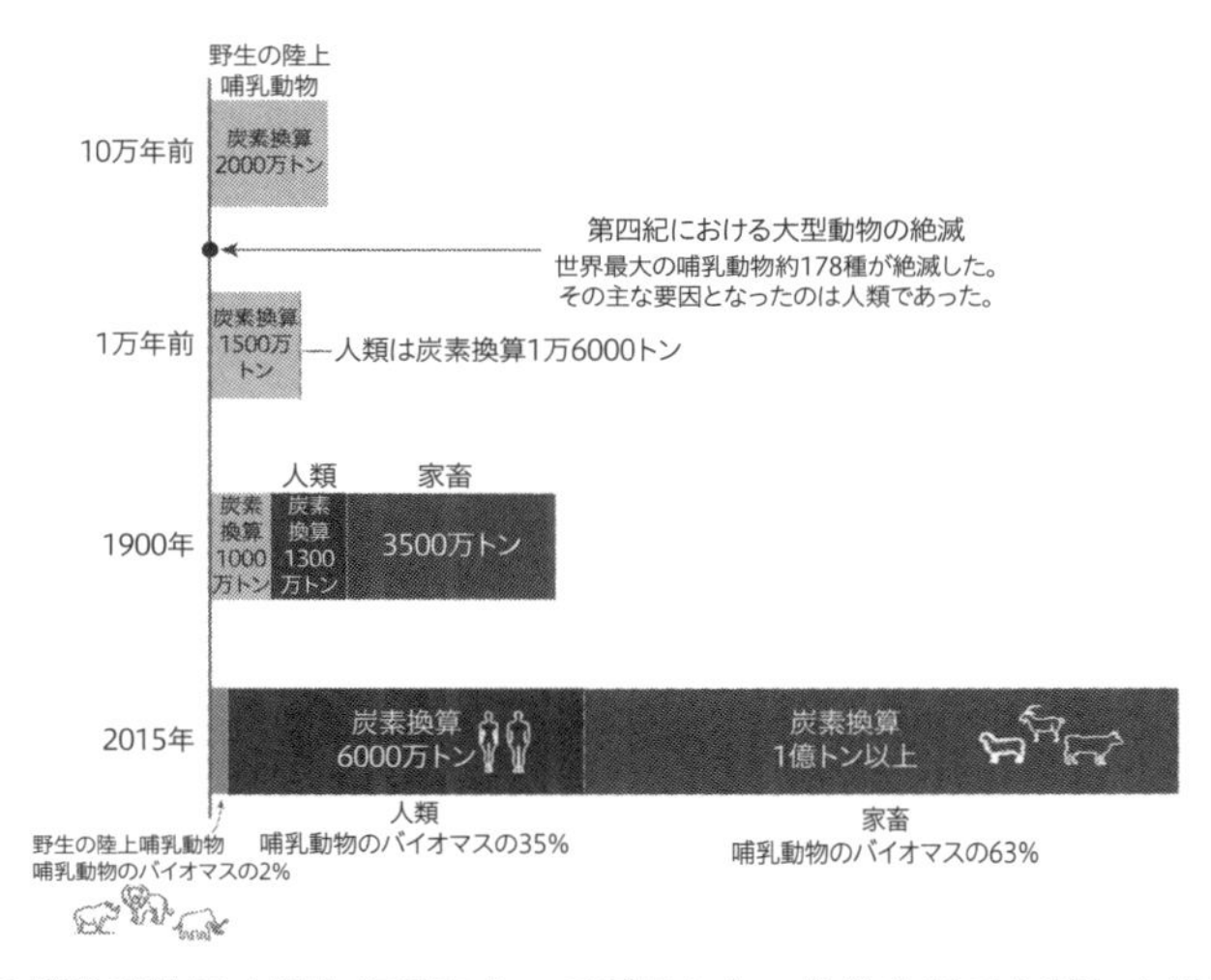

野生の哺乳動物は人間と家畜によって減少した　生物体量で比較した世界の哺乳類。炭素のトン数で計算。

ことが言える。家畜としての鶏は野生の鳥の二倍の生物体量がある。

人間は地球上のすべての生き物のほんの一部しか占めていない。わずか〇・〇一パーセントだ。[†]だが、見違えるほどにそのすべての種の姿を変えたのは、私たち人間だ。環境活動家のスチュアート・ブランドが言うように、「私たちは神のようになったのだから、その仕事をうまくこなした方がいい」。

今どこにいるか

この地球にはどのくらいの種が存在するのだろう？　これは自分たちの周りにある世界を理解するために必要な基本的な問いでありながら、世界中の分類学者が答えに窮しているものだ。生態学者のロバート・メイはサイエンス誌に発表した論文の中で、次のようにうまくまとめている。

他の惑星から（スタートレックに出てくる）エンタープライズ号でエイリアンが地球にやってきたら、まず最初に何を聞くだろう？　おそらくこれだろう。「お前の惑星には、どのくらいの異なる生命——種——がいるんだ？」。恥ずかしいが、当てずっぽうで五〇〇万から一〇〇〇万の真核生物（ウイルスやバクテリアになると見当もつかないので、微生物を除く）あたりだろうが、一〇〇〇〇万種を超えていてもおかしくないし、三〇〇〇万種だとしてもおかしくない。[12]

最も一般的に引用されている現在の地球上の推定種数は、約八七〇万種。海に二二〇万、陸に六五〇万というものだ。[13‡] 研究の進んだ分類群——哺乳類、鳥類、爬虫類——については意見が一致しやすい。意見が分かれるのは、微小だったり目の届かないところにいたりする生命体——昆虫、真菌、その他の微生物種——の数だ。

「地球上にはどのくらいの種が存在するか？」という質問に正直に答えるなら、実のところわからない、と言うしかない。だが五〇〇万から一〇〇〇〇万のあいだのどこかにあるというのが最近のおおかたの答えだ。

この一〇〇〇万とも言われる種のほとんどについて、私たちが知っていることは非常に少ない。国際自然保護連合（ＩＵＣＮ）が作成したレッドリスト（絶滅のおそれのある野生生物のリス

＊私がこの数字を伝えると、いつも誰かが鶏は入っているかと聞いてくる。鶏は哺乳類でなく鳥類だと私が答えると、彼らは恥じ入ってしまう。
†すべての生き物——植物、真菌、細菌、動物を含む——の体量の合計に占める割合。
‡これは多細胞生物の数字である。いわゆる「原核生物類」、つまり単細胞生物はここに含まれていない。バクテリアは原核生物類に含まれる。

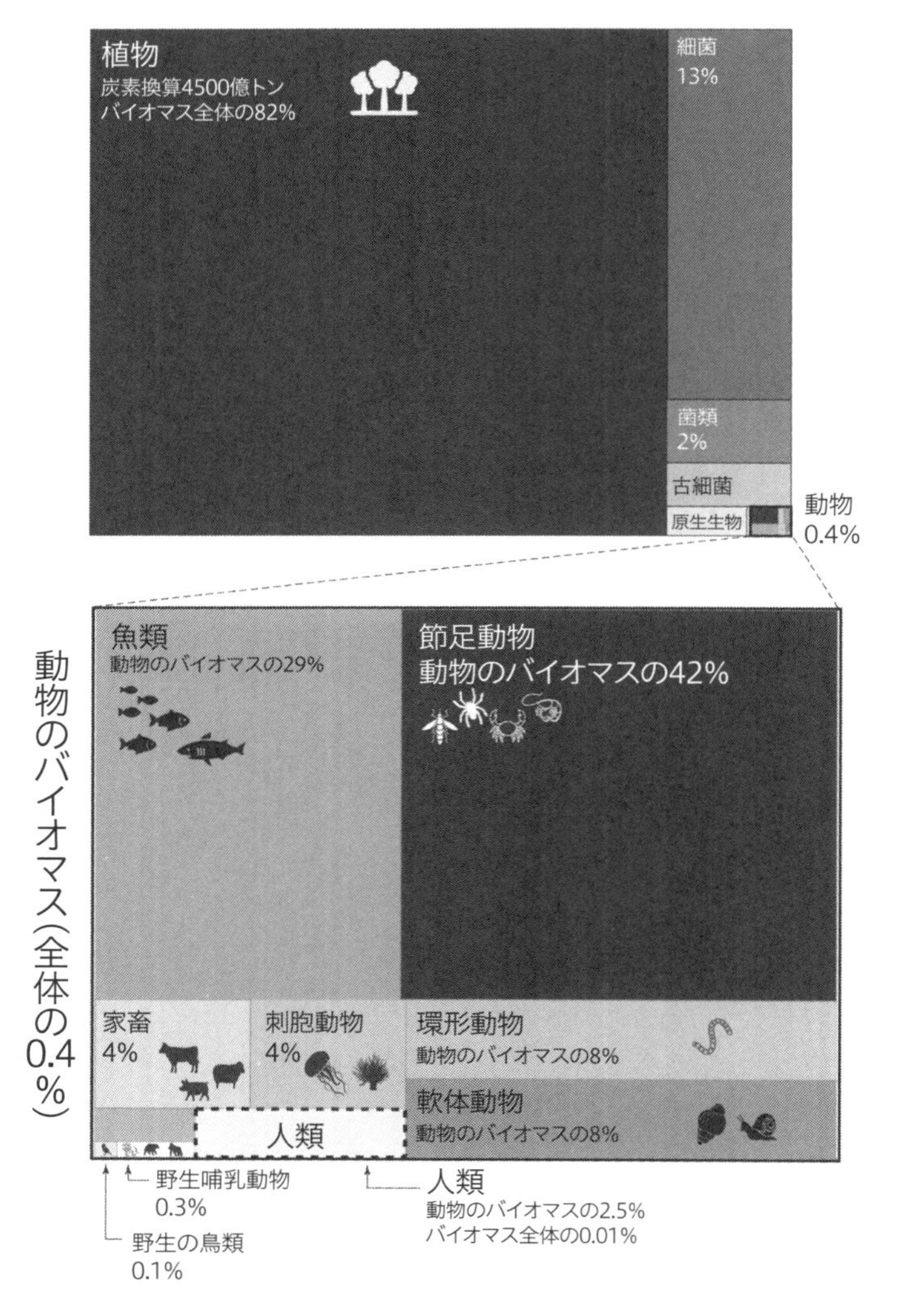

地球の生命体　生物体量でみると、地球の生命体のうち人間が占める割合はわずか 0.01% に過ぎない。だが人間のインパクトはそれよりもはるかに大きい。

ト）には、世界に存在する種の名前とその数が記載され、毎年追跡されている。二〇二〇年には二一二万種がリストアップされていた。相当な数の種がリスト外に存在する。

人間は地球上の生き物のわずか〇・〇一パーセントでしかない

地球上の生き物それぞれの生物体量がどのような割合を占めているかを調べた研究がある。そこで明らかになったのは、地球は植物の惑星だということだ。もっと具体的に言うなら（森林破壊が急速に進んでいるにもかかわらず）、地球は木の惑星だということだ。植物は生物体量の八二パーセントを占め、地球の生命を支配している。そして二番手は意外にも、私たちの目に見えない生命体だ。細菌は一三パーセントを占める。私たちの目はいつも動物界に向いているが、動物の割合は〇・四パーセントしかない。

動物界の中身を見てみると、昆虫と魚の割合が圧倒的に大きい。いずれも木や土の中に生息していたり、広大な海のどこかに生息しているため、私たちが日頃目にすることのない生き物だ。人間の割合はほんのわずかで、生物全体の〇・〇一パーセント、動物の二・五パーセントでしかない。

昆虫の絶滅

「昆虫の絶滅は目の前だ」。このニューヨーク・タイムズの見出しは世界中で大きな話題になった。[14] それ以来、このフレーズは人々の脳裏に焼きついたままだ。昆虫は絶滅に向かっているという説が今では当たり前のようになっている。だが——もうお分かりかと思うが——物事はそれほど単純ではない。

私が生物多様性の分野に引き込まれるきっかけのひとつになったのは、レイチェル・カーソンが一九六二年に出版した『沈黙の春』だった。カーソンは時代の先駆者であり、有機塩素系殺虫剤のDDTの大量散布による生態系の破壊にほぼはじめて警鐘を鳴らした人物だった。カーソンはみずから道を切り開き、人気よりも科学と誠実さを優先させた。そんなわけで、多くの科学者がこの問題について長いあいだ心配してきた。だが、「昆虫全滅（インセクタゲドン）」といった言葉を科学者が使うようになったのはここ五年くらいのことだ。世の中が真剣にこのことを話しはじめたのは、羽のある昆虫の生物体量がほんの二七年のあいだに七五パーセントも減少したというドイツの研究が二〇一七年に発表されてからだ。[15] この研究結果は衝撃的だった。三〇年もしないあいだに七五パーセントも減少したのなら、あと一〇年で完全に消滅してもおかしくはない。しかも、すべての昆虫がこんなスピードで減少しているとしたら、まもなくこの世界から昆虫はいなくなってしまうだろう。

エドワード・O・ウィルソンが言うように、「昆虫は『世界を動かす』小さきもの」なのだ。[16] 昆虫が健全な生態系の基盤になる存在であることはわかっている。なかにはハチやチョウのように食糧生産に欠かせない昆虫もいる。昔の私は、花粉を運ぶ昆虫によって世界の食糧システムが成り立っていると思っていた。送粉者である昆虫がいなければ、私たちは餓え死にしてしまうのだ、と。でもそれは間違いだった。作物の約四分の三はなんらかの形で送粉者に頼っているが、食糧生産全体におけるこれらの割合は三分の一でしかない。[17-19] というのも、最も生産量の多い作物の多く——小麦やとうもろこしや米といった主食——には送粉昆虫が必要ないからだ。主食となる作物は風によって花粉が媒介される。送粉昆虫に一〇〇パーセント頼っている作物はほとんどない。もしハチがいなくなったらそれらのほとんどは収量が減るはずだが、完全に枯れ果てるわけではない。

これらをすべて考えると、もし送粉昆虫が消え失せたら、豊かな国では五パーセント程度、低中所得国では八パーセントほど作物生産が減少すると思われる。といっても、昆虫の重要性を軽んじているわけではない。昆虫は私たちに欠かせない存在だ、有機物を分解し、植物に栄養を供給してくれる。土壌を健全に保ってくれる。食物連鎖の基盤となり、その上に生態系を成り立たせてくれる。作物の多様性のカギとなる役割を果たし、一部の作物にとっては不可欠な存在でもある。ブラジルナッツ、キウイフルーツやメロンといった果物、カカオ豆は、昆虫がいなければ育たない。送粉者がいなければ、この世界にチョコレートは存在しなくなる。そんな世界に私は生きたくない。チョコやこうした食べ物がなくても十分なカロリーは取れるかもしれないが、食生活の多様性は失われ、世界中の農家が生計を立てるのに苦労しなければならなくなる。

では、世界の昆虫の状況について、どのくらい私たちは心配すべきなのだろう？　もちろん、気にかけた方がいいが、多くの人が思うほど状況は悪くない。世界の昆虫の分布状況を調べるのはとても難しいので、何が起きているかについての明確な答えはない。アリを数えるのは、ゾウを数えるよりずっとずっと難しい。今どのくらいの昆虫がいるのかさえわからないのだ。ましてや数十年前にどのくらいいたかを推測するなど、ほぼ不可能に近い。ほかの動物なら、骨の残骸や以前の記録からだいたいのヒントを得ることはできる。でも、一九世紀にミミズの数を正確に数えていた人はいないし、環境に残された足跡もない。

だから、ドイツで話題になったときのように、ひとつの研究の結果だけにこだわり続けてしまうことになる。あるひとつの場所のひとつの昆虫種の傾向を見て、世界中の昆虫に当てはめてしまうのだ。これらの研究は情報としてはためになるが、ほかに当てはめすぎるのはよくない。イギリス・チェルトナムのある場所に生息するひとつのカブトムシの種の傾向から、世界中の昆虫がどうなっているかはわからない。

より幅広い範囲でさまざまな研究を見ていくと、複雑な全体像が浮かび上がる。昆虫の個体群についてのこれまでで最大規模のメタ分析は、科学者のロエル・ヴァン・クリンクと彼の同僚がサイエンス誌で発表したものだ[20]。彼らは、一九二五年から二〇一八年のあいだに一六七六の異なる場所で行われた一六五件の研究結果を統合した。研究期間はまちまちだったが平均二〇年にわたっていた。

その結果、全体像は非常に複雑で、一貫したパターンは存在しなかった。中には数が激減している昆虫もあった。これまで通りのものもあった。一方で、繁栄しているものもあった。結果を総合すると、地上の昆虫は平均で減少傾向にあった。年間で平均〇・九パーセントの総数の減少が見られた。減少幅が最も大きかったのは北アメリカで、年間平均二パーセントの減少だった。

逆に、水生昆虫は増えていて、年間平均一・一パーセントの増加が見られた。ほかの研究でもこの増加は一貫していた。イギリスでの大規模調査では、直近の数十年で多くの昆虫種が回復していることがわかった。[21] オランダの調査でも同じ傾向が見られた。[22]

これは信じがたいように思われる。水生昆虫が増加しているなんて本当だろうか？　ひとつの理由は、水質が改善していることだ。アメリカでは一九七〇年代に水質浄化法が施行され、水質汚染が激減した。ＥＵでも汚染規制が非常に奏功した。これはいい知らせだ。効果的な環境政策によって、状況は好転させられる。しかも、これらの規制は化学物質の使用を全面的に禁止するものではなかった点で重要だ。アメリカとＥＵは化学肥料や農薬の使用を止めず、より効率的かつ慎重にそれらを使うような政策を導入した。多くの環境活動家は全面禁止を訴えているが、ゼロか一〇〇かである必要はない。

南アメリカ、アフリカ、アジアの研究からは、地上の昆虫の減少傾向がひどく、熱帯地域ではそれ以上にひどいことがわかった。[23] これは意外ではない。この地域では森林破壊が進み、農業が拡大し、自然の生息地が急速に消滅しつつある。この地域は生物多様性が最も豊かな場所でもある。それが失われることの損失は大きい。

私はなにも、世界中で昆虫が繁栄していると言いたいのではない。多くの地域では、増加は見られない。むしろ急激に減少している。とはいえ、あらゆる場所で減少しているわけではなく、すべての種で減少しているわけでもない。[24,25]

危機に瀕した昆虫を守るためにできることはたくさんある。ややこしいのは、危機の原因がひとつではないことだ。ある論文でも述べられていたように、人間が原因の昆虫の減少は言わば「千の切り傷によるなぶり殺し」[26]のようなものだ。昆虫は、気候変動から生息地の消滅、農薬から新種の誕生までさまざまな脅威に晒されているため、私たちがなにかひとつのことを「正せば」問題が解決できるわけではない。何らかのトレードオフを強いられる場合もあるだろう。

「昆虫絶滅」と聞くと多くの人が反射的に「化学肥料と農薬の全面禁止」を持ち出す。気持ちはわかるが、これは最悪の判断だ。どれほど肥料が大切かは前章で見た通りだ。世界の人口を食べさせていくのに化学肥料は必須であるばかりか、収量をあげることによって農業に必要な土地の面積を減らすことにもなる。その土地を、森林や草原や自然の生息地として保護できる。生き生きとした生態系を農場に変えることこそ、昆虫の生物多様性を奪ってしまう最悪の行動だ。

認めたくはないが、一部の昆虫がいなくなるのはどうしようもないと思う。だが、農地面積をできるだけ減らし、化学肥料や農薬をより慎重にまた効率よく使うことによって、負荷を減らすことはできる。農業化学製品を賢く利用することを助けるソリューションはバイオテクノロジーの分野で数多く開発されている。害虫や病気に強い品種を開発し、農薬の使用を減らすことはできる。収量を増やして食糧生産に必要な土地面積を減らすこともできる。スキャン技術を使って化学肥料を必要なところにだけピンポイントで使い、それ以外の場所では節約することもできる。

私たちは第六の大量絶滅に向かっているか？

地球で最も栄えた動物が衰えていくのを見るのはつらい。毎年のように、木々の中にあった巣が減っていき、土の上の足跡を見かけなくなり、衛星画像では群が小さくなっていく。数が減っていくのが悲劇であるのはもちろんだが、種が完全に消滅するのはまったく別次元の出来事だ。種の衰退を見ると——右肩下りのグラフを見ると——どこかで減少が止まり、再び増加に転じるのではないかという希望にしがみつきたくなる。実は、回復した例はこれまでにも少なくない。アフリカゾウ、アジアゾウ、シロナガスクジラはいずれも、かつて絶滅に向かっていた。しかし、私たちがギリギリのところでブレーキをかけ、その数は回復しはじめた。

この一〇年で、ナミビアのアフリカゾウの数は二倍になった。[27,28] ブルキナファソでは五〇パーセント増加した。ザンビア、南アフリカ、アンゴラ、エチオピア、マラウイ、その他数カ国でも、その数は増加傾向にある。アジアゾウは激減の末に一九八〇年までにインドに残った数はわずか一万五〇〇〇頭だった。だが今は三万頭近くまで増えている。

増加傾向にあるにしろ、減少傾向にあるにしろ、今の傾向がそのまま続くと信じる理由はない。状況を覆すチャンスはほぼいつもある。だが、その数がゼロになると——絶滅すると——回復の希望はなくなる。そこで終わり。どうすることもできない。その損失は取り戻せない。そして、この地球はこれを何度も経験してきた。

この地球に一度は存在した四〇億とも言われる種のうち九九パーセントはもういない。[29] 種の絶滅はこの惑星の自然な進化の歴史の一部なのだ。[30] そうでなければ、私たち人間は今ここに存在していない。古い種は絶滅し、新しい種が生まれる。これが進化というものだ。

種の絶滅がこの地球の歴史において自然な出来事だという事実を言い訳に、人間が生態系を破壊していることを否定したがる人もいる。種の絶滅が珍しくないことなら、人間のせいだと言えないのでは？　それが進化の一部なら、思い悩んでも仕方がないのでは？

だが問題は、この世界の美しい種の多くが絶滅していくことではない。むしろ、予想よりはるかに急速に絶滅しつつあることだ。そのスピードがあまりに速いため、大量絶滅にまっしぐらに向かっている、第六の大量絶滅が起きると心配する人が多いのだ。

マスコミの見出しも不安を煽っている。「研究者によると、この惑星の次の大量絶滅を止めることはできない」（ＣＴＡニュース）、「地球は『第六の大量絶滅時代』に突入し、世界が終わる予兆」（デイリー・エクスプレス）など。グーグルで「第六の大量絶滅」と検索すると、さらに何千という見出しがヒットする。いずれも希望を与えてくれるものではない。だが、こうした記事に少しでも真実はあるのか？　次の大量絶滅は本当にやって来るのか——もしかするとすでにはじまっているのだろうか？

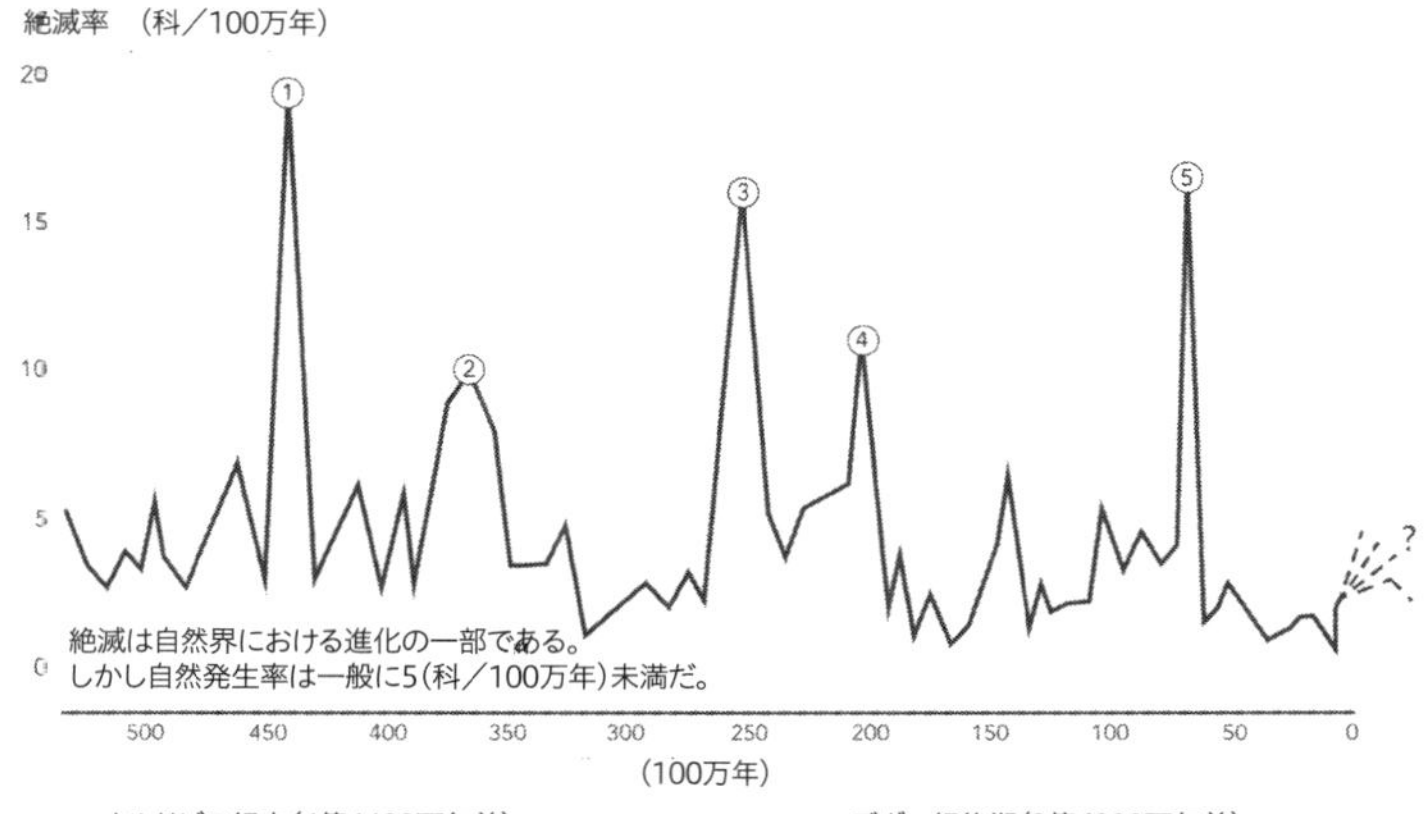

① オルドビス紀末（4億4400万年前）
86%の種、57%の属、27%の科が絶滅した。

② デボン紀後期（3億6000万年前）
75%の種、35%の属、19%の科が絶滅した。

③ ペルム紀末（2億5000万年前）
96%の種、56%の属、57%の科が絶滅した。

④ 三畳紀末（2億年前）
80%の種、47%の属、23%の科が絶滅した。

⑤ 白亜紀末（6500万年前）
76%の種、40%の属、17%の科が絶滅した。

地球の歴史における「5大」大量絶滅期　大量絶滅とは、比較的短期間（地質学では200万年とされる）に種の75%が絶滅することを指す。

まずは、「大量絶滅」が何を意味するかを理解することからはじめよう。大量絶滅とは、比較的短期間にすべての種のうち七五パーセント以上が絶滅することを指す。*ここでの「短期間」とは、二〇〇万年程度のあいだという意味だ。私たち人間にとっては理解が及ばないようなとんでもなく長い期間だが、四〇億年から五〇億年もの地球の歴史に比べると瞬（まばた）きほどの時間でしかない。

なぜ絶滅の「速度」が重要なのか？　それは「通常速度」と呼ばれる、時間の経過とともに安定的かつ自然に訪れる絶滅と、こうした劇的な変化を区別するためだ。通常速度であれば、一〇〇万年で一〇パーセント、一〇〇〇万年で三〇パーセントの種が失われ、一億年で六五パーセントが失われる。[31]

歴史の中で、この通常速度よりもはるかに速いペースで絶滅が起きる時期がある。それが「大量絶滅」だ。地球はこれまでに五度の大量絶滅を経験してきた。[32]

大量絶滅期のすべてで、世界の種の七五パーセント以上が絶滅した。五大絶滅のうちの三番目――二億五〇〇〇万年前のペルム紀――には九六パーセント以上もの種が絶滅した。

そんな劇的な変化はなぜ起きたのか？　世界の種のほとんどが絶滅するからには、地球の均衡が極端に崩壊したに違いない。よほど強い力が執拗にかからなければそうならない。絶滅のほとんどのきっかけは、地球の気候の大転換か、大気と海の成分の変化だった。

最初の大量絶滅――四億四四〇〇万年前――には、氷期から間氷期のあいだで大きな気候の変動が起きていた。海水面の高さが激変し、世界の陸上面積があとかたもなく変わった。同時に地殻が変動し――プレートが押しあってアパラチア山脈が生まれ、岩石が風化し、大気中の二酸化炭素が吸収され、多くの種の安定した生息地であった海の成分が変化した。地球は冷却し、ほとんどの野生生物が生き延びられないほどの寒さになった。

二億五〇〇〇万年前の第三の大量絶滅が起きたのは、地球が酸性スープと化した時だった。シベリアでの活発な火山活動で地球が暖まり、硫黄が（硫化水素の形で）大気中に放出された。海は酸性風呂と化し、酸性雨が世界のいたるところに降り注ぎ、地球の化学組成を一変させた。野生生物のほとんどはひとたまりもなかった。

最後に第五の大量絶滅が訪れた。恐竜を絶滅に追いやった、有名な出来事だ。メキシコのユカタン半島に隕石が衝突した。その隕石が大気に突入した時に、おそらく瞬間的にいくつもの生命体を焼き尽くしてもおかしくないほど強烈な赤外線が放たれた。[33]隕石が地上に衝突すると、その衝撃で大量の粉塵と硫黄が大気中に放出され、太陽の光を遮り、硫黄を大量に含んだ空気が充満した。陸は氷に覆われ、雨と海は酸性化し、植物には陽の光が届かず死に絶えた。

これらの出来事は、大気と海と陸の仕組みのすべてに劇的な変化が起きたことがきっかけだった。動物と植物はこれまでとはまったく違う見知らぬ世界に放り出された。ほとんどの種は新たな環境に適応できなかった。だが一部だけは適応でき、生き延びた。ほとんどの種が死に絶えたことよりも、生き残った種がいたことの方が驚きだ。それらは生き延びたばかりか、回復した。各絶滅のあいだには回復期があり、そこではしぶとく生き残った生命体が繁栄していた。絶滅した種は新たな種に道を譲っていた。

それでは、例の重要な問いに戻ると、第六の大量絶滅時代はやってくるのか？　私たちはすで

＊七五パーセントの種が絶滅する場合には二つの背景がある。絶滅率が高いか、種分化率が低いかだ。種分化――新種の誕生――が極めて遅い場合には、絶滅率がそれほど高くなくても、七五パーセントという数字になってしまうことがある。これらには「大量消滅」と呼ばれることもあるが、大量絶滅と同じように取り扱われる。

にその最中にいるのだろうか？

　この問いに答えようと思ったら、大量絶滅を定義づける二つの基準に注目する必要がある。種の七五パーセントと二〇〇万年という期間だ。

　一五〇〇年以来絶滅した哺乳類は、全体の約一・四パーセントだ[34]。研究が進んでいるほかの動物を見ても、割合はそう変わらない。鳥類の一・三パーセント、両生類の〇・六パーセント、爬虫類の〇・二パーセント、硬骨魚類の〇・二パーセントが絶滅している。かなりの数だが、全体の七五パーセントにはまったく届かない。それでもこの絶滅の速度は警戒すべきものだ。

　一五〇〇年以来――たった五〇〇年前と比べて――一パーセントが絶滅したのが事実だとすれば、この速度がいかに速いかはわかる。概算だが、五〇〇年で一パーセント絶滅したとすると、三万七五〇〇年で七五パーセントに達することになる――種が同じ速度で絶滅に向かうと仮定しての話だ。

　また、最近の絶滅速度を通常速度と比べてみることもできる。脊椎動物――哺乳類、鳥類、両生類――が通常よりも一〇〇倍から一〇〇〇倍の速さで絶滅に向かっていることは、調査から明らかだ[35]。実のところ、これよりもっと速い可能性もあると研究者たちは考えている。というのも、まだ調査が行き届いていない種もあり、そうした種は存在を知られる前に絶滅してしまう可能性もあるからだ[36]。さらに悪い話もある。五大大量絶滅時代の絶滅スピードと、最近の絶滅スピードを比べると、今の方が速くなっている。

これらをすべて合わせると、見通しは暗い。「第六の大量絶滅時代に向かっているか？」と聞かれたら、「向かっている」と答えるしかないようだ。

でもまだ手遅れではない。暗い見通しは、ここ数世紀と同じスピードで種が絶滅し続けるという前提に基づいている。これは大胆な仮定だ。しかも間違っている。今回の大量絶滅はこれまでと違って、ブレーキを利かせることができる。私たちがそのブレーキだ。これまでの大絶滅は、隕石、巨大火山、プレートの衝突といった地質または気候の大変動が原因だった。大気や海の連鎖反応が起きたら最後、それを止める手立てはなかった。だが今回の原因は私たちにある。そして私たちにはそれを止め、立て直すという選択肢がある。今私たちが正しい判断をすれば、損失を遅らせ、逆転することさえ可能だ。すでにそれができている場所もある。

一部の地域では野生生物が回復している

ヨーロッパバイソンは欧州大陸で最大の脊椎動物だ。バイソンがフランスからウクライナ、そして黒海の沿岸まで広範囲に多数生息していたことは考古学でも証明されている。[37] 最も古いバイソンの化石は、およそ紀元前九〇〇〇年の完新世（かんしんせい）にさかのぼる。

バイソンの数は一〇〇〇年のあいだに着実に減り続けていたが、激減したのはこの五〇〇年のことだ。森林破壊と狩猟によって、この象徴的な哺乳動物は絶滅しそうになった。ハンガリーでは一六世紀までに、ウクライナでは一八世紀までに絶滅し、二〇世紀の初頭には野生のバイソンは完全にいなくなり、数十頭だけが捉えられ保護されていた。バイソンは絶滅の瀬戸際にあった。だがこの五〇年で、奇跡的な回復を果たした。二〇二一年の終わりには、およそ一万頭が生存していた。このように動物の数の回復を果たした保護プログラムの成功例は世界中にある。ロンドン動物学会、バードライフ・インターナショナル、リワイルディング・ヨーロッパなどの保護団体は、ヨーロッパにおける動物個体群の変化について定期的に報告書を発行している。最新の報告書では、回復に成功した二四の哺乳動物とひとつの爬虫類——アカウミガメ——の変化が取り上げられている。[38]

ヨーロッパアナグマの数は平均で一〇〇パーセント増加した——つまり倍になった。ユーラシアカワウソは、平均で三倍になった。アカシカは三三一パーセント増加した。中でもヨーロッパビーバーは目覚ましい復活を果たした。平均で一六七倍になったと言われる。二〇世紀の前半には、ヨーロッパに残ったビーバーは数千匹だった。今ではそれが一二〇万匹を超えている。

ヨーロッパではどのようにこうした成功が果たせたのか？ 簡単に言うと、それまで哺乳類を殺す原因となっていた活動の多くをやめたのだ。この五〇年でヨーロッパ全域の農地面積は減少した。これで自然の生息地が戻ってきた。もうひとつの重要な進展は、狩猟の完全禁止や狩猟割当、法的保護区域の設定、密猟の取り締まり、特定種の繁殖への補償制度といった効果的な保護政策を国家が導入したことだ。最終的に、一部の動物は——ヨーロッパバイソンやビーバーなど——育種や再導入プログラムを通して回復を果たした。

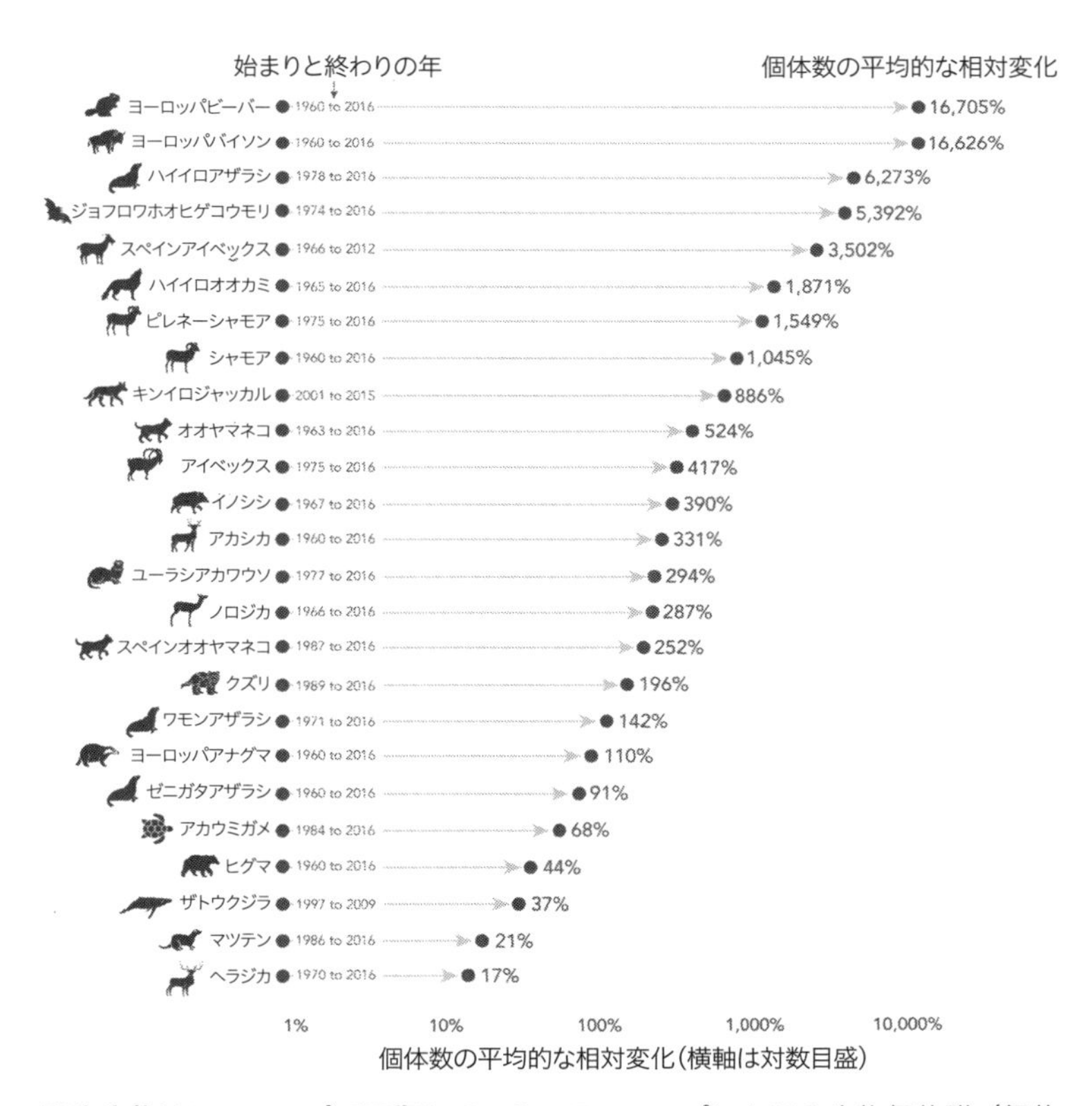

野生生物はヨーロッパで回復している　ヨーロッパにおける生物個体群（個体数）の相対的変化の平均を示している、たとえば、ヨーロッパビーバーの数は、1960年から2016年のあいだの98の調査における平均の相対的変化を表している。

ヨーロッパは例外ではない。アメリカバイソンはアメリカの国家的な象徴になった。ヨーロッパ人がアメリカ大陸に入植する前には、三〇〇〇万頭のアメリカバイソンが存在していた。一九世紀は絶滅の世紀だった。一八八〇年代までに生き残ったバイソンはわずか数百頭になっていた。最後に残ったバイソンは保護公園で安全に守られ、狩猟を制限する法律も奏功し、この一世紀で復活を果たした。今では北アメリカに約五〇万頭のバイソンが生息し、絶滅寸前の時点から一〇〇〇倍の数になっている。

こうした成功例の多くは豊かな国でのものだ。だが、豊かでなければ野生生物を守れないと思い込んではいけない。豊かさは違っても、さまざまな国で成功例が生まれている。

一九六〇年代までに、世界に残ったインドサイはわずか四〇頭ほどだった。パキスタンでは絶滅し、残った数十頭はインドとネパールに散らばっていた。それ以来、インドサイの数は一〇〇倍になった。今では約四〇〇〇頭が生存している。サブサハラ・アフリカには、世界最高の動物保護の成功例が存在する。かつてこの大陸にはミナミシロサイが数多く生息していた。だがヨーロッパ人による密猟が横行し、農地転換に伴う殺傷も進んだために、一九世紀の終わりまでに、美しいミナミシロサイは絶滅に近づいた。一九〇〇年までにはわずか二〇頭しか残っていなかった。残ったミナミシロサイはすべて、南アフリカの今は自然保護区となったシュシュルウェ・イムフォロジ公園にいた。二〇世紀を通して、特にアフリカの自然保護区でこの種は特別厳格に保護され、おかげでその数は二万一〇〇〇頭を超えるまでに急速に増加した。一世紀前に比べて、

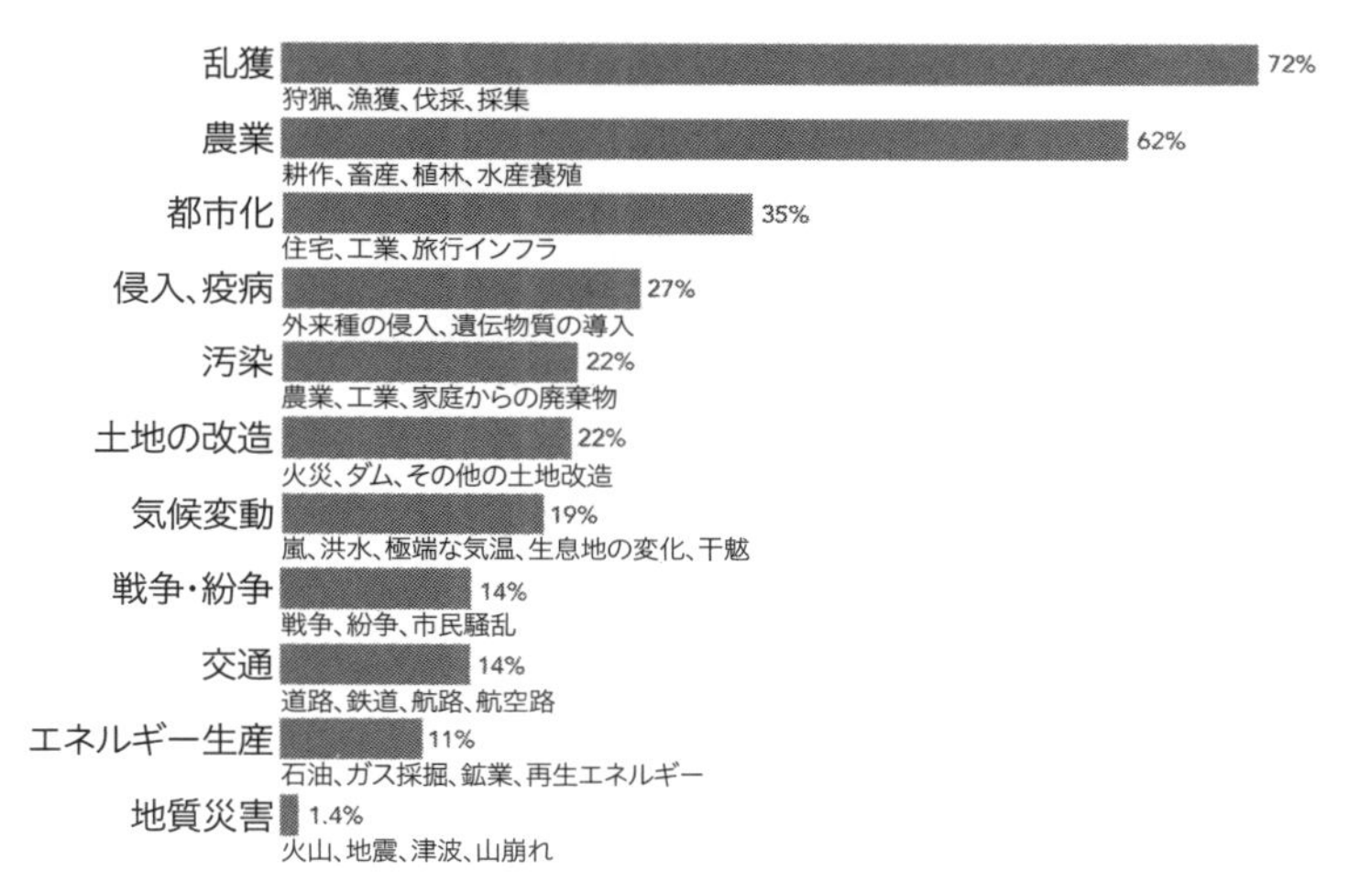

世界の種を絶滅に追いやっているのは何か？　絶滅の危機に晒された種の、特定の生物多様性の喪失原因の割合。IUCN のレッドリストに載った絶滅の危機に晒されている、またはそれに近い 8688 種の調査に基づくもの。対象種の約 8 割は、複数の脅威に晒されている。

ミナミシロサイの数は一〇〇〇倍になった。

世界中で動物が絶滅しかけていて、私たちにはそれを変える力がないという思い込みは、ただの間違いだ。

生物多様性はなぜ失われるのか？

世界の野生生物を救いたいのなら、そもそもなぜ生物がいなくなるのかを知る必要がある。野生生物にとっての最大の脅威は何かと聞くと、多くの人は「気候変動」とか「プラスチック」と答えるだろう。飢え死にしていくホッキョクグマ、山火事に巻き込まれるコアラ、飲料容器を束ねるプラスチックリングがくちばしに絡まって取れなくなった鳥の画像を見慣れているからだ。

もちろん、脅威に晒されている野生生物はいる。だが、最大の脅威を多くの人が見過ごしている。それは私たちの食生活だ。昔からずっとそうだった。新たな脅威が生まれても、今日の最大の脅威は昔と同じだ。一五〇〇年以降ずっと、すべての植物、両生類、爬虫類、鳥類、哺乳類の七五パーセントを絶滅させた責任は、乱獲と農業にある。ここまで見てきたように、はるか昔から同じ脅威は存在した。人間と哺乳類の直接の争いによって、数百種もの大型哺乳類は絶滅に追いやられた。今もそれは変わっていない。

森林破壊、狩猟、漁獲、農耕はいずれも野生生物にとって直接の脅威だ。数千数万という種がそのために絶滅の危機に晒されている。多くの種が直面する脅威はひとつではない。その解決策は複合的なものになる。肉の消費を減らせば、農業に使う土地の面積を減らすことができ、気候変動と生物多様性の喪失を緩和できる。森林伐採を止めれば、生息地の消滅を防ぎ温室効果ガスの排出を減らすことになる。

人新世の大絶滅をどうしたら防げるか?

生物多様性の喪失は、この本に書いた中でも最もややこしい環境問題だが、それでも状況を変えることはできると私は思っている。

そのほかのすべての環境活動の核にあるのは、自分たちがよりよく生きたいという動機だ。私たちが健康に長生きしたいと思ったら、環境問題を解決しなければならない。それは私たちにとってリアルで目に見えるニーズだ。たとえば、大気汚染に取り組むのは、それが私たちの健康に影響するからだ。気候変動を止めようとするのは、私たちの住む街が水に沈んでほしくないからだ。一致団結してオゾン層の回復に努力するのは、皮膚がんが心配だからだ。こうしたことを解決したいと思うのは自分勝手な動機からだ。ただし、ここで自分勝手というのは種のレベル、つまり人類として、という意味だ。集団として、身のまわりの環境を改善したいという利己的な理由がそこにある。

しかし、生物多様性はそれとは違う。繰り返しになるが、私は、人間が健全な生態系に頼って生き延びていることを否定しようとしているわけではない。人類の存続には健全な生態系が必要だ。私たちが口にする食べ物と新鮮な水から、気候の安定まで、私たちは周囲の種の均衡に頼っている。明らかな問題は、それがどの種なのかを私たちがほとんど知らないということだ（ハーディンの「ひとつの行動がそれだけに終わることはまずない」という言葉を思い出してほしい）。

それに加えて、人間はいまだにほかの動物を自分たちとは別のものとして区別している。本当の共存関係に気づいていない。大気汚染を減らしたり気候変動に取り組んだりするよりも、動物は重要性が低いと思われている。生態系の喪失に対する取り組みは、人間の進歩にとっての核となる要素ではなく、むしろ慈善活動のように捉えられている。

ほかの環境問題とは違って、生態系の喪失を解決することに私たちが直接大きな力を注ぐことはないだろう。それでも、私が楽観的になれるのは、ほかのすべての問題に取り組むことで間接的に生態系の喪失を減らすことができるからだ。気候変動を遅らせ、食糧システムを修復し、森林破壊を止め、プラスチック汚染を終わらせて海を守ることによる素晴らしい副産物として、私たちの周りの種への圧力を止めることができる。

生物多様性の最も豊かな場所を搾取から守る

この本で挙げたほかの問題とかかわらないもうひとつ別の解決策が、いわゆる自然保護区を設けて生態系を守ることだ。自然保護区とは、人間の利用を制限し、自然の生息地として繁栄させることを目指す場所である。人間のいない場所で生態系を回復させることが、自然保護区を設ける目的だ。

どこまで厳しく「保護」するかは、かなりまちまちだ。自然保護区には、軽微な人間の利用以外にはすべてが違法とされる厳正保護地域から、宿泊や釣りといった「サステナブル」な天然資源の利用が許される区域まで、七つの分類がある。

二〇二一年に「保護区域」とされていたのは、世界の総面積の一六パーセントだった。[39] これは科学的な保護が与えられる場所として分類された陸海域だ。ということは、国連が定めた二〇二〇年の保護面積目標を達成したことになる。二〇二二年一二月のCOP15（第一五回生物多様性条約締約国会議）――気候変動に関するパリ条約の生物多様性版――では、二〇三〇年までにこの面積を三〇パーセントに増やすことが合意された（これがいわゆる「30 by 30」だ[40]）。

中には、これをさらに進めたがっている自然保護団体もある。「50 by 50」と銘打って、二〇五〇年までに地球の半分の面積を自然保護区域にすることを目指すというものだ。[41] この活動はそのものズバリ、「自然には半分が必要だ」と呼ばれている。これはニッチな理想ではない。エドワード・O・ウィルソンは、このコンセプトをもとにまるまる一冊の本を書いた。その題名は『グランドハーフ――地球の生存をかけた闘い』（未邦訳）だ。[42] この本でウィルソンは次のように書いている。「地球の半分、またはもっと広い範囲を保護区域として守ることによってのみ、生きた環境を救うことができるし、私たち自身の生存に必要な安定を確保できるのだ」

しかし、このやり方に誰もが賛成するわけではない。一部の土地を「保護区域」と呼ぶのは簡単だが、法律を守らせ、監視し、影響を評価するのは難しい。それよりも厄介なのは、人間と野生生物との関係をどう考えるかという問題だ。すべての生き物が共生する包括的な生態系の一部として人間と野生動物の関係があると考えるのか、それとも人間には人間の「区域」がありほかの種には別の「区域」があると考えるのか。人間の集団はこれまでいつも動物と共に生きてきた。農村部の人々や先住民族はいまもそうで、彼らの多くは自然保護活動に積極的な役割を果たしている。[43] 先住民族の土地は世界全土の四分の一を占め、これは現在の陸地における保護区域と手付かずの自然環境の約四〇パーセントと重なっている。[44] 保護区域を一六パーセントから五〇パーセントに増やせば、その割合はさらに大きくなる。

管理の行き届いた保護区域を設けることのインパクトはかなり大きい。これにより、人間だ農業や資源の採掘やその他の破壊行為によって生態系を壊すことはできなくなる。だがどの区域を保護するか、こうした規制をどのように設けるかは、私たちがもっと慎重に考えるべき問題だ。

もっと力を入れるべきこと、あまり力を入れなくてもいいこと

私がここまでに書いてきた危機のほとんどについては、あまり力を入れなくていいことが明らかに存在する。だが、生物多様性は違う。生物多様性についてまったく考えていない人は多い。考えていたとしても、パンダやホッキョクグマを守ることくらいだ。それが悪いわけではない。自然保護のチャリティーに寄付することに異論はない。

ただ、自然保護団体に寄付はしても、本当に力を入れるべきことに気づいていない場合も多い。次のリストはお馴染みのものだ。この本の他の章に書いた解決策を挙げている。私たちがやるべきなのは、以下のことだ。

- 作物収量を増やし、農地を減らす
- 森林破壊を止める
- 肉の消費を減らし、家畜を減らす
- 合成肥料や農薬などの化学製品の投入を廃止するのではなく、効率を上げる

- グローバルな気候変動を遅らせる
- プラスチックの海洋流入を止める

もしこれをすべてやれば、世界の生態系は再び繁栄するだろう。人間の犠牲の上に、ではなく、人間と共に栄えていける。人間と自然との長く続いた闘いをやっと終わらせられる。ほかのすべての問題と同じく、スピードが肝心だ。先送りにすれば、また別の種が永遠に失われてしまう。

7章　海洋プラスチック——ゴミに溺れる

「研究によると、二〇五〇年までに世界の海には
　魚よりプラスチックの方が多く漂うことになるだろう」
——ワシントン・ポスト、二〇一六年[1]

読者の皆さんもこの言説が事実として繰り返されるのを耳にしたことがあるはずだ。これは二〇一六年にエレン・マッカーサー財団が発表した報告書の中の一節で、話題となり拡散された。[2]だが本当なのか？　この主張を検証するには二つのことを知る必要がある。どのくらいの魚が海にいるのか、そして二〇五〇年にどのくらいのプラスチックが海に漂っているかだ。

まずは魚からはじめよう。今、どのくらいの魚が海にいるのだろう？　わからない。魚を数えるのが難しいのは誰もが知っている。そこで、研究者は衛星を使って海の植物プランクトン——微細藻類——の量を推定する。これらのプランクトンは海の中で鮮やかな緑と青の色彩を放つため、宇宙から捉えることができる。植物プランクトンは食物連鎖の底辺近くに位置するので、それを起点にどれだけの海の生命が支えられているかを推測できるのだ。

二〇〇八年、研究者のサイモン・ジェニングスは衛星画像を使った調査から、海には八億九九

○○万トンの魚がいると推測した。[3] エレン・マッカーサー財団が使っているのはこの数字だ。
だが、これには問題がある。サイモン・ジェニングスはもうこの数字を支持していない。彼は数年後にこの調査を考え直し、植物プランクトンは以前に考えていたよりもはるかに多くの海洋生物を支えていると結論づけたのだ。直近では二〇億から一〇〇億トンの海洋生物が存在すると推測している。これは以前の主張の二倍から一〇倍もの量だ。しかも、この海洋生物のうちのどのくらいが魚なのかを正確に言い当てるのは不可能だ。
現実には、海にどのくらいの魚がいるかわからないが、エレン・マッカーサー財団が言うよりもはるかに多いと思われる。
ではプラスチックはどうだろう？　ここでもまた、財団の数字は疑わしい。二〇一五年の調査では、グローバルなプラスチックの生産量を推定し、二〇二五年にどのくらいが海に流入するかが推測されていた。[4] この増加率を二〇五〇年まで単純に引き延ばしたのが、財団の使っている数字だ。この想定は間違っている。もとになった論文の筆頭執筆者だったジェナ・ジャンベックはBBCに、「二〇二五年の数字を引き延ばした二〇五〇年の予測に自信は持てない」と語っている。[5]
問題は、状況が数十年先もどんどん悪化し続けると仮定しているところだ。私たちがプラスチック汚染を止めるために何もしないことが前提になっているが、それは間違いだ。二〇五〇年に今と同じ量のプラスチックが海に流れ込むことはない。

もともとの情報源のいずれも——魚についてもプラスチックについても——財団が発表した数字を裏付けていない。疑わしい主張だ。事実確認のために数字を深掘りしてもいいが、比べてみても意味がない。いずれにしろ恣意的な数字だからだ。魚とプラスチックの比率がなぜ重要なのか？　海にプラスチックが流れ込むのはよくない。魚と比べても意味がない。魚の重量の半分であれ、四分の一であれ、一〇分の一であれ、問題なのだ。

プラスチックゴミは世界中の海で問題になっているし、それをことさら大げさに言う必要はない。

地球のどこを探しても、人間の影響がない場所はない。世界最高峰のエベレストの頂上でさえ、ゴミで溢れている。唯一人間に汚されていない場所を思い浮かべるとしたら、海の真ん中だろう。もちろん、海岸線の周辺や漁業区域は、人間の痕跡でいっぱいだ。だけど、海のど真ん中なら？

そこでチャールズ・ムーア船長が航海中に世界最大のプラスチックゴミの中にいることに気づいた時のショックを思い浮かべてほしい。ムーアは海の男だった——サーファーであり、船乗りだった。一九九七年、ムーアは、ロサンゼルスからハワイへの航路をたどるトランスパシフィック・ヨットレースに参加したあと、カリフォルニアの自宅に戻るところだった。のちに彼は次のように回想している。[6]

まっさらで清らかなはずの海面をデッキから眺めていたら、見渡す限り一面のプラスチックにぶつかった。信じられない光景で、一点として水面が見えなかった。亜熱帯高気圧が覆う海域を渡ったその一週間のうち、いつ外を見回してもプラスチックのゴミに周囲を取り囲まれていた。ボトル、ボトルのふた、ラッピング材、切れ端がいたるところに漂っていた。

この巨大なプラスチックスープを最初に発見したのがムーア船長だった。ムーア船長はこのゴミの塊を表すのに、「渦巻く下水」「ゴミの高速道路」といった多くの言葉を使ったが、その後一般的になったのは彼の仲間が口にした「太平洋ゴミベルト」という表現だった。

太平洋ゴミベルト――略してＧＰＧＰ――はハワイとカリフォルニアの中間地点にある。潮の流れが還流――太平洋の渦潮――を形成し、そこにゴミが流れ込んで集積し、渦の中心に向かって吸い込まれる。ゴミのほとんどはプラスチックだ。五〇年以上前のものもある。炭化水素のタイムカプセルと言ってもいい。

このゴミベルトはおよそ一六〇万平方キロメートルにわたって広がっている。[7] その面積はフランスの三倍だ。しかもこの広さはゴミの密集した中心部分だけで、その周辺に散らばるプラスチックは含まれない。この光景は、人間が環境に与えた影響を何よりもはっきりと見せつけるものだ。

これがプラスチックの闇の部分だ。このゴミがクジラの胃袋に入り込み、カメを締めつける。

それでも、認めたくはないが、プラスチックには知られざるいい面もある。

私がこの本を書きはじめたのは、コロナ禍の最中だった。気候変動や大気汚染や森林破壊について書くことが逃避行動だったと言えば変に思われるかもしれないが、本音はそうだった。私はもともと環境科学者として研究を重ねてきたが、最近はかなり違う役割を担うようになっていた。感染症分野のデータサイエンティストという、思いがけない仕事をするようになったのだ。コロナ禍の初期から、「データで見る私たちの世界」の私のチームは新型コロナウイルスの進化に関するグローバルなデータを収集し、視覚化し、公表し、すべての国のできる限り多くの指標について毎日更新してきた。まもなく、政治家も研究者も一般の人たちも、新型コロナに関するデータならとにかく私たちに頼るようになった。ドナルド・トランプでさえも私たちの作ったグラフをプリントアウトして、くしゃくしゃのその紙をフォックス・ニュースのカメラの前に掲げていた。

こうしたコロナウイルスに関する指標のすべてを人々が支えていた。新型コロナに苦しむ患者、愛する人を失った人たち、医師、看護師、ボランティア、科学者などの治療やワクチン開発で命を救っているヒーローたち。だが、プラスチックもまたそのすべてを支えていた。コロナウイルスの拡散を防ぐためのマスクにも、感染を検査するキットにも、ワクチンを運ぶ瓶にも、入院患者の呼吸を維持するための酸素チューブにも、プラスチックが使われている。プラスチックなしで新型コロナに対応するなんて想像もできない。

実際、プラスチックは奇跡の素材だ。無菌で防水で用途が広く値段が安い。プラスチックの語源はギリシャ語で、「形を作ったり、型にはめたりできる」という意味の「プラスティコス」からきている。その名のとおり、ほぼなんでもプラスチックで作ることができる。プラスチックが生活のいたるところにあることを私たちは愚痴っているが、それはまさにプラスチックがなんにでも使える素材であることを証明している。

プラスチックには環境へのマイナス点はあるものの、同時にプラスの点もある。これまで見てきたように、もし明日からプラスチックをすべて排除したら、廃棄しなくてはならない食べ物は増える。食品廃棄は環境への大きな負荷になる。食糧を生産するための農地、土壌を灌漑するための水、そして人の口にすら届かない食べ物のために排出される温室効果ガスのことを考えてみるといい。

また、航空輸送であれ、海上や陸上輸送であれ、重いものをある場所から別の場所に運ぶにはなんらかの輸送手段が必要になる。輸送はエネルギーを喰い、気候変動の大きな要因になる。プラスチックは輸送機材の軽量化のカギになっている。プラスチックがなければ重い素材を使わなければならず、温室効果ガスの排出量も増えるはずだ。

食品廃棄から医薬品、輸送、安全装備まで、プラスチックは私たちの生活に欠かせないものになっている。もちろん、大昔からそうだったわけではない。プラスチックはこの本に挙げたほかの問題とは違う。ほかの問題には長い歴史がある。プラスチックの歴史は短い。

どのようにここまでできたか

一九〇七年、ベルギー人化学者のレオ・ベークランドは世界初の完全合成プラスチック「ベークライト（自身の名前にちなんだ名称）」を開発した。[8] その後彼は「プラスチック産業の父」と呼ばれるようになる。ベークランドはこの本で取り上げた先駆者の多くとは違っている。クルッツェン、モリーナ、ローランドの三人はオゾン層の回復を目指した。ハーバーとボッシュとボーローグは世界中の人々を食べさせていくことを夢見た。ベークランドは正直ではっきりしていた。金持ちになりたくて、合成素材を研究したのだ。「最速で成功できる可能性が一番高い」問題に取り組みたかった、と彼自身が語っている。[9] この本に出てくるほかの科学者はほぼ、最速どころか成功の見込みのほとんどないものに賭けていた。

ベークライト以前にあったのはシェラックという、メスのカイガラムシの分泌物で作った樹脂だった。インドやタイの木の幹に張り付いているカイガラムシを採取して熱すると液状のシェラックになる。その材料をさまざまな用途に使っていた。たとえば、木製品を強化するためのニスにしたり、型に流し込んで飾りや額縁にしたり、保護ケースに使ったり、ビニール盤ができる前にはレコード盤として使われたこともあった。レオ・ベークランドはシェラックの値段が上がっているのを見た。それはこの種の材料に大きな需要がある明らかな証拠で、森の虫では需要に追いつけないはずだと考えた。そして研究室でこの過程を再現できないかと思案した。カイガラムシを真似て、ゼロから樹脂を作ることは可能だろうか？

ベークランドは実験をはじめた。二つの有機化合物――フェノールとホルムアルデヒド――を反応させれば、望んだものが手に入るはずだと確信していた。彼は、この二つの化合物をさまざまな温度、圧力、割合で反応させてみた。最初の「成功」は、期待はずれだった。製品名は「ノボラック」。もう少しのところだったが、この製品は彼が期待した驚くべき特性を持つにはいたらなかった。

その後実験と調整を繰り返し、ベークランドはとうとう開発に成功した。それがベークライトだ。ベークライトは長年夢見られてきた製品だった。「一〇〇〇通りもの用途に使える素材」と言う科学者もいた。ベークランドは一九〇七年に特許を申請し、一九〇九年一二月七日に特許を取得した。これがプラスチックの誕生日とされている。

当時台頭していた多くの産業にとってベークライトは最適な素材で、特に家電産業と輸送産業にとっては願ってもないものだった。電気と火と熱に強い特性があるため、ワイヤーや保護ケースや家電機器に利用でき、さまざまな高級品にも使われるようになった。

当時は今と比べてプラスチックはほとんど利用されていなかった。プラスチックの値段はまだ相対的に高く、アメリカとヨーロッパに限られていた。一九五〇年代になっても、プラスチックの年間生産高は二〇〇万トン程度に止まっていた。[10] しかし、プラスチックの人気が広がり産業が発展するにつれ、さまざまな新商品が市場に現れた。特質の異なるプラスチック——柔軟性があるもの、これまでよりも安価に作れるもの——が開発された。まもなく、プラスチックはニッチから主流になった。

プラスチック生産は爆発的に拡大した。二〇〇〇年までに生産量は年間二億トンになった。二〇一〇年までには三億トンに達した。二〇一九年には四億六〇〇〇万トンになっていた。[11]

今どこにいるか

プラスチックをこれほど万能な素材にしている魔法のような性質は、同時にそのアキレス腱でもある。あまりに頑丈で耐久性が高いため、一九五〇年以来生産されたプラスチックの総量を累計すると、一〇〇億トンを超える。現在の世界の総人口ひとりあたり、一トンを超える量になる。このプラスチックのほとんどが今もなんらかの形で世の中に存在する。

何にどれほどプラスチックを使っているのだろう？

では、あなたは一年にどのくらいのプラスチックゴミを排出しているだろう？　あてずっぽうで答えてみてほしい。

平均的なイギリス人なら、だいたい七七キロほどプラスチックゴミを出す。男性の平均体重くらいの量だ。平均的なアメリカ人の排出量は一二四キロだ。すごく多いように思えるが、一日あたりにすると印象が変わる。イギリスでは一日あたりの排出量はおよそ二〇〇グラムだ。それでも多いが、理解できなくもない量だ。

　プラスチックは多くの人の必需品になったが、世界のどこでもそうというわけではない。プラスチックとほとんどかかわりのない人も世界にはいるし、まったく目にすることもない人もいる。インドでは、ひとりあたりの年間排出量はわずか四キロだ。平均的なアメリカ人は、インド人が一日に出すプラスチックゴミと同じ量を一時間足らずで排出している。

　世界の各地でも、廃棄物の傾向はかなり似通っている。豊かな国はひとりあたりのゴミ排出量が多く、市街や都市を多く抱える国も同じ傾向にある。バルバドスやセイシェルといった島国は都市を中心に国が成り立っているため、プラスチックゴミの排出量が多い。これは当然だ。辺鄙（へんぴ）な場所に住んでいて、市街地や都市や流通拠点への交通手段がほとんどなければ、そもそもプラスチックは届かない。インドやケニアやバングラデシュといった国のひとりあたり排出量が少ない理由はおそらくそれだろう。これらの国では人口の六割から七割が農村部に暮らしているのに対して、イギリスやアメリカで農村部に暮らす人口は全体の二割を切る。[12]

　言うまでもないが、プラスチックの最も多い用途は包装だ。「プラスチック」と聞いて頭に浮かぶのは、ペットボトルや食品のラッピングだ。世界のプラスチックの四四パーセントは包装に使われる。残りは建物、繊維、輸送やその他の家電機器などに使われる。ここでプラスチック製品ではなく、プラスチックゴミに目を向けると、包装の割合がなおさら圧倒的になる。というのも、包装の「寿命」は非常に短く、半年ほどだからだ。一度か二度使ったら（リサイクルしたとしても）、それで終わりだ。建設に使うものとは違う。家やオフィスの新築や改装に使うプラスチックは三〇年以上そこに残り続ける。自動車なら一三年ほどだ。家電製品ならおよそ八年になる。

解決策は明らかだと思われる。プラスチック汚染を止めたければ、豊かな国は一度しか使わずリサイクルもできないプラスチック包装をやめるべきだろう。でなければ、できる限りリサイクルすべきだ。しかし残念ながら、ことはそう単純ではない。

終わりなきリサイクルの欠点――プラスチックは最後にどこに行き着くのだろう？

プラスチック汚染で気にかけるべきは、ゴミがどこに行き着くかだ。これが利用量の問題だとすれば、私が過去五年に使ったペットボトルと、太平洋の真ん中でクジラが飲み込んだプラスチックの破片が、同じだけ悪いということになってしまう。この二つは同じではないし、プラスチック汚染を止めようと思えば、すべての例を同じように扱うことはできない。

まず、ゴミになるプラスチックの量に注目し、このゴミがどこに行くかを見てみよう。プラスチックの中にはかなりの長期間使われるものもある。数年から数十年といった長さだ。二〇一五年以来生産された八〇億トンのプラスチックのうち、三分の一弱は今も使われている。残りについては、まだゴミになっていない場合には、三つの可能性がある。最終埋立地に直行するか、リサイクルされるか、焼却処分になるか（燃やされて、望むらくはエネルギーに変わる）だ。* ほとんどのプラスチックは埋立地に行く。

リサイクルされるプラスチックでも、一度か二度より多く使い回されることはめったにない。私たちはリサイクルを環境活動の王道だと思い込んでいる。「リサイクル品」のラベルが貼ってあれば環境に優しい印だと受け止める。もちろん、物に二度目の命を与えるのはいいことだ。新しい物を作るために石油を使うよりいいことは確かだ。だが、プラスチックを何度も何度もリサイクルすることはできない。少なくとも、ほとんどの国が頼っている「メカニカル」リサイクリングのやり方では無理だ。ペットボトルのリサイクルと聞くと、古いペットボトルが別のペットボトルになる様子を思い浮かべる。だがそうではない。劣化したプラスチックを、低い品質の何かに使うだけだ。ほとんどのプラスチックは一度か二度使われて、埋立地に送られる。リサイクルではゴミはなくならず、その過程を少し遅らせるだけだ。悪いことではないが、私たちが思うような万能薬ではない。

「ケミカル」リサイクリングなら、永遠にプラスチックを再生し続けられる可能性がある。ケミ

＊ここで「望むらくは」と書いたのは、低所得国ではプラスチックはただ焼却されるだけでエネルギーには転換されないからだ。

カルリサイクリングでは、プラスチックを分子レベルに分解する。[13] この手法ならプラスチックの汚染や劣化を防ぐことができる。問題はかなりのお金がかかることだ。[14] 新たにプラスチックを生産する方がはるかに安くつく。だから企業や国はやりたがらない。ケミカルリサイクリングのコストをずっと下げられたら、新しいプラスチックを作らなくて済むようになるかもしれない。今はまだ高すぎて無理だが、その時はいずれやってくるだろう。

　そんなわけで、世界のすべての人がプラスチックを（メカニカルに）リサイクルしたとしても、ゴミは出る。プラゴミをなくしたいと思ったら、完全にプラスチックを断ち切るしかない。そうすべきだと言い張る人もいるが、それは間違いだ。もちろん、プラスチックを減らす手立てはある。消費量を減らすことはできるし、減らすべきだが、さまざまな用途——医療用品から食品保護まで——においてプラスチックが私たちの生活に果たす役割は極めて重要だ。

　幸いなことに、プラスチックゴミを完全になくすことは現実には無理だとしても、プラスチック汚染をなくすことはできる。プラスチックの最大の問題は、私たちの捨て方だ。ゴミを適切に処理できない場合に、それが汚染物質になる。自然環境に流れ込み、野生生物に害を与えてしまうのだ。

　これが意味するところは、使用量を減らすだけが問題解決の手段ではないということだ。世界中のプラスチックの使用量を半分にできても——それもかなり難しいが——まだ莫大な量のプラスチックが毎年河川に流れ込むことになる。使用後のプラスチックを適切に管理できるようにならなければ、この問題は終わらない。ではどうしたら解決できるのか？

ここで、私たちが注目するのは、河川や海を汚すプラスチックだ。プラスチックは乾いた土地にも集積し、野生生物がそれを飲み込んだり、絡まったりして、害を与える。だが、プラスチックのほとんどが最終的に行き着くのは、水の流れる場所だ。それが海に流れ込み集積する。ここに大きな問題がある。いずれにしろ、私たちが見ていく解決策のほとんどは、その発生時点で汚染を止め、それが陸や海に出る前になんとかしようとするものだ。

どのくらいのプラスチックが海に流れ着くのだろう？

チャールズ・ムーア船長は太平洋を横断中に世界中から集まったプラスチックゴミの塊にぶつかり、その間をぬって航海することになった。海に由来するゴミ――魚網、縄、釣り竿――もあったが、陸から流れ込んだゴミも多かった。

ギャップマインダーという組織が、「世界中のプラスチックゴミの中で最終的に海に流れ込むのはどのくらいの割合でしょう？」というアンケートを行ってみた[15]。

A．六パーセントに満たない
B．三六パーセントくらい
C．六六パーセントを超える

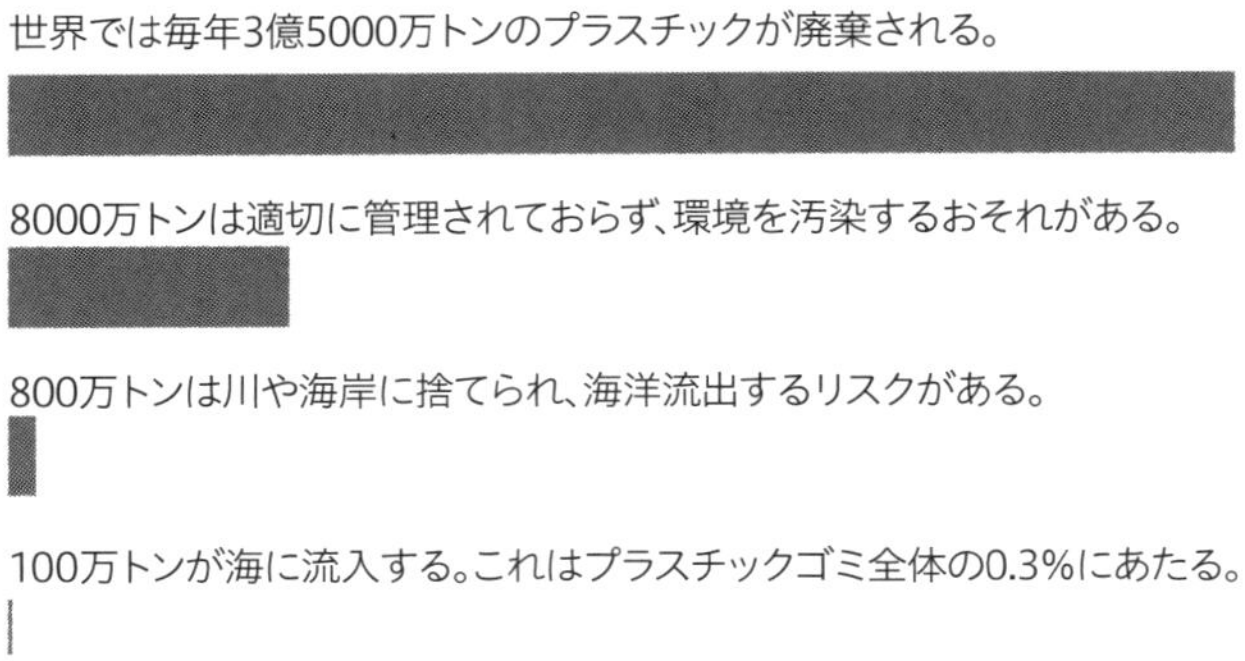

世界では毎年3億5000万トンのプラスチックが廃棄される。

8000万トンは適切に管理されておらず、環境を汚染するおそれがある。

800万トンは川や海岸に捨てられ、海洋流出するリスクがある。

100万トンが海に流入する。これはプラスチックゴミ全体の0.3%にあたる。

海に流入するプラスチックゴミは全体のほんの一部だ　世界のプラスチックゴミのうち海に流れ込むのは約0.3%。

回答者の八六パーセントがBかCを選んだ。すでにお分かりかと思うが、正解はAで、六パーセントに満たない。実際には、六パーセントよりもかなり低い。毎年海に流れ込むプラスチックゴミはおよそ一〇〇万トンだ。

プラスチックの生産量は世界全体で年間四億六〇〇〇万トンで、そのうち三億五〇〇〇万トンがゴミになる。海に流入するということは、それらのゴミが封鎖されていない場所に投棄されているということだ。封鎖された埋立地に運ばれたプラスチックが、そこから外に出ることはまずない。一方、投棄場所が海岸に近いと川から海に流れ込みやすい。私たちの見立てでは、海に流れ込むプラスチックゴミは毎年一〇〇万トンと推測している。これはプラスチックゴミ全体の〇・三パーセントだ。*

プラスチック問題が大したことではないと言いたいわけではない。一〇〇万トンのゴミはものすごい量だ。くる年もくる年も、一〇〇万トンのペットボトルが海に投げ捨てられていると想像してほしい。だが、この問題を解決するには、その量とプラスチックゴミがどこからくるかを理解する必要がある。一〇〇万トンの投棄ゴミが川に入り込むのを止めることは、数千数億トンのゴミに取り組むのとはまったく違う問題だ。海に流れ込むのは全体のほんの数パーセントにすぎないことを多くの人が知れば、プラスチック汚染への取り組みにもっと前向きになれるかもしれない。全体の三分の二や三分の一が海に投棄されていると思い込んでいれば、いくら努力しても解決できないと希望をなくしてしまう。幸いなことに、そうではない。

海洋プラスチックはどこからくるのか？

ネットフリックスで人気になったドキュメンタリー映画『Seaspiracy――偽りのサステナブル漁業』は、漁業における世界のプラスチック問題を取り上げ、物議を醸した。このドキュメンタリーが指摘した点の多くは事実に反していた――プラスチック以外のとんでもない主張の一部は次章で見ることにしよう。だがひとつの数字だけは正しかった。というか、条件付きではあるもののほぼ正しかった。

＊毎年どのくらいの量のプラスチックが海に流れ込んでいるかについては、定かでないところもある。一〇〇万トンから八〇〇万トンのあいだというのがおおかたの研究の結果だ。すると全体の〇・三パーセントから二パーセントが海に流れ込んでいることになる。いずれにしろ、重要なポイントは同じだ。海を汚しているのは、私たちの出すゴミのごく一部だ。多くの人が考えているような、三分の一とか三分の二といった割合よりはるかに少ないことは確かだ。

この映画では、太平洋ゴミベルトのプラスチックゴミの半分以上は、海に関係するもの——捨てられた縄や魚網など——だと主張していた。これは本当だ。直近の信用できる研究から、ゴミベルトのプラスチックゴミの約八割は漁業からくるもので、残りの二割だけが陸からくるものだと私たちは見ている。[16]

太平洋ゴミベルトに関してはこの割合が正しいが、海全体を見るとそうではない。川に入ったプラスチックの一部は海に流れ込むが、ほとんどは海岸にとどまっている。太平洋ゴミベルトは太平洋の中でも商業漁業活動の盛んな場所に位置していて、廃棄された漁業資材が特に大量に集積している。

海にあるプラスチックゴミのうちどのくらいが陸からきていて、どのくらいが海のものかは正確にはわからない。私たちの見立てでは、ほとんど——約八割——が陸からで、残りが海からというのが近い数字だと考えている。

これらのプラスチックゴミはどこからくるのだろう？　プラスチックを最も多く使う国——世界で一番豊かな国々——が、最も多く廃棄するはずだと思ってもおかしくない。だが、私たちが知りたいのはその指標ではない。海を汚染しているプラスチックはどこのものかを知りたい。それは、私たちがどれくらいのプラスチックを使っているかではなく、使ったあとにそれがどこに行くかに関係している。

イギリスや同じくらい豊かな国に住んでいれば、わざわざプラスチックゴミを川や海岸に投棄しない限り、プラゴミが海に流れ込むことはないだろう。[†] 私たちが使ったプラスチックは埋立処理場に行くか、リサイクルされるか、安全に焼却されてエネルギーになる。私たちが何も考えなくても、そうなる。私たちがゴミをゴミ箱――できればリサイクルボックス――に入れるだけで、きちんと処理ができる。また、多くの豊かな国がプラスチックゴミの少なくとも一部を海外に送りつけていることも本当だ――その数字についてはあとで見ていこう――が、全体からすると貧しい国に送りつける量はかなり少なく、海に流れ込むゴミの量に大きな違いが出るわけではない。おそらく、最大でも数パーセントくらいだろう。

豊かな国にはきちんとした廃棄物処理のシステムがあるため、適切に処理されないゴミの量が少なく、それが海に流れ込むリスクも小さいと言える。だがどこでもそうだというわけではない。廃棄物処理は退屈で地味だが、かなりお金がかかる。多くの中所得国で起きているように、都市が急激に拡大しているときには、ゴミ箱やリサイクル施設を大都市の拡大ペースに合わせて増設するには莫大な投資が必要になる。

定期的にゴミを収集し、廃棄場に運んだりリサイクルに回したりするサービスのない国もある。

＊以前の調査では、太平洋ゴミベルトのプラスチックゴミの約六割は漁業活動によるものだと推測されていた。これは『Seaspiracy』で引用された「半分以上」という統計に近い。

†例外は、台風や洪水といった災害が起きた場合だ。たとえば、二〇一一年に日本で起きた東日本大震災と津波によって、大量のプラスチックが海に流れ込んだ。

ゴミが廃棄場に運ばれたとしても、境界のない廃棄場に投棄されたまま、周囲の環境に漏れ出してしまうこともある。ひとりあたりプラスチック使用量を地域別に見てみると、ヨーロッパと北アメリカが突出している。だが、適正に処理されていないプラスチックのひとりあたり量は、正反対だ。豊かな国は少なく、南アメリカ、アフリカ、アジアで多い。マレーシアの適正に処理されていないひとりあたりのプラスチックゴミの量は、イギリスの五〇倍にもなる。マレーシアの二五キログラムに対して、イギリスは年間わずか五〇〇グラムだ。[17] すでに書いたように、適正に処理されていないゴミのすべてが海に流れ着くわけではないが、その可能性は高くなる。

プラスチックがどこから海に入るのかを見てみよう。ボイヤン・スラットは私の好きな環境活動家のひとりだ。本人は環境活動家と呼ばれたくないかもしれない。なぜなら、彼は言葉ではなく行動する人だからだ。問題を研究するだけでなく、解決しようとする。プラスチック問題の解決にこだわりはじめたのは彼がまだ一六歳の時だった。スキューバダイビングに行って、魚よりプラスチックゴミを多く見つけたスラットは、なんとかしなければと思った。宇宙工学の学位を取るために大学に入ったが、最高の起業家がそうであるように彼もまた大学を中退してベンチャーをはじめた。

まず、スラットと仲間たちはプラスチックがどこから川に入り、それがどのように海に流れ込むかを描く高解像度のモデルを開発した。学者は好奇心や楽しみからこういうことをやる。だがこの研究はスラットと仲間たちにとって実践的な影響があった。彼らはプラスチックを海から排除するだけでなく、そもそも海に流入させないための、工学的ソリューションを開発しようとしていた。そのためには、ゴミがどこからくるのか、そしてどのくらいの量のプラスチックを入り口で止めなければならないのかを知る必要があった。

二〇一五年に海に流れ込んだプラスチックは約一〇〇万トンだと彼らは見ていた。彼らがモデリングした一〇万の河川のうち三分の一から、プラスチックが海へと流入していた。これ自体が重要なポイントを示唆している。一般的には、ほとんどの川にはプラスチックゴミが集まり、これが問題を悪化させていると誤解されている。だが本当はその反対だ。大半の川は問題の原因にはなっていない。スラットと仲間たちにとって、これはいい知らせだ。というのも、世界中の川すべてではなく、三分の一に対処する「だけ」でいいのだから。実際、問題はそれよりさらに少数の川に集中していた。数十万の川から何らかのプラスチックが海に流入していたが、大量に運ばれる川の数はかなり限られていた。海洋プラスチックの八〇パーセントは、上位一六五六の川から流入していた。* 海に流れ込むプラスチックの八一パーセントはアジアから来ていた。この数字は非常に高いように思えるが、以前の研究でも同じような量が推測されていた。[18]

これは驚くべき割合だが、納得できる。アジアには世界人口の六割が住んでいる。その多くは密集し、大河に近い場所に暮らしている。アジアは世界で最も急速に経済が成長し、中国、インド、マレーシア、フィリピン、バングラデシュといった国々は貧困から抜け出して経済発展の波に乗っている。国が低所得から中所得に移行する時、プラスチックの生産量と消費量が増える。

豊かな国の消費習慣に近づくからだ。問題は、これらすべてを取り扱う廃棄インフラが遅れていることだ。

他の大陸に目を移すと、プラスチックの八パーセントはアフリカの川から、五パーセントは南アメリカから、五パーセントは北アメリカから来ている。ヨーロッパとオセアニアを合わせても、一パーセントにしかならない。こうした数字はなかなか受け入れにくい。これは、私たちが聞く耳を持たないことを示しているからだ。私はヨーロッパ人なので、自分たちがプラスチックの包装材を削減したり、一度しか使わないレジ袋を廃止したり、使用済みの牛乳パックをリサイクルすれば問題の解決に大きく貢献できると信じたい。でも残念ながらそうはならない。ヨーロッパ人がみんな、明日プラスチックの使用をやめたところで、世界の海はほとんど変わらない。

川のプラスチックが世界の海全体に与えるインパクトはそれほど大きくはないが、それが集積するヨーロッパの海岸線には大きな影響がある。

ヨーロッパの海岸線に集積するプラスチックのほぼすべては、ヨーロッパの川から来るものだ。ほかの地域でも同じことが言える。ヨーロッパでプラスチックを全面的に禁止しても海の様子はほとんど変わらないかもしれないが、海岸線は見違えるほど変わるだろう。地中海は特にそうだ。ここは内海でほぼすべてのプラスチックゴミが周辺諸国からくる。

ヨーロッパがゴミ汚染のない海岸線を望むなら、私たちだけの手でそれを実現できる。

豊かな国は自分たちのプラスチックを海外に押し付けているのだろうか？

さてここで、豊かな国は自分たちのゴミをどこかよそに押し付けて「対処した」ことにしているのではないかという、ややこしい疑問について考えてみよう。これは私がしょっちゅう聞かれることだ。豊かな国が炭素排出量を別の国に「輸出」して、削減したことにしているのではないかというのと、似たような疑問だ。もしゴミもそうやっているとしたら、実際にはいいことだ。グローバルなプラスチック汚染が簡単に解決できてしまう。ゴミの輸出を禁止すればいいだけだ。残念ながら、ことはそれほど簡単ではない。豊かな国が海外に運び出すゴミは、全体のほんの一部でしかない。それを禁止しても、数パーセント――せいぜい五パーセントまで――が海に流入することを防げる程度だ。もちろん役には立つが、決定打にはならない。

プラスチックゴミについて、イギリスは汚い手を使ってきた。リサイクルされたプラスチックの輸入は一般的に行われている。イギリスは、他の国がものの製造に再利用できるような、清潔

＊以前の研究では、集中度はこれよりさらに高いとされていた。ある研究によると、五つの大河から海洋プラスチックの八割が流入していると推測していた。別の研究では、トップ一六二の川から八割が流入するとされていた。これらの分析は、直近の更新に比べると解像度が低い。以前の研究は、川の大きさと、廃棄物処理が不適切な地域に住む人口の規模によってプラスチックゴミの排出量が決まることが前提になっていた。すると中国の長江、西江、黄浦江、インドのガンジス川、ナイジェリアのクロス川、ブラジルのアマゾン川といった大河ばかりになる。だがのちに、川とプラスチックの関係性はもっと複雑であることがわかった。

でリサイクル可能なゴミを輸出しているはずだった。だが実際には、イギリスが輸出した包装材はリサイクルできない汚染された代物で、返品が相次いでいるというスキャンダルが繰り返しニュースになった。つまり、イギリスは文字通り海外に自分たちのゴミを投棄していたわけだ。

イギリスだけではない。他の国も同じように、貿易相手として悪者だった。輸入国の一部は愛想を尽かした。二〇一七年、中国はプラスチックゴミの輸入を止めると宣言し、これを禁止した。[19] 中国は世界一のプラスチック輸入国だった。その中国が輸入を禁止したということは、大量のプラスチックゴミをどこか別の場所に売りつけなくてはならなくなる。そこで向かったのが、ベトナム、マレーシア、タイといったアジアの周辺諸国だ。だが彼らもまたすぐに愛想を尽かした。二〇二一年にマレーシアは三〇〇コンテナを超える汚染ゴミをもときた場所に送り返し、最後にプラスチック輸入を禁止した。トルコもまた最近イギリスにプラスチックをもう受け取らないと言い渡した。

こうした怪しげな取引を見ると、グローバルなプラスチックゴミの貿易が大問題に思えてしまう。だがその大きさを理解するには、データを見る必要がある。

世界中で売買されるプラスチックゴミの量は年間およそ五〇〇万トン。[20] かなり大きな数字に見える。だが、私たちが排出するプラスチックゴミの量、約三億五〇〇〇万トンと比べてみるとそれほど多くはない。輸出入されるプラスチックゴミの量は、全体の約二パーセントということになる。* 残りの九八パーセントは国内で処理されている。

それでもなお、もしこの五〇〇万トンのゴミが海に流れ出る危険性が高いのなら、プラスチック貿易を禁止することが問題の解決につながる可能性もある。本当にそうかを検証するには、これらのゴミがどこからきてどこに行くのかを知る必要がある。二〇一八年時点でプラスチックの五大輸出国はアメリカ、ドイツ、日本、イギリス、フランスだった。

豊かな国は自分たちのプラスチックゴミのどのくらいの割合を輸出しているのだろう？　イギリスを例にとってみよう。二〇一〇年にイギリスで排出されたプラスチックゴミは合計で四九三万トンにのぼると見られる。輸出量は八三万八〇〇〇トンで全体の約一七パーセントだ。これはかなりの割合――全体の約五分の一――になる。イギリスは輸出割合が最も多い国のひとつに数えられる。ちなみにアメリカが二〇一〇年に輸出したプラスチックゴミは全体の約五パーセントで、フランスは一一パーセント、オランダは一四パーセントだった。ほとんどの豊かな国はプラスチックゴミの純輸出国だ。

これらのプラスチックゴミはどこに向かうのか？　ここに意外な結果があらわれる。数年前はアジアが最大のプラスチック輸入地域だった。全体の七割から八割がアジアにたどり着いていた。

＊プラスチック貿易が世界のゴミ排出量に比べてこれほど少ない理由の一つは、世界的なリサイクル率が非常に低いことにある。輸出入されるのは、ほぼリサイクルされたプラスチックだ。したがって、プラスチックゴミの貿易量の上限が、リサイクルされるゴミの総量に等しい。

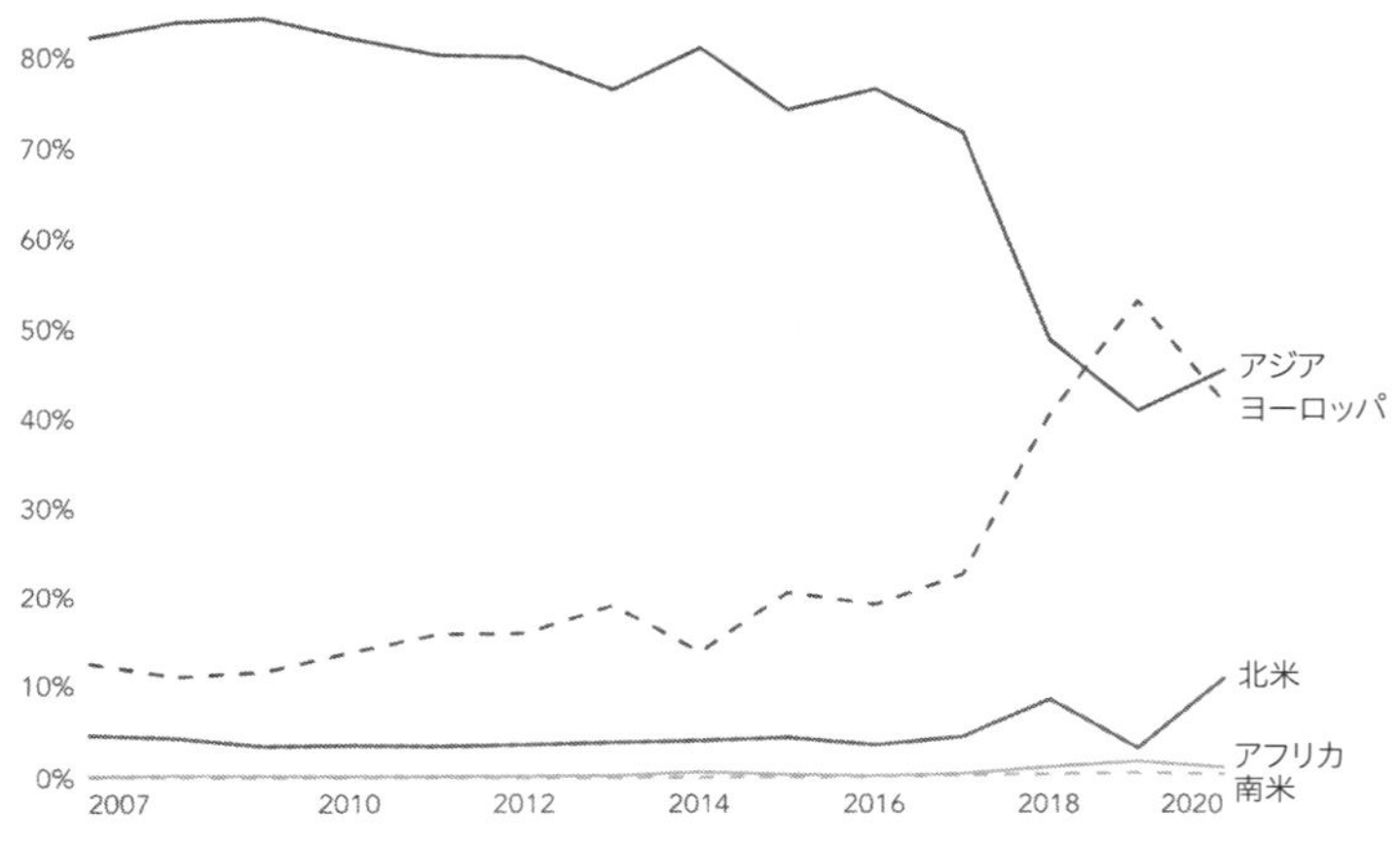

かつてアジアは世界のプラスチックゴミ貿易のほぼすべてを引き取っていたが、今は違う　世界のプラスチックゴミ輸入の地域別割合。

しかし、こうした国々も、金持ちが彼らのゴミを自分たちに押し付けるのにウンザリしたため、この輸入割合は激減した。今ではプラスチックゴミの最大の輸入地域はヨーロッパだ[21]。ヨーロッパは世界で取引されるプラスチックゴミの半分以上を輸入している。ヨーロッパ諸国は最大輸出国である一方、その四分の三はヨーロッパのほかの国に行く。最大輸出国でありながら、最大輸入国という国もある。ドイツはオランダ、トルコ、ポーランド、オーストリア、チェコといったヨーロッパの近隣諸国にプラスチックを輸出している。だが同時に、輸入量も多い——異なる種類のプラスチックを引き換えに受け取っている。

アジアの輸入量が激減したことは、規制によって状況が急変しうることを示している。中国とマレーシアとその他数カ国がプラスチックの輸入を禁止したため、プラスチック貿易の均衡は逆転した。この変化はいい兆候だ。すでに書いたとおり、ヨーロッパから排出されるプラスチックゴミはほとんど海に流入しない。そして今はヨーロッパがプラスチックゴミの最大輸入国であるということは、世界で取引されるプラスチックゴミのほとんどは海に流入するリスクが低いということになる。

ここから、重要な問いが浮かびあがる。豊かな国が輸出するプラスチックゴミは、どのくらい海を汚染しているのだろう？

二〇二〇年、低所得国と中所得国――プラスチックゴミが海に流入するリスクの高い国――は、豊かな国から約一六〇万トンのプラスチックゴミを輸入した。ここで言う「豊かな国」とは、ヨーロッパと北アメリカのすべての国、それに加えて日本、香港、ほかの地域のＯＥＣＤ諸国を指す。このプラスチックゴミのうちどのくらいが海に流れ着くのだろう？

確かなことはわからない――適切に処理されないゴミが海に流入する確率は国によってかなり違う――が、最悪のシナリオと最善のシナリオについて考えることはできる。私の概算では、海洋プラスチックの全体のうち、豊かな国が海外に輸出するプラスチックゴミが占める割合は一・六パーセント（最善シナリオ）から一〇パーセント（最悪シナリオ）にわたると思われる。そのあいだのどこかというのが、一番それらしい数字だ。

プラスチック貿易を禁止すれば、海に流れ込むプラスチックゴミの量は減るだろうか？　おそらく少しなら。それが問題の解決になるか？　残念だが、解決にはならない。世界で取引されるプラスチックゴミの量は全体のほんの一部でしかなく、大部分のゴミは海への流入のほとんどない国に行き着いている。

ただし、プラスチックゴミの貿易を厳格化すべき理由はほかにある。豊かな国が他の国をゴミ投棄場のように扱うのは、とんでもないことだ。それだけでも、行動を起こすべき理由になる。しかし、海洋プラスチック問題を今すぐ解決しようと思うなら、または豊かな国がこの問題を解決できると期待しているのなら、このやり方ではだめだ。

プラスチック汚染のインパクトはどのようなものだろう?

プラスチックの痕跡がどこで見つかったかが、毎日のようにニュースの見出しになっている。下水道システムの中、食品の中、血液の中、南極でも。[22-25] そうしたニュースを聞くと恐ろしくなる。でもどのくらい心配したらいいのだろう?

まず私たちの身体から見ていこう。わざと大きなプラスチックを飲み込む人はほとんどいない。だから心配なのは微細なかけら——気づかずに混入する粒子——だ。飲料水、肉や魚、呼吸を通して、私たちの身体にプラスチックが入り込むことはある。[26]

身体に入ったプラスチックはどうなるのだろう? 定かではないが、長く身体に留まる可能性は低い。[27,28] そう言える証拠のひとつは魚だ。魚が飲み込む微小プラスチック粒子が長い間体内に留まらないことは、研究でわかっている。プラスチック粒子はすぐに排出される。証拠のほとんどは——というより、おそらく証拠がないことが——人間の健康にとってプラスチック粒子自体は大きな懸念でないことを示している。

　プラスチックが他の汚染物質を運び込む媒介になるのでは、という疑問もある。プラスチック粒子はくっつきやすい。ほかの分子がプラスチックにすぐにくっついてしまう。ということは、ポリ塩化ビフェニル（ＰＣＢ）のような合成物質を私たちの身体に運び込む可能性もある。プラスチックには添加剤も使われる。これが人間の健康に影響するという具体的な証拠を私はまだ見ていないので、確かなことは言えない。今のところ、私は人間の健康に対するプラスチックの影響をそれほど心配していないが、どちらかが正しいというはっきりとした証拠はない。いつ心変わりしてもおかしくない。

　どちらかというと、私が心配なのはプラスチックが野生生物に与える危害だ。このことは数十年分の研究が示している。[29]動物はさまざまな形でプラスチックの害を受ける可能性がある。まず、プラスチックに絡まってしまうこと。プラスチックが絡まって取れなくなった例は、ほとんどのカメ、アザラシ、クジラを含む三四〇を超える異なる種で記録されている。[30]最もよく見られる例は縄や漁業資材に絡まってしまうことで、漁業への規制の厳格化が必要な理由はそこにある。次に、水から直接に、またはすでにプラスチックを飲み込んだ生き物を飲み込むことでプラスチックを摂取してしまうこと。この例も多い。二三〇を超える異なる種でプラスチックを飲み込んだ例が記録されている。[31]これは動物の健康にさまざまな影響がある。深刻なのは、胃の容量が減り、食欲がなくなることだ。プラスチックで胃がいっぱいになり、満腹と勘違いしてしまうのだ。最後が、衝突と接触による傷。鋭いプラスチックの破片が魚や海洋生物を傷つけてしまうことがある。漁業資材が珊瑚礁を傷つけることもある。

またプラスチックが生態系全体の均衡を崩す可能性もある。さまざまな種が浮遊するプラスチックに乗って生息地から別の環境に運ばれ、みずからが新たな「外来種」になってしまうこともある。[32]

一般的には、プラスチックは海洋生物にとって最も大きな脅威のひとつだと思われている。だが、プラスチックはそのひとつであっても、最大のものではない。次章では、魚にとってプラスチックよりはるかに差し迫った問題を見ていく。とはいえ、プラスチックによる海岸線や海洋の汚染が、野生生物にとって悪いことであるのは間違いない。それは私たちが排除できる負の影響だ。ぜひどうにかしよう。

海洋プラスチック汚染を止めるにはどうしたらいい?

この本に挙げたすべての環境問題の中で、プラスチック汚染を止めることは、一番シンプルだ。そのやり方はわかっている。イノベーションや技術革新は必要ない。基本的な投資によって世界は明日にでもこの問題を解決できる。

ここではっきりさせておきたいのは、私が話しているのはプラスチック汚染についてだということだ。つまり、プラスチックが川や海に流入し、野生生物を傷つけることを止める、ということだ。プラスチックを完全に排除したいわけではない。必需品には使い続けるべきだ。それ以外の用途には代替材料を見つけるか、量を減らすことはできる。

豊かな国は責任から逃れてはいけない

海に流れ込む入り口でプラスチック汚染をせき止めることの責任を、低所得から中所得の国々に背負わせるのは安易なことだ。

豊かな国はそれほど安易に自分たちの責任を回避すべきではない。豊かな国はいくつかの形でプラスチック汚染問題の原因になっている。まず、プラスチックを海外に送りつけるのを今すぐやめるべきだ。ただし、ゴミを送りつけている豊かな国が、適切な廃棄物処理のシステムを整備することに責任を持って投資する場合はこの限りではない。

プラスチック貿易をやめることが汚染問題の解決にならなくても、これはひとつの手っ取り早い成功事例にはなる。基本原則として、貧しい国が豊かな国のゴミ投棄場でないことは、言うまでもない。

ゴミ輸出以外にも、豊かな国の行為でプラスチック汚染を引き起こすものがある。たとえば、貧しい国から喜んでプラスチック製品を輸入すること。あるいは、貧しい国にゴミを処理する〈

ンフラがないことを知りながら、プラスチックで包装された製品を輸出すること。プラスチック汚染は複雑でグローバルな問題であり、これにうまく取り組むには複合的な解決策が必要になる。貧しい国も豊かな国も、みんなが解決に向けた役割を果たすことができる。

廃棄物管理に投資する

プラスチック汚染を終わらせるための大規模な解決策は、派手なものではない。テスラの電気自動車でもなければ、核融合の技術革新でもない。それは美しくはないが必要なゴミ処理への投資だ。もし豊かな国のゴミ処理システムがすべての国にあったとしたら、海に流れ込むプラスチックはほぼなくなる。

廃棄物を封じ込め、ゴミが外に漏れ出ないようにできる埋立場が必要だ。また巨大都市の全域で数千もの通りからゴミを回収し貯留する良質なシステムも必要になる。プラスチックに新たな命を与えるためのリサイクルのシステムと施設もいる。

廃棄物処理を言い繕うことはできない。ゴミを集める、ただそれだけだ。ほかに多くの対処すべき優先事項がある国が、ゴミ箱や埋立処理場への投資を正当化するのは難しい。だからこそ、今の状況に陥っているのだ。生活水準は急速に改善してきた。人々はより多くの消耗品を使う都市に移り住んだ。今では大量のプラスチックを使う余裕がある。それはいいことだ。人々が豊かになり、より良い生活を送れるようになったしるしなのだ。それなのに、ゴミ処理は依然として低い優先順位にとどまっている。

ゴミの問題はある意味で大気汚染の問題に似ている。経済発展が進めばいずれは、その優先順位は上がる。発展の初期段階ではゴミを進んで受け入れる。快適ではないが、物質的な見返りを享受する。経済発展が進むと、人々はゴミのない川や海岸線を求めるようになる。自治体が計画を立てて都市のゴミを回収し処理することを期待するようになる。その段階に移行すれば、プラスチックが海に流れ出ることはなくなる。単純なことだ。

低所得から中所得の国々は、今ゴミ処理に投資することで、この移行を早めることができる。豊かな国はこの努力に資金を提供することで、彼らを支えることができる。豊かな国が貧しい国のゴミ処理に投資することをためらうようなら、その立場は明確になる。何かやるふりをして、責任逃れをしているだけということだ。

廃プラをリサイクルすべきか？

「地球を救う」ために何をしているかと尋ねたら、ほとんどの人が「リサイクル」と答える。リサイクルは善意に満ちた環境活動家に共通のブランドなのだ。3章で見たように、リサイクルが炭素排出量に大きなインパクトをもたらすと思い込んでいる人は多い。実際には、そのインパクトは極めて小さい。

なぜリサイクルのインパクトは思いのほか小さいのだろう？　そもそも、リサイクルは魔法のように自然発生するものではない。それにはエネルギーが必要で、エネルギーには何らかのコストがかかる。リサイクルにかかるエネルギーは、新しいプラスチックを作るよりもちょっぴり少なくてすむ。だから少しは節約になるが、期待するほどではない。リサイクルに対する期待値は高すぎる。ペットボトルが別のペットボトルに生まれ変わり、それが何度でも続くと思い込んでいる。プラスチックが廃棄場に行くのを遅らせることにはなるが、いつかはゴミになる。最後に、プラスチックで物を作ること――特に使い捨てのもの――は効率がいいので、古いものをリサイクルしようと思えない。ほかの材料と比べて、たいていの場合プラスチックは低炭素な製造法なのだ。

リサイクルをけなすつもりはない。友人にはリサイクルを勧める。私もリサイクルしている。だが、自分を騙してまで、これが地球を救うとは言えない。読者の皆さんにはリサイクルを勧める。リサイクルはいいことだ。でも、それが環境のためにやっている唯一のことだったり、一番努力していることだったりするのなら、別のもっといいことをやった方がいい。

産業界の協力とイノベーションを期待する

グローバルなリサイクル率がこれほど低い理由のひとつは、コスト効率が悪いからだ。リサイクルのためのプラ回収ではさまざまな種類のプラスチックがごちゃ混ぜになっている。リサイクルできるものもあれば、できないものもある。リサイクルで流れてくるものは汚染されており、それをきれいにするのにお金がかかる。

プラスチックやそれを使った製品を生産する産業はあまり助けてくれない。いろんな種類が混じった大量のプラスチックを私たちにどんどん投下するだけだ。そこからは「私たち」――つまり個人や地域や自治体――の責任で、それを処理するインフラやシステムを作れというわけだ。政府は製造業への働きかけを強め、厳格な規制を設ける必要がある。産業界は無駄なプラスチックの使用を削った方がいい。リサイクルできるようにするべきだ。プラスチックの循環が完結できるように、ケミカルリサイクリングに投資すべきだ。また一方で、自分たちの排出するゴミ処理のインフラを作るために自治体を助けるべきだ。

漁業における厳格なプラスチック規制

これまで見てきたように、海洋プラスチックのほとんどは陸からくる。だが特定の海域では、プラスチックのほとんどが海で発生するものだ。チャールズ・ムーアが太平洋ゴミベルトの中を進んでいた時に見たのは、プラスチックのストローやコカ・コーラのボトルよりもはるかに大量の魚網や縄だった。

この問題はかなり簡単に解決できる可能性がある。世界の海は「ただで全員が使い放題」ではない。少なくとも、法的にはそうではない。ほどんどの国では商業漁船には許可が必要だ。漁獲量についても割り当てが決まっていることがほとんどだ（これについては次章でも触れる）。G

PSを使って漁船の動きや航海パターンを追跡している。だから、解決策はシンプルだ。漁船が海に出る時に装備の量を確認し、戻ってきた時に再確認すればいい。もし縄や網や釣糸がなくなったり、天気が荒れて手放すことになったり、意図的に捨てたりした場合には、罰金を課すか、一時的に漁を禁止するか、許可証を取り上げればいい。小さな道具をたまたまなくしてしまった場合には何らかの酌量も設ける必要がある。たとえば、巨大な魚が縄を引きちぎってしまった場合などに罰を与えるのは厳しすぎるだろう。

一方、「ムチ」でなく「アメ」を使うやり方もある。プラスチックゴミを海から持ち帰ったら、見返りを与える。その人の持ち物に限らず、航海中に見つけたゴミにもインセンティヴを与える。漁業の存続は、健康な海の生態系に左右される。海をゴミ捨て場のように扱う人がいるとしたら、とんでもないことだ。

インターセプターによる回収

これまで書いてきたのは、かなり退屈なことばかりだった。貿易政策、廃棄物埋立場やリサイクル施設を増やすこと、そして魚網や漁船を数えること。もっとエキサイティングで、ちょっとハイテクな、オタクが喜びそうなアイデアはないのだろうか?

海洋プラスチック汚染を止めるほどのインフラ建設には、少なくとも数年はかかるのは明らかだ。それまでのあいだ、ただ頭を抱えて、大量のプラスチックが海に漂うのを眺めていることもできる。あるいは、流れを止めるために一時的に風呂栓をすることもできる。ハイテクでキラキラの風呂栓だ。

ここで、「インターセプターオリジナル」を紹介しよう。これはボイヤン・スラット率いる「オーシャン・クリーンアッププロジェクト」が開発したテクノロジーだ。太陽光で動くハイテク機器——長いエアチューブが周りについた小さな船を思い浮かべてほしい——を川の出口に取り付ける。* この機器が川から流れ出るゴミを遮り、プラスチックを取り込み、集めて処理し、適切に管理されたゴミ処理場に運ぶ。海の入り口で——河口部分で——プラスチックを回収できたら、拡散を防げる。今のところ、八機のインターセプターオリジナルがインドネシア、マレーシア、ベトナム、ドミニカ共和国、ジャマイカに導入されている。

オーシャン・クリーンアップは、理想を現実に変える試みのひとつにすぎない。ほかにもたくさんの試みがなされている。「リバーブーム」という曲線的な長い壁のようなものを使って、プラスチックを遮り回収する試みもある。オーストラリアではじまり、世界中に広まった「シービン・プロジェクト」は、潮の満ち引きとともに動くゴミ箱のような装置を使って周辺に流れているプラスチックをすべて吸い取っている。ボルティモアの「ミスタートラッシュホイール」は、

＊以前は一種類の「インターセプター」しかなかった。だがそれ以来、この団体は異なる機器のポートフォリオを作ってきた。そこで以前のものは「インターセプターオリジナル」という名称になった。

漫画のような大きな目のついた現代風の機械で、川を通り過ぎるプラスチックゴミをガッツリと飲み込む。ハングリー・ヒッポというゲームに似てなくもない。オランダで設計された「グレートバブルバリア」は、川底の横幅いっぱいにチューブを敷いてゴミを阻止する。このチューブから水面に向けて泡を吹き出し、プラスチックが前に流れるのをせき止める。プラスチックはこの壁を越えられず、川の表面に浮き上り、そこで回収される。

　こうしたソリューションがどのくらい効果的でどれほど大規模に展開できるかは時間が経たなければわからないが、試してみる価値はありそうだ。毎日、ますます多くのプラスチックが川と海に流れ込み、どんどん細かく分解されていく。先になるほどこれらを環境から取り除くのは難しくなるだろう。絶望してただ立ち止まり、誰かが蛇口を閉めてくれるのを待つこともできる。でも、そのあいだに最善を尽くすこともできる。隙間に落ちたものを拾う準備をし、手を伸ばすことができる。

砂浜と海岸線の清掃

　世界の海洋プラスチックのほとんどは、海岸線にとどまり――堆積物の中に埋もれることもある――そこから再び解放されて波の中に流れ込むという循環を繰り返す。この埋没と再浮上のプロセスが何度も反復されることもある。[33] これはいい知らせだ。海の真ん中を流れるプラスチックをすくい取るのは本当に難しい。しかし、プラスチックのほとんどは海の真ん中にはない――もっと身近な、手の届くところにある。世界のあらゆる場所で、誰にもありがたがられずとも海岸清掃をする人たちがいる。もちろんありがたくないわけではない。ビーチや海岸線の近くに住んでいて、清掃に少し時間を使えるのなら、プラスチックが海に流入するのを止めることに直接貢献できる。

すでに海にある数百万トンものプラスチックをどう取り除くか？

ここまでは、プラスチックの海への流入を防ぐために何ができるかに注目してきた。ではすでに海にあるプラスチックをどうしたらいいだろう？　そのまま放っておく方がいいのか、それとも取り除くべきなのか？

ここでいい知らせと悪い知らせがある。まずは悪い知らせから。取り除けない海洋プラスチックはある。プラスチックがどのくらい環境にとどまるかについての統計はすでにご存じだろう。数百年まではいかなくても、数十年はとどまる。これは部分的に正しい。分解されるのに長い時間がかかる化合物もある。だが、プラスチックの中にはそれよりずっと早く分解されて微小プラスチックになるものもある。[34]微小プラスチックの問題は、今ではそれがあらゆるところに入り込み、取り除けないことだ。

それでも、大きな破片――チャールズ・ムーア船長が遭遇したゴミ――については何とかなると私は思っている。昔からこれほど楽観的だったわけではない――インターネットのアーカイブを見れば、私が懐疑的だったことがわかるだろう。インターネットではいつでも自分の黒歴史が掘り返されてしまう。

クルツゲザークト〔ドイツ語で「要するに」の意〕というユーチューブのチャンネルには、インターネット上に存在する最高の動画がいくつか公開されている。信じられないくらいわかりやすく科学を説明してくれるのだ。ナレーターの声は世界一なめらかで、その語り口が美しいアニメーションに被せて流される。どの動画も数百万回再生されている。私は幸運にもクルツゲザークトの一部の動画の脚本と調査に協力する機会をもらった。

数年前、私たちはプラスチック汚染に関する動画を作った。その動画は大ヒットした。私は調査と脚本を担当した。そのあとに、掲示板サイトのレディット上の「私に何でも聞いて（AMA）」コーナーに、専門家として参加してくれないかと依頼を受けた。AMAの質疑応答は疲れそうだったので、あまり乗り気ではなかった。でもクルツゲザークトからほかに二人の専門家が参加して私を助けてくれることになった。そのひとりは国連の環境プログラムの担当者だった。なんてありがたい。頼もしい助っ人だ。

結局、助っ人はいなかった。ほかの二人の専門家は姿を見せなかったのだ。その日は私の人生の中で最も頭がおかしくなりそうな一日だった。数千人がオンラインにやってきて質問を投げかけ議論に没頭した。どれも秀逸な質問だった。思慮深く、繊細で、学びへの純粋な興味からの質問ばかりだった。いずれの質問にも、きちんと行き届いた答えをしなければならないと感じた。話題になった動画は、プラスチック汚染が海に流れ込むのをどう止めるかということが中心になっていた。このトピックについて私は死ぬほど勉強していた――これに関するデータは隅から隅まで知っていた。だが、すでに海に存在するプラスチックゴミについてはほとんど考えたことがなかった。おそらくどうしようもないと思い込んでいたのだろう。

当然ながら、人々がその質問をしはじめた。しまった。専門家のはずの私が、何も知らなかったのだ。お恥ずかしい話だが、私はグーグルに頼ることにした。「海からプラスチックを除去するにはどうしたらいい？」と検索してみた。オーシャン・クリーンアッププロジェクトが一番上に現れた。

それを読んでみた。五分もかからなかったはずだが、そのあいだにもレディットの未処理リストには次々と質問が溜まっていった。正直なところ、当時オーシャン・クリーンアッププロジェクトを最初に見た時には、彼らの計画はばかげていると思った。それでも私はお行儀よく振る舞った。問題を説明し、このプロジェクトを紹介し、時間が経たないと効果はわからないと言った。そして「この分野に要注目ですね」と締めくくった。完璧などっちつかずの言い逃れだった。

長時間にわたるAMAのセッションを終えたあと、しばらくプラスチックについて考えるのをやめた。だが一年か二年後に、何か新しい進展はないかと戻って見てみた。オーシャン・クリーンアッププロジェクトについて、もう一度調べてみた。今回はきちんと深掘りし、新鮮な目で見てみた。そこでいきなり、これが明らかに理想的な解決策だと思ったわけではない。まだいくらか健全な懐疑心があった。ただ私の中で変わったのは、本気で何かをやろうとしている人たち――信じられないほど賢い人たち――に対する尊敬の念だ。ボイヤン・スラットもそのひとりだ。彼は、ただ気を揉んで愚痴を言うのではなく、プラスチックでいっぱいの海の問題を解決しようと行動に出た。ちなみに彼がこのプロジェクトを立ち上げたのは、まだ一八歳の時だった。もし世界を変えるには若すぎるなんて思っていたら、それは間違いだ。

一匹狼の起業家が問題を発見し、その解決に成功するチャンスは常に存在する。とりわけ、海洋プラスチックのようなグローバルな大問題については、そう言える。太平洋の真ん中に漂うプラスチックゴミは誰の責任なのか？　その解決にどの国がお金を払うのか？　開かれた海を所有する国家はない。どの国にとっても、その解決を使命にすれば莫大なコストがかかる。だからどの国もやらない。もし状況を変えたければ、勇敢な個人と民間企業がやるしかない。

ボイヤン・スラットと仲間たちは太平洋ゴミベルトのプラスチックを清掃することに力を注いできた。彼らはプラスチックの集積密度が高い場所を監視し追跡している。それがターゲットゾーンだ。その場所に清掃機器（インターセプターとは別の機械）を設置している。それが水に浮かぶ壁だ。プールに浮かんでいる長いブイを思い浮かべてほしい。これがプラスチックゴミを囲い込み、回収する。囲いがいっぱいになったらプラスチックをすくい上げてボートに乗せて運び出す。それからゴミは分別とリサイクルのために輸送される。

この技術はまだ完璧ではないかもしれないが、うまく行きそうな兆候はある。試行を重ねるごとに、たくさんのプラスチックが海から引き上げられていくのが目に見える。このプロジェクトの課題のひとつは、ゴミと一緒に野生生物まで引き上げてしまわないようにすることだ。直近のデータからは、ここに引っかかるゴミのうち約〇・一パーセントは「バイキャッチ」、つまり不運にも捕まってしまう野生生物だとされている。漁業などの活動における海の基準としては小さい数字だが、技術の進歩とともにこれが完全になくなることが望まれる。

このテクノロジーが、すでに海に存在するプラスチックの量に変化をもたらすかどうかはまだわからない。そうなることを私は願っている。少なくとも、解決不能と思われた問題に取り組む勇気のある少数の個人の集まりに敬意を表したい。

あまり力を入れなくていいこと

プラスチックのストローはどうでもいい

紙と水は相性が悪い。紙はセルロースという化合物から作られ、水に溶ける。飲料用のストローをなぜ紙で作ろうなどと考えたのか、私には理解できない。紙のストローはまったく使えない。それなのに「紙のストロー」は世界中のレストランやバーでサステナビリティを示す証明書のようになっている。

私はなにもプラスチックストローを勧めるわけではない。どうでもいいのだ。だけど効果のない政策は気になる。特にそれが、本当に効果のあるもののかわりに居座っている場合には。世界のプラスチック汚染の規模を考えると、プラスチックのストローは大事ではない。特に豊かな国ではプラスチックのストローが海に流れ込む可能性はかなり低い。たとえリサイクルされなくても、おそらく廃棄物埋立場に送られるだろう。海に流入するプラスチックストローが何本あるかは知らないが、海洋プラスチックのおそらく〇・二パーセント程度だろう。使い捨てのプラスチックストローを禁止したければ、それでもかまわない。だが、これは政府のプラスチック汚染に対する主要政策にはなり得ない。

障害者の中にはストローが必要な人もいる。プラスチックストローを禁止すれば、そんな人たちに大きな影響がある。私たちのほとんどにとってストローは必要ないが、それが大した問題ではないと知れば、特別な機会にストローを使うことを後ろめたく思わずにすむ。私の願いは、紙のストローの時代を早く超えて、先に進んでほしいということだ。

レジ袋をたまに使うのはいい

使い捨てのレジ袋は、環境活動家にとっては罪悪だ。スーパーに行って、マイバッグを家に忘れてきたことに気づいた時にしまったと悔やんだ経験は誰しもある。それからの一〇分間はコメディアンのようになる。買ったものをポケットに詰め込み、腕に抱え、歯で咥（くわ）えさえしてみる。

みんなをがっかりさせてはならじと、レジ袋を頼んだりはしない。

私も同じだ。知識があってもそうなのだ。たまにレジ袋を使ってもたいした問題ではないとデータは示している。実際、使い捨てのレジ袋は多くの点で代替手段よりいいこともある。少なくとも、炭素排出量はそのほかの手段よりはるかに低い。たまに紙袋を使わなければならないこともあるだろうし、布袋はレジ袋にくらべて何百倍も排出量が大きい[35,36]。水利用、酸性化、窒素のような栄養素による水質汚染といった環境負荷の面でも、レジ袋の方がいい。これは、使い捨ての袋に戻るべきだという意味ではない。ただ、ほかの種類の袋を確実に何度も再利用すべきだという意味だ。スーパーに行くたびに新しいオーガニックなトートバッグを買っていたら、環境を悪化させるだけだ。これまでに見てきたとおり、袋よりもその中に何を入れるかにもっと気を配った方がいい。その方がはるかに大きな環境へのインパクトがある。

レジ袋の問題は、海や川を汚染する可能性があることだ。しかし、ほかのゴミと同じで、もし適切に処理されなかった場合にだけ、そうなる。豊かな国では川や海岸線の近くにゴミを投げ捨てでない限り、ゴミは海に入らない。廃棄物埋立場に送っても問題ない。レジ袋の使用が増えたのにゴミ処理のインフラが追いつかない低所得から中所得の国では、これが問題になる。使い捨てのレジ袋に対する厳しい規制と代替手段の利用が本当に違いを生むのは、こうした場所だ。

だから、袋をできるだけ再利用することに気をつけてほしい。リュックサックでもトートバッグでもいいので、何度も何度も同じものを使ってほしい。でも、スーパーに着いて、家にマイバッグを忘れたことに気がついても、気を揉み過ぎないでほしい。

ゴミ埋立場は思っているほど悪くない

物をゴミ埋立場に送ることを、私はしょっちゅう後ろめたく感じてしまう。失敗のように思えてしまうのだ。リサイクルも再利用もできないゴミを私が生み出したと思ってしまう。しかし、この章で私が繰り返し主張した解決策のひとつは、より適正なゴミ埋立場をもっと数多く作ることだ。こう言えばゾッとする人がいるかもしれないが（私もビクッとしてしまう）、思っているほどゴミ埋立場は悪いものではない。

適正に管理されていないゴミ埋立場は悪いし、世界にはダメなゴミ埋立場がたくさんある。露天投棄や浅い埋立はよくない。プラスチックやほかのゴミがどこかに飛んでいき、汚染が底から漏れ出し、強力な温室効果ガスが大気に排出される。

しかし適正に管理され、地面から深いところに廃棄物が埋められたゴミ埋立場は、非常に効果的な解決策になりうる。ゴミ埋立場を作る場所がもうなくなりつつあると思っている人は多いが、それは間違っている。私たちがこれまでに生産した九五億トンのプラスチックをすべて埋めるのに必要な面積を計算してみた。世界のすべてのプラスチックを持ってきて、地下に埋めた場合の計算だ。

地下三〇メートルの深さに廃棄物を埋めたと考えてみよう。これが多くの既存の埋立場の深さだ。ロサンゼルスのプエンテヒルズ廃棄場はなんと地面から一五〇メートルの深さに達している。仮想のゴミ埋立場は一〇メートルの嵩(かさ)になる。するとどのくらいの面積が必要になるだろう？一八〇〇平方キロメートルだ。これがロンドンと同じくらいの広さと聞くとかなり巨大に思えるが、グローバルな陸地面積のわずか〇・〇〇一パーセントに過ぎない。もしこのゴミ埋立場が地面に近い場合には、必要な面積がもう少し広くなる。もっと深く縦に長い場合には、面積は狭くなる。だがどの縦横比にしろ、必要な面積は小さい。都市ひとつか二つ分だ。自宅の裏庭にゴミ埋立場を欲しがる人はいないが、十分なスペースはあるので、その必要はない。

ゴミ埋立場はひどいところだと思っている人は多いが、効果的な炭素の貯蔵場所になり、気候変動へのインパクトを減らしてくれる効果もある。ゴミが腐ると二酸化炭素とさらに強力な温室効果ガスのメタンが排出される。環境には明らかに悪い。適正に管理されたゴミ埋立場なら、酸素供給を遮断することでこの分解プロセスを遅らせたり、止めることもできる。こうすれば二酸化炭素やメタンガスの排出も止められる。炭素は埋め立られた廃棄物の中にとどまる。紙や木でできた製品にも同じことができる。木の場合を考えてみよう。木を燃やしたり、腐らせたりすると、二酸化炭素が排出される。それを地下に埋めれば炭素は「閉じ込め」られ、大気から二酸化炭素を吸い取ったことになる。これがいわゆる「カーボンシンク」だ。

埋立場の中でも分解が起きることはあるが、そのほとんどは食品廃棄や紙などの有機物だ。[37] 適正に管理されたゴミ埋立場なら、漏れ出したメタンを回収して大気に排出しないようにできる。

また、廃棄場の下にカバーを敷いて、汚染水が周囲の生態系に漏れ出すのを防ぐことができる。すべてのゴミ埋立場でこれがしっかりできるわけではないし、このようなカバーも数十年もすれば劣化する。だがこれは解決できる問題だ。

ゴミ埋立場は見た目がいいものではない。どこに建設するかについては慎重に決める必要がある。しかも、もし管理が適正でなければ、環境を悪化させることにもなりかねない。だが、プラスチック汚染との闘いにおいて、良いゴミ埋立場は必須の武器になる。ストレスや後ろめたさに邪魔をさせてはならない。

8章　乱獲——海を略奪する

「二〇四八年までに海は空っぽになる」
——『Seaspiracy ——偽りのサステナブル漁業』、二〇二一年

二〇二一年、ネットフリックスのドキュメンタリー映画『Seaspiracy ——偽りのサステナブル漁業』が世界を席巻した。その年に最も視聴された番組のひとつとなり、メディアの注目を集めた。私の周りの人たちも、その見出しになった宣伝文句を何度も繰り返し口にしていた。「今世紀の半ばまでには魚がいなくなる！　魚が一匹も網にかからなくなるまで海は漁り尽くされることになる。海底の生き物は一匹残らずいなくなる。かつて膨大な海の生態系を支えた美しい珊瑚礁は崩壊し、命を維持できなくなる。地球は青い惑星だが、その海は不毛になる」

ほとんどの海洋科学者は板挟みになっていた。乱獲の危険と海の現状に向けられるべき注目がやっと集まった。とはいえ、このドキュメンタリーのすべてが誤りだらけだった。

こんな主張はどこからきたのだろう？　二〇〇六年、ボリス・ワームは共同執筆者とともにサイエンス誌に論文を発表した。[1]　現在カナダのダルハウジー大学で教授を務めるワームは、世界で最も有名な海洋生態学者の一人に数えられる。サイエンス誌に掲載された彼の論文は、海の生物

多様性の現状を調査したものだった。当時、世界の水産資源の現状に深刻な懸念が集まっていた。タイセイヨウマグロの数が危機的な状況に陥り、タラとコダラも減り、世界中のＮＧＯの警告にもとづいて多くの人がサケを食べなくなっていた。

ワームの研究は明るい未来像を描くものではなかった。それでも、論文の核になる結果はほとんど注目されなかった。ただし、メディアはその中のひとつの統計だけを取り上げた。それは、論文のまとめの中に一度だけ出てきた数字だ。

私たちのデータは、世界規模で加速していると見られる多様性の喪失が社会に与える影響を示している。このトレンドは深刻に懸念すべきものである。なぜなら、現在漁獲されているすべての分類群が、二一世紀の半ばまでに世界中で崩壊してしまうことが予測されるからだ（回帰分析を外挿すると二〇四八年に一〇〇パーセントに達する）。

多くの人がこの結論を読んでなぜハッとしてしまうのかは理解できる。ドラマチックな話題に飢えた記者がこれに飛びつくのもわかる。案の定、ニューヨーク・タイムズがこれを記事にした。その見出しは「魚類の『世界的崩壊』が研究によって予測される」[2]。他のメディアも世界の魚が二〇四八年までにいなくなると書いた。そこから雪だるま式に報道は膨らんだ。

この話の取り上げ方には二つの大きな問題がある。まずひとつは、海洋生態学者が「世界的崩壊」と言うとき、私たちの多くとは違う意味でその言葉を使っている。「崩壊」と聞くと、魚がいなくなると思ってしまう。種が崩壊するということは、消えてなくなるという意味だと考える。だから「二〇四八年までに世界的に崩壊する」という話が「二〇四八年までに海が空っぽになる」という話に飛躍してしまったのだろう。だが、科学者の意図は違う。

水産学における「崩壊」には多くの定義がある。ボリス・ワームが意味したのは、漁獲量が過去最高水準の一割まで減少するということだ。たとえば、タイセイヨウマグロの年間最大漁獲量が一〇〇万トンだとすると、それが年間一〇万トンを切れば「崩壊した」ことになる。残った魚の数ではなく、漁獲量をもとにこれが定義されているのは変だと思う。だが、ワームが論文を執筆した時点では、海の魚の数についてあまりデータがなかった。魚の数がどのくらい多いかを知るには、漁獲量を測るしかなかった。魚がうようよいれば簡単に獲れる。数が少なくなればなるほど、難しくなる。

ボリス・ワームが、「二一世紀の半ばまでに世界的崩壊」に向かうトレンドにある、と言ったのは、魚がいなくなるという意味ではなかった。彼の予想する「崩壊」が実際に起きたとしても、海は空っぽにならない。もちろん、魚を気にかけているにしろ、それを獲る人を気にかけているにしろ、崩壊は起きてほしくないが、それは海が空っぽになるという意味ではない。

さて、もうひとつの問題は、今世紀の半ばに世界的崩壊が起きるという予想がどのように導かれたかという点だ。ワームは手に入るデータ（あまりなかった）にもとづいて世界の水産資源の現状を推定した。データは不足していたものの、これは貴重な研究だった。科学者は手に入る限り最良のデータをもとに現状を理解し、それがどこへ向かうのかを予想するよう努めなければならない。彼は二〇〇三年に、世界の水産資源の三〇パーセント近くが「崩壊」の定義に当てはまると推測した。そこから一〇〇パーセントになるまで傾向線を引き伸ばしただけだ。水産資源がこのまま次々に崩壊し続けるという前提にもとづいて、二〇四八年にはすべてが崩壊すると予測した。

それは少し単純すぎる予測だろう。科学者にとっては興味深い思考実験ではある。「もし物事が過去と同じように進むとしたら、いつ一〇〇パーセントになるのだろう?」と考えるのだ。私もしょっちゅうそんな計算をしてみる。楽しいからだ。だがこの本で何度も見てきたように、このやり方には根本的に問題がある。世界が滅亡するという勝手な思い込みが強まってしまうのだ。爆発的な人口増加が未来永劫止まらないと思い込み、パニックになる。少なくとも、世界が滅亡するまでそれが続くと思い込む。二酸化炭素の排出量が増えているのを見て、いつまでも増え続けると思い込む。化学肥料、石炭、農薬、大気汚染も、もっともっと増え続ける。物事は変わるものだとあまり思えない人なら、この考え方に陥るのも無理はない。しかし、こんな思い込みには科学的根拠はない。実際、環境問題のほとんどに関して、昔とは違う明らかな兆候がある。方向性を変えることはできるし、実際に変わっている。

そんなわけで、この研究に関するメディアの取り上げ方には、警戒すべき二つの大きな危険がある。まず、「世界的な魚の崩壊」とは「海から魚がいなくなる」ことではない。次に、一〇〇パーセントに届くまで直線を引くのは、どう見ても科学的ではない。当時の記者を責めることはできない。だが今なら――あれから一五年を超える時が経った今なら――こんな間違いは許されない。あの物議をきっかけに漁業データの革命が起きたからだ。現在のデータからは、あのニュースの見出しになった悲観的なシナリオから遠く離れた方向に向かっていることがわかる。

多くの海洋科学者は、魚がニューヨーク・タイムズやワシントン・ポストやＢＢＣのトップニュースに取り上げられたことに興奮した。だが、「世界的崩壊」が「海が空っぽになること」だと誤解されているとわかったあとでも、この報道になんとか折り合いをつけようと悩んでいる人もいた。報道された悲観的な見通しと、彼らが現場で、というか海の中で見ていることは違っていた。もちろん、世界の水産資源の中には悪い方向に向かっているものもあった。だが、崩壊にはほど遠かった。実際には持続可能性が改善しているものもあった。どちらかといえば、二〇〇八年には魚が減っているどころか、増えている可能性の方が高いように思えた。ワームの研究が発表されてまもなく、サイエンス誌はほかの水産専門家からの科学的な反論をいくつか掲載した。

ワームの論文を最も厳しく批判した研究者のひとりがレイ・ヒルボーンだ。ヒルボーンはワームと並ぶこの分野の大物で、ワシントン大学で水産科学者として働いていた。一九七〇年以来数十年にわたって研究に励み、その学術的な功績を認められ数々の賞に輝いていた。また、ヒルボーンは世界の魚の見通しについてもう少し楽観的な立場をとっていた。

ヒルボーンは取材の中で、ワームの研究は「ありえないほど杜撰（ずさん）」で、その予測は「あきれるほど馬鹿げている」と語った。ワームの論文が発表されたその月に、ヒルボーンは「水産業」という学術誌に「信仰をもとにした漁業」という題名の反論を発表した。[3] ヒルボーンはこの論文で、海洋科学学会だけでなく、世界トップの科学誌をこき下ろした。彼らは証拠にもとづく科学より、一面記事になるニュースがお好みだと批判したのだ。

ワームとヒルボーンがこの問題に違う見方をしたのは、二人の背景となる世界観が違っていたからだ。ボリス・ワームは海洋生態学者で、レイ・ヒルボーンは水産学者だった。海洋生態学者は単純に、生態系が人類誕生の前の汚れなき状態に戻ることを望む。一方、水産学者はできるだけ多くの魚を獲りながら、健全な生態系を維持するにはどうしたらいいかに注目する。

二人はアメリカの公共ラジオ放送に招かれ、生放送で議論することになった。司会者は侃々諤々のオタクバトルを期待していたが、議論は思ったより穏やかだった。ヒルボーンとワームには意見が一致する点も多く、お互いを尊敬していた。その後数週間にわたって二人はメールで議論を続けたほどだった。

明らかになったのは、何が起きているかを本当に理解するのに必要なデータ群はまだ揃っていないということだった。二人は力を合わせてデータを構築することにした。ボリス・ワームはのちにこう語っている。「レイと私はそれぞれ心の中で、これ（公衆の面前での言い争い）が科学をよりよくすることにはならないと気づいた。片目を閉じてしまうことになりかねないから」[4]。

二人は助成金を申請し——認められた——二〇人の科学者を集めてグループを作ることにした。その使命は、魚の存在量——漁獲量ではなく、海にいる魚の数——についてのデータを揃えて集計することだった。

二〇〇九年までには、必要なデータが集まった。二人は「世界の水産を再構築する」と題した論文を共著し、サイエンス誌に発表した。[5] サイエンス誌はこの論文を、魚をめぐる論争にけりをつけるものとして次のように紹介した。「天然魚がいなくなるという予測が物議を醸したあと、トップ研究者たちは矛を収め、漁業の現状を検証するため、そしてそれにどう対処したらいいかを調べるために手を結んだ」

研究の結果、水産資源は平均で見ると減少していないことがわかった。とはいえ、地域によって結果は異なっていた。うまくいっている種もあり、その数は実際に増えていた。苦しんでいる種もあり、それらは懸念すべきだった。そんなわけで、おしなべてみると明らかな変化は見られなかった。いい点が悪い点を打ち消していた。だがひとつだけはっきりしていることがあった。今世紀の半ばまでに「世界的崩壊」が訪れる兆候はなかった。これらの数字を直線的に伸ばせば、一〇〇パーセントに到達する日は永遠に訪れないだろう。たとえ三〇〇〇年たっても大丈夫なのだ。

このことは、世界の漁業を理解する上で欠かせない新たな情報だ。だが、「それほど良くなっていないし、悪くなってもいない」という話は「世界の水産資源がまもなく崩壊する」という話

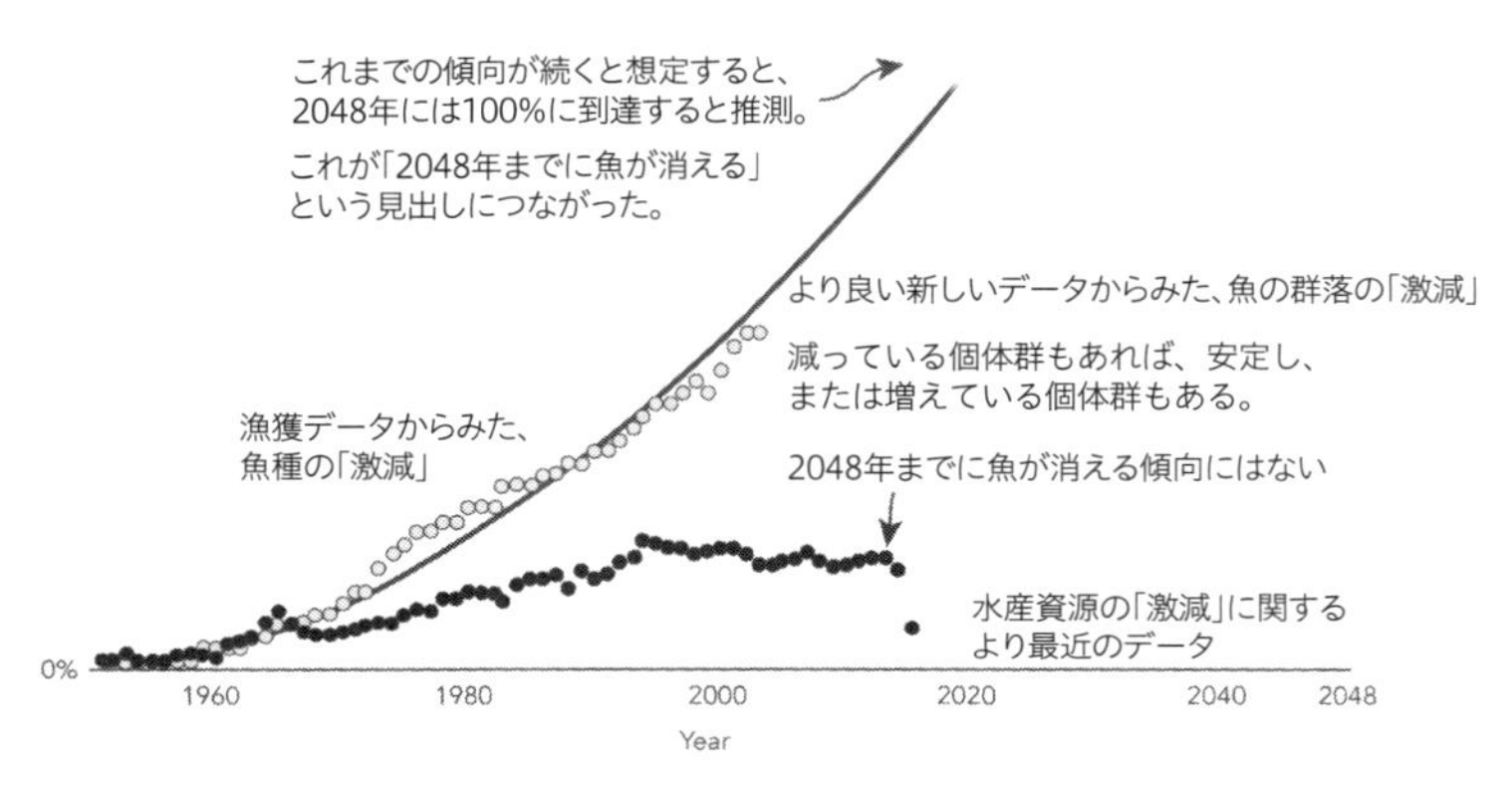

「2048 年までに海が空っぽになる」ことはない　2006 年に論文が発表されると、「2048 年までに海が空っぽになる」というニュースが多く報道された。この図は、その主張がどこからきたのか、そしてそれを打ち消す最近の証拠を示している。

よりも面白いものではない。悪いニュースはよく売れる。いいニュースはたまに売れることもある。中立的なニュースはめったに売れない。

科学は意見のぶつかりあいと、学者同士の論争と、政治的分断と、思想信条の障壁に満ちている。お互いの違いを脇に置き、力を合わせて進歩するのは難しい。ワームとヒルボーンは、どうしたらそれができるかを見せてくれた。意見の相違にけりをつける証拠がない時、その証拠を積み上げるために二人は協力したのだった。

残念なことに、証拠が変わっても立場を変えない人はいる。だからこそ、「二〇四八年に海が空っぽになる」という誤りが二〇二一年に『Seaspiracy』の中で繰り返されてしまったのだ。

だからといって、世界の魚の状態が完璧だということにはならないし、心配することが何もないわけではない。だが、もしあなたが『Seaspiracy』

を信じていたとしたら、最悪の懸念の一部は和らいだことを願う。ここまでに最悪のパニックについて書いたので、ここからは私たちがこれまで海にどう向き合ってきたか、今どこにいるか、そして海を再び健全にするにはどうしたらいいかについて深掘りしていこう。

どのようにここまできたか

捕鯨の台頭と衰退

私たち人間は今、比較的小さな海の生き物を力で抑えつけることによって、支配力を示しているのかもしれない。だが過去には大物を追いかけていたこともある。体重一五〇トンを超えるシロナガスクジラはこれまでこの地球に存在した最大の動物だ。シロナガスクジラはその大きさのおかげで人間の搾取から守られてきたと思うかもしれない。だが実際には、その大きさのせいで運命が悪い方に向かった。6章で見たとおり、人間は昔から大きな生き物に惹かれてきた。クジラは人間にとってとんでもなく貴重な油や肉や脂肪の供給源になった。

初期の捕鯨といえば、ハーマン・メルヴィルが一八五一年に書いた『白鯨』を思い浮かべる人も多いだろう。だが白鯨との闘いはそれよりはるか以前にさかのぼる。二〇〇〇年代のはじめに研究者たちは、紀元前六〇〇〇年にさかのぼる韓国の盤亀台〔韓国南東部の蔚山広域市にある岩刻画〕を発掘していた。[6] ここでは岩に刻まれた美しいクジラの彫刻が多く発見されている。ここに刻まれていたのはクジラだけではない。クジラの横には銛を持つ人を乗せた船も描かれていた。これらの岩刻画は捕鯨のはじまりを垣間見られる最古の作品かもしれない。

捕鯨がはじまったのは少なくとも数千年前のことだ。中世の時代――紀元五〇〇年から一六〇〇年のあいだ――に捕鯨はヨーロッパで急速に拡大した。ロンドンの富裕層、スコットランド人、そしてオランダ人はクジラの骨を削ってランプや飾りを作り、その貴重な肉で宴会をした。[7,8] しかし、当時の漁の道具はあまりいいものではなかった。一八世紀と一九世紀にはそれが一変した。特にアメリカで捕鯨がはじまると道具が進化し、アメリカでは捕鯨が主要な産業になった。鯨油はのちにさまざまな用途に使われるようになったが、アメリカでは主に照明に使われた。

ただろうそくに火を灯すためだけに、あれほど巨大なものを殺すなんて今考えるととんでもないことに思える。だがここから、私たちの祖先の資源がどれほど限られていたかがよくわかる。クジラが憎くて殺していたわけではない。エネルギー源を探そうとしていた当時の人々にとって、鯨油はその時に手に入る最高のものだったのだ。

一九世紀の前半をとおして、アメリカでは鯨油の生産が増加し続けた。一八〇〇年の生産量は年間数万バレルだった。一八四〇年代の半ばには生産量が五〇万バレルを超えていた。しかし、これまでに見てきた多くのトレンドと同じように、上がったものはかならず下がる。鯨油の生産は一八四〇年代にピークに達し、増加した時と同じくらい急速に減少した。一九世紀をとおしたアメリカにおける鯨油の生産をグラフにすると、完璧な逆U字型になる。

鯨油の生産高がピークに達し、激減したのはなぜだろう？　その一因は化石燃料だ。ちょうどその頃、石油が発見され、照明に使われていた鯨油の替わりに安い灯油が使われるようになった。捕鯨は次第に儲からなくなっていった。[9] アメリカで捕鯨がすたれはじめる頃に、世界のほかの地域で捕鯨ブームがはじまった。一九世紀の終わりにかけて、新しい技術が開発されクジラを大量に捕獲できるようになった。アメリカでは、船乗りがオールで動かす昔ながらの船が使われていたのに対して、ノルウェーでは大砲や銛を備え、機械化された蒸気船が使われた。おかげで捕鯨の効率はかなり高まった。捕獲量が増えただけでなく、古い技術では捕らえられないほど動きの速い種も捕獲できるようになった。大型のクジラが殺されると、普通は沈んでしまう。これを止める方法が一八八〇年代に発見された。死んだクジラに空気を送りこみ、浮いたままにさせておくのだ。

これが「近代捕鯨」時代のはじまりだった。二〇世紀にさしかかる頃にはじまった近代捕鯨はクジラの追跡と捕獲方法にイノベーションをもたらし、その油や脂肪や骨の使い方を進化させた。鯨油は当初、照明の燃料として、また機械の潤滑油として使われていた。化粧品と食品化学の進歩によって、クジラの副産物が石鹸（せっけん）や繊維やマーガリンにまで使われるようになった。龍涎香（りゅうぜんこう）――マッコウクジラの腸の中にある物質――は、当時も今も香水に使われている。たとえば、シャネルの5番にも使われている。クジラはファッション産業にも入りこんだ。ヒゲクジラは口から長いケラチン（人間の爪や髪に含まれるタンパク質）のヒゲを垂らしている。このヒゲが、スカートからコルセット、雨傘、日傘、釣り竿やクロスボウまであらゆるものに使われた。[10]

人間はいきなり捕鯨が上手くなり、市場は成長した。くる年もくる年も、人間はクジラを殺していた。毎年数千頭だったものが、一万頭になり、二万頭になり、一九六〇年代には八万頭にもなった。それが一時的に中断されたのは、人間がお互いを殺し合った第二次世界大戦のあいだだけだった。戦争が終わると、ふたたびクジラが狙われた。

二〇世紀の前半に捕鯨は急増した。しかし、驚くべきことにクジラはその後、生物保護の成功例になった。一九七〇年代に捕鯨は激減し、八〇年代、九〇年代、二〇〇〇年代と最低水準まで下がった。今では捕鯨はほとんどなくなった。商業捕鯨はほぼ皆無になった。どうやって状況を立て直したのだろう。要因はいくつもある。一九六〇年までにクジラの数は激減した。希少なクジラを見つけるのも捕獲するのも難しくなり、捕鯨は高くつくようになった。鯨油とクジラの骨は競争優位性を失いつつあった。化粧品用にしろ、食品や繊維用にしろ、より安価で手に入りやすい代替品があった。すでに化石燃料が鯨油の替わりに普及しはじめていた。

政治活動によって、これに拍車がかかった。一九四六年、捕鯨が持続不可能になりつつあると気づいた多くの国は国際捕鯨委員会（ＩＷＣ）を立ち上げた。数十年にわたって割当協議がもの別れに終わったあと、ＩＷＣは一九八七年に捕鯨の一時停止に合意した。これにより、わずかな例外をのぞいて商業捕鯨は違法となった。*

二〇世紀の人間の支配は、クジラの数に深刻な影響を与えた。二〇世紀がはじまる直前には海

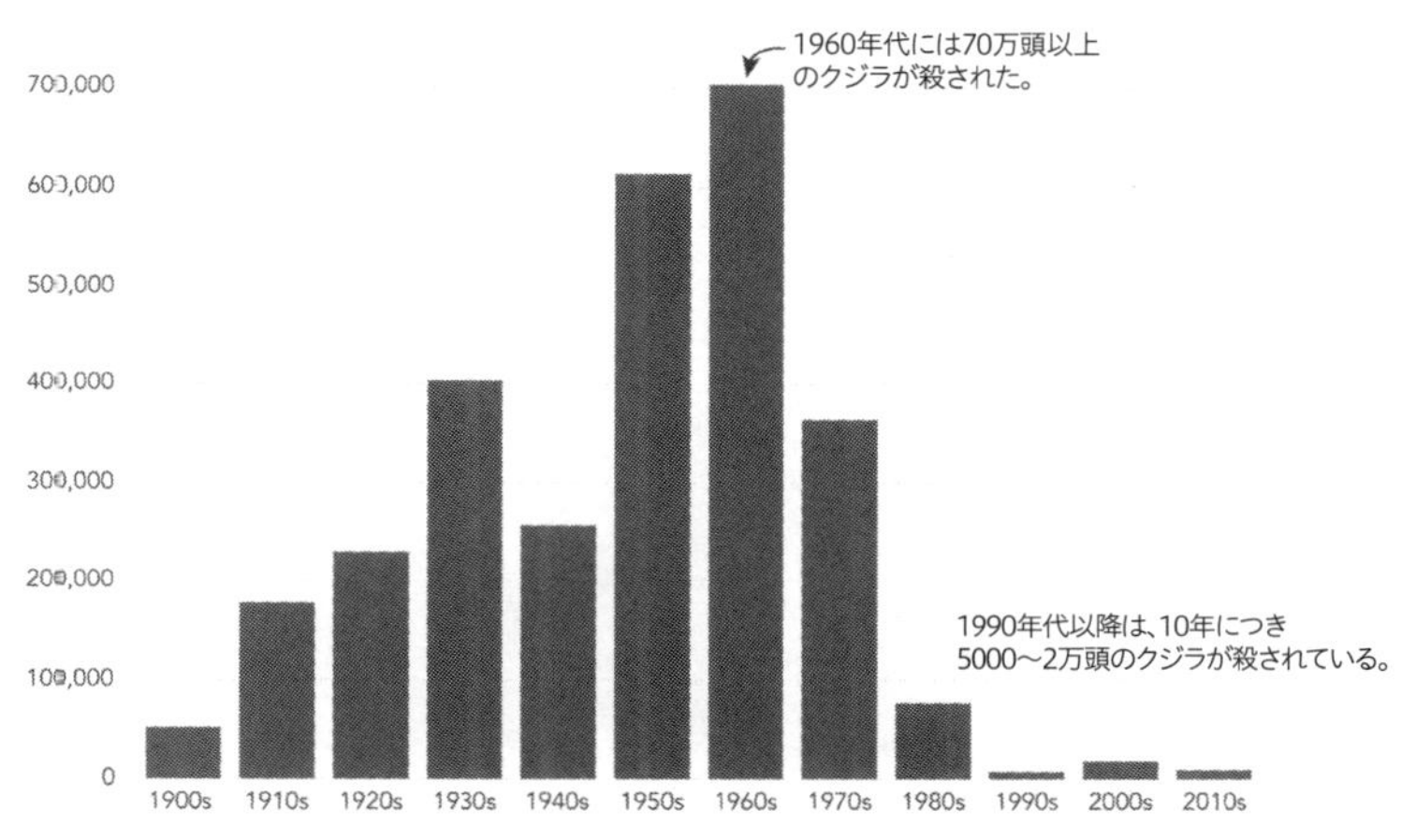

現在の捕鯨数は過去に比べるとほんのわずかでしかない　この数十年間に世界で捕獲され殺されたクジラの頭数。

に二六〇万頭のクジラがいた。[11,12]一世紀後にはわずか八八万頭しか残っていなかった。クジラの数は三分の一になり、特にひどい影響を受けた種もあった。ここまで読んできた読者の皆さんはもうこのパターンをお分かりだろう。最も大きなクジラ類が一番狙われた。ミンククジラは「たった」二〇パーセントだけ減少した。シロナガスクジラはほぼ絶滅に追い込まれた。その数は九八・五パーセント減り、三四万頭からわずか五〇〇〇頭になった。

クジラの頭数が回復するには長い時間がかかるだろう。だがこの世界はそれができるギリギリの時に行動した。これがまったく違う結末になっていてもおかしくなかった。多くの種が絶滅に向かっていたが、私たちはその寸前でブレーキをかけることに間に合ったのだ。

漁業の歴史

初期の現生人類の化石から、彼らは魚を食べていたことがわかっている。北京近郊の田園洞で発見された骨の破片は、それが四万年前のものであることを示していた。同位体分析によると、彼らは淡水魚をたくさん食べていたことがわかった。

また、洞穴の壁画や魚の骨の化石、簡易の釣り針から、漁業の歴史は数万年前にさかのぼることもわかっている。そのほとんどのあいだ、漁業の道具は比較的限られていた。新しい技術を作れる人なら、釣り針と釣り糸、または槍を持っていたかもしれないが、多くの人はアシで編んだカゴしか持っていなかった。だが一五世紀になり、ヨーロッパではじめて大型漁船が登場すると、状況は変わりはじめる。これらの船は、壁のような、またはメッシュのカーテンのような、長い「刺し網」を垂らして、その中に魚を捕らえていた。大量の魚を獲るにはこのやり方ははるかに効率がよかったが、同時に欲しくもない海洋生物も捕まった。探索は一度に数週間続くことがほとんどで、漁師は十分な魚を獲って戻ってきた。

大規模漁業はここから拡大し、世界中に広まった。網や道具がさらに進化し、船もより大きく速くなった。エンジンも強化された。漁師は網を取り付け、魚が逃げられない速度で進み、進みながらより多くの魚を捕獲した。

水産資源の枯渇は多くの豊かな国にとって現実のものになった。カナダ東部のニューファンドランドとラブラドールにおけるタイセイヨウダラの漁獲量を見ると、一七世紀のはじめから増加しはじめたことがわかる。一八世紀の漁獲量は年間およそ一〇万トンだった。二〇世紀までにこれが約二五万トンになった。その後、一九六八年にピークに達し、資源の枯渇によって漁獲量は激減した。一九九〇年のはじめには漁業を完全に閉鎖しなければならなくなった。

漁業の新世界を開いたもうひとつのイノベーションが、一八八〇年代にイギリスで登場した蒸気トロール船だ。トロール船はかなり遠くの沖まで行くことができ、海での停泊期間も長く、海中深くに届く機材を搭載していた。二度の大戦で中断されたものの、二〇世紀の前半に漁獲量は急増した。[13,14]

トロール漁業は世界に広がったものの、水産資源に対する厳しい監視がなかったため、資源量は減少していった。二〇世紀の後半から二一世紀のはじめには、イギリスと他の豊かな国でトロール漁業は激減した。

これから見ていくとおり、多くの国は水産資源を持続可能な形で管理する方法を学んできた。絶滅の危機にあった水産資源は復活を果たした。しかし、監視もされず規制もされない漁業手法——大量の魚がやみくもに捕獲される——が一部の地域で増えている。過去に多くの水産業が陥った破壊への道を彼らがたどらないように手を打たなければならない。

＊一時停止は商業捕鯨のみを対象としているため、科学調査目的の捕鯨と先住民生存捕鯨は今も許されている。

今どこにいるか

世界の魚のどのくらいがサステナブルに管理されているか？

私たちの漁業のやり方はどのくらいサステナブルでなくなってしまったのか？　シンプルな質問に思えるが、大変な物議を醸すものでもある。この質問に答えるには、「サステナブルな漁業」が実際何を意味するのかについて合意する必要がある。同意しない人もいるだろう。

専門的な詳細や数字について言い争うことはできる。漁獲量はどのくらいか、水産資源はどのくらい残っているか、魚の数は減っているのか。だが、本当に意見が食い違うのはここではない。その一歩手前で、魚をどう見るかについて、倫理観の相違がある。すでにおわかりのとおり、私たちがほかの野生動物と同じように魚について議論することはない。生物多様性の章において、私たちの目標はどんな犠牲を払っても野生動物を守ることだった。魚についても同じように考える人もいるが、ほとんどの人は違う。魚は捕らえるためにあると考えている。そしてそれぞれが魚を違う目で見ていたら、議論は前に進まない。数字を議論する段階にも届かない。

魚について、大きく二つの派閥がある。片方の派閥は――環境活動家、生態学者、動物福祉の提唱者に多いが――魚をそれ自体権利を持つ主体として見る。これは、私たちがゾウやサルといったほとんどの野生動物を見るときの見方だ。彼らの目標は、野生動物の数を人類誕生以前の水準に戻すことだ。魚についても同じで、その数が歴史的な水準に回復するまで漁業をやめるべきだとされる。ここでのサステナビリティとは、ほとんど魚を獲らないという意味になる。

別の派閥は魚を資源として見る。私たちのほとんどは魚を食べ、数億人が魚に頼って生計を立てている。漁業がはじまる前の水準に資源量を戻しながら、それと同時に大量に漁獲することはできない。だから、こちらの「サステナビリティ」とは、魚の数をこれ以上減らさずに、毎年できるだけ多くの魚を獲り続けることを意味する。これが、ノルウェーの元首相ブルントラントが掲げた「サステナビリティ」の定義に合う。今生きている人々が必要とする魚をできるだけ多く獲りながら、未来の世代のための漁獲量を犠牲にしない程度にとどめておくという考え方だ。

科学者はこの魔法の「スイートスポット」を計算できる。できるだけ多く漁獲しながら、最も生産性の高い水準以下に魚の数が減らないようにとどめられる、正確な地点がある。これが「最大持続生産量」と呼ばれるものだ。欲を出してこれより多く漁獲すると、未来の世代に残すべき資源を減らしてしまう。これより少なすぎると、今の世代の食糧と収入が犠牲になってしまう。ほとんどの漁業従事者が目指すのはここだ。多すぎず、少なすぎず、ちょうどいい量を獲ること。

二つの派閥の対立は明らかだ。サステナビリティの定義がまったく違う。だから最終目標も違ってくる。「最大持続生産量」の水産資源は、漁業以前の水準の半分程度になる。[15] つまり、二つ目の派閥にとってのサステナブルな水準は、ひとつ目の派閥が考えるサステナブルな水準の半分しかない。ここで行き詰まってしまう。私はどちらの立場もわかる。人間は魚を陸にいる野生動物とは違うものとして見がちで、それはおかしいと私は思う。だが同時に、いきなり漁業をすべて止めるのも現実的ではないだろう。漁業を続けるのなら、天然の水産資源をできる限り監視しきちんと管理するべきだ。つまりそれは、資源を乱獲しないような形で魚を獲り、健全なバランスに保つことに他ならない。となると、自然に二つ目の派閥に寄ることになる。

国連食糧農業機関には漁業研究と報告に特化した部門がある。この部門は毎年、世界の漁業活動がどのくらいサステナブルかを公表している。[16] 一九八〇年代と九〇年代は恐ろしい時代だった。一九七〇年代のはじめは、世界の水産資源の九割近くはサステナブルに管理されていた。だがそこから、状況は急激に悪化した。魚の需要は世界中で増加し続けた。限界を超えるまでに追いやられた水産資源の数は年々増え続けた。この章の冒頭でボリス・ワームが考えたように、この傾向が続くと思ってもおかしくなかった。

二〇〇〇年の初頭までには、世界の水産資源の四分の一近くが乱獲されていた。二〇〇八年までにこの割合は三分の一にものぼっていた。だが、上昇はここで一服した。それ以来、乱獲される水産資源の割合は三分の一程度に止まっている。つまり、世界の水産資源の三分の二はサステナブルに維持されていることになる。*

もちろん、だからといって喜べる状況ではない。一九八〇年代と九〇年代に見たような激増傾向にはなく、少なくとも増加は緩やかになったか、すでに止まっている。効果のあることは何かを見極めて、そのやり方を全体に導入するための十分な時間は確保できている。

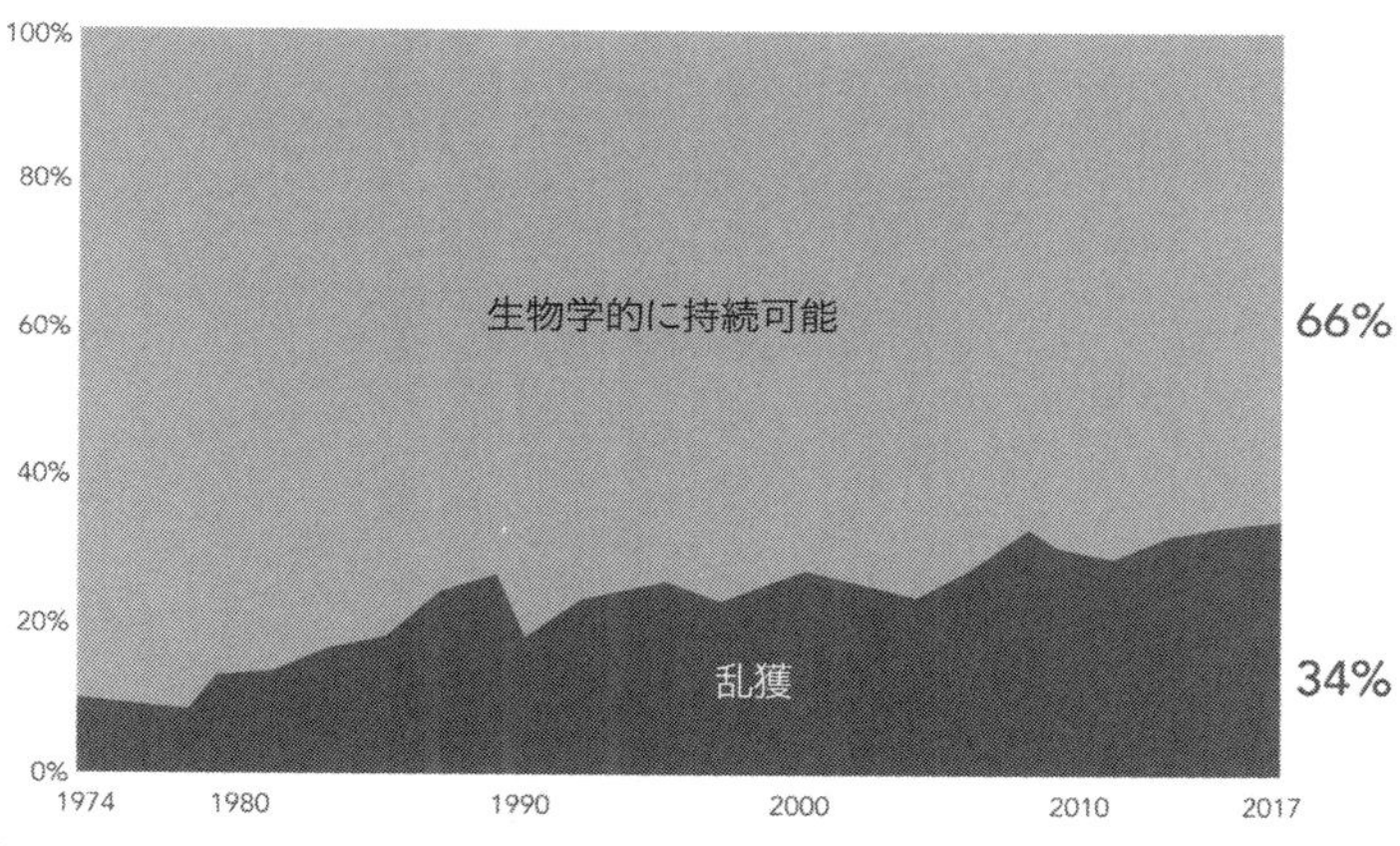

世界の水産資源の3分の1は乱獲されている　乱獲とは、最大持続生産量——同じ魚の数を再生産できる割合——を超える魚獲である。

今では養殖の生産量が天然魚の漁獲量を超えている

するとなんだか計算が合わなくなる。乱獲される魚の数を増やさないことには成功した。それなのに一九九〇年以降、グローバルな水産食品の生産量は二倍以上になっている。どうしたらそうなるのか？　魚を獲るのではなく、育てはじめたからだ。これがいわゆる「栽培漁業」または「水産養殖」で、牛や豚や鶏を陸上で育てるのと似たようなことだと考えてもらえばいい。天然魚（陸でいえば野生の鳥や鹿）に頼るのではなく、人工的に繁殖させることができる。条件の整った環境で——海や川に囲いを設けて、または陸上に人工的な設備を設けて——、養殖者が魚に餌を与え、繁殖させ、それを獲って販売する。

養殖業は比較的新しい産業で、一九九〇年以来爆発的に伸びてきた。一九九〇年には養殖による水産

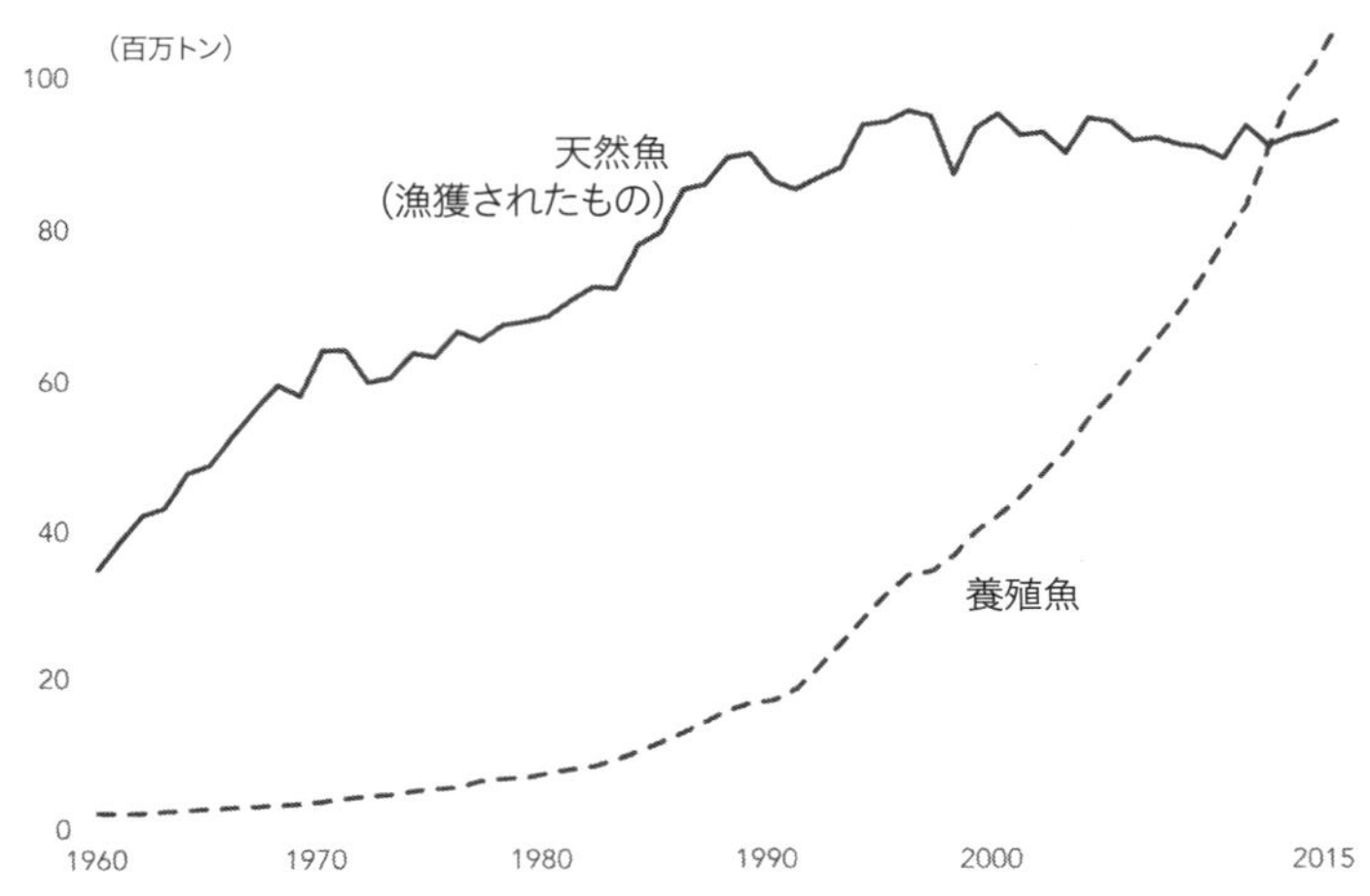

養殖による水産品の生産量は天然魚を超えている　この数十年の水産品生産量の伸びのほとんどは養殖によるものだ。これは天然の水産資源の保護に役立っている。

品の生産量はわずか二〇〇〇万トンだった。これが二〇〇〇年までに二倍になった。二〇一〇年までにはそれがまた二倍に増えた。そして今では一億トンになった。今では養殖による生産量が天然魚の漁獲量を上回っている。天然魚の漁獲量は一九九〇年以来ほとんど変わっていない。養殖によって増加した需要のすべてが埋め合わされている。天然魚の漁獲だけで需要を満たそうとすれば、海は悲惨な状態になっていただろう。

欠点を補ってあまりある養殖のありがたみは、農業と畜産業への移行の恩恵とそう違わない。増え続ける莫大な人口を野生動物だけで食べさせていこうとしたらどうなるか、想像してほしい。すぐに野生動物はいなくなってしまう（人間もいなくなる）。作物を育て、家畜を生産する能力のおかげで、野生動物にこれ以上の負荷を与えずにより多くの人を食べさせていけるようになった。海にも同じことが言える。

昔から養殖が海のセーフティーネットとして機能していたわけではない。その黎明期には、効率が悪かった。養殖魚は低品質の天然魚を餌にして育つ。餌が大量に必要な魚もいる。これがFIFO比率で、一匹の魚を育てるために投入しなければならない魚の量を指す。一九九七年頃まで、この比率は世界の魚類全体で二倍だった。[17,18] これでは明らかに割が合わず、天然の水産資源に負荷をかけることになる。

幸い、当時と比べて今は断然効率が上がった。養殖技術が進歩し、魚の代わりに植物性の餌が開発された。多くの魚で、FIFO比率は〇・三にとどまっている。これより効率のいい種もある。魚をいっさい投入しなくていい種もある。ということは、全体の回収率は三倍を超えることになる。年間漁獲量九〇〇〇万トンの約一一パーセントは養殖の餌として使われる。すると養殖によって一億トンの水産品が生産される。悪い取引ではない。もちろん、魚にとっては話は別だ。この本で前述した家畜の階層と同じで――小さな動物が下で、大きくなるほど上にいく――効率

＊サステナブルに管理された漁獲の割合は八〇パーセントを超えている。これは水産資源の一部――特定地域の魚の数――が他よりも多いからだ。サステナブルに管理されている水産資源の割合を計算するより、漁獲量によって測った方がいい。そうすると、漁獲量の八三パーセントはサステナブルな資源から獲られていることがわかる。

のいい水産とはたくさんの魚を殺すことを意味する。その数は毎年数兆にのぼる。そして養殖場における魚の福祉はほとんどの場合とてもお粗末だ。

養殖ブームのせいで、餌になる天然魚の需要が持続不可能なほど激増することを私は危惧していた。だがそうなってはいない。実際には、数十年前と比べて餌になる天然魚の量は減っているのに、養殖の生産量は五倍以上になった。

養殖というイノベーションによって、世界中の多くの水産資源が救われた。だが私たちがうまくできたのは、これだけではない。

多くの代表的な魚類は健康かつサステナブルに維持されている

子供の頃、魚にまつわる私の一番の悩みはマグロを食べるかどうかだった。世界中でマグロが大変なことになっていると繰り返し聞かされていたからだ。なぜマグロがほかの魚より乱獲の被害にあうのか、私にはわからなかった。ただ、みんなも私と同じくらいマグロが大好物だからだろうと思っていた。

世界のマグロがどうなっているかをもう一度調べてみたのは、最近になってからだ。もちろん、大変なことになっていた。マグロは今も相変わらず一番人気だったからだ。だが、ここからその裏側のことを学ぶべきだった。ある魚が何十年も人気で――その上安い――のに、絶滅の瀬戸際にないなんてことはありえない。

私の生きてきた期間は、マグロの大逆転の時期にそのまま重なっている。一九三〇年代には八五〇〇万匹のミナミマグロが生存していた。一九七〇年代までにはその半分の四〇〇〇万匹になり、二〇〇〇年になる頃には一〇〇〇万匹を切っていた。マグロ資源は約九〇パーセント減少していた。* キハダマグロも七五パーセント減っていた。だが二一世紀になると状況ははるかに明るくなってきた。激減していた多くのマグロの数が回復しはじめた。監視技術が進み、規制が厳しくなったことで、どこで、いつ、どのくらいの量を獲れるかを管理できるようになり、政府が水産資源をサステナブルに維持できるようになった。ビンナガマグロとキハダマグロは「準絶滅危惧種」から「低危険種」に格上げされた。ミナミマグロは「近絶滅種」から「絶滅危惧種」に格上げされた。まだ危険な状況ではあるものの、いい方向に向かっていることは確かだ。

「天然マグロの数が半分になった」と聞けば、たいていの人はハッとするだろう。だが、「最大持続生産量」——資源を減らさずにできるだけ多くの魚が獲れる地点——を思い出すと、ほとんどの魚の場合は漁業以前の水準の約半分だ。水産品を持続可能な形で供給するには、マグロの数は過去の半分のところがちょうどいい。

今は多くのマグロ資源が適切に管理されている。安定的な食糧が世界に供給される一方で、資

＊すべてのマグロ種の数が九割減ったとする主張もあった。この主張は間違っていることが証明された。ここで九割だったのはミナミマグロだけで、太平洋と大西洋のすべてのマグロ資源のことではない。

源を減らさない程度に適正量が捕獲されている。だがいいことばかりではない。インド洋のマグロは懸念すべき状態にある。あまりに急速に、あまりに多くの量を獲りすぎている。これから見ていくとおり、希望はある。資源が枯渇する前にふたたび大逆転を収めることはできるのだ。

回復を果たしたのはマグロだけではない。タラは一九八〇年代と九〇年代に激減した。一九八〇年に八〇〇万トンもいたタイセイヨウダラは二〇〇〇年には三〇〇万トンに減っていた。だが世界は力を合わせて手を打った。一〇年もしないうちに、タラの量はふたたび二倍以上になった。ヨーロッパと北アメリカのマグロ、タラ、コダラ、サケは綿密に監視されている。漁獲は「ゴルディロックス」方式、すなわち資源が減らない程度にできるだけ多く獲る。

アジア、アフリカ、南アメリカ全域の水産資源

「測れないものは管理できない」。これは経営学者であるピーター・ドラッカーの言葉としてよく引用される。事業で大切なことは、環境保護にも当てはまる。

ヨーロッパと北アメリカで代表的な魚の回復に成功したのは、細かく監視ができていたからに他ならない。

残念ながら、すべての国がここまで高水準の監視に投資できるわけではない。アジア、アフリカ、南アメリカの多くの地域では大量のデータが不足している。もちろん、データが不足しているからといって、状況が悪化しているとは限らない。最先端のウェアラブルデバイスで睡眠の質

を測っていないからといって、よく眠れていないとは限らないのと同じだ。だが、この件に関して、国が水産資源をきちんと監視していないということは、おそらく管理がうまくいっていないことを意味している。というのも、情報がなければ水産資源を維持するのは非常に難しいからだ。いつ、どのくらいの量を漁獲したらいいかを知るには、データが必要になる。また、漁師間で公正に配分できるよう割当を定めるのにも、データが必要だ。

短期であれば「知らぬが仏」で通るが、長期ではそうはいかない。魚の数を細かく監視するのには、実はかなり利己的な理由がある。中期的に漁業を儲かる産業にするには、そうするしかないのだ。カナダとイギリスの例でも見たとおり、かなり頑張らないと漁獲はますます難しくなる。漁業はあまり儲からなくなる。目先の欲はあとで自分に跳ね返って損になる。

地域の魚が良い状況にないことを示す、別のヒントもある。この地域の漁業活動がとても活発であることはわかっている。中国とインドではトロール漁が一般的だ。綿密に監視せずにこれほど活発に漁業を続けていれば、水産資源が健全な状態に保たれる可能性は低い。根拠となる大規模調査はないものの、特定地域で行われた小規模な調査はいくつかある。そのいずれもが、水産資源の大幅な減少を示している。[19]

どの国でも、健全な漁業への最初の一歩は、計測からはじまる。それをしない限り、暗闇の中を泳いでいるようなものだ。

世界の珊瑚礁は白化で死にそうになっている

人生で何をしたいかを決めるのは難しい。私はどんな道に進みたいかはなんとなくわかっていた。科学が大好きで、書くことを仕事にしたいとも思っていたので、科学ジャーナリズムは私にピッタリに思えた。でもどちらかを選ばなくてはならなかった。ジャーナリズムと創作の学位を取りつつその脇で科学への情熱を燃やし続けるか、その反対で、科学の学位を取りながらその脇でものを書き続けるか。結局科学への情熱が勝った。少なくとも私は自分の判断をそんな風に正当化した。実際に決め手になったのは別のことだった。私が選んだ大学のプログラムは、ジャマイカでの現場研修が必須だったのだ。学位を取るのに南国カリブの島へのスキューバダイビングの旅が必須だなんて、見逃せるはずがない。

ビーチパーティーと熱帯雨林への散策の合間に、私たちは北岸のディスカバリーベイに潜った。ダイビングの目的は生態系の調査と珊瑚礁のサンプル採取だった。それは私にとってはじめての環境変化の「実体験」だった。私は頭をガツンと殴られたような衝撃を受けた。それまで何年も論文を読み、散文を書き、顕微鏡でサンゴの破片を見てきた。それなのに、現実への準備はできていなかった。

珊瑚礁の海に潜るのは、ピクサー映画の『ファインディング・ニモ』みたいなことだろうと想像していた。映画で見るサンゴは、ピンクと赤とオレンジと青の美しい層だった。生き生きとしていた。海の命と魚に囲まれていた。ニモのようなカクレクマノミやドリーのようなナンヨウハギが迷路を出たり入ったりする。ジャマイカの旅でダイビングをしたら、そんな光景が見られると思っていた。

現実はまったく違っていた。海面下に潜ってもサンゴは見つからなかった。そこにあると知らなかったら、完全に見過ごしていただろう。それはただの白い岩と瓦礫だった。珊瑚礁は藻で覆われていた。魚はいなかった。海岸線全体のπサンプル摂取で一番興奮したのはウニだけだった。生命体らしきものはそれしかなかったのだ。

それは私がはじめて、人間がこの地球に犯していることの現実に間近で衝撃を受けた瞬間だった。同級生にはその旅で受けたショックのことを話さなかった。彼らも私と同じように感じたか、まったくわからなかった。恥ずかしさで私は口を閉じていた。サンゴが死にいたる原理についてはすでに学んでいた。それならなぜ、あんな非現実的な期待を抱いて海に潜ったのだろう。

珊瑚礁——個々のサンゴの集合体——はこの地球で最も美しく多様な生命形態のひとつだ。珊瑚礁は海の中で生きているため、他の多くの海洋生命と同じで、近くでこれを見られる人はほんのひと握りだ。だけど、珊瑚礁は世界中のコミュニティーにとてつもなく大きな価値をもたらしている。一〇〇を超える国の四億五〇〇〇万人以上が珊瑚礁の近くで生活し、生活の糧を珊瑚礁に頼っている。[20] 珊瑚礁は多様な生態系の基盤であり、貴重な存在だ。珊瑚礁は海底のわずか〇・五パーセントしか覆っていないが、世界の海水魚の約三割を支えている。だからこそ、世界の珊瑚礁の多くが死にかけていることがとても痛ましい。

なぜ珊瑚礁が危機に陥っているかを理解するには、サンゴとは何で、どのように生きているかを理解する必要がある。

サンゴは刺胞動物門——一万一〇〇〇種を超える海の動物群——に属する生き物だ。そのほとんどは海洋環境に生息し、ほとんどの浅瀬のサンゴは熱帯地域で見られる。* サンゴは炭酸カルシウムを使って硬い骨格を形成する。だが、繁栄の鍵はエネルギーの摂取法だ。サンゴには褐虫藻（かっちゅうそう）と呼ばれる微小な藻が含まれ、共生関係を築いている。褐虫藻はサンゴのために光合成を行い、エネルギーのほとんどを供給する。褐虫藻がいなければサンゴは生きられない。光のたくさん入る水面に近いところでしか、これができない。

珊瑚礁はいくつもの脅威に晒されている。自然の脅威もあれば、人間の脅威もある。こうした脅威——水温の上昇、海洋酸性化、海の成分と生態系の力学の変化——は新しいものではない。地球の歴史をとおして、サンゴはさまざまな強さのストレスを受けてきた。

はるか昔には、極端な圧力がかかったこともあった。五大大量絶滅期（6章で見た）にはいずれの場合も世界の気候と海の成分が大きく変化した。これらはサンゴにとって破壊的な出来事だった。大量絶滅が起きたあとはいつも数百万年にわたって珊瑚礁は消滅した。それほど極端な時期でなくても、サンゴはストレスに晒された。嵐やサイクロンの打撃を受けることもあった。特に暖かいエルニーニョの年には白化現象が起きた。すると生態系にも変化が起きた。サンゴは大きなストレスに晒されるが、その後しばらくするとたいてい回復できる。

昔と違うのは、人間の脅威によってこうした出来事の頻度と強さが増していることだ。人間は複数の脅威を次々と積み上げている。乱獲を行いながら、生活排水や化学肥料を海辺に流し込んでいる。傷口に塩を塗るように、同時に温暖化も進めている。

私が何よりも心配なのは、珊瑚礁の白化だ。太陽光を吸収する藻がサンゴから追い出されると、白化現象が起きる。するとエネルギー源が絶たれてついには死にいたる。水温が限界を超えるとこれが起きる。サンゴの色がなくなるため、これは「白化」と呼ばれる。最後には白い瓦礫のように——かつての美しい生命体の陰影のようになる。

人間が存在せず気候変動が起きなくても、サンゴは白化する。エルニーニョの年にはよく白化現象が起きる。エルニーニョは七年かそこらおきに発生する定期的な気象循環で、特定の地域の海温上昇をもたらす。白化現象が分散されていれば、時間とともにサンゴは回復する。呼吸する空間が必要なだけだ。

問題は、気候変動のせいで、白化現象が起きるのが暖かいエルニーニョの年だけではなくなったことだ。毎年白化現象が起き、水温が下がるラニーニャの時期でさえ、白化が起きている。す

＊サンゴには大きく分けて二種類ある。暖かい浅瀬に生息するサンゴと、冷たい深海に生息するサンゴだ。明らかな違いは、暖かい海中に生息するサンゴは水面に近い——普通は沿岸域の水中にいる——が、寒水のサンゴは水面から三〇〇〇メートルもの深海に生息していることだ。ここでは暖水の珊瑚礁を取り上げている。

るとサンゴが回復する時間がほとんどなくなってしまう。またサイクロンによって、以前より頻繁に、または激しく打撃を受けている。乱獲と藻類の大発生がストレスにさらに追い討ちをかけている。人間にたとえると、アスリートが睡眠も水分も食べ物も取らずに、毎日何度も強度の高いトレーニングを続けるようなものだ。そんなことをしていたら、たちまち身体が壊れてしまう。

珊瑚礁が、これまでより頻繁に、またより深刻な白化現象に見舞われているとする証拠は多い。衛星データからは珊瑚礁の周りの水温と珊瑚礁が晒される水温ストレスの変化が追跡できる。世界規模でこれを行った最初の調査では、白化現象に陥った珊瑚礁の割合が一九八五年から二〇一二年のあいだに三倍になったことがわかっている。[21]

サイエンス誌に掲載されたより最近の研究では、サンゴ研究で有名な生態学者のテリー・ヒューズと同僚らが、一九八〇年から二〇一六年まで熱帯全域の一〇〇カ所で白化現象の頻度を追跡した。ここには、西太平洋から大西洋、インド洋、オーストラリアのグレートバリアリーフまで五四カ国の主要な珊瑚礁のホットスポットが含まれていた。

彼らは白化現象の合計数とその強度を計測した。珊瑚礁の三〇パーセント未満が影響を受けている場合は「中程度」の白化現象、三〇パーセント以上になると「深刻な」白化現象とした。一〇〇の珊瑚礁において白化現象の回数は増えていた。一九八〇年代には深刻な白化現象が起きるのは二七年に一度とされていた。二〇一六年までにこれが六年に一度になっていた。

回復期間が短いと、珊瑚礁が完全に死滅する可能性は高まる。海水温が上がり続けていることを考えると、これは一大事だ。世界で最も多様で複雑で美しい生態系を私たちは限界に追いやっている。そして毎年毎年負荷を積み重ね続けている。

珊瑚礁を守るための何より明らかな方法は、グローバルな温暖化を止めることだ。多くの政府はそのほかのもっとお金のかからないやり方で珊瑚礁の保全を進めようとしている。騙されてはいけない。世界の珊瑚礁に対する最大の脅威は海の温暖化だ。国が温室効果ガスを削減していないとしたら、何かやるふりをしているだけだ。

証拠は明らかだ。世界の珊瑚礁を救うには、気候変動を止めなければならない。

どうしたら海の略奪を止められるのか？

魚の消費を減らす

『Seaspiracy』のようなドキュメンタリーを見てまず考えるのは、とにかく魚を口にしないことだ。私の友達の中にもそう決めた人がいる。魚を食べないことが可能で、そうしたいのなら、それはとてもまっとうな選択だ。そうすれば動物倫理のジレンマを回避できる。植物性の食生活ができるのなら、それもまた環境にやさしい選択だ。だが多くの人は、魚を完全に諦めたがらないし、そうできない場合もある。より現実的な未来を考えると、少なくとも目先のところは、魚の摂取を減らす方がいい。

ただし、誰にでもそれを勧めるわけではない。以前の章で肉の消費を減らすことを議論した時、世界のすべての人にこれが当てはまるわけではないと言った。一部の人にとって、特に貧しい国の人たちにとって、肉はタンパク質と微量栄養素を豊富に含み、自分たちの手に入る数少ない食べ物のひとつだ。良質の代替品が手に入り多様な食生活が送れれば、必要な栄養は取れる。だが数十億もの人々は完全に栄養バランスのとれた食生活を送る経済的余裕はなく、手に入るものでなんとかしなければならない。

魚にも同じことが言える。魚を大切な栄養源として頼っている地域もある。スーパーの棚にタンパク質豊富な植物性代替食品が並んでいるわけではなく、地元の薬局にオメガ3のサプリメントがあるわけでもない。こうした代替品が世界中で安く手に入るようになるまでは、肉や魚を食べない、または減らすというやり方はすべての人のサステナブルな解決策にはならない。しかし、豊かな国の多くの消費者は、魚を減らしても何の支障もない。

どの魚を食べたらいい？

魚は気候にやさしいタンパク源だ。みんなのお気に入りの魚料理の多くは、鳥料理――肉類の中では最も気候にやさしい――より炭素負荷が低い。多くの魚は気候にやさしいタンパク源であることは間違いないが、中でも炭素排出量の多いものを避けることはできる。ロブスターはお断りだ。だが私が気にかけるのは炭素排出だけではない。生物多様性へのインパクト――食糧生産がほかの種にどんな影響を与えているか——も気になる。もちろん、水産資源へのインパクトは言うまでもない。私なら、乱獲されていない魚を選ぶ。ではそれをどう確かめたらいいのだろう?

食品表示は出発点としてはいいが、気をつけなければならない。騙すのは簡単だからだ。卵のパックに貼ってある「フレッシュ」のラベルは放し飼いという意味ではない。実際にはその逆で、ケージ飼いの卵であることを「体裁よく」言い換えただけだ。魚のラベルにも騙されてはいけない。「完全天然」「サステナブルな漁」「責任ある漁業」といった文句には中身がない。それらに明確な認証プロセスや独立した評価はほとんどない。

それよりも、海洋管理協議会(MSC)や水産養殖管理協議会(ASC)といった組織の認証ラベルがパッケージに貼ってある魚を探す方がいい。これらの協議会は第三者組織と協力し、水産資源の状況、水産管理の実施方法、他の海洋生物へのインパクトといった指標のリストに照らして魚類のサステナビリティを監視し追跡している。彼らはサステナブルでないものとサステナブルなものを線引きするのにそれなりに成功している。それでも、こうした認証も完璧ではない。さまざまな保護団体が彼らの透明性の欠如を批判している。認証のある魚のほとんどは高水準にあるが、そうでないものが混じってしまうこともある。そこでひとつの解決策が必要になる。それはこうしたラベルのトレーサビリティと認証水準を上げることだ。

一方で、消費者には何ができるのか? それなりに適正な推奨をしてくれる水産食品ガイドはたくさんある。イギリスでは海洋管理協議会の発行するグッドフィッシュガイドが私のおすすめだ。[22]アメリカでは水産養殖管理協議会のシーフードウォッチが最も信頼できる。[23]他の国にもそれぞれ独自のガイドがある。こうしたガイドでは、厳格な独立評価に基づいて「最高の選択」から「回避」までそれぞれの魚を格付けしている。ほとんどのガイドにはウェブサイトもアプリもあり、食べたい魚の種類を検索すれば、それがどこで獲れたのかや、どのように捕獲されたのかがわかる。問題は消費者がその情報をわざわざ探しにいかなければならないことだ。この情報を押さえてから、スーパーに足を運んだ方がいい。

厳格な漁獲量割当を実施することで乱獲を止める

私たちは魚の個体群（いわゆる人口）の規模とそれが繁殖する速度を知る必要がある。そのデータがあれば、サステナブルな漁獲量が導き出せる。繁殖のスピードが遅い場合には、バランスを保つために漁獲量を減らさなければならない。繁殖スピードが非常に速い場合には、もっと獲っていい。大きな魚は――たいていは動物も――成長するのに時間がかかり繁殖が遅い。マグロが強く懸念される理由はそこにある。

適正な漁獲量がわかったら、次に漁師がどれだけ魚を獲っているかを厳しく監視し取り締まらなければならない。各海域に漁師がひとりということはほぼないので、これが難しくなる。漁獲できる総量をまず決めて、各グループにそれを割り当てる方法を見つけなければならない。難しそうだが、できなくはない。

はっきりしていることがある。優れた漁業管理を導入すれば、うまくいく可能性はある。魚の数は増え、漁獲も続けられる。漁船にはそれぞれ厳格な割当を設ける。陸に戻ったら漁獲量を調べる。乱獲には罰金と罰則を科す。

厳格な漁獲割当は豊かな国では一般的だが、ヨーロッパ諸国でさえその結果はまちまちだ。適正に実施できればうまくいく。科学者が無視されたり、志が欠けていればうまくいかない。EUは共通漁業政策を設け、水産資源をどのようにサステナブルに管理していくかについてのルールを決めた。加盟国は、みんなで責任をどう分担するかについて合意した。EUは大きな前進を遂げた。乱獲がピークに達した二〇〇七年には、この地域の水産資源の七八パーセントが乱獲の被害にあっていた。[24] それが二〇二〇年までにはわずか三〇パーセントになっていた。[25]

これは成功でもあり、失敗でもあった。明らかに状況は大きく改善している。しかし、二〇一三年にEUは乱獲を二〇二〇年までに終わらせることに合意したが、その目標にはまったく届かなかった。なぜだろう？　科学者が推奨した限度を超えて漁獲量を割り当ててしまったからだ。中には大幅に増加した水産資源もあった。プレイス――カレイ目の一種――はいい例だ。一九八〇年代の終わりから一九九〇年代の終わりにかけての一〇年のあいだにプレイスの数は半分以下になった。[26] EUは二〇〇七年に本気で手を打ち、プレイスの数は約三倍になった。一方、他の魚種ではその数は逆方向に向かっていた。バルト海とケルト海のタラは乱獲され続けていた。

この状況は、三つの真実が同時に成り立つことを完璧に証明していた。物事はひどい（いまだに三〇パーセントは乱獲され、ＥＵは目標を達成できなかった）、物事は以前よりずっとよくなっている（三〇パーセントはかつての七八パーセントよりはるかに少ない）、物事はよくなる可能性がある。私たちは、優れた、サステナブルな政策を設定できる。もしそれを世界的に実行できれば、乱獲を終わらせることは十分に可能だ。

バイキャッチ（混獲）と廃棄に対する厳しい規制

その動画や画像は私たちにもお馴染みだ。大型の商業漁船から巨大な網と鋤のような道具――トロールと呼ばれる――を海底に投げ下ろすと、その網が針路にあるあらゆるものを――捕獲したい魚も、カメもイルカもヒトデもアザラシも――すべてさらっていく。捕らえられた生き物は逃げようともがくが、逃げられない。

次に、漁師が網の中のものを船に揚げる。捕獲物を分類しながら運ぶ。マグロやサケやタラは貯蔵箱に投げ入れる。その他のものは海に投げ返す。もしまだ死んでいなかったとしても、ほとんどはその後まもなく死ぬ。動物が苦しむのを見るのは辛いし、なにしろ無駄死にだ。巻き添え被害だ。食べるために動物を殺すことには倫理的葛藤を感じなくても、関係のない動物を傷つけて殺すのはとても後ろめたい。これで得をする人はいない。

思いがけず捕獲して海に帰す魚は「ディスカード（捨て札）」と呼ばれる。グローバルには、獲った魚の約一〇パーセントが捨てられる。[27,28] 一〇パーセントが多いか少ないかは判断しづらい。もちろんもっと低い方がいい。一九五〇年代から六〇年代には二〇パーセントが捨てられていた。だから、改善はしている。しかし、今は獲る魚の量も多くなった。幸い、捨てるものの総量も、昔より減っている。一九七〇年代には毎年一四〇〇万トンを捨てていた。今はその三分の二だ。この数字をどうやって減らせたのだろう？　そしてゼロに限りなく近づけるにはどうしたらいいのだろう？

廃棄が減った理由のひとつは、魚の市場価値が昔より上がったことだ。以前なら、偶然にいらない魚を獲ったとしても、売れるとは思わなかっただろう。売ったとしても、大したお金にならなかったはずだ。だから捨てていた。今はどんな魚でも売れるので陸揚げしてお金にした方がいいと考える。

獲ったものを海に帰すことを禁止した国もある。これが「陸揚げ義務」と呼ばれることもある。つまり、獲った魚をすべて持ち帰り、「陸揚げ」に数えなければならないという決まりだ。この政策はEUによって施行され、二〇一三年の共通漁業政策改革の目玉になった。もし漁獲量に割当や制限がある場合には、漁師は混獲に対してははるかに慎重になる必要がある。欲しくない魚もその日の割当量の一部として数えられてしまうからだ。こうした政策は非常に有効だった。他の国がこれを真似したら、捨てられる魚をかなり減らすことができる。

最後に、漁業道具の種類について話さずに、廃棄の話はできない。釣り竿を使うより巨大な網

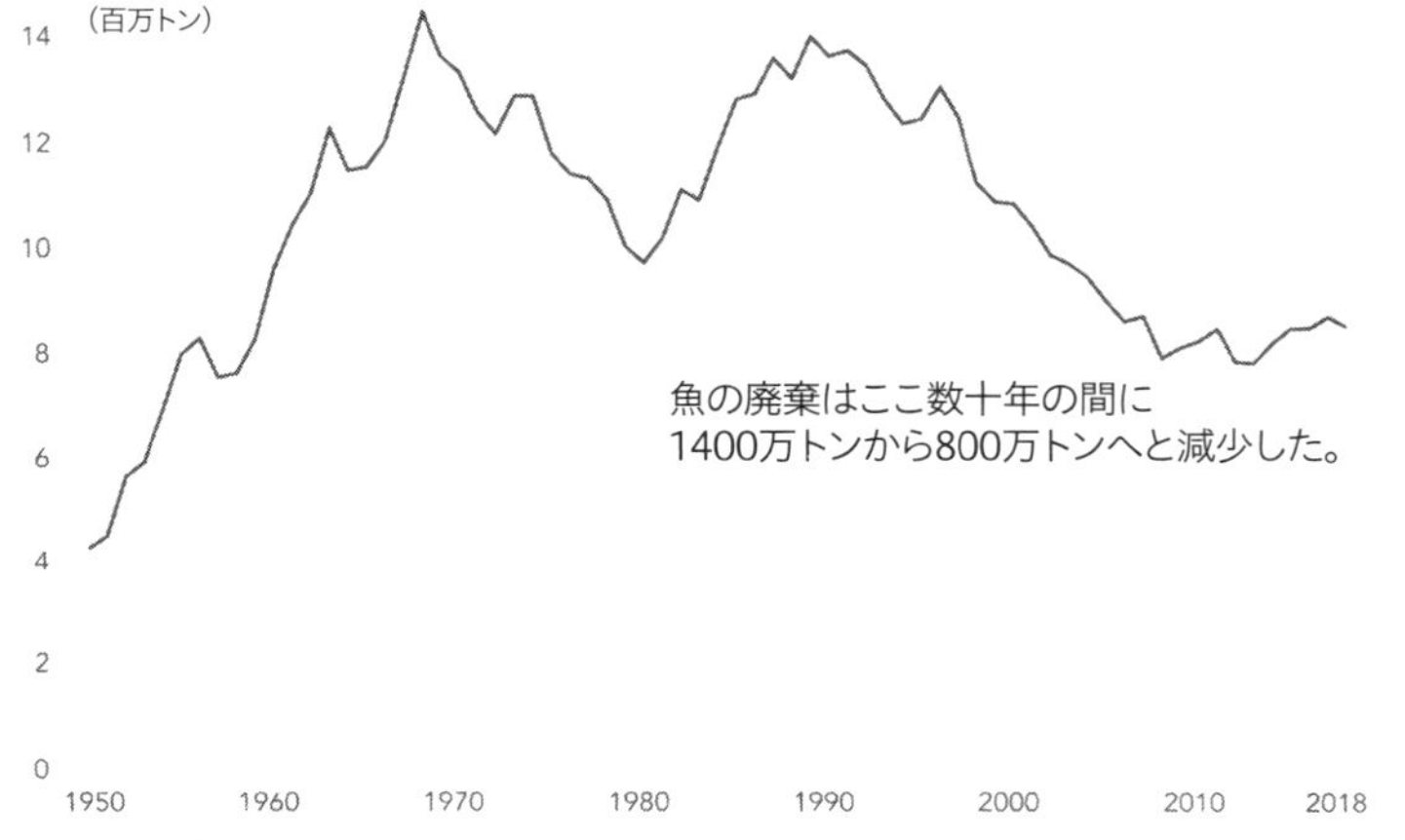

世界全体の魚の廃棄は減っている　漁業活動中に捕獲され、その後（死んでいても生きていても）海に帰される動物は「ディスカード（捨て札）」と呼ばれる。

を使った方がはるかに多くの海洋生物をすくい取ることができる。大きなトロール網は最悪だ。通り道にあるすべてをすくい取ってしまう。底引網で獲ったものの五分の一は捨てられている。特定の種類では——たとえばエビのトロール漁——これが五〇パーセントにのぼることもある。

こうした廃棄を減らすひとつの方法は、底引網漁を減らすか完全にやめることだ。もうひとつの方法は、漁に使う器具を改善することだ。昔と比べると、欲しい魚だけを捕獲できるような、選別に優れた機材が開発されてきた。適正に管理されたトロール漁業では、廃棄率が一〇パーセント未満に下がってきた。さまざまなやり方で、これが実現できた。網とフックの大きさと形を変えること。網に「脱出口」をつけること。水中で特定の魚が嫌う照明と音響装置を使うこと[28-30]。こうした改善にはかなりの効果があった。ベリーズのように、特定の魚だけを選別できない漁業機材の使用を禁止した先進的な国もある。

混獲を完全に排除することは現実的でないかもしれない。だが、廃棄が減ってきたということはもっと改善できるということだ。もしすべての国がベリーズのようになれば、捨てる魚のない世界はかなり近くなる。

海洋保護区は多少の助けにはなっても、根本的解決にはならない

海の特定区域が乱獲されないことを担保する方法のひとつは、その区域を人間のインパクトから完全に切り離すことだ。陸には、厳格に管理された世界遺産や国立公園がある。生物多様性を守るための特区もある。

世界の海の八パーセントが「海洋保護区」（ＭＰＡｓ）として指定されている。[31] これは、法律によって保護を約束された海の区域——水中や海底を含む——だ。海洋保護区のために設置された規制は場所によって異なるが、漁業禁止区域、使用機器の種類制限、掘削などの活動の禁止または制限、川から海への流入物と産業水への規制などの介入が含まれる。

生物多様性の章で見たとおり、海洋保護区がどれくらい効果があるかについてはまだ決着がついていない。理想的な世界では、海の特定区域で乱獲を禁止すれば、その負荷は完全に消滅することになる。現実は一筋縄ではいかない。乱獲は消滅せず、他の場所——保護区でない海のどこ

か――へと移る。海への負荷は変わらない。もし規制のゆるい場所や、生物多様性の豊かな場所に移ったりすると、悪化する場合もある。

単に保護区の面積を増やすだけだと、決定打にはならない。海洋保護区をどのくらい上手に管理できるか、規則を実際に強制できるかにすべてがかかっている。規制と執行の弱い海洋保護区は、海の健康にあまり違いをもたらさないだろう。[32]「保護区」と名付けても実際にきちんと保護しなければ、状況は悪化しかねない。あまい幻想に気が緩んでしまうからだ。

海洋保護区の効果には賛否両論あるものの、海洋保護区の面積を拡大する大胆な目標が掲げられた。二〇二〇年までに海の一〇パーセントを海洋保護区にするという最初の目標には届かなかった――二〇二一年には八パーセントしか保護されていなかった。次の目標は二〇三七年までに三〇パーセント、その次には二〇四四年までに海の半分を保護区にするのが目標になっている。これらの目標を実現するチャンスにかけるつもりがあるなら、今すぐ行動をはじめなければならない。

海洋保護区は道具箱の中のツールのひとつにすぎない。この章の他の解決策を使わずに保護区を広げても、海の助けにはならない。海が濁って損害が見えなくなるだけだ。

あまり力を入れなくていいこと

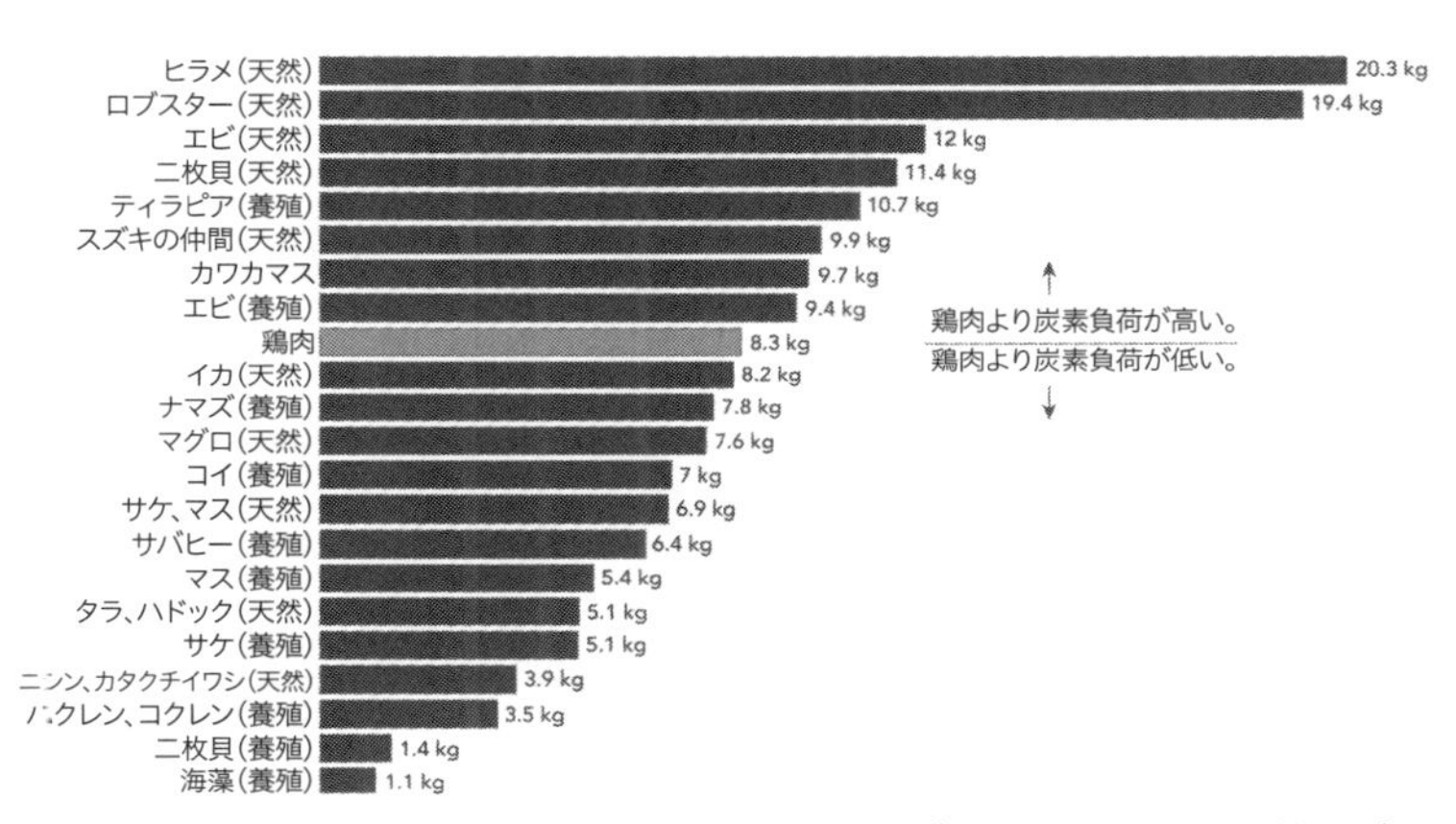

多くの魚種は低炭素タンパク源になりうる　キログラムあたりの温室効果ガス。鶏は肉類の中で最も炭素負荷が低い。多くの魚種はそれよりさらに低い。

魚の炭素排出量――魚は環境に優しいタンパク源になり得る。ただし、正しいものを選ぶこと

魚の気候インパクトについて眠れないほど悩んだりしなくてもいい。正しい魚を選んで食べればいいし、それなら炭素負荷も低い。

魚の生産で温室効果ガスは排出される――だが牛のゲップとは違って直接的な排出ではない。天然魚を獲る場合には、船の燃料を燃やすことになる。また魚の鮮度を保つために冷凍または冷蔵しなければならない。そして輸送し包装する。養殖の場合は餌の生産に気候負荷がかかる。鶏や豚や牛を育てる時に気候負荷がかかるのと同じだ。

5章で見たように、輸送と包装にかかわる排出は少ない。ネイチャー誌に発表されたある大規模メタ分析では、数千もの養殖場と天然水産からの魚の環境インパクトを調べていた[33]。そこで、最も人気のある魚――マグロ、サケ、タラ、マス、ニシン――は

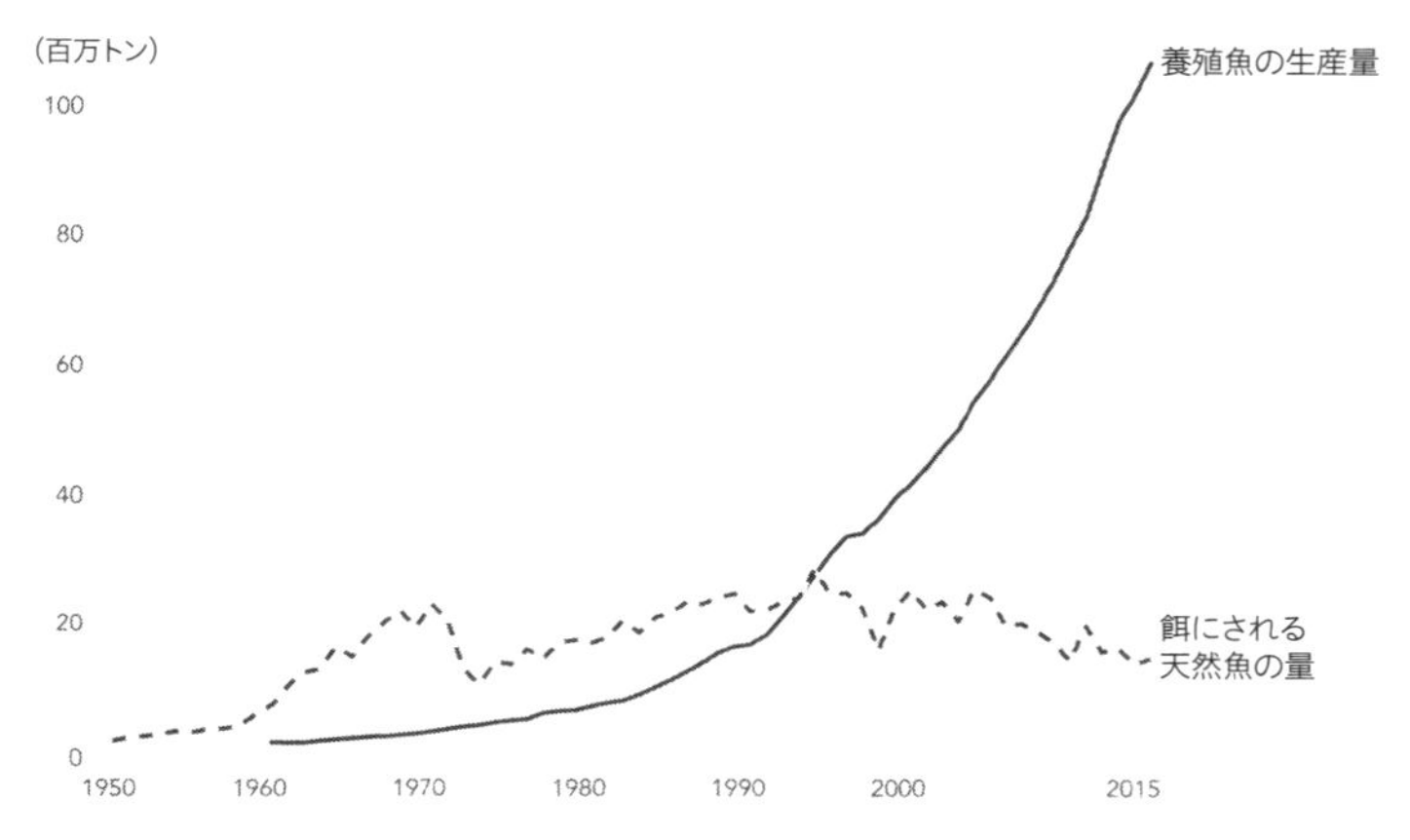

養殖生産量は餌として利用される天然魚と切り離された　ひと昔前は大量の天然魚が養殖の餌に使われていた。植物性の餌と生産性の向上によって養殖生産量は激増したが、天然魚の使用は減少した。

最も気候にやさしいことがわかった。植物性タンパク源ほどではないが、魚はかなり低炭素の食べ物だと言える。ほとんどの魚は他の環境指標でもいい結果が出ている。鶏よりもほとんどの指標で優れている。

だが気をつけてほしい。魚の中にも環境負荷が高く、その上値段の高いものがいくつかある。ヒラメとロブスターは環境負荷がかなり高い場合が多い。サステナブルに海の幸を食べたいなら、この二つは避けた方がいい。養殖の二枚貝——ハマグリ、オイスター、ザル貝、ムール貝、ホタテ貝——や、ニシンやイワシなどの天然の魚を選ぶといい。

養殖魚——後ろめたい解決策

世界の天然水産資源が破滅へとまっしぐらに向かっていたまさにその時、養殖が助けにやってきた。一九八〇年代の終わりから、漁業生産の増加分はすべて養殖によって賄われてきた。だが、私たちの多くは養殖魚を食べることに少しモヤモヤとした気持ちがある。おそらく天然が最高だという思いがあるからだろう。天然魚を食べる方が、人工的な環境で育った魚よりずっと自然に思える。だが、これまでと同じだけ（あるいはもっと）魚を食べ続けたいと思うのなら、消費者は養殖魚に慣れた方がいい。

養殖の餌として大量の天然魚を使うことを心配する人は多い。なぜそもそも魚を餌にするのか？　それは自然の海で普通に得られる栄養を養殖魚に与えるためだ。自然の海では大きな魚が小さな魚を食べて質の高いタンパク質とアミノ酸を取り入れ、その上に必須オメガ３脂肪酸を吸収する。

養殖の効率が上がり、魚や油がもたらすすべての栄養が含まれる植物性の餌に移行したことで、天然魚を餌として使うことはすでに減少しつつある。たとえば、藻からより濃縮した餌を作ることにも成功している。人間はここでも、自然界で起きることを人工的に作り出し、問題を解決してきた。天然魚をいっさい使わずに養殖を行う未来は、かなり現実に近づいている。だから私は、消費者として気を揉むことはしない。読者の皆さんは、イノベーターとして、政策立案者として、または資金提供者として、私たちがその未来に到達するための追い風になれる。

おわりに

サステナビリティは人類の目指す北極星だ。今の世代がいい生活を送れる機会を担保しながら、未来の世代が同じ（もっといい）機会を享受できるように環境負荷を減らし、私たちと共に野生生物が繁栄できるようにする。それが理想だ。そしてこの本を通して、私たちが生きているあいだにこの夢が実現できると私が信じる理由をお示しできたことを願う。

これまでのどの世代も、この夢を実現できなかった。1章で見たように、「サステナビリティ」の方程式には、前半と後半がある。私たちの祖先は、その前半部分——今の世代の要求に応えること——ができなかったので、サステナブルではなかった。子供の半数は死に、予防可能なはずの病気が流行し、栄養は乏しかった。

前世紀のあいだに世界は稀に見る進歩を遂げ、世界中の生活水準は向上した。進歩が遅い地域もあったが、すべての国で健康と教育と栄養が向上し、その他のウェルビーイングの指標も改善した。もちろん、まだ終わりではない。いまだに悲惨な点も多い。子供と母親が予防可能なはずの病気で亡くなり、一〇人に一人は食べ物がなく、すべての子供が学校に通えるわけではない。大事な仕事が残っている。だが解決策の多くは私たちの手の中にある。何をしたらいいかはわかっているし、多くの国ではすでに取り組んでいる。私たちが本気を出せば、これからの数十年のあいだにすべての地域でこれを実現することは可能だ。

この本はサステナビリティの後半部分について書いたものだ。私たちがこれまでよりずっといい状態でしっかりと環境を残していくことに目を向けている。七つの大きな問題を取り上げて、私たちが今どこにいるのか、どうやってここまできたか、そして次に何をすべきかを巡る旅をしてきた。どの問題をとっても、私たちは低負荷への転換点に立っているか、すでにそこを通過している。

大気汚染は毎年数百万人の命を奪っているが、これは必然ではない。大気汚染を非常に低い水準に下げる方法を、私たちは知っている。私が吸っているイギリスの大気は、数千年間とまではいかずとも数百年にわたって清潔さを保っている。解決策は単純だ。ものを燃やさなければいい。調理や暖房のための電気をきちんと人々に届け、作物や化石燃料を燃やすのをやめ、工場を規制し、クリーンな公共交通網の実現に注力すればいい。こうした変化を迅速に起こすことはできる。中国はわずか七年で大気汚染を約半分に削減した。他の国はこれほど速くないかもしれないが、これからの数十年で大気汚染を激減させることは可能だ。クリーンエネルギーが安くなれば、これがさらに容易になる。貧しい国は化石燃料を燃やす段階を通らずに、直接より良い解決策に向かうことができる。

気候変動に取り組もうとするのなら、化石燃料を動力源とする時間のかかる発展を一足飛びに超えることも必須になるだろう。豊かな国は化石燃料による経済発展の上に富を築いてきた。それは人間のウェルビーイングに数えきれない恩恵をもたらした。だが明らかに、環境が犠牲になった。これからは、誰もがこの繁栄への道を歩めるようにすると同時に、低炭素エネルギー源でそれを達成しなければならない。私たちの祖先に、この選択肢はなかった。木や化石燃料を燃やすしか生きる道はなかった。今は違う。再生可能エネルギーの価格は大幅に下がり、同じことが電池にも電気自動車にも起きている。まもなく低炭素に進む方が安上がりになるだろう。かつてはどちらかを取らなければならなかった。化石燃料か、貧しいままでいるか。私たちはこのジレンマに直面しなくてすむ最初の世代になるだろう。状況はすでに変わりつつあり、今世紀の半ばまでには跡形もなく変わっているだろう。

森についても、かつては同じように二者択一を迫られた。最初は薪と建材のために、その後は農業用地を作るために伐採が行われた。森を伐り倒さなければ、食べ物を育てるための土地がなかった。だが前世紀に作物収量が三倍、四倍、五倍になり、この行き詰まりを打開できた。これ以上土地を使わなくても、より多くの食糧を生産できる。グローバルな森林破壊は一九八〇年に天井を打ち、アマゾンのような最も貴重な森林でも今、峠を越えた。多くの新興国は二〇三〇年までに森林破壊を終わらせることを約束している。もし私たちが農業生産性への投資を続け、食べ物をより賢く選ぶことができたら、これからの数十年で森林破壊はゼロになるだろう。この一万年で世界の森林の三分の一が失われた。失われる森林が減り、やがて破壊が止まったら、世界の忘れられた森林が戻ってくる様子をもっと見られるだろう。

私たちが食生活を変えない限り、気候変動を解決し、森林破壊を止め、生物多様性を守ることはできない。飢餓人口はこの五〇年で急速に減ってきたが、一〇人にひとりはまだ十分な食べ物を手に入れられない。それは食糧生産が間に合わないからではない。育てた作物を家畜の餌にしたり、車の燃料にしたり、無駄に廃棄したりするからだ。だがこれはいい知らせだ。食糧システムを再構築する力が私たちの手の中にあるということだからだ。テクノロジーは食糧生産の方法を変えている。環境に負荷をかけず、動物を食肉加工することもなく、肉にそっくりの製品を作ることができる。これは莫大な資源の節約になると同時に、グローバルな栄養不足を緩和する助けになる。こうした製品を、栄養価が高く、美味しく、安いものにして、世界中の人々に届けられるようにすればいい。五〇年以内には、食べ物を育て、家畜を育てて毎年数十億頭も食肉加工するために世界の土地の半分を使わなくてすむようになるだろう。世界中のすべての人が、生きた地球を食い尽くすことなく、十分な食べ物を口にすることが可能なのだ。

人類は昔から地球上のほかの生命と闘ってきた。動物を獲ったり、縄張りをめぐって争ったりしてきた。昔と違うのは、野生生物が今、数々の脅威に晒されていることだ。狩猟だけでなく、気候変動、森林破壊、農業による富栄養化、家畜やプラスチックや海洋酸性化や乱獲との闘いもある。それはまさに「千の切り傷によるなぶり殺し」だ。生物多様性の喪失を解決するには、それだけに取り組んでも無駄だ。孤立した取り組みでは解決できない。他の問題を解決することで、かなりのところまで到達できる。これからの数十年にこうした問題に取り組めば、野生生物の大規模な回復が見られるはずだ。数千年にわたる人間と他の種との争いは終わり、どちらも一緒に繁栄していくことができるだろう。

この本で取り上げた中で一番扱いやすい問題がプラスチック汚染だ。プラスチックが環境に漏れ出すのを防ぎ、一〇〇万トンが毎年海に流入するのを止めればいい。廃棄物処理システムに投資すれば、この問題は解決できる。一番の障壁はお金だ。世界のプラスチック汚染のほとんどは低所得と中所得の国からくる。豊かな国は、製造と貿易のパートナーとして、他の国が優先的に廃棄物処理場やリサイクル施設を作ることを助ける責任がある。みんなが力を合わせれば、プラスチック汚染はあと数十年でなくなるだろう。この問題の優先順位を上げることができれば、それよりはるかに短い時間で解決できるはずだ。

最後の問題が乱獲だ。海の乱獲はほぼ避けられない問題だ。漁師の数は多く、水面下にいる魚の個体群の健全性を監視する方法がないからだ。そこに何匹の魚がいて、その数がどのように変化しているかがわからなければ、サステナブルに捕獲できるのがどのくらいかはわからない。社会が小さい時は、自分たちが食べる分以上を獲ることはなかったのに、今では私たちは海の略奪の専門家になってしまった。しかしやっと、解決の糸口がつかめてきた。乱獲の割合は緩やかになり、養殖によって負荷をかけずにより多くの魚を生産できるようになり、一部の地域では代表的な魚種が回復を果たしている。これらの種が回復するのにかかった時間はわずか一〇年か二〇年だ。他のすべての地域でもこの速度で——あるいはもっと速く——同じことができる。

私たちが直面する問題は密接に絡み合っている。心配なのは、そのために難しいトレードオフを迫られることだ。ひとつの問題を優先すれば、他の問題が犠牲になってしまうと思い込んでいるからだ。だがそうはならない。むしろ、問題が絡み合っているからこそ、一度に多くの問題を解決できる。再生可能エネルギーまたは原子力エネルギーに移行すれば、大気汚染を減らしながら気候変動にも対応できる。肉の消費を減らせば、気候と森林破壊と土地利用と生物多様性と水質汚染をまとめて改善できる。作物収量を上げれば、気候も人間も恩恵を受ける。

さまざまな環境問題のもうひとつの共通点は、それらが歴史的に同じ軌道をたどることだ。すべての環境問題は最近起きたことだと私たちは思い込んでいる。この数十年のあいだの人口爆発と人間の欲によって問題が起きたのだと信じている。実際には問題のほとんどはずっと昔からあるものだ。人類が環境に及ぼすインパクトは数十万年前にさかのぼる。この損失は意図的なものではない。私たちの祖先には他に道はなかった。だがその行動によって環境と他の種が犠牲になった。

さらにこうした問題に共通するのは、進歩は起きていて、しかも急速に進んでいることだ。私たちが望むほどは速くないとしても、環境問題への姿勢と投資と注目度は劇的に変化してきた。サステナブルな解決策は最も安価な選択肢になりつつある。人々は政治リーダーに行動を起こすよう要求し、政治家はもはやそれを無視できない。

こうした問題のすべてを、今後五〇年のうちに解決できるチャンスが現実にある。もしすべてがうまくいけば、私が生きているあいだに実現できるはずだ。その頃には私も歳をとっているだろうが、それでもゴールを切るまでずっと変化を後押しし続けるだろう。

心に留めるべき三つのこと

(1) 効果的な環境活動家でいると、「落ちこぼれ」のような気分になる

この本に書いた「解決策」の中には、読者の皆さんにとってあまり気の進まないものもあるだろう。しっくりこないかもしれない。私も長年、自分の中のジレンマと闘ってきた。効果的な環境活動家であろうとすると、自分が偽者(にせもの)のように感じられてしまうのだ。料理ひとつとってみても、環境には最悪のように思える。私はいつも電子レンジを使う。調理時間をできるだけ短くするためだ。食材のほとんどは輸入品だ。アボカドはメキシコ産で、バナナはアンゴラ産だ。地産のものはほとんどない。あったとしても表示を見ないので気づかない。

「サステナブルな食事」がどんなものかと人に聞けば、私の食生活とは正反対のものが返ってく

るだろう。「環境にやさしい食事」と言えば、地元の有機農園で汚らわしい化学肥料を使わずに育てられた食材を、レジ袋ではなくエコバッグに入れて家に持ち帰って作られたものを想像する。ジャンクフードなんてとんでもない。できるだけ新鮮な肉と野菜でなければならない。それを、時間をかけて、オーブンで正しく調理しなければならない。

だけど、私の食べ方は炭素負荷が低いことが、私にはわかっている。電子レンジは最も効率のいい調理法だし、地産品が輸入品より環境にいいわけではないし、たいていの有機食品は炭素負荷が高いし、包装は食品寿命を延ばしてくれる割に環境負荷は極めて小さい。

それでもなぜか、後ろめたい気分になる。環境にとって効果的な選択をしていることはわかっていても、心のどこかで自分を裏切り者だと感じてしまう。私の判断に困惑する人の気持ちはわかる。自分が「悪い」環境活動家だと思われるのではないかと心配になる。

おそらくこの気持ちは、古き良き「自然主義的誤謬（ごびゅう）」が原因なのだろう。「自然」に近いものの方が人間にとっていいものに違いなく、自然は善であり、自然でないものは悪という考え方が私たちに染み付いている。工場から出てきた合成品をどこか疑ってしまう。「自然が一番」という考え方をバカにするのは簡単だ。私も昔はそれを「非科学的」だと見下していた。実際に非科学的だからだ。だが、からかうだけでは絶対に変化を推し進めることはできないし、私自身がその感情を完全に捨てられていないのにバカにしたら、偽善者になってしまう。私だっていまだに「自然な」解決策に本能的に引き寄せられてしまう。その本能に反するには、繰り返しの、時には居心地の悪い努力が必要になる。

それでも、これは私たちが乗り越えなければならないものだ。問題は、私たちの直感があまりにも「的外れ」であることだ。肉の消費を減らすことを世界が求めているのに、代替肉は「加工されている」からダメだと抵抗に遭う。農地面積を減らす必要に迫られているのに、より多くの土地を使わなければならない有機農業がまた流行りはじめる。都市にもっと多くの人口が密集した方がいいのに、自給自足のロマンチックな田舎の生活を夢見る人が増えていると聞く。

私たちが必要としていることが、正しいと感じることと食い違っているのが問題なのだ。つまり、サステナビリティの一般的なイメージを変えなければならない。培養肉、密集した都市、原子力エネルギーのリブランディングが必要だ。これらをサステナブルな未来の新たな象徴にしなければならない。この本がその軌道修正に少しでも役立つことを願う。「環境にやさしい」行動のイメージが、効果的な行動と一致した時にはじめて、いい環境活動家であることを後ろめたく思わずにすむようになる。

(2) 仕組みの変革が鍵

個人の行動変容だけでは環境問題は解決できない。新型コロナウイルスの世界的流行でこのことは明らかになった。二〇二〇年のほとんどのあいだ、数億もの人々が生活の質を犠牲にし、家にこもって過ごした。私たちの生活は必要最低限に戻った。道路に車はほとんど見当たらず、空に飛行機もなかった。ショッピングモールや娯楽施設は閉鎖された。世界経済は低迷した。すべての人の生き方がほぼ一様に劇的に変わった。グローバルな炭素排出量はどう変わったか？　五パーセントほど減っただけだった。

これは理解に苦しむことだ。私たちは「人の力」を信じたい。みんなが力を合わせ、それぞれがもう少し責任ある行動を取れば、なんでもできると思いたい。残念ながら、本物の進歩を実現し永続させるには、大規模な仕組みと技術の変革が必要になる。それには政治と経済のインセンティブを変えなければならない。

だからといって、個人が貢献できないわけではない。この本をとおして見てきたように、特定のいくつかの行動には効果がある。だが、それらすべての土台となるような、本当にインパクトのあることが大きく三つある。この三つが、仕組みを変えるために必須の原動力になる。

ひとつ目は、政治活動に関わってサステナブルな行動を支持している政治リーダーに投票すること。ひとつの前向きな政策変更は、数百万人の個人努力にまさる効果をほぼ即座に生み出すことができる。一九七〇年代にニクソン大統領は、今ではなくてはならない存在となっている環境保護庁を設立し、アメリカの大気汚染と水質汚染を一掃するために大気浄化法と水質浄化法に署名した。これらの政策が自然環境を一変させ、多くの人命を有害汚染から救った。人口全体が個別に行動変容を重ねても、同じことは達成できなかったはずだ。少なくとも、これほど速く変化をもたらすことはできなかっただろう。

政府の中で環境行動の発言権を確保しなければならない。社会がこれを気にかけていることを、リーダーは知らなければならない。ニクソン大統領は歴史上最も「環境保護に熱心な」政治家の一人として知られているが、実際には環境に無関心だった。[1] 環境は彼の個人的な優先事項ではなかった。世の中が環境を気にかけていたから、彼も気にかけるふりをしなければならなかったのだ。社会の要請に対応しなければ、選挙で当選できない。

私たちができることの二つ目は、お財布で投票することだ。何かを買うという行為は、市場に――そして棚に商品を提供する人たちに――、私たちが気にかけているのはこれだ、とはっきりと伝えることにほかならない。電気自動車を買うとき、太陽光発電を導入するとき、植物性バーガーを食べるとき、世界中のイノベーターに需要が存在することを伝え、「私たちはここにいますよ、私たちの求めるものをください」と大声で叫んでいる。

こうした商品はいずれも新しいテクノロジーで、ほとんどの商品は発売当初は値段が高い。生産量が増えれば、学びが増えて効率も上がる。販売量が増えれば価格は下がりはじめる。お金のある消費者はアーリーアダプターになることで、価格の低下に大きく貢献できる。はじめのうちは、個人の負担になる。だが、こうした商品には大きな市場があるという信号を早期に送ることができる。イノベーターたちはそのチャンスを察知して、猛禽類（もうきんるい）のように舞い降りてくる。この競争が市場全体を前進させる。するとまもなく、素晴らしい商品が競い合い、限りなく価格が下がる。一九九〇年代には、電気自動車のバッテリーは一〇〇〇万ドルもした。今ではそれが五〇〇〇ドルから一万二〇〇〇ドルになり、市場ではライバル同士が最安値を競い合っている。

お金を賢く使うもうひとつの方法は、効果的な社会貢献に寄付することだ。すべての人にこれができるわけではない。だがそれができる人にとっては、個人をはるかに超えたいいインパクトを社会に与えることができる。数年前、私は「寄付することを宣誓する（ギビング・ホワット・ウィー・キャン）」という誓いを立て、毎年収入の少なくとも一〇パーセントを効果的な社会貢献に寄付することを宣言した。どこに寄付するかは、いくら寄付するかと同じくらいか、むしろそれよりも重要だ。寄付先によっては、一ドルが数百、数千、または数百万倍の効果を持つこともある。環境団体に寄付することもできるし、サステナビリティの助けになるような健康や教育や貧困緩和のチャリティーに寄付してもいい。*サステナビリティとは、今生きているすべての人と、私たちに続く未来の人たちがいい暮らしを送れるようにすることだ。環境被害によって誰よりも打撃を受けるのは、環境変化に弱い、世界で最も貧しい人たちだ。人々を貧困から引き上げることを、私たちの目標の核に置くべきだ。どこに寄付をすれば一番効果があるかを証拠にもとづいて調べたいなら、私が最も信頼するチャリティー評価団体の「ギブウェル」を参考にする

＊私は毎月の寄付のほとんどを、グローバルヘルスと貧困削減のチャリティーにあてている。一番多く寄付してきたのはマラリア撲滅基金（アゲインスト・マラリア・ファウンデーション）で、低所得国の子供達のための栄養補助も支援している。この二つのチャリティーは、命を救い、生活を改善する上で最もコスト効率のいいチャリティーに数えられる。

といい。[2]

最後は、自分の時間をどう使うかを考えること。この本に書いた問題はいずれも、自然に解決できるものではない。創造性と固い決意のある人たちがさまざまな役割を担って努力してこそ可能になる。新しいテクノロジーを生み出し、今あるものを改善してくれるイノベーターと企業が、私たちには必要だ。それにお金を出す資本家も必要だ。環境行動を支援しそれをどう活用するかを賢く判断してくれる政策立案者も必要だ。

普通の人が人生のあいだに職場で過ごす時間は約八万時間と言われる。*本物の違いをもたらすような素晴らしい仕事を選べば、個人で炭素負荷の削減に努力するより、数千倍、数万倍のインパクトを与えることができるかもしれない。

(3) 同じ方向に向かう人たちと力を合わせる

この本に書いた解決策を現実のものにするには、私たちを前進させたいと思っている人と力を合わせる必要がある。

環境分野に足を踏み入れると、どう前進したらいいかについてさまざまな意見に出会う。原子力か再生エネルギーか。自転車か電気自動車か。厳格なビーガンか、緩やかな菜食主義か。解決策がゼロか一〇〇かでないといけないと思い込むのは変だし逆効果だ。こちら対あちら。自分の「チーム」を選んで、相手をやり込める。そんなことでは前進できない。ほとんどの人は同じチームにいると私は思っている。

問題の解決に努力する際、みんながそう思うべきだ。次のたとえは私が考えたものではないが、この対立を上手に捉えたものだ。[†] 自分を弓矢だと想像してほしい。そして、みんなが向かうべきだとあなたが思う方向に弓を射ようとしている。たとえば、あなたが原子力エネルギーを熱心に支持しているとしよう。あなたの周りの人たちも、あなたと同じくらい低炭素エネルギーのインフラに情熱を持っているが、彼らは原子力を嫌い、再生エネルギーを熱烈に支持している。彼らの弓矢はあなたとは少し違う方向に向けられている。おそらくあなたの右か左に一〇度ほどずれている。だが一番重要なのは、あなたも、ほかの矢も、ほぼ同じ方向に向いているということだ。どちらも最速で低炭素エネルギーを確立したいと思っている。あなたがどう思うかはさておき、両者はチームメイトだ。

問題は、私たちが最も身近な矢と喧嘩(けんか)することばかりに時間を使っていることだ。原子力対太陽光対風力で小競り合いする。大豆バーガーがいいかレンズ豆がいいかで言い争う。炭素排出量の削減を食品でするかエネルギーでするかで闘う。だが、こうして喧嘩している人たちもみんな、

---

*これが理由で、哲学者のウィリアム・マッカスキルが設立した「八万時間」という素晴らしい組織がある。このチャリティーは、どの仕事を選んだら最大のいいインパクトが生み出せるかについて、エビデンスに基づいたアドバイスを与えてくれる。

†このたとえは、アンドリュー・ドンスラーとケン・カルデイラが教えてくれた。

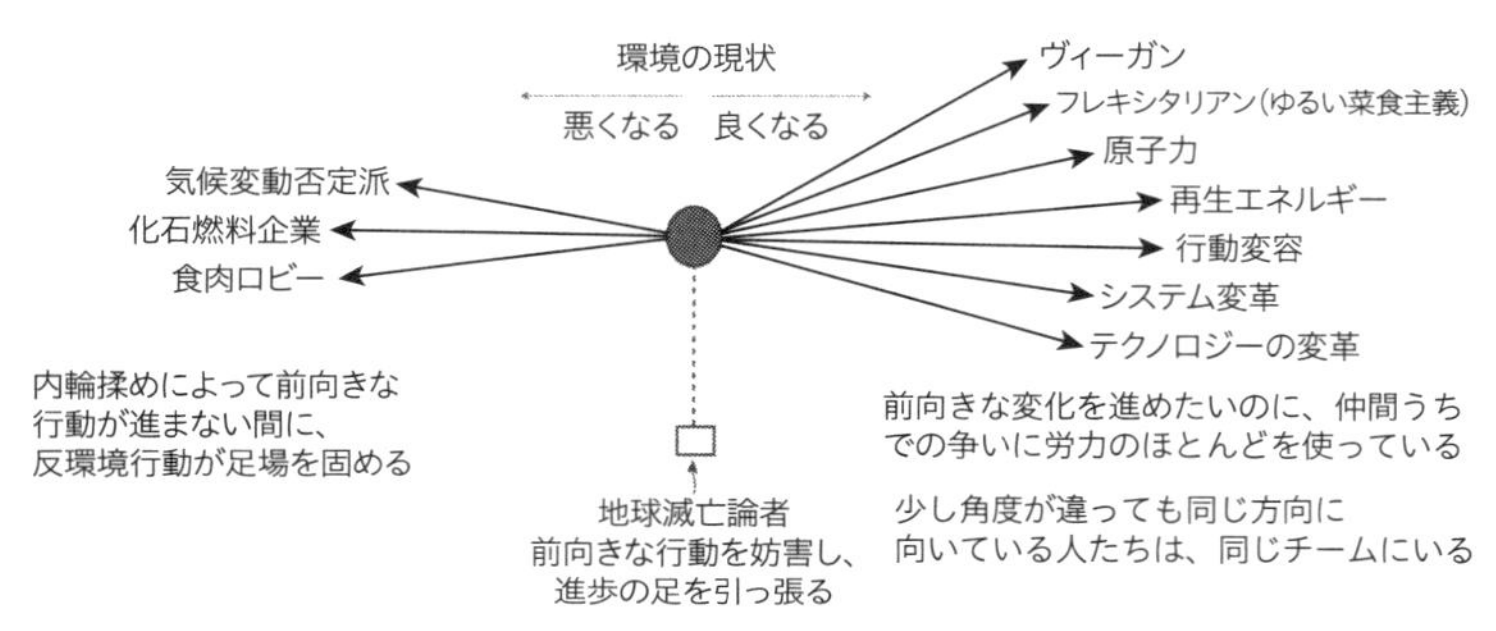

同じ方向に向かう仲間と力を合わせる　環境問題の解決方法について多少の意見の違いはあっても、私たちは同じチームだ。

最も基本的なところでは同じ方向に向かおうとしている。

内輪で揉めているうちに、私たちと反対の方向に向かう矢が射られてしまう。私たちの内輪揉めに、化石燃料企業、食肉ロビー団体、環境活動反対派が便乗する。彼らはほとんど何もせずに、私たちに対抗している。私たちは内輪揉めに忙しく、本当の敵が前に進むのを止める努力ができない。だから大原則として、ほぼ同じ方向を向いている人たちをなるべく攻撃しないことだ。これはアイデアを議論してはいけないという意味ではない。効果的な解決策を確実に選ぶための批判は絶対に必要だ。だが、こうした議論は建設的で寛容でなければならない。

私と同じ方向に向いている矢とは、私たちを前進させてくれる解決策の実現に目を向ける人たちだ。世界滅亡を唱える人たちは、解決策に興味はない。彼らはすでに諦めている。そしてたいていは解決を邪魔しようとする。いくらよく見ても進歩のお荷物だ。最悪の場合は、逆の方向に足を引っ張ろうとする。彼らは環境否定派と同じくらい有害だ。

最初の世代になる時がきた

今の時代に生きているあなたは、私たちの祖先が想像もしなかったあることを達成できる、特別な立場に立っている。それは、サステナブルな未来を届けることだ。私たちは、すべての人のニーズを満たしながら、これまでよりも良い状態で環境を残していける世代になれると私は信じている。

祖先と私たちが違うのは、経済と技術の変化によって選択肢を得たことだ。これまで当たり前の慣習だった鯨油や石炭や森林伐採を続けなくてもいい。代替策が生み出され、もっといいやり方で同じことができる。選択には責任が伴う。私たちを前進させるような責任ある選択をすることもできる。だが、現状にしがみつくこともできる。サステナブルな未来は保証されていない。もしそれを望むなら、自分で作り出さなければならない。「最初の世代」になることはチャンスではあるが、必然ではない。何よりも私を楽観的にしてくれるのは、これを全力で実現しようとしている多くの人との出会いだ。こうした人たちを自分の周りに置こう。そうした人から刺激を受けよう。もう終わったと言う人は無視しよう。私たちは終わっていない。すべての人のためにより良い未来を作ることができる。共にこのチャンスを現実にしよう。

謝　辞

私たちの誰ひとりとして、ひとりではサステナブルな世界を作れない。この本もひとりの努力では存在していなかった。表紙に載るのは私の名前だが、私の功績はほんの一部でしかない。私の代理人、エビタス・クリエイティブ・マネジメントのトビー・マンディは、本のアイデアを最初に植えてくれ、出版業界の道案内をしてくれた。

ペンギン・ランダムハウスのチャットー・アンド・ウィンダスの素晴らしいチームにはいくら感謝してもしきれない。編集者のベッキー・ハーディは、新人著者の私に賭け、私と同じくらいこの本に情熱を持ってくれた。彼女以上の編集者は望めない。チャットーの編集アシスタント、アーシア・チョードリーは貴重なフィードバックとサポートをくれた。キャサリン・フライは細心の注意を払って正確に校正・編集に当たってくれた。リアノン・ロイは一連の編集プロセスを導いてくれた。カーメラ・ロウキスとアンナ・レッドマン・アイルワードはこの本を読者の手元に届けてくれた。そして舞台裏で懸命に働いてくれた数多くの人がいる。権利を販売し、装幀をデザインし、広告と宣伝を行ってくれた。その全員の名前が表紙のクレジットにふさわしい。あなたたちなしでは、この本は今の形になっていなかった——そして私も物書きとしての今の私にはなっていなかった。アメリカ版編集者のマリサ・ビジランテとリトル・ブラウン・スパークのチームに大きなありがとうを伝えたい。あなたたち全員に感謝している。

この本の執筆には少なくとも六年がかかっている。この本の土台となる研究とデータの多くは、「データで見る私たちの世界」での研究者時代に集めたものだ。私はこの団体にボランティアで自分の時間を差し出したいと勝手にメールを送りつけ、その後二〇一七年から働きはじめた。マックス・ローザーとエステバン・オーティス＝オスピナが私のメールを無視せず、チャンスを与えてくれたことに感謝する。二人は私の素晴らしいメンターで、最高の友人だ。あなたたち二人を愛している。そして私たちが一緒に築いたものを誇りに思う。私のようなはぐれ者に学術的な故郷を与えてくれたオックスフォード大学マーティン・スクールにも感謝したい。

「データで見る私たちの世界」の仲間たち、ありがとう。世界をいい場所にすることにこれほど強くこだわっている人々に囲まれているのは特別なことだ。初期の原稿を読んでフィードバックをくれたフィオナ・スプーナーに心から感謝する。そして、誰よりも支えになってくれたエドゥアール・マチュー、ありがとう。世界中であなた以上に一緒に働きたいと思う人はあまりいない。

この本は未来への投資について書いたものだ。私に投資し、私を信じてくれた素晴らしいメンターがいたのは、幸運だった。デイブ・レイとピート・ヒギンズへ。あなたたちが思うより、私はあなたたちにお世話になった。あなたたちの半分でも誠実に人生を生きて行けたらと思う。ハンスとオーラ・ロスリング、そしてアンナ・ロスリング・ロンランドは私の世界をひっくり返し（最高の意味で）、どうしようもない悲観主義者をせっかちな楽観主義者に変えてくれた。リズ・グラントとケイト・ストーリーは私を支え続けてくれた。そして、執筆の過程で私を励ましてくれた多くの人たち――サローニ・ダッターニ、サム・ボウマン、ベン・サウスウッド、そしてニック・ウィタカー、ありがとう。ウィル・マッカスキル、ギャビン・ワインバーグ、そしてアビー・ローリグはこの本が成功するよう努力してくれた。

世界最高の専門家たちに話を聞けたのは本当に幸運だった。ジョセフ・プーア、ボイヤン・スラット、マティアス・エガー、ローレン・レブレトン、レイ・ヒルボーン、マイケル・メルニチュク、マックス・モスラー、デイブ・レイがこの本の草稿の最初の何章かを読んでフィードバックをくれたことに感謝している。事実の間違いがあったなら、それは私だけの責任だ。

この本が成功するにしろ、失敗するにしろ、自分を愛してくれる友人がいれば、それでいい。サラ・キャノンとマット・ハーウッドは私をいつも笑わせてくれ、元気にしてくれた。エマ・ストーリー＝ゴードンは背中を押し続けてくれた。マイケル・ヒューズは私が飛ぶことを（または落ちることを）助けてくれた。そしてこの数年間、私が頼ってきた友人たち、メレディス・コーリー、シバム・ハルグナニ、トーマス・アレキサンダー、ショーナ・デノバン、アンディ・ハミルトン、エリン・ミラー、イブ・スミス、ジェニー・ダイベック、ヤンニ・スミス、リンジー・ビポンド、イスラとアリソンとヘイミッシュにお礼を言いたい。デビッド、ジリアン、そしてアンドリュー・カー、私を支えてくれてありがとう。

愛する家族がいなければ私は何者でもない。アンドレア、トミー、そしてキーランは、私にとってかけがえのない第二の親であり兄だ。とても大切に思っている。私の祖父母は、私が子供の時に書いた「本」を全部喜んでくれ、大切に保存してくれている。もしこの本がベストセラーになった暁には、子供時代に私が書いたものがひと財産になるはずだと祖母は確信しているのだ。アーロンが私にサッカー場で図々しくプレーすることを教えてくれたおかげで、ツイッターでも厚顔になれた。あなたを兄と呼べることを誇りに思う。メーガンは私の知る中で最も親切な人のひとりだ。これから生まれてくるあなたの子供のためにも、私たちがより良い世界を作ることに貢献していることを願うばかりだ。

両親のカレンとデビッドに最大の感謝を送りたい。この本を二人に捧げる。行動は心が原動力になるけれど、何をするかを知るには頭が必要だ。私の両親はその心と頭のバランスが完璧に取れている。私の知るカップルの中で最高に優しく、そして最高に知性がある。二人が教えてくれたことが、この本のページに貫かれていることを願っている。無条件の愛を与えてくれたこと、パーティーの最中にも部屋の隅で私が読書することを許してくれたこと、どんな子供にも理想的な親でいてくれたことに、心から感謝している。

最後に、大好きなキャサリンへ。あなたは私をいい人間にしてくれ、この世界をより良い場所にしてくれている。朝四時起きの私に我慢してくれ、週末もずっと執筆続きだった私に耐えてくれてありがとう。そばにいるのにあなた以上の人は望めないし、私もあなたを支えたいと願っていることをわかってほしい。この本は私の人生のほんの短い章で、残りのストーリーは誰よりもあなたと一緒に描きたいと思っている。

訳者あとがき

『ＦＡＣＴＦＵＬＮＥＳＳ（ファクトフルネス）』（上杉周作、関美和訳、日経ＢＰ）が日本で出版されたのは二〇一九年の一月のことでした。新型コロナウイルスが世界中で猛威を振るったのはそれから約一年後。巷にあふれるさまざまな情報に振り回されることなく、ファクトをもとに長い目で世界を見ようという本書のメッセージが読者の皆さんに刺さったのか、この本は多くの方に読まれるロングセラーとなりました。

著者であるハンス・ロスリング博士のＴＥＤトークスでの講演は世界中で最も人気のあるコンテンツのひとつです。ロスリング博士は意外な統計をクイズにまとめ、面白いたとえと軽妙な語り口で、「世界がますます悪くなっている」という私たちの思い込みを根底から覆してくれました。

本書『これからの地球のつくり方――データで導く「7つの視点」』の著者であるハナ・リッチーさんもまた、ロスリング博士に影響を受けたひとりです。ミレニアル世代のハナさんは、この世代の多くがそうであるように、気候変動に強い懸念を抱き、「世界が数十年後に終わってしまうのではないか」という危機感を抱いて大人になりました。その懸念から環境科学の研究に進み、毎日悲観的な情報を摂取し続けることで、ますます絶望的になり、別の道を目指そうとも思ったことが本書にも書かれています。

そんな時、ロスリング博士の統計と講演に出会ったことがきっかけで、正しいデータに基づいて世界を俯瞰的に見ることをはじめます。巷にあふれるニュースに振り回されるのではなく、客観的かつ長期的なデータを収集し、分析した結果、ハナさんがたどりついた結論は、「私たちはサステナブルな世界を実現できる最初の世代になれる可能性がある」ということでした。

サステナビリティには二つの側面がある、とハナさんは言います。ひとつは、今の世代が基本的なニーズを満たせること。もうひとつは、将来の世代が今の世代と同じだけ、またはそれ以上に繁栄できること。つまりサステナビリティとは、将来の世代を犠牲にすることなく、今の世代の生活水準を担保することだとしています。これまでの世代は、自分たちのニーズを満たすことに精一杯で、将来の世代の生活を保証することはできなかったけれど、今の私たちにはこの二つを両立できるテクノロジーとツールがあるとハナさんは言うのです。この両立が可能であることを統計から解き明かし、どうしたらそれが実現できるかを教えてくれるのが、本書『これからの地球のつくり方——データで導く「7つの視点」』です。

本書の「7つの視点」とは、人々が最も懸念している大きな環境問題です——大気汚染、気候変動、森林破壊、食糧不足、生物多様性の喪失、海洋汚染、魚の乱獲。いずれも私たちと地球にとっての脅威であることは間違いありません。この7つの問題について、本書では悪くなっている点と良くなっている点の両方のデータを提示し、良くなっている点をさらに拡大していくための行動を示しています。

本書はビル・ゲイツ氏が選ぶ「二〇二三年のおすすめ本」の一冊としても取り上げられました。ゲイツ氏も述べているように、本書で紹介されるデータはいずれも意外であり、かつ直感に反するものです。原題である ***Not the End of the World***（世界は終わりじゃない）が示すとおり、データからはよくある世界滅亡の言説とは正反対の状況が浮かび上がります。世界は今、歴史上最もサステナブルな状態にあること、私たちの努力によってこの状況はもっとよくなるであろうことが、本書を通して納得できる人は少なくないでしょう。少なくとも、不安や懸念の一部は払拭されるのではないでしょうか？　その意味で、本書は『ファクトフルネス』の続篇と言えるかもしれません。

このような良書を翻訳する機会をくださった早川書房の石井広行様、校閲の日下亜希子様、そしてロスリング博士の遺志を継いでデータに基づく明るい世界の見方を提示してくださった著者のハナ・リッチーさんに感謝します。

二〇二五年二月

原　注

はじめに

1 S. Helm, J. A. Kemper & S. K. White, 'No future, no kids – no kids, no future?', *Popul Environ* 43, 108–29 (2021).
2 C. Hickman et al., 'Climate anxiety in children and young people and their beliefs about government responses to climate change: a global survey', *Lancet Planet Health* 5, e863–73 (2021).
3 Morning Consult, *National Tracking Poll #200926*, https://assets.morningconsult.com/ wp-uploads/2020/09/28065126/200926_crosstabs_MILLENIAL_FINANCE_Adults_v4_RG.pdf (2020).
4 M. Schneider-Mayerson & K. L. Leong, 'Eco- reproductive concerns in the age of climate change', *Clim Change* 163, 1007–23 (2020).
5 B. Lockwood, N. Powdthavee & O. Andrew, *Are Environmental Concerns Deterring People from Having Children?*, IZA Institute of Labor Economics (2022).
6 A. Maxmen, 'Three minutes with Hans Rosling will change your mind about the world', *Nature* 540, 330–3 (2016).
7 E. Klein, 'Your Kids Are Not Doomed', *New York Times* (2022).
8 P. Romer, 'Conditional Optimism', https://paulromer.net/ conditional-optimism-technology-and-climate/ (2018).
9 P. R. Ehrlich, *The Population Bomb* (Ballantine Books, 1989).〔ポール・R・エーリック『人口爆弾』宮川毅 訳、河出書房新社〕
10 M. Roser, 'The world is awful. The world is much better. The world can be much better', Our World in Data, https://ourworldindata.org/much-better-awful-can-be-better (2022).

1章　持続可能な世界

1 K. Klein Goldewijk et al., 'Anthropogenic land use estimates for the Holocene–HYDE 3.2', *Earth Syst Sci Data* 9, 927–53 (2017).
2 A. D. Barnosky, 'Megafauna biomass tradeoff as a driver of Quaternary and future extinctions', *Proceedings of the National Academy of Sciences* 105, 11543–8 (2008).
3 E. C. Ellis et al., 'People have shaped most of terrestrial nature for at least 12,000 years', *Proceedings of the National Academy of Sciences* 118,e2023483118

(2021).
4 V. Reyes-Garcia & P. Benyei, 'Indigenous knowledge for conservation', *Nat Sustain* 2, 657–8 (2019).
5 K. M. Hoffman et al., 'Conservation of Earth's biodiversity is embedded in Indigenous fire stewardship', *Proceedings of the National Academy of Sciences* 118, e2105073118 (2021).
6 M. Roser, 'Mortality in the past – every second child died', Our World in Data, https://ourworldindata.org/child-mortality-in-the-past (2019).
7 A. A. Volk & J. Atkinson, 'Infant and child death in the human environment of evolutionary adaptation', *Evolution and Human Behavior* 34, 182–92 (2013).
8 F. E. Johnston & C. E. Snow, 'The reassessment of the age and sex of the Indian Knoll skeletal population: Demographic and methodological aspects', *Am J Phys Anthropol* 19, 237–44 (1961).
9 M. Roser, H. Ritchie & B. Dadonaite, 'Child and Infant Mortality', Our World in Data (2013).
10 H. Ritchie & M. Roser, 'Maternal Mortality', Our World in Data, https://ourworldindata.org/maternal-mortality (2023).
11 M. Roser, E. Ortiz- Ospina & H. Ritchie, 'Life Expectancy', Our World in Data (2013).
12 IFAD, UNICEF, WFP and WHO, *The State of Food Security and Nutrition in the World 2022*, (FAO, 2022).
13 H. Ritchie & M. Roser, 'Clean Water and Sanitation', Our World in Data (2021).
14 H. Ritchie, M. Roser & P. Rosado, 'Energy', Our World in Data (2020).
15 M. Roser & E. Ortiz- Ospina, 'Literacy', Our World in Data (2016).
16 J. Hasell et al., 'Poverty', Our World in Data, https://ourworldindata.org/poverty (2022).
17 M. Roser, H. Ritchie & E. Ortiz- Ospina, 'Population Growth', Our World in Data (2013).
18 M. Roser, 'Fertility Rate', Our World in Data, https://ourworldindata.org/fertility-rate (2023).
19 United Nations Department of Economic and Social Affairs, *World Population Prospects 2022: Summary of Results* (2022).
20 M. Roser, 'How much economic growth is necessary to reduce global poverty substantially?', Our World in Data, https://ourworldindata.org/poverty-minimum-growth-needed (2021).
21 M. Roser, 'Global poverty in an unequal world: Who is considered poor in a rich country? And what does this mean for our understanding of global

poverty?', Our World in Data, https://ourworldindata.org/higher-poverty-global-line (2021).

2章　大気汚染

1 O. Wainwright, 'Inside Beijing's airpocalypse – a city made "almost uninhabitable" by pollution', *Guardian* (2014).
2 W. Wang et al., 'Atmospheric Particulate Matter Pollution during the 2008 Beijing Olympics', *Environ Sci Technol* 43, 5314–20 (2009).
3 S. Wang et al., 'Quantifying the Air Pollutants Emission Reduction during the 2008 Olympic Games in Beijing', *Environ Sci Technol* 44, 2490–6 (2010).
4 J. Yeung, N. Gan & S. George, 'From "air- pocalypse" to blue skies. Beijing's fight for cleaner air is a rare victory for public dissent', CNN, https://www.cnn.com/2021/08/23/china/china-air-pollution-mic-intl-hnk/index.html (2021).
5 E. Wong, 'China Lets Media Report on Air Pollution Crisis', *New York Times* (2013).
6 M. Greenstone, H. Guojun & K. Lee, *The 2008 Olympics to the 2022 Olympics China's Fight to Win its War Against Pollution*, Energy Policy Institute of the University of Chicago (2022).
7 Seneca & R. M. Gummere, *Ad Lucilium epistulae morales* (Harvard University Press, 1917).〔セネカ『道徳書簡集（全）——倫理の手紙集』茂手木元蔵訳、東海大学出版会〕
8 D. Fowler et al., 'A chronology of global air quality', *Philosophical Transactions of the Royal Society A*, doi:10.1098/rsta.2019.0314 (2020).
9 Hippocrates, trans. W. H. S. Jones, *Hippocrates* (Heinemann/Putnam, 1923).
10 M. A. Sutton et al., 'Alkaline air: changing perspectives on nitrogen and air pollution in an ammonia-rich world', *Philosophical Transactions of the Royal Society A: Mathematical, Physical and Engineering Sciences* 378, 20190315 (2020).
11 J. A. J. Gowlett, 'The discovery of fire by humans: a long and convoluted process', *Philosophical Transactions of the Royal Society B: Biological Sciences* 371, 20150164 (2016).
12 K. Hardy et al., 'Dental calculus reveals potential respiratory irritants and ingestion of essential plant-based nutrients at Lower Palaeolithic Qesem Cave Israel', *Quaternary International* 398, 129–35 (2016).
13 O. Jarus, 'Egyptian Mummies Hold Clues of Ancient Air Pollution', livescience.com, https://www.livescience.com/14420-ancient-egyptian-mummies-lung-disease-pollution.html (2011).

14 A. S. Mather, J. Fairbairn & C. L. Needle, 'The course and drivers of the forest transition: The case of France' *J Rural Stud* 15, 65–90(1999).
15 R. Fouquet, 'Long run trends in energy-related external costs', *Ecological Economics* 70, 2380–9 (2011).
16 R. M. Hoesly et al., 'Historical (1750– 2014) anthropogenic emissions of reactive gases and aerosols from the Community Emissions Data System (CEDS)', *Geosci Model Dev* 11, 369–408 (2018).
17 P. J. Crutzen, 'The influence of nitrogen oxides on the atmospheric ozone content', *Quarterly Journal of the Royal Meteorological Society* (1970).
18 M. J. Molina & F. S. Rowland, 'Stratospheric sink for chlorofluoromethanes: chlorine atom-catalysed destruction of ozone', *Nature* 249,810–12 (1974).
19 NASA, 'Atmospheric ozone 1985. Assessment of our understanding of the processes controlling its present distribution and change', https://www.osti.gov/biblio/6918528-atmospheric-ozone-assessment-our-understanding-processes-controlling-its-present-distribution-change-volume (1985).
20 P. M. Morrisette, 'The evolution of policy responses to stratospheric ozone depletion', *Natural Resources Journal (USA)* 29:3, 1989.
21 D. D. Doniger, 'Politics of the ozone layer', *Issues Sci Technol* 4, 86–92 (1988).
22 United Nations Environment Programme (UNEP), 'The Montreal Protocol on Substances that Deplete the Ozone Layer', https://ozone.unep.org/treaties/montreal-protocol.
23 Ozone Secretariat, 'Summary of control measures under the Montreal Protocol', https://ozone.unep.org/treaties/montreal-protocol/summary-control-measures-under-montreal-protocol (1987).
24 M. I. Hegglin et al., *Twenty questions and answers about the ozone layer: 2014 Update: Scientific assessment of ozone depletion: 2014* (World Meteorological Organization, 2015).
25 J. E. Aldy et al., 'Looking Back at 50 Years of the Clean Air Act', *J Econ Lit* 60, 179–232 (2022).
26 K. Clay & W. Troesken, 'Did Frederick Brodie Discover the World's First Environmental Kuznets Curve? Coal Smoke and the Rise and Fall of the London Fog', doi:10.3386/w15669 (2010).
27 J. Lelieveld et al., 'Effects of fossil fuel and total anthropogenic emission removal on public health and climate', *Proceedings of the National Academy of Sciences* 116, 7192–7 (2019).
28 K. Vohra et al., 'Global mortality from outdoor fine particle pollution generated by fossil fuel combustion: Results from GEOS-Chem', *Environ Res* 195, 110754

(2021).
29 H. Ritchie et al., 'Causes of Death', Our World in Data, https://ourworldindata.org/causes-of-death (2023).
30 C. J. L. Murray et al., 'Global burden of 87 risk factors in 204 countries and territories, 1990–2019: a systematic analysis for the Global Burden of Disease Study 2019', *Lancet* 396, 1223–49 (2020).
31 H. Ritchie, blog, 'Delhi's Odd-Even Rule Is At Odds With What Needs To Be Done [Part 2]', hannahritchie.com (2016).
32 S. Kurinji, A. Khan & T. Ganguly, *Bending Delhi's Air Pollution Curve: Learnings from 2020 to Improve 2021*, New Delhi, Council on Energy, Environment and Water (CEEW). (2021).
33 S. Sarkar, R. P. Singh & A. Chauhan, 'Increasing health threat to greater parts of India due to crop residue burning', *Lancet Planet Health* 2, e327–8 (2018).
34 S. Bikkina et al., 'Air quality in megacity Delhi affected by countryside biomass burning', *Nat Sustain* 2, 200–5 (2019).
35 P. Shyamsundar et al., 'Fields on fire: Alternatives to crop residue burning in India', *Science* (1979) 365, 536–8 (2019).
36 OECD, *The Economic Consequences of Outdoor Air Pollution* (OECD, 2016).
37 World Bank, *The Global Health Cost of PM2.5 Air Pollution: A Case for Action Beyond 2021* (World Bank, 2022).
38 J. Dornoff & F. Rodriguez, *Gasoline versus diesel: Comparing CO_2 emission levels of a modern medium size car model under laboratory and on-road testing conditions*, International Council on Clean Transportation (ICCT) (2019).
39 H. Ritchie, 'What was the death toll from Chernobyl and Fukushima?', Our World in Data, https://ourworldindata.org/what-was-the-death-toll-from-chernobyl-and-fukushima (2022).
40 United Nations, *Sources and Effects of Ionizing Radiation, UNSCEAR 2008 Report* (2011).
41 K. M. Leung et al., 'Trends in Solid Tumor Incidence in Ukraine 30 Years After Chernobyl', *J Glob Oncol* 5, doi:10.1200/JGO.19.00099 (2019).
42 H. Ritchie, 'What are the safest and cleanest sources of energy?', Our World in Data, https://ourworldindata.org/safest-sources-of-energy (2020).
43 S. Chowdhury et al., 'Global health burden of ambient PM2.5 and the contribution of anthropogenic black carbon and organic aerosols', *Environ Int* 159, 107020 (2022).

3章　気候変動

1 S. Connor, 'Global warming: Scientists say temperatures could rise by 6°C by 2100 and call for action ahead of UN meeting in Paris', *Independent* (2015).

2 Climate Action Tracker, *Warming Projections Global Update. November2022* (2022).

3 H. Ritchie & M. Roser, 'Natural Disasters', Our World in Data (2014).

4 EM-DAT CRED (2021).

5 https://x.com/_HannahRitchie/status/1314141670439563264.

6 J. Hasell & M. Roser, 'Famines', Our World in Data (2013).

7 K.- H. Erb et al., 'Unexpectedly large impact of forest management and grazing on global vegetation biomass', *Nature* 553, 73–6 (2018).

8 GOV.UK, 'Digest of UK Energy Statistics (DUKES): electricity', https://www.gov.uk/government/statistics/electricity-chapter-5-digest-of-united-kingdom-energy-statistics-dukes (2022).

9 P. Friedlingstein et al., 'Global Carbon Budget 2022', *Earth Syst Sci Data* 14, 4811–900 (2022).

10 H. Ritchie, M. Roser & P. Rosado, 'CO_2 and Greenhouse Gas Emissions', Our World in Data (2020).

11 https://x.com/GlobalEcoGuy/status/1524781923226341376?s=20.

12 G. P. Peters, 'From production-based to consumption-based national emission inventories', *Ecological Economics* 65, 13–23 (2008).

13 G. P. Peters, S. J. Davis & R. Andrew, 'A synthesis of carbon in international trade', *Biogeosciences* 9, 3247–76 (2012).

14 V. Smil, *Energy Transitions: History, Requirements, Prospects* (ABC- CLIO, 2010).

15 V. Smil, *Energy and Civilization: A History* (MIT Press, 2018).〔バーツラフ・シュミル『エネルギーの人類史　上・下』塩原通緒 訳、青土社〕

16 V. Smil, *Energy in world history: Essays in world history* (Westview Press, 1994).

17 M. Roser, 'Why did renewables become so cheap so fast?', Our World in Data, https://ourworldindata.org/cheap-renewables-growth (2022).

18 Lazard, 'Lazard's Levelized Cost of Energy Analysis – Version 13.0' (2021).

19 H. Ritchie, 'The price of batteries has declined by 97% in the last three decades', Our World in Data, https://ourworldindata.org/battery-price-decline (2021).

20 M. S. Ziegler & J. E. Trancik, 'Re- examining rates of lithium-ion battery technology improvement and cost decline', *Energy Environ Sci* 14, 1635–51 (2021).

21 H. Ritchie, 'How much of global greenhouse gas emissions come from food?', Our World in Data, https://ourworldindata.org/greenhouse-gas-emissions-food (2021).

22 M. Crippa. et al., 'Food systems are responsible for a third of global anthropogenic GHG emissions', *Nat Food* 2, 198–209 (2021).

23 J. Poore & T. Nemecek, 'Reducing food's environmental impacts through producers and consumers', *Science* (1979) 360, 987–92 (2018).

24 'Sector by sector: where do global greenhouse gas emissions come from?', Our World in Data, https://ourworldindata.org/ghg-emissions-by-sector (2020).

25 M. Ge, J. Friedrich & L. Vigna, '4 Charts Explain Greenhouse Gas Emissions by Countries and Sectors', World Resources Institute (2020).

26 UNECE, *Lifecycle Assessment of Electricity Generation Options* (2021).

27 'How does the land use of different electricity sources compare?', Our World in Data https://ourworldindata.org/land-use-per-energy-source (2022).

28 *Mineral requirements for clean energy transitions*, International Energy Agency (2022).

29 S. Wang et al., 'Future demand for electricity generation materials under different climate mitigation scenarios', *Joule*, doi:10.1016/j.joule.2023.01.001 (2023).

30 'Cars, planes, trains: where do CO_2 emissions from transport come from?', Our World in Data, https://ourworldindata.org/co2-emissions-from-transport (2020).

31 'Transport sector CO_2 emissions by mode in the Sustainable Development Scenario, 2000–2030 – Charts – Data & Statistics', International Energy Agency (2020).

32 'The 2021 EPA Automotive Trends Report Greenhouse Gas Emissions, Fuel Economy, and Technology since 1975', EPA, https://www.epa.gov/automotive-trends/download-automotive-trends-report (2021).

33 T. D. Searchinger et al., 'Assessing the efficiency of changes in land use for mitigating climate change', *Nature* 564, 249–53 (2018).

34 T. Searchinger et al., 'Use of U.S. Croplands for Biofuels Increases Greenhouse Gases Through Emissions from Land-Use Change', *Science(1979)* 319, 1238–40 (2008).

35 'Factcheck: How electric vehicles help to tackle climate change', *Carbon Brief*, https://www.carbonbrief.org/factcheck-how-electric-vehicles-help-to-tackle-climate-change/ (2019).

36 *Global EV Outlook 2022*, International Energy Agency (2022).
37 H. Ritchie, 'Electric vehicle batteries would have cost as much as a million dollars in the 1990s', *Sustainability by numbers*, https://www.sustainabilitybynumbers.com/p/ev-battery-costs
38 BloombergNEF, *Electric Vehicle Outlook 2022* (2022).
39 D. Rybski et al., 'Cities as nuclei of sustainability?', *Environ Plan B Urban Anal City Sci* 44, 425–40 (2017).
40 R. Gudipudi et al., 'City density and CO2 efficiency', *Energy Policy* 91, 352–61 (2016).
41 S. J. Davis et al., 'Net- zero emissions energy systems', *Science (1979)* 360, eaas9793 (2018).
42 R. Twine, 'Emissions from Animal Agriculture – 16.5% Is the New Minimum Figure', *Sustainability* 13, 6276 (2021).
43 M. A. Clark et al., 'Global food system emissions could preclude achieving the 1.5°C and 2°C climate change targets', *Science (1979)* 370, 705–8 (2020).
44 IPCC, *Global Warming of 1.5°C. An IPCC Special Report on the impacts of global warming of 1.5°C above pre-industrial levels and related global greenhouse gas emission pathways, in the context of strengthening the global response to the threat of climate change, sustainable development, and efforts to eradicate poverty* (2018).
45 Poore, J., & Nemecek, T.,'Reducing food's environmental impacts through producers and consumers'. *Science*, 360(6392), 987-992(2018)
46 W. Willett et al., 'Food in the Anthropocene: the EAT– Lancet Commission on healthy diets from sustainable food systems', *Lancet* 393, 447–92 (2019).
47 P. S. Fennell, S. J. Davis & A. Mohammed, 'Decarbonizing cement production', *Joule* 5, 1305–11 (2021).
48 'Concrete needs to lose its colossal carbon footprint', *Nature* 597, 593–94 (2021).
49 D. Klenert et al., 'Making carbon pricing work for citizens', *Nat Clim Chang* 8, 669–77 (2018).
50 IPCC, *Climate Change 2022: Impacts, Adaptation, and Vulnerability. Contribution of Working Group II to the Sixth Assessment Report of the Intergovernmental Panel on Climate Change* (Cambridge University Press, 2022).
51 M. Berners-Lee, *How Bad are Bananas?: The Carbon Footprint of Everything* (Profile Books Ltd, 2010).
52 Ipsos, 'Ipsos Perils of Perception: climate change', https://www.ipsos.com/

en-uk/ipsos-perils-perception-climate-change (2021).
53 S. Wynes & K. A. Nicholas, 'The climate mitigation gap: education and government recommendations miss the most effective individual actions', *Environmental Research Letters* 12, 74024 (2017).

4章　森林破壊

1 @EmmanuelMacron, 'Our house is burning. Literally. The Amazon rain forest – the lungs which produces 20% of our planet's oxygen – is on fire. It is an international crisis. Members of the G7 Summit, let's discuss this emergency first order in two days! #ActForTheAmazon', X, https://x.com/EmmanuelMacron/status/1164617008962527232 (2019).
2 @Cristiano, 'The Amazon Rainforest produces more than 20% of the world's oxygen and its been burning for the past 3 weeks. It's our responsibility to help to save our planet. #prayforamazonia', X, https://x.com/Cristiano/status/1164588606436106240 (2019).
3 @KamalaHarris, 'Brazil's President Bolsonaro must answer for this devastation. The Amazon creates over 20% of the world's oxygen and is home to one million Indigenous people. Any destruction affects us all', X, https://x.com/KamalaHarris/status/1165070218009489408 (2019).
4 @StationCDRKelly, 'Deforestation changes the face of our planet. Between my first flight in 1999 and last in 2016, I noticed a difference in the #Amazon. Less forest more burning fields. The #AmazonRainforest produces more than 20% of the world's oxygen. We need O2 to survive!', X, https://x.com/StationCDRKelly/status/1164608581989294082 (2019).
5 A. Symonds, 'Amazon Rainforest Fires: Here's What's Really Happening', *New York Times* (2019).
6 Y. Malhi, 'Does the Amazon provide 20% of our oxygen?', http://www.yadvindermalhi.org/blog (2019).
7 J. Aberth, *The Black Death: a new history of the great mortality in Europe, 1347–1500* (Oxford University Press, 2021).
8 P. Brannen, 'The Amazon Is Not Earth's Lungs', *Atlantic*, https://www.theatlantic.com/science/archive/2019/08/amazon-fire-earth-has-plenty-oxygen/596923/ (2019).
9 A. Izdebski et al., 'Palaeoecological data indicates land-use changes across Europe linked to spatial heterogeneity in mortality during the Black Death pandemic', *Nat Ecol Evol* 6, 297–306 (2022).
10 S. A. Smith & J. Gilbert, *National Inventory of Woodland and Trees –Scotland*

(Forestry Commission, 2001).
11 Smith & Gilbert, *National inventory of Woodland and Trees – England* (Forestry Commission, 2001).
12 A. S. Mather, 'Forest transition theory and the reforesting of Scotland', *Scottish Geographical Journal* 120, 83–98 (2004).
13 DEFRA, UK, *Government Forestry and Woodlands Policy Statement: Incorporating the Government's Response to the Independent Panel on Forestry's Final Report* (2013).
14 *U.S. Forest Facts and Historical Trends*, https://www.fia.fs.usda.gov/library/brochures/docs/2000/ForestFactsMetric.pdf (2000).
15 M. Williams, *Deforesting the Earth: From Prehistory to Global Crisis, An Abridgment* (University of Chicago Press, 2006).
16 H. Ritchie & M. Roser, 'Forests and Deforestation', Our World in Data (2021).
17 C. H. L. Silva Junior et al., 'The Brazilian Amazon deforestation rate in 2020 is the greatest of the decade', *Nat Ecol Evol* 5, 144–5 (2021).
18 T. K. Rudel, 'Is There a Forest Transition? Deforestation, Reforestation, and Development', *Rural Sociol* 63, 533–52 (1998).
19 T. K. Rudel et al., 'Forest transitions: towards a global understanding of land use change', *Global Environmental Change* 15, 23–31 (2005).
20 J. Crespo Cuaresma et al., 'Economic Development and Forest Cover: Evidence from Satellite Data', *Sci Rep* 7, 40678 (2017).
21 P. G. Curtis et al., 'Classifying drivers of global forest loss', *Science (1979)* 361, 1108–11 (2018).
22 B. R. Scheffers et al., 'What we know and don't know about Earth's missing biodiversity', *Trends Ecol Evol* 27, 501–10 (2012).
23 S. L. Lewis, 'Tropical forests and the changing earth system', *Philosophical Transactions B: Biological Sciences* 361, 195–210 (2006).
24 E. L. Bullock et al., 'Satellite- based estimates reveal widespread forest degradation in the Amazon', *Glob Chang Biol* 26, 2956–69 (2020).
25 Ben & Jerry's statement on palm oil sourcing, https://www.benjerry.com, https://www.benjerry.com/values/how-we-do-business/palm-oil-sourcing.
26 E. Meijaard et al., *Oil palm and biodiversity: a situation analysis by the IUCN Oil Palm Task Force* (International Union for Conservation of Nature, 2018).
27 K. G. Austin et al., 'What causes deforestation in Indonesia?', *Environmental Research Letters* 14, 24007 (2019).
28 D. L. A. Gaveau et al., 'Rise and fall of forest loss and industrial plantations in Borneo (2000– 2017)', *Conserv Lett* 12, e12622 (2019).

29 Sharon Liao, 'Do Seed Oils Make You Sick?', *Consumer Reports*, https://www.consumerreports.org/healthy-eating/do-seed-oils-make-you-sick-a1363483895/ (2022).
30 M. Marklund et al., 'Biomarkers of Dietary Omega-6 Fatty Acids and Incident Cardiovascular Disease and Mortality', *Circulation* 139, 2422–36 (2019).
31 G. Zong et al., 'Associations Between Linoleic Acid Intake and Incident Type 2 Diabetes Among U.S. Men and Women', *Diabetes Care* 42, 1406–13 (2019).
32 W. S. Harris et al., 'Omega- 6 Fatty Acids and Risk for Cardiovascular Disease', *Circulation* 119, 902–7 (2009).
33 R. Ostfeld et al., 'Peeling back the label – exploring sustainable palm oil ecolabelling and consumption in the United Kingdom', *Environmental Research Letters* 14, 14001 (2019).
34 M. Weisse & E. D. Goldman, 'Just 7 Commodities Replaced an Area of Forest Twice the Size of Germany Between 2001 and 2015', World Resources Institute (2021).
35 F. Pendrill et al., 'Deforestation displaced: trade in forest-risk commodities and the prospects for a global forest transition', *Environmental Research Letters* 14, 55003 (2019).
36 E. Barona et al., 'The role of pasture and soybean in deforestation of the Brazilian Amazon', *Environmental Research Letters* 5, 24002 (2010).
37 B. F. T. Rudorff et al., 'The Soy Moratorium in the Amazon Biome Monitored by Remote Sensing Images', *Remote Sens (Basel)* 3, 185–202 (2011).
38 F. Pendrill et al., 'Agricultural and forestry trade drives large share of tropical deforestation emissions', *Global Environmental Change* 56, 1–10 (2019).
39 K. M. Carlson et al., 'Effect of oil palm sustainability certification on deforestation and fire in Indonesia', *Proceedings of the National Academy of Sciences* 115, 121–6 (2018).
40 H. K. Jeswani, A. Chilvers & A. Azapagic, 'Environmental sustainability of biofuels: a review', *Proceedings A: Mathematical, Physical and Engineering Sciences* 476, 20200351 (2020).
41 K. Schmidinger & E. Stehfest, 'Including CO2 implications of land occupation in LCAs – method and example for livestock products', *Int J Life Cycle Assess* 17, 962–72 (2012).
42 C. Cederberg et al., 'Including Carbon Emissions from Deforestation in the Carbon Footprint of Brazilian Beef', *Environ Sci Technol* 45, 1773–9 (2011).
43 M. Clark & D. Tilman, 'Comparative analysis of environmental impacts of agricultural production systems, agricultural input efficiency, and food choice',

Environmental Research Letters 12, 64016 (2017).
44 D. R. Williams et al., 'Proactive conservation to prevent habitat losses to agricultural expansion', *Nat Sustain* 4, 314–22 (2021).
45 A. Roopsind, B. Sohngen & J. Brandt, 'Evidence that a national REDD+ program reduces tree cover loss and carbon emissions in a high forest cover, low deforestation country', *Proceedings of the National Academy of Sciences* 116, 24492–9 (2019).
46 M. Norman & S. Nakhooda, 'The State of REDD+ Finance', *SSRN Electronic Journal*, doi:10.2139/ssrn.2622743 (2015).
47 W. Fraanje & T. Garnett, *Soy: food, feed, and land use change* (Foodsource: Building Blocks, 2020).

5章　食糧

1 Chris Arsenault, 'Only 60 Years of Farming Left If Soil Degradation Continues', *Scientific American*, https://www.scientificamerican.com/article/only-60-years-of-farming-left-if-soil-degradation-continues/ (2014).
2 J. L. Edmondson et al., 'Urban cultivation in allotments maintains soil qualities adversely affected by conventional agriculture', *Journal of Applied Ecology* 51, 880–9 (2014).
3 J. Wong, 'The idea that there are only 100 harvests left is just a fantasy', New Scientist, https://www.newscientist.com/article/mg24232291-100-the-idea-that-there-are-only-100-harvests-left-is-just-a-fantasy/.
4 H. Ritchie, 'Do we only have 60 harvests left?', Our World in Data, https://ourworldindata.org/soil-lifespans (2021).
5 D. L. Evans et al., 'Soil lifespans and how they can be extended by land use and management change', *Environmental Research Letters* 15, 0940b2 (2020).
6 H. Pontzer & B. M. Wood, 'Effects of Evolution, Ecology, and Economy on Human Diet: Insights from Hunter-Gatherers and Other Small-Scale Societies', *Annu Rev Nutr* 41, 363–85 (2021).
7 F. W. Marlowe & J. C. Berbesque, 'Tubers as fallback foods and their impact on Hadza hunter-gatherers', *Am J Phys Anthropol* 140, 751–8 (2009).
8 A. Mummert et al., 'Stature and robusticity during the agricultural transition: Evidence from the bioarchaeological record', *Econ Hum Biol* 9, 284–301 (2011).
9 V. Smil, *Enriching the Earth: Fritz Haber, Carl Bosch, and the Transformation of World Food Production* (MIT Press, 2004).
10 V. Smil, 'Nitrogen and Food Production: Proteins for Human Diets', *AMBIO: A Journal of the Human Environment* 31, 126–31 (2002).

11 W. M. Stewart et al., 'The Contribution of Commercial Fertilizer Nutrients to Food Production', *Agron J* 97, 1–6 (2005).
12 J. W. Erisman et al., 'How a century of ammonia synthesis changed the world', *Nat Geosci* 1, 636–9 (2008).
13 C. C. Mann, *The Wizard and the Prophet: Two Remarkable Scientists and Their Dueling Visions to Shape Tomorrow's World* (Alfred A. Knopf, 2018).〔チャールズ・C. マン『魔術師と予言者——2050年の世界像をめぐる科学者たちの闘い』布施由紀子 訳、紀伊國屋書店〕
14 United Nations, *International action to avert the impending protein crisis: Report to the Economic and Social Council of the Advisory Committee on the Application of Science and Technology to Development: feeding the expanding world population* (1968).
15 P. R. Ehrlich, *The Population Bomb* (Ballantine Books, 1989). See pages 130–2 and 146–8.〔エーリック『人口爆弾』〕
16 P. Alexander et al., 'Human appropriation of land for food: The role of diet', *Global Environmental Change* 41, 88–98 (2016).
17 A. Shepon et al., 'Energy and protein feed-to-food conversion efficiencies in the US and potential food security gains from dietary changes', *Environmental Research Letters* 11, 105002 (2016).
18 Food and Agriculture Organization of the United Nations, *Dietary protein quality evaluation in human nutrition. Report of an FAO Expert Consultation* (2013).
19 H. Ritchie & M. Roser, 'Water Use and Stress', Our World in Data (2017).
20 S. L. Maxwell et al., 'Biodiversity: The ravages of guns, nets and bulldozers' *Nature* 536, 143–5 (2016).
21 J. H. Ausubel, I. K. Wernick & P. E. Waggoner, 'Peak Farmland and the Prospect for Land Sparing', *Popul Dev Rev* 38, 221–42 (2013).
22 C. A. Taylor & J. Rising, 'Tipping point dynamics in global land use', *Environmental Research Letters* 16, 125012 (2021).
23 Z. Cui et al., 'Pursuing sustainable productivity with millions of smallholder farmers', *Nature* 555, 363–66 (2018).
24 H. Ritchie & M. Roser, 'Crop Yields', Our World in Data (2013).
25 A. Castaneda et al., *Who are the Poor in the Developing World?* (World Bank, 2016).
26 Good Food Institute, '2021 US Retail Market Insights: Plant-based foods' (2021).
27 S. Smetana et al., 'Meat alternatives: life cycle assessment of most known meat

substitutes', *Int J Life Cycle Assess* 20, 1254–67 (2015).

28 H. Ritchie, 'Are meat substitutes really better for the environment than meat?', *Sustainability by Numbers* (2022).

29 S. Grasso et al., 'Effect of information on consumers' sensory evaluation of beef, plant-based and hybrid beef burgers', *Food Qual Prefer* 96, 104417 (2022).

30 V. Caputo, G. Sogari & E. J. Van Loo, 'Do plant-based and blend meat alternatives taste like meat? A combined sensory and choice experiment study', *Appl Econ Perspect Policy* 45, 86–105 (2023).

31 V. Sandstrom et al., 'The role of trade in the greenhouse gas footprints of EU diets', *Glob Food Sec* 19, 48–55 (2018).

32 Mintel, 'A quarter(23%) of Brits use plant-based milk', https://www.mintel.com/press-centre/milking-the-vegan-trend-a-quarter-23-of-brits-use-plant-based-milk.

33 M. Clark et al., 'Estimating the environmental impacts of 57,000 food products', *Proceedings of the National Academy of Sciences* 119, e2120584119 (2022).

34 J. Gustavsson et al., 'The methodology of the FAO study: "Global Food Losses and Food Waste extent, causes and prevention" ', SIK–Swedish Institute for Food and Biotechnology (2013).

35 Food and Agriculture Organization of the United Nations, *Global food losses and food waste: extent, causes and prevention* (2011).

36 Food and Agriculture Organization of the United Nations, *Moving forward on food loss and waste reduction: The state of food and agriculture* (2019).

37 L. Wang & E. Iddio, 'Energy performance evaluation and modeling for an indoor farming facility', *Sustainable Energy Technologies and Assessments* 52, 102240 (2022).

38 L. Graamans et al., 'Plant factories versus greenhouses: Comparison of resource use efficiency', *Agric Syst* 160, 31–43 (2018).

39 Crippa, M., Solazzo, E., Guizzardi, D. et al. 'Food systems are responsible for a third of global anthropogenic GHG emissions', *Nature Food* (2021).

40 A. Hospido et al., 'The role of seasonality in lettuce consumption: a case study of environmental and social aspects', *Int J Life Cycle Assess* 14, 381–91 (2009).

41 A. Carlsson-Kanyama, M. P. Ekstrom & H. Shanahan, 'Food and life cycle energy inputs: consequences of diet and ways to increase efficiency', *Ecological Economics* 44, 293–307 (2003).

42 S. L. Tuck et al., 'Land-use intensity and the effects of organic farming on biodiversity: a hierarchical meta-analysis', *Journal of Applied Ecology* 51, 746–55

(2014).
43 C. K. Winter & J. M. Katz, 'Dietary Exposure to Pesticide Residues from Commodities Alleged to Contain the Highest Contamination Levels', *J Toxicol* 2011, 589674 (2011).
44 J. L. Vicini et al., 'Residues of glyphosate in food and dietary exposure', *Compr Rev Food Sci Food Saf* 20, 5226–57 (2021).
45 O. Golge, F. Hepsag & B. Kabak, 'Health risk assessment of selected pesticide residues in green pepper and cucumber', *Food and Chemical Toxicology* 121, 51–64 (2018).

6章　生物多様性の喪失

1 A. Horton, 'Two generations of humans have killed off more than half the world's wildlife populations, report finds', *Washington Post* (2018).
2 World Wildlife Fund, *Living Planet Report 2022 – Building a nature positive society* (2022).
3 G. Murali et al., 'Emphasizing declining populations in the Living Planet Report', *Nature* 601, E20–4 (2022).
4 C. D. L. Orme et al., 'Global hotspots of species richness are not congruent with endemism or threat', *Nature* 436, 1016–19 (2005).
5 K. Thompson, *Do We Need Pandas?: The Uncomfortable Truth about Biodiversity* (Green Books, 2010).
6 T. Andermann et al., 'The past and future human impact on mammalian diversity', *Sci Adv*, doi:10.1126/sciadv.abb2313 (2020).
7 F. A. Smith et al., 'Body size downgrading of mammals over the late Quaternary', *Science* (1979), doi:10.1126/science.aao5987 (2018).
8 J. Dembitzer et al., 'Levantine overkill: 1.5 million years of hunting down the body size distribution', *Quat Sci Rev* 276, 107316 (2022).
9 H. Ritchie, 'Wild mammals have declined by 85% since the rise of humans, but there is a possible future where they flourish', Our World in Data, https://ourworldindata.org/ wild-mammal-decline (2021).
10 V. Smil, *Harvesting the biosphere: what we have taken from nature* (MIT Press, 2013).
11 Y. M. Bar- On, R. Phillips & R. Milo, 'The biomass distribution on Earth', *PNAS* 115, 6506–11 (2018).
12 R. M. May, 'Tropical Arthropod Species, More or Less?', *Science (1979)* 329, 41–2 (2010).
13 C. Mora et al., 'How Many Species Are There on Earth and in the Ocean?',

PLoS Biol 9, e1001127 (2011).
14 B. Jarvis, 'The Insect Apocalypse Is Here', *New York Times* (2018).
15 C. A. Hallmann et al., 'More than 75 percent decline over 27 years in total flying insect biomass in protected areas', *PLoS One* 12, e0185809 (2017).
16 E. O. Wilson, 'The Little Things That Run the World (The Importance and Conservation of Invertebrates)', *Conservation Biology* 1, 344–6 (1987).
17 M. A. Aizen et al., 'How much does agriculture depend on pollinators? Lessons from long-term trends in crop production', *Ann Bot* 103, 1579–88 (2009).
18 M. A. Aizen et al., 'Global agricultural productivity is threatened by increasing pollinator dependence without a parallel increase in crop diversification', *Glob Chang Biol* 25, 3516–27 (2019).
19 A.- M. Klein et al., 'Importance of pollinators in changing landscapes for world crops', *Proceedings of the Royal Society B: Biological Sciences* 274, 303–13 (2007).
20 R. van Klink et al., 'Meta- analysis reveals declines in terrestrial but increases in freshwater insect abundances', *Science (1979)* 368, 417–20 (2020).
21 C. L. Outhwaite et al., 'Complex long-term biodiversity change among invertebrates, bryophytes and lichens', *Nat Ecol Evol* 4, 384–92 (2020).
22 A. J. van Strien et al., 'Modest recovery of biodiversity in a western European country: The Living Planet Index for the Netherlands', *Biol Conserv* 200, 44–50 (2016).
23 C. L. Outhwaite, P. McCann & T. Newbold, 'Agriculture and climate change are reshaping insect biodiversity worldwide', *Nature* 605, 97–102 (2022).
24 G. Andersson et al., 'Arthropod populations in a sub-arctic environment facing climate change over a half-century: variability but no general trend', *Insect Conserv Divers* 15, 534–42 (2022).
25 M. S. Crossley et al., 'Opposing global change drivers counterbalance trends in breeding North American monarch butterflies', *Glob Chang Biol* 28, 4726–35 (2022).
26 D. L. Wagner et al., 'Insect decline in the Anthropocene: Death by a thousand cuts', *PNAS* 118, e2023989118 (2021).
27 H. Ritchie & M. Roser, 'Biodiversity', Our World in Data (2021).
28 C.R. Thouless et al., 'African Elephant Status Report 2016: an update from the African Elephant Database', IUCN Species Survival Commission, African Elephant Specialist Group (2016).
29 A. D. Barnosky et al., 'Has the Earth's sixth mass extinction already arrived?', *Nature* 471, 51–7 (2011).
30 D. Jablonski, 'Background and Mass Extinctions: The Alternation of

Macroevolutionary Regimes', *Science* (1979) 231, 129–33 (1986).
31 M. L. McCallum, 'Vertebrate biodiversity losses point to a sixth mass extinction', *Biodivers Conserv* 24, 2497–519 (2015).
32 Howard Hughes Medical Institute, 'The Making of Mass Extinctions', https://media.hhmi.org/biointeractive/click/extinctions/.
33 D. S. Robertson et al., 'Survival in the first hours of the Cenozoic', *GSA Bulletin* 116, 760–8 (2004).
34 IUCN, 'The IUCN Red List of Threatened Species, Version 2022-2', https://www.iucnredlist.org (2022).
35 S. L. Pimm et al., 'The biodiversity of species and their rates of extinction, distribution, and protection', *Science (1979)* 344, 1246752 (2014).
36 J. Borgelt et al., 'More than half of data deficient species predicted to be threatened by extinction', *Commun Biol* 5, 1–9 (2022).
37 N. Benecke, 'The Holocene distribution of European bison', *MUNIBE Antropologia-Arkeologia* (2005).
38 S. E. H. Ledger et al., *Wildlife Comeback in Europe: Opportunities and challenges for species recovery. Final report to Rewilding Europe by the Zoological Society of London, BirdLife International and the European Bird Census Council.*, UK: ZSL, https://www.rewildingeurope.com/wp-content/uploads/publications/wildlife-comeback-in-europe-2022/ (2022).
39 UNEP-WCMC & IUCN, *Protected Planet Report* 2020 (2021).
40 UN Convention on Biological Diversity, 'First Draft of the Post-2020 Global Biodiversity Framework', Preprint at https://www.cbd.int/doc/c/abb5/591f/2e46096d3f0330b08ce87a45/wg2020-03-03-en.pdf (2021).
41 Nature Needs Half, *Nature Needs Half*, https://natureneedshalf.org/.
42 B. Buscher et al., 'Half- Earth or Whole Earth? Radical ideas for conservation, and their implications', *Oryx* 51, 407–10 (2017).
43 E. Ens et al., 'Putting indigenous conservation policy into practice delivers biodiversity and cultural benefits', *Biodivers Conserv* 25, 2889–906 (2016).
44 S. T. Garnett et al., 'A spatial overview of the global importance of Indigenous lands for conservation', *Nat Sustain* 1, 369–74 (2018).

7章　海洋プラスチック

1 S. Kaplan, 'By 2050, there will be more plastic than fish in the world's oceans, study says', *Washington Post* (2016).
2 World Economic Forum, *The New Plastics Economy Rethinking: The Future of Plastics* (2016).

3 S. Jennings et al., 'Global- scale predictions of community and ecosystem properties from simple ecological theory', *Proceedings B: Biological Sciences* 275, 1375–83 (2008).
4 J. R. Jambeck et al., 'Plastic waste inputs from land into the ocean', *Science* (1979) 347, 768–71 (2015).
5 'Will there be more fish or plastic in the sea in 2050?', BBC News (2016).
6 C. Moore, 'Trashed: Across the Pacific Ocean, plastics, plastics, everywhere', *Natural History* (2003).
7 L. Lebreton et al., 'Evidence that the Great Pacific Garbage Patch is rapidly accumulating plastic', *Sci Rep* 8, 4666 (2018).
8 D. Crespy, M. Bozonnet & M. Meier, '100 Years of Bakelite, the Material of a 1000 Uses', *Angewandte Chemie International Edition* 47, 3322–8 (2008).
9 C. F. Kettering, *Biographical memoir of Leo Hendrik Baekeland, 1863–1944. Presented to the academy at the autumn meeting, 1946* (National Academy of Sciences, 1946).
10 R. Geyer, J. R. Jambeck & K. L. Law, 'Production, use, and fate of all plastics ever made', *Sci Adv* 3, e1700782 (2017).
11 OECD, *Global Plastics Outlook: Economic Drivers, Environmental Impacts and Policy Options* (OECD, 2022).
12 H. Ritchie & M. Roser, 'Urbanization', Our World in Data (2021).
13 T. Thiounn & R. C. Smith, 'Advances and approaches for chemical recycling of plastic waste', *Journal of Polymer Science* 58, 1347–64 (2020).
14 A. Rahimi & J. M. Garcia, 'Chemical recycling of waste plastics for new materials production', *Nat Rev Chem* 1, 1–11 (2017).
15 Sustainable Development Misconception Study 2020 | Gapminder, Preprint at https://www.gapminder.org/ignorance/studies/sdg2020/.
16 W. C. Li, H. F. Tse & L. Fok, 'Plastic waste in the marine environment: A review of sources, occurrence and effects', *Science of the Total Environment* 566–567, 333–49 (2016).
17 L. J. J. Meijer et al., 'More than 1000 rivers account for 80% of global riverine plastic emissions into the ocean', *Sci Adv* 7, eaaz5803 (2021).
18 L. C. M. Lebreton et al., 'River plastic emissions to the world's oceans', *Nat Commun* 8, 15611 (2017).
19 Z. Wen et al., 'China's plastic import ban increases prospects of environmental impact mitigation of plastic waste trade flow worldwide', *Nat Commun* 12, 425 (2021).
20 D. Barrowclough, C. D. Birkbeck & J. Christen, *Global trade in plastics: insights*

from the first life-cycle trade database (2020).
21 A. Brown, F. Laubinger & P. Borkey, 'Monitoring trade in plastic waste and scrap', OECD Environment Working Papers, No. 194 (2022).
22 S. Reed et al., 'Microplastics in marine sediments near Rothera Research Station, Antarctica', *Mar Pollut Bull* 133, 460–3 (2018).
23 H. A. Leslie et al., 'Discovery and quantification of plastic particle pollution in human blood', *Environ Int* 163, 107199 (2022).
24 G. Liebezeit & E. Liebezeit, 'Synthetic particles as contaminants in German beers', *Food Additives & Contaminants: Part A* 31, 1574–8 (2014).
25 G. Liebezeit & E. Liebezeit, 'Non- pollen particulates in honey and sugar', *Food Additives & Contaminants: Part A* 30, 2136–40 (2013).
26 M. Revel, A. Chatel & C. Mouneyrac, 'Micro(nano)plastics: A threat to human health?', *Curr Opin Environ Sci Health* 1, 17–23 (2018).
27 J. Wang et al., 'The behaviors of microplastics in the marine environment', *Mar Environ Res* 113, 7–17 (2016).
28 L. I. Devriese et al., 'Bioaccumulation of PCBs from microplastics in Norway lobster (Nephrops norvegicus): An experimental study', *Chemosphere* 186, 10–16 (2017).
29 C. M. Rochman et al., 'The ecological impacts of marine debris: unraveling the demonstrated evidence from what is perceived', *Ecology* 97, 302–12 (2016).
30 S. Kuhn, E. L. Bravo Rebolledo & J. A. van Franeker, 'Deleterious Effects of Litter on Marine Life', in *Marine Anthropogenic Litter* (eds M. Bergmann, L. Gutow & M. Klages), 75–116 (Springer International Publishing, 2015).
31 S. C. Gall & R. C. Thompson, 'The impact of debris on marine life', *Mar Pollut Bull* 92, 170–9 (2015).
32 L. E. Haram et al., 'Emergence of a neopelagic community through the establishment of coastal species on the high seas', *Nat Commun* 12, 6885 (2021).
33 L. Lebreton, M. Egger & B. Slat, 'A global mass budget for positively buoyant macroplastic debris in the ocean', *Sci Rep* 9, 12922 (2019).
34 M. Eriksen et al., 'Plastic Pollution in the World's Oceans: More than 5 Trillion Plastic Pieces Weighing over 250,000 Tons Afloat at Sea', *PLoS One* 9, e111913 (2014).
35 Danish Environmental Protection Agency, 'Life Cycle Assessment of grocery carrier bags', https://backend.orbit.dtu.dk/ws/portalfiles/portal/151577434/2018_Life_Cycle_Assessment_of_grocery_carrier_bags_Environmental_project_no._1985.pdf (2018).

36 UK DEFRA, 'Life cycle assessment of supermarket carrierbags: a review of the bags available in 2006', https://www.gov.uk/government/publications/life-cycle-assessment-of-supermarket-carrierbags-a-review-of-the-bags-available-in-2006 (2011).

37 J. A. Micales, & K. E. Skog, 'The decomposition of forest products in landfills', *Int Biodeterior Biodegradation* 39, 145–58 (1997).

8章 乱獲

1 B. Worm et al., 'Impacts of Biodiversity Loss on Ocean Ecosystem Services', *Science (1979)*, doi:10.1126/science.1132294 (2006).

2 C. Dean, 'Study Sees "Global Collapse" of Fish Species', *New York Times* (2006).

3 R. Hilborn, 'Faith- based Fisheries', *Fisheries (Bethesda)* 31 (2006).

4 E. Stokstad, 'Detente in the Fisheries War', *Science (1979)*, doi:10.1126/science.324.5924.170 (2009).

5 B. Worm et al., 'Rebuilding Global Fisheries', *Science (1979)*, doi:10.1126/science.1173146 (2009).

6 S.- M. Lee & D. Robineau, 'Les cetaces des gravures rupestres neolithiques de Bangu-dae (Coree du Sud) et les debuts de la chasse a la baleine dans le Pacifique nord-ouest', *Anthropologie* 108, 137–51 (2004).

7 Y. van den Hurk, K. Rielly & M. Buckley, 'Cetacean exploitation in Roman and medieval London: Reconstructing whaling activities by applying zooarchaeological, historical, and biomolecular analysis', *J Archaeol Sci Rep* 36, 102795 (2021).

8 Y. van den Hurk et al., 'Medieval Whalers in the Netherlands and Flanders: Zooarchaeological Analysis of Medieval Cetacean Remains', *Environmental Archaeology* 27, 243–57 (2022).

9 J. L. Coleman, 'The American whale oil industry: A look back to the future of the American petroleum industry?', *Nonrenewable Resources* 4, 273–88 (1995).

10 J. N. Tonnessen & A. O. Johnsen, *The History of Modern Whaling* (Hurst & Company /Australian National University Press, 1982).

11 A. J. Pershing et al., 'The Impact of Whaling on the Ocean Carbon Cycle: Why Bigger Was Better', *PLoS One* 5, e12444 (2010).

12 L. B. Christensen, 'Marine mammal populations: Reconstructing historical abundances at the global scale', doi:10.14288/1.0074757 (2006).

13 R. H. Thurstan, S. Brockington & C. M. Roberts, 'The effects of 118 years of industrial fishing on UK bottom trawl fisheries', *Nat Commun* 1, 15 (2010).

14 C. Roberts, *The unnatural history of the sea. A Shearwater book* (Island Press/Shearwater Books, 2008).
15 C. M. Duarte et al., 'Rebuilding marine life', *Nature* 580, 39–51 (2020).
16 Food and Agriculture Organization of the United Nations, *The State of World Fisheries and Aquaculture 2022* (FAO, 2022).
17 R. L. Naylor et al., 'Effect of aquaculture on world fish supplies', *Nature* 405, 1017–24 (2000).
18 R. L. Naylor et al., 'A 20-year retrospective review of global aquaculture', *Nature* 591, 551–63 (2021).
19 M. C. Melnychuk et al., 'Fisheries management impacts on target species status', *Proceedings of the National Academy of Sciences* 114, 178–83 (2016).
20 T. H. Morrison et al., 'Save reefs to rescue all ecosystems', *Nature* 573, 333–6 (2019).
21 S. F. Heron et al., 'Warming Trends and Bleaching Stress of the World's Coral Reefs 1985–2012', *Sci Rep* 6, 38402 (2016).
22 Marine Conservation Society, Good Fish Guide, https://www.mcsuk.org/goodfishguide/.
23 Monterey Bay Aquarium, Seafood Watch, https://www.seafoodwatch.org/.
24 E. Jardim, C. Konrad & A. Mannini, 'Monitoring the performance of the Common Fisheries Policy', European Commission, Joint Research Centre, Scientific, Technical and Economic Committee for Fisheries (2020).
25 P. Vasilakopoulos, S. Kupschus & M. Gras, 'Monitoring of the performance of the Common Fisheries Policy', European Commission, Joint Research Centre, Scientific, Technical and Economic Committee for Fisheries (2022).
26 RAM Legacy Stock Assessment Database v4.44, Preprint at https://zenodo.org/record/2542919 (2018).
27 M. A. Perez Roda et al., 'Third assessment of global marine fisheries discards', *FAO Fisheries and Aquaculture Technical Paper (FAO) eng no. 633* (2019).
28 D. Zeller et al., 'Global marine fisheries discards: A synthesis of reconstructed data', *Fish and Fisheries* 19, 30–9 (2018).
29 M. Vettiyattil, B. Herrmann & M. Bharathiamma, 'Square mesh codend improves size selectivity and catch pattern for Trichiurus lepturus in bottom trawl used along Northwest coast of India', *Aquac Fish*, doi:10.1016/j.aaf.2021.12.015 (2022).
30 J. W. Valdemarsen & P. Suuronen, 'Modifying fishing gear to achieve ecosystem objectives', in *Responsible fisheries in the marine ecosystem* (eds M. Sinclair & G. Valdimarsson), 321–41 (CABI, 2003).

31 H. Wienbeck et al., 'Effect of netting direction and number of meshes around on size selection in the codend for Baltic cod (Gadus morhua)', *Fish Res* 109, 80–8 (2011).

32 UN Environment Programme and the International Union for Conservation of Nature (IUCN) World Database on Protected Areas (WDPA), https://www.protectedplanet.net/en/thematic-areas/wdpa?tab=WDPA.

33 X. Zeng et al., 'Assessing the management effectiveness of China's marine protected areas: Challenges and recommendations', *Ocean Coast Manag* 224, 106172 (2022).

おわりに

1 'Richard Nixon and the Rise of American Environmentalism', *Science History Institute*, https://www.sciencehistory.org/stories/magazine/richard-nixon-and-the-rise-of-american-environmentalism (2017).

2 GiveWell | Charity Research, https://www.givewell.org/.

これからの地球(ちきゅう)のつくり方(かた)
データで導く「7つの視点」

2025年3月20日　初版印刷
2025年3月25日　初版発行

＊

著　者　ハナ・リッチー
訳　者　関(せき)　美(み)和(わ)
発行者　早　川　　浩

＊

印刷所　中央精版印刷株式会社
製本所　中央精版印刷株式会社

＊

発行所　株式会社　早川書房
東京都千代田区神田多町2－2
電話　03-3252-3111
振替　00160-3-47799
https://www.hayakawa-online.co.jp
定価はカバーに表示してあります
ISBN978-4-15-210415-1　C0030
Printed and bound in Japan
乱丁・落丁本は小社制作部宛お送り下さい。
送料小社負担にてお取りかえいたします。

ハヤカワ・ノンフィクション

地球の未来のため僕が決断したこと

——気候大災害は防げる

How to Avoid a Climate Disaster

ビル・ゲイツ
山田文訳
46判並製

SDGsでは間に合わない。

暴風雨、旱魃、感染症拡大……気候大災害が人命を奪い、経済を後退させている現状にどう立ち向かうべきか。世界の最先端をリードするテクノロジーの巨人、ビル・ゲイツが科学、経済、政治の専門家と協力し、「本当に持続可能な未来像」を描きだすベストセラー。

ハヤカワ・ノンフィクション

2050年を生きる僕らのマニフェスト

――「お金」からの解放

THIS COULD BE OUR FUTURE

ヤンシー・ストリックラー

久保美代子訳

46判並製

世界をアップデートするためのフレームワーク

クラウドファンディング「キックスターター」の共同創業者が構想する、ミレニアル世代とZ世代が主導する二〇五〇年の世界とは。松下幸之助の経営哲学や「箱詰め弁当」をヒントに「お金より大事なもの」を優先する斬新なアイデアを提示する。解説／竹下隆一郎